太空通訊科技原理

AN INTRODUCTION TO SPACE COMMUNICATION TECHNOLOGY

國立台灣大學
電機工程學系
白光弘 ⊙ 編著

東華書局

國家圖書館出版品預行編目資料

太空通訊科技原理＝An introduction to space communication technology／白光弘編著．
－－初版．－－臺北市：臺灣東華，民94
　面；　　公分
含索引
ISBN 957-483-309-7（平裝）

1.太空通信 2.衛星通訊

448.79　　　　　　　　　　　　　94004941

版權所有・翻印必究
中華民國九十四年四月初版

太空通訊科技原理

定價　新臺幣伍佰伍拾元整
（外埠酌加運費匯費）

編著者　白　　光　　弘
發行人　卓　　鑫　　淼
出版者　臺灣東華書局股份有限公司
　　　　臺北市重慶南路一段一四七號三樓
　　　　電話：（02）2311-4027
　　　　傳眞：（02）2311-6615
　　　　郵撥：0006４813
　　　　網址：http://www.bookcake.com.tw
印刷者　正　大　印　書　館

行政院新聞局登記證　局版臺業字第零柒貳伍號

To the Memory of My Parents

K. H. PAI
PROFESSOR EMERITUS
DEPT. OF ELECTRICAL ENGINEERING
NATIONAL TAIWAN UNIVERSITY

序 言
PREFACE

太空通訊，顧名思義在太空中飛航的太空艙或太空梭裏設置的空中電台，與地球上基地台間之無線電通信系統。雖然無明確的定義，但狹窄意思是超過地球大氣層上空大約 300 公里以上空間至浩瀚無際的宇宙領域。吾人熟知，地面電台有固定台和移動電台之分別。同樣太空裏飛翔的太空艙也有固定台 (例如地球同轉衛星) 與移動台 (環繞地球的不同步衛星或太空梭) 等。載人太空艙 (Manned Spacecraft) 及無載人太空艙 (Unmanned Spacecraft) 宛如地上無人操作電台和有人工作電台。太空艙或太空梭絕非空中樓閣，確實有太空人在艙內操作無數的各類電子儀器，一面導航，另一面探測太陽系各行星呈現的珍貴現象，加以遙測以利地面電台之聯繫。不可否認，這些不同型態的太空艙一律依靠火箭之推力方能升天，而在不同高度、不同軌道飛翔執行了珍貴任務。如今新型強力火箭陸續發射新型軌道太空艙在無重力、高真空 400 公里的軌道上，一邊飛行、一邊建造國際太空站。如果國際間合作順利者，2010 年底，令人感嘆的太空站就實現。

第一章 闡明太陽、地球間的物理現象。首先針對太陽大氣層內發生的色球、日暈、太陽風及太陽黑點。再就凡亞倫輻射帶之解析、太陽黑點對地球周邊之影響，另有十一年週期增減現象等，接著簡述太陽磁流力學波。末節討論地球大氣層之機構、地球內部構造及地球磁氣團之關聯等。地球核心之材質、溫度及密度等列表顯示。另對地球溫室效果有闡明的解析。最後敘述太陽日、恆星日之關聯供參考。

第二章 研討太空通訊直接有關連並且最重要硬體之一，就是圓形微波雙反射天線。首先敘述 A 級、B 級及 C 級地面電台。各級地面電台應保持天線特性之規格和其他應具備的各類規格。然後針對最常用的前方饋波拋物線型反射天線、凱氏天線、格氏天線之原理及應用。另就號角天線之原理及設計並以例題詳述。特別就圓形反射天線之增益敘述。尤其針對典型反射板表面容許偏差與增益之影響等問題，末節就偏移饋波反射板天線之介紹供參考。

第三章 研討地面發射台經衛星轉播到另一地面電台接收站之所謂太空通訊鏈路評價與計算。鏈路計算之步驟包含：上鏈路、下鏈路、上下總鏈路之評估在內。接著劃頻多工及劃頻多向進接，單路載波通訊及 SPADE 系統之解析。另對劃時多工/相移按鍵/劃時多向進接再討論。然介紹碼框結構、碼框效率。特別留意通信衛星對大地面之涵蓋面積及涵蓋方法。全球涵蓋、半球涵蓋、點波束涵蓋、區域性涵蓋尤其重要。據 INTELSAT 國際通信衛星公司之規格地面電台分 A 級、B 級、C 級、D 級、E 級、F 級六等級。當然每級應保有的特性、規格等有所不同。與本章有關凱氏天線之特性、規格與特徵等特別詳細規定，以供各級電台設立時之技術規範。末節敘述追蹤及數據中繼用衛星系統供參考。

第四章 闡明通訊波道之容量、編碼增益。敘述編碼之分類，從方塊碼、迴旋碼說起，解碼方法、應用解碼樹圖、狀態圖、格子架圖等有些解析，並以實例介紹。深太空通訊系統特別注重編、解碼方式，尤其連鎖碼並用雷所羅門碼等特別重視。

第五章 研討在太空中飛翔的太空艙、衛星、太空站等一律接收太陽光照射狀態。本身又裝備電子零件等發熱物體，因此太空艙本身之熱能平衡特別重視。換言之，衛星熱能之分析、太陽電池板之溫度、地球反照功率密度等各類問題必須解析。除了太空艙電功率系統、太陽電池之特性外，三軸姿勢穩定太陽電池板，與圓筒型自轉衛星太陽電池板之設計必須克服方可。其次太陽常數之檢討尤其重要。末節敘述衛星或太空艙全體設施之可靠度必須考慮。因為每一部份設備、零件之結構均連鎖關係，可能影響到總體可靠度，為此以實例顯明例證。

第六章 討論衛星星座在地上涵蓋問題。就低高度衛星群、中高度衛星群、高遠地點橢圓軌道星座，列表介紹實用例。為闡明涵蓋範圍起見，就單一衛星在大地上涵蓋面之解析並舉例題說明。另再應用拉格朗乘數法搜求最佳分析法等。有關最佳星座適用的涵蓋街道概念加以說明。末節就 MEO 軌道涵蓋以 GPS 為例詳細解析。

第七章 敘述衛星火箭推進器之基本概念。針對化學火箭、固態燃料火箭及液體燃料火箭等。特別就消耗性火箭 (ELV) 及太空梭 (STS) 用火箭之區別，以及火箭相關酬載諸問題等加以說明。火箭基本方程式如脈衝比及相關機要火箭方程式等列表顯明以供計算參考。針對重量級衛星酬載，並且行星間長距離航行用火箭或一箭雙衛發射用火箭之簡介及航太電子工程系統等。

第八章 研討錐體曲線相關圓形、橢圓形、拋物線性及雙曲線對太空科技硬體之設計確有重大貢獻。就在太空中飛航的衛星而言，圓形軌道之變換過程，霍曼遷移軌道，橢圓軌道之解析等。然再討論拋物線軌道、雙曲線軌道並以例題研討、分析軌道面轉換後詳述軌道補綴近似法。圓形軌道補綴近似法，太空艙逃脫地球後執行雙曲線飛航階段，到達目標行星之雙曲線軌道、會合週期、地球引力影響球體，地球脫逃速度後就 vis viva 方程式之研討及軌道六要點之說明等，末節對高傾斜度、長橢圓軌道加以分析。

第九章 闡明深太空通訊系統。本章敘述美國加州、噴射推進研究所曾於 1977 年 8 月至 9 月間，為探測太陽系外環太空內木星、土星、天王星及海王星發射了航海家 1 號及 2 號太空艙，另在加州摩哈比沙漠內金石城建設深太空觀測站，又在西班牙馬德里及澳大利亞、坎培拉建立環球三所深太空觀測站，以利測試而獲得完整成果。針對深太空下鏈路訊號之接收，接著研討低雜音放大機之原理，例如梅射放大器之構造、特徵、應用等。闡明深太空通訊接收系統，特別重視遙測、調變副系統、編碼之重要性，末節介紹國際太空站之由來，規格以及日本太空模組之詳細資料以供參考。

　　本書原先欲共編十章。末章「國際太空站」(ISS) 原由蘇俄、美國等五個國家共同策劃協助在太空約 400 公里高空中，建造環繞地球的龐大空中實驗室計劃，而擬在 2004 年完成。惜因國際間種種不可抗拒原因延誤到 2010 年應

完成。因此第九章末節介紹部份國際太空站簡略資料。

　　編寫本書之初，承蒙國立台灣大學電機資訊學院貝蘇章院長、前院長許博文教授、電機系郭斯彥主任暨現任系主任吳瑞北教授之贊同及鼓勵。另接受國立台灣大學暨嚴慶齡工業發展基金會合設工業研究中心之援助，又承蒙李學智教授之建議及協力完成本書之編寫工作。本書之電腦繪圖、打字及排版等相關事宜，特請政大金融系劉淑芳助教、台大電機系計算機中心林麗鐘兩位小姐之協助，方能完成編排工作。

　　本書之出版獲得泰電電業有限公司董事長宋勝海博士及東華書局董事長卓鑫淼先生之鼎力協助乃能順利完成，實不勝感謝。本書中倘有錯誤或疏漏處，敬請指教修正為幸。

電機工程學系
名譽教授研究室
著者謹
2005/3/20

目錄 CONTENTS

第一章 太陽地球間物理現象之摘要 (Brief Physical Phenomenon in Solar-Terrestrial Region) 1

1-1 概 說 (Introduction) 1
　▶ 太陽的大氣層 (Solar Atomosphere) 2
1-2 太陽風 (Solar Wind) 3
1-3 凡亞倫輻射帶 (Van Allen Belts) 4
　▶ 太陽黑點 (Sun Spots) 5
　▶ 太陽重要常數 (Solar Constant) 7
　▶ 太陽之磁流力學波 (Magnetohydrodynamic Waves of the Sun) 7
1-4 地 球 (Earth) 9
　[A] 地球大氣層 (Earth Atomosphere) 9
　[B] 地球磁氣圓 (Earth's Megneto Sphere) 11
　[C] 地球之溫室效果 (Earth's Green House Effect) 12
　[D] 維恩位移定律 (Wiens Displacement Law) 13
1-5 時 (Time) 14
　[A] 協定世界時 (Universal Time Coordinated: UTC) 15

IX

  [B] 恆星時 (Sidereal Time) 16
  [C] 木星強大磁力場 (Jupiter's Powerful Magnetsphere) 16
1-6 生態層 (Ecosphere) 17
1-7 電磁波之光譜 (Electromagnetic Spectrum) 19
  ▶ 光譜 (Spectrum) 20
1-8 彩虹 (Rainbow) 31
參考文獻 34
習　題 35

第二章　衛星通信用微波天線 (Satellite Communication Microwave Antenna) ...37

2-1 概說 (Introduction) 37
2-2 地面電台天線 (Earth Station Antennas) 38
  ▶ 大型地面電台天線 40
  [A] 前方饋波拋物線型反射天線 (Front Feed Parabolic Reflector Antenna) 42
  [B] 凱氏天線 (Cassegrain Antenna) 43
  ▶ 凱氏天線之優點 45
  [C] 格氏天線 (Gregorian Antenna) 46
2-3 號角天線 (Horn Antenna) 47
  [A] 圓錐型號角天線 (Conical Horn Antenna) 47
2-4 圓形反射板天線之增益 (Gain of Circular Reflector Antenna) 52
2-5 圖形開口天線 (Circular Aperture Antenna) 56
  [A] 地面電台與地球同步衛星間之通信干擾 60
2-6 偏移饋波反射光線 (Offset Feed Parabolic Reflector Antenna) 61
2-7 南極大陸昭和基地日本 NHK 應用凱氏天線將南極大陸科學資料轉播回送東京電視台 62
  ▶ 南極大陸概略 64

參考文獻 68
習　　題 69

第三章　太空通信系統計劃與評價 (Space Communication System Planning and Evaluation) 73

3-1 概說 (Introduction) 73
3-2 地面電台與衛星間鏈路之評價與計算 74
　　[A] 衛星鏈路計算步驟 74
　　▶ 上鏈路評估 (Uplink Evaluation) 74
　　▶ 下鏈路評估 (Downlink Evaluation) 77
　　▶ 上、下鏈路評估 (Overall Link Evaluation) 77
　　[B] 劃頻多工及劃頻多向進接 (FDM/FDMA) 80
　　[C] 單路載波通訊 (Single Channel Per Carrier) 81
　　[D] 劃時多工/相移按鍵/劃時多向進接 (TDM/PM/TDMA) ... 86
　　▶ 基準突發訊號 (Reference Burst) 90
　　▶ 話務突發訊號 (Traffic Burst) 90
　　[E] 通信衛星之地面涵蓋法 94
　　▶ 天線涵蓋面積 (Antenna Coverage Area) 96
3-3 地面電台工程設施 (Earth Station Engineering) 103
　　[A] 地面電台概述 (Outline of Earth Station) 103
　　▶ 標準地面電台 (Standard Earth Station) 103
　　[B] 地面電台天線 104
　　▶ 射頻終端設施 (RF Terminal Equipment) 106
　　▶ 基頻終端設施 (Base Band Terminal Equipment) 106
　　▶ 周邊設施 106
3-4 追蹤及數據中繼用衛星系統 (Tracking and Data Relay Satellite System: TDRSS) 110
　　▶ TDRS 系統使用頻道計劃 112
3-5 FM / FDM 電視訊號 (S/N)p-p 113

　　[A] 典型 FDM / FDMA 電視參數：FSS 系統 114
　　[B] 典型 DBS 電視系統參數 115
　　▶ 日本廣播電視衛星 (BS) 衛星小檔案 115
3-6 國際商業通信衛星之轉播器 116
3-7 INTELSAT 5 號通信衛星單格載波設計例 119
參考文獻 121
習　題 122

第四章　編碼與消息理論 (Coding and Information Theory) 127

4-1 概　說 (Introduction) 127
　　▶ 波道之容量 (Channel Capacity) 129
　　▶ 編碼增益 (Coding Gain) 131
4-2 編碼之分類 (Classification of Codes) 132
　　[A] 方塊碼 (Block Code) 132
　　[B] 迴旋碼 (Convolutional Code) 134
4-3 迴旋編碼原理 (Principle of Convolutional Coding) ..135
　　▶ 模-2 加法原理 137
4-4 編碼之選擇 (Selection of Coding) 139
　　▶ FEC 與 ARQ 之目的 139
　　▶ 編碼之結論 140
4-5 迴旋碼解碼 (Decoding Convolutional Codes) 142
　　▶ 狀態圖及格子架圖 (State Diagram and Trellis Diagram ..143
4-6 連鎖碼 (Concatenated Code) 147
　　▶ 雷所羅門碼 (Reed Solomon Code : RS Code) 149
　　▶ 對突發性錯誤波道之對策 149
4-7 超長距離通訊系統必需編碼科技 (Ultra-Long Range tele-communication System Necessitates Coding Technology) 150
　　▶ 未來之展望 151

參考文獻 151
習　　題 152

第五章　太空艙 (Spacecraft) 155

5-1 概　說 (Introduction) 155
5-2 太空艙熱能控制 (Thermal Control of Spacecraft) 157
- 斯迪枋波爾茲曼定律 (Stefan Boltzmann Law) 160
- 衛星熱能平衡分析 161
- 太陽電池溫度 (Solar Cells Temperature) 164
- 地球反照功率密度 (Albedo Flux Density of the Earth) ... 165
- 朗伯餘弦定律 (Lambert's Cosine Law) 167

5-3 太空艙電功率系統 (Electric Power System of Spacecraft) 168
- 太陽電池板面積大小 (Size of Solar Array) 169
- 太陽電池之電壓、電流特性 (Voltage Current Characteristics of a Solar Cell) 171
  - [A] 三軸姿勢穩定衛星太陽電池板 (3-axis Stabilized Satellites Solar Cell) 172
  - [B] 圓筒型自轉衛星太陽電池板 (Spinned Satellite Solar Cell) ... 173
- 太陽常數之再檢討 176

5-4 太空艙姿勢控制 (Attitude Control of Spacecraft) 179
- 衛星姿勢外形 183
  - [A] 三軸姿勢穩定方式 (Three Axis Attitude Stabilization) 183
  - [B] 自轉姿勢穩定方式 (Spin Stabilized System) 185

5-5 太空艙系統可靠度 (System Reliability of Spacecraft) . 187
- 可靠度 (Reliability) 188
- 備份設施 (Redundancy) 189
  - [A] 串聯接法 (Series Connection) 190
  - [B] 並聯接法 (Parallel Connection) 191

5-6 衛星台址維護問題 (Station Keeping Maneuver of

Satellite) 196
- 衛星之設計壽命 197
- 衛星通信系統有效可利用率 198
- 遙測、追蹤及指揮系統 200

參考文獻 202
習　題 203

第六章　衛星星座之涵蓋 (Coverage from Satellite Constellation) 211

6-1 概　說 (Introduction) 211
　　[A] 低高度軌道 (Low Earth Orbit) 212
　　[B] 中高度軌道 (Medium Earth Orbit) 213
　　[C] 高遠地點橢圓軌道 (Highly Elliptical Earth Orbit) 214
　　[D] 地球扁平影響 (Earth's Oblateness Effects) 215
6-2 LEO 軌道上單一衛星涵蓋範圍 217
6-3 應用拉格朗乘數法求最佳分析 (Optimum Analysis Using Lagrange Multiplier Method) 220
6-4 最佳星座適用的涵蓋街道概念 (Optimum Satellite Constellation Using Street of Coverage Concept) 224
6-5 MEO 軌道上衛星涵蓋範圍 (Coverage Area from MEO Satellites) 226
　　[A] 最佳星座 (Walker 氏符號法) 228
6-6 衛星為基地的行動電話之誕生 (The Genesis of Satellite Based Mobile Communication) 229
6-7 美國行動電話公司 (AMSC-1) 對北美大陸、阿拉斯加、夏威夷及墨西哥-加勒比海地域之涵蓋 230
- INMRSAT-3 號新型國際航海衛星 232
　　[A] INMARSAT-3 號涵蓋地域 232
　　[B] 衛星構造 233

參考文獻 233
習　題 233

第七章　火箭噴射推進 (Rocket Propulsion) ...235

- 7-1 概　說 (Introduction) 235
- 7-2 推進器噴射系統 (Thruster Propulsion System) 238
  - [A] 推進器基本方程式 238
  - [B] 脈衝比 (Specific Impulse)....................................239
  - [C] 推進器速度之增加與攜帶燃料質量之變化............241
- 7-3 國際商業通信衛星發射用火箭 (Launch Vehicle for Intelsat Satellites) 242
- 7-4 推力及排氣速度 (Thrust and Exhaust Velocity) 246
  - [A] 推力..249
  - [B] 排氣速度...250
- 7-5 混合燃料火箭 (Hybrid Propellant Rocket) 253
  - ▶ 混合燃料推進火箭系統優點 253
  - ▶ 混合燃料推進火箭系統缺點 254
  - [A] 火箭用液體燃料 (Liquid Fuels for Rockets) 254
  - ▶ 火箭用液體氧化劑 (Liquid Oxidizers for Rockets) 255
  - [B] 火箭用固態燃料 (Solid Propellants for Rockets) 255
- 7-6 火箭機要方程式 (Key Equation for Rockets) 257
- 7-7 多節火箭 (Multistage Vehicles) 260
- 7-8 航太電子工程系統 (Avionics System) 264
  - [A] 導航及控制系統...266
  - [B] 遙測及通報系統...266
  - [C] 電源供給...266
- 7-9 世界著名衛星、太空艙發射基地 (World Famous Rocket Launch Base) 266
- 7-10 蘇俄、美國及中國載人太空艙發展歷程簡表 (Historic Memory Relates to Manned Spacecraft of Russia, U.S.A. and China) 268
- 7-11 中華民國華衛二號遙測衛星發射成功 (Successful Launch of Rocsat-2 Telemetry Satellite) 270
- 7-12 簡介日本研發 H-IIA 火箭 (H-IIA Launch Vehicle

  developed by JAXA) 271
   [A] 火箭第一節推進系統 274
   [B] 火箭第二節推進系統 275
   [C] 固態燃料推升器 275
   ▶ 火箭第一節主引擎 (LE-7A) 推進系統 275
 參考文獻 278
 習　　題 279

第八章　軌道動力學 (Orbital Dynamics) 281

 8-1 概說 (Introduction) 282
 8-2 典型軌道 (Typical Orbit) 285
   [A] 圓形軌道 (Circular Orbit) 285
   [B] 軌道型態之變換 (Orbit Changes) 287
   [C] 霍曼遷移軌道 (Hohmann Transfer Orbit) 288
   [D] 橢圓軌道 (Elliptical Orbit) 289
   ▶ 航行路角度 (Flight Path Angle) 292
   ▶ 速度 (Velocity) 293
   ▶ 經過近地點時間 (Time Since Periapsis) 294
   ▶ 軌道週期 (Period of Orbit) 295
   [E] 物線形軌道 (Parabolic Orbit) 297
   [F] 雙曲線軌道 (Hyperbolic Orbit) 298
 8-3 軌道面轉換法 (Orbital Plane Change) 303
   [A] 簡單軌道面轉換法 303
   [B] 通用軌道面轉換 304
 8-4 圓錐形軌道補綴近似法 (Patched Conic
   Approximation) 310
 8-5 圓形軌道補綴近似法實例 (Example of Patched Conic
   Procedure) 311
   [A] 太空艙逃脫地球後執行雙曲線飛航階段 311
   [B] 霍曼遷移軌道 (Hohmann Transfer Trajectory) 314
   [C] 到達目標行星的雙曲線軌道 (Arrival Hyperbolic Trajectory) . 315

8-6　會合週期 (Synodic Period) 317
8-7　逃脫地球引力影響球體 (Escape from Earth's SOI) ... 319
8-8　行星的重力協助航行策略 (Gravity Assist Maneuver) .. 321
8-9　地球逃脫速度 (Earth's Escape Velocity) 322
8-10　VIS VIVA 方程式之研討 (Discussion of VIS VIVA Equation) 324
8-11　軌道六要素 (Six Orbital Elements) 327
8-12　地球靜止軌道 (Geostationary Orbit) 329
　　　▶ 衛星發射用火箭 (Launch Vehicle) 332
8-13　高傾斜度、長橢圓軌道 (Molniya Orbit) 333
8-14　月球之探查 (Exploration of the Moon) 336
　　　▶ 月球重要常數 336
8-15　從地球發射太空艙與月球會合之簡化軌跡略圖 (Simplified Trajectory of Spacecraft from Launch to Landing on the Moon) 340
8-16　火星姊妹探測車 (Mars Twin Exploration Rover) 342

參考文獻 348
習　題 349

第九章　深太空通訊系統 (Deep Space Communication System) 351

9-1　概　說 (Introduction) 351
9-2　太空艙與地球基地台鏈路系統 (Deep Space Spacecraft to Ground Station Link System) 357
9-3　天線概觀 (Overview of Antennas) 360
　　　▶ 深太空下鏈遙測訊號之接收 360
9-4　低雜音放大器 (Low Noise Amplifier) 365
　　　[A] 微波梅射放大器 (MASER) 之原理 366
　　　[B] 梅射放大器之構造 367
　　　[C] 梅射微波放大器之特徵 368
　　　[D] 微波固態梅射放大器之應用 369

9-5 微波行波梅射放大器 (Traveling Wave Maser Amplifier) ..370
9-6 深太空通訊接收機系統 (Deep Space Receiving System) 372
　　[A] 遙測系統 (Telemetry System) 372
　　[B] 調變副系統 (Modulation Sub System) 374
　　[C] 編碼系統 (Coding System) 375
9-7 國際太空站 (International Space Station) 377
　　▶ 國際太空站規格 378
　　▶ 日本太空實驗模組 (Japanese Experimental Module : JEM) 380
　　▶ 高度 400 公里太空環境特徵 382
9-10 軌道太空飛行系統之研發 (Development of Reusable Space Transportation System) 382
　　▶ HOPE-X 之特徵 383
　　▶ 美國、蘇俄太空艙簡要 384
　　▶ 蘇俄和平號太空站小檔案 386

參考文獻 386

附　錄 389

附錄 A 389
附錄 B 399
附錄 C 400
附錄 D 403
附錄 E 405
附錄 F 407

索　引 409

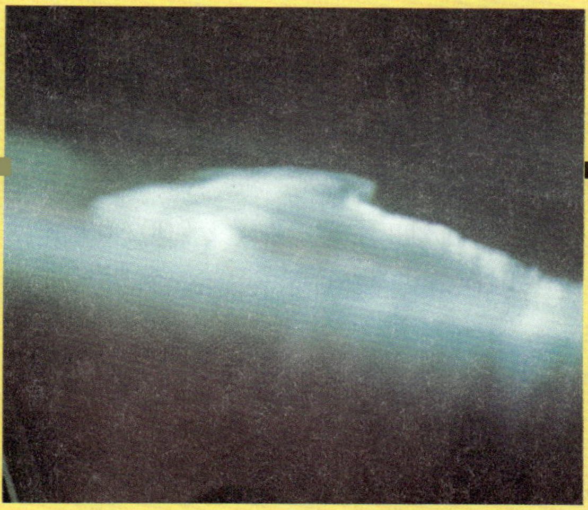

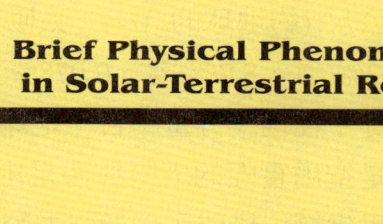

Brief Physical Phenomenon in Solar-Terrestrial Region

1 太陽地球間物理現象之摘要

1-1 概說 (Introduction)
1-2 太陽風 (Solar Wind)
1-3 凡亞倫輻射帶 (Van Allen Belts)
1-4 地球 (Earth)
1-5 時 (Time)
1-6 生態層 (Ecosphere)
1-7 電磁波之光譜 (Electromagnetic Spectrum)
　　參考文獻 (References)
　　習　　題 (Problems)

1-1　概　說（Introduction）

　　主宰太陽系的太陽率領九顆行星和總共 63 顆月亮 (天然衛星) 群在浩瀚銀河裏旋轉。太陽距地球約一億五千萬公里，換言之是一個天文單位 (1 AU = 1.496×10^8 km) 遙遠地方。太陽系唯一的恆星太陽，它的質量等於 1.99×10^{30} 公斤 (約地球的 332000 倍)，赤道半徑等於 696000 公里 (約地球的 109 倍)，平均密度等於 1410 公斤/立

方公尺 (約地球的 1/4)。太陽本身由流體樣的氣體所組成，主要成份 91.2% 氫、8.7% 氦、0.078% 氧，其他如碳、氮、矽、鎂、氖、鐵、硫等十種極少分量結合。地球的核心是鐵、鎳等重金屬，而太陽的核心是空虛實際的太陽核心是由輻射及對流氣體而其中心核約 200,000 公里半徑，構成了一個強力驚人**核反應器** (nuclear fusion reactor) 這就是太陽巨大能量輸出源。

▶ 太陽的大氣層 (Solar Atomosphere)

有汪洋大海的地球其本身是顆固體，但太陽是流體的氣體組成，所以太陽赤道自轉一周 25 天，但南北緯 40 度附近就有 28 天之週期。太陽給我們光和熱。這一句話是多麼簡單，但深刻且嚴肅。吾人皆知依照光譜從**伽馬射線** (γ-ray) 開始，X-光線、紫外線、可視光線、紅外線、微波、無線電波等排列。【圖 1-1】顯示太陽的光球、色球、日暈及太陽風等構造簡圖，【圖 1-2】示日蝕時，日暈現身明顯的光亮

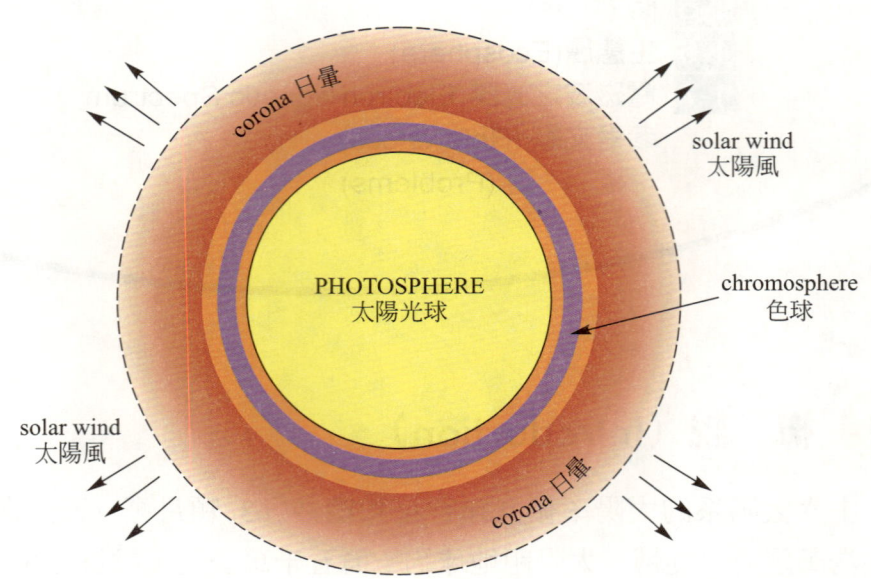

【圖 1-1】 太陽的光球，色球及日暈簡略圖。太陽風被超高溫日暈放射出去的構想圖。

【圖 1-2】 全日蝕時，太陽光球，色球均被月球遮蔽而晦暗，此時超高溫度狀態的日暈 (corona)，特別光亮。

現象。太陽光球的溫度約 6000 (°K)[1]，但距太陽表面的 15000 公里的色球，更高的日暈的溫度可能達到 20000 (°K) 高溫度，因此不斷的放射電子、質子的高能量帶電的粒子向地球，火星，木星等放射，這就是**太陽風** (solar wind)。太陽由於太陽磁氣之包捲扭歪在光球表面發生**太陽黑點** (sun spot) 或黑點群，雙對。這些黑點有的是**陰影** (umbra) 有的是半陰影 (penumbra) 而其溫度較低從 4500 (°K) 到 5500 (°K) 左右，比 6000 (°K) 確實低 1000 (°K) 左右，故從地球觀察時呈現黑點之形狀，大小及持續期間皆是不定。

1-2 太陽風（Solar Wind）

由於超高溫太陽日暈存在，不斷向外射出高能電子和質子的太陽風瀰漫太陽系裏，【圖 1-3】顯示太陽風吹到地球附近的構想圖。地球磁場圈在浩瀚太空裏占有地球半徑約十倍 10 Re = 10 × 6378 = 63780

---

[1] $T(°C) = T(°K) - 273.15°$

太空通訊科技原理

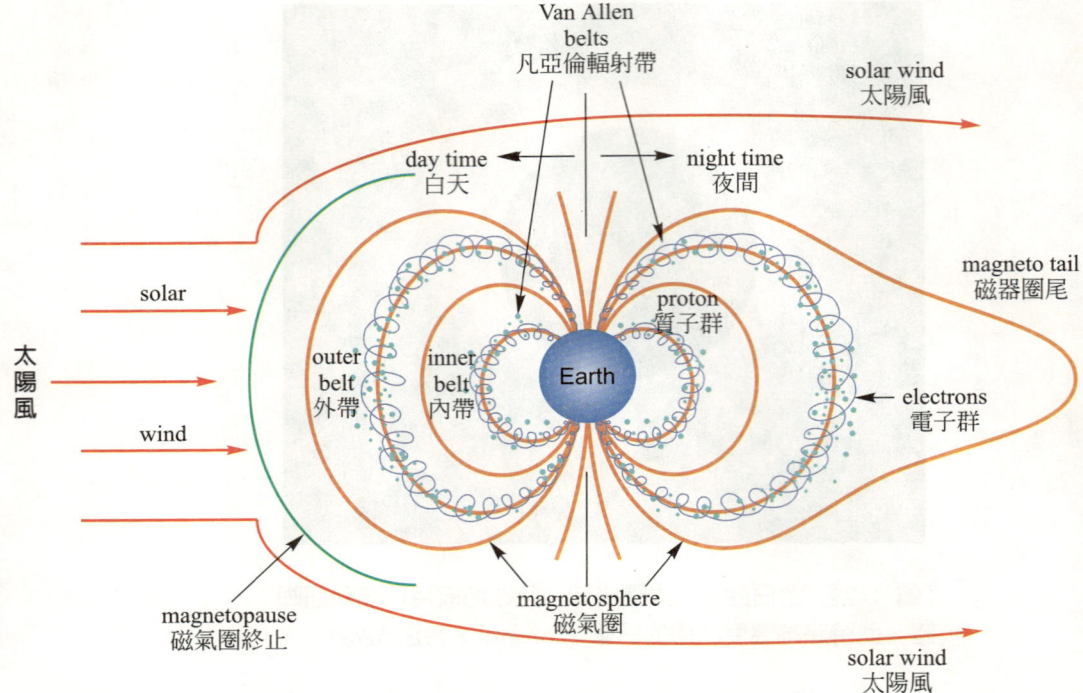

【圖 1-3】 地球磁場圈受太陽風之衝擊顯出日夜間不對稱分佈，在夜間形成長尾狀形態簡略圖，太陽帶來的電子和質子群被地球磁力線捕捉形成螺旋形態，而接近北極圈或南極圈高緯度地域有些逃跑出來的電子和質子與地球大氣層內氧氣等互相擊突，發生華麗多顏色的光帶所謂北極光或南極光。極光 (aurora) 在南北兩極大約同時發生。

公里之龐大空間，但受太陽風的高速度高能帶電粒子之衝擊，以地心為中心左邊 (白天) 與右邊 (夜間) 的地磁力線呈現不對稱分佈，查圖知左邊是磁力圈終止 (magneto pauses) 而右邊出現磁力圈尾狀形 (magneto tail)。

1-3 凡亞倫輻射帶 (Van Allen Belts)

太陽風裏的電子和質子跑進地球磁場圈 (magneto-sphere) 時被磁力線捕捉，成群後構成內帶 (inner belt) 及外帶 (outer belt)。如【圖 1-3】所示，內帶是質子成群，外帶是電子群構成而形成電漿 (plasma)

狀態。內外兩帶內電子，質子群在地球高緯度地域例如北極圈 (arctic circle) 或南極圈 (antarctic circle) 大氣層內空氣分子衝擊時發生壯觀美麗的光，就是北極光 (northern lights) 或是南極光 (southern lights)，這些華麗的景觀是空氣的分子被帶電的粒子激勵而與粒子衝突的結果，放射可視光線出來。內外兩帶如油煎圈餅 (doughnut) 型態。內帶包含高能質子粒帶而散佈於離地面 1300 公里至 9000 公里的高度處，在地球赤道上空 3600 公里處顯一峰值而其能量約 40 MeV，這峰值自北緯 45 度與南緯 45 度均勻分佈。外帶是由比較低能的電子及質子構成從 0.1 至 5 MeV 能量而粒子群分佈於高度 9000 公里至 6000 公里處，並在 16000 公里高度處呈現一峰值，表 1-1 示凡亞倫輻射帶外粒子能與強度之關係。

表 1-1　凡亞倫輻射帶的粒子能與強度相關表

Altitude	Particles	Energy	Intensity (Particles cm^{-2} sec^{-1})
3,600 km	Electrons	> 20 keV	3×10^{10}
		> 100 keV	10^{10}
		> 600 keV	10^{8}
		> 1 MeV	10^{5}
	Protons	> 20 keV	10^{5}
		> 200 keV	2×10^{4}
		> 1.5 MeV	10^{2}
16,000 km	Electrons	> 20 keV	10^{11}
		> 200 keV	$\leq 10^{8}$
		> 1.5 keV	10^{4}
	Protons	> 60 MeV	10^{2}
		> 30 MeV	1

【註】：參考 213 頁，圖 6-1，凡亞倫輻射帶之示意圖。

▶ 太陽黑點 (Sun Spots)

太陽光球表面溫度是不均勻的。我們知道光球表面溫度約 5,800

(°K)，但有些地方發生陰影 (umbra)，有些半陰影 (penumbra)，而其表面溫度各為 4500 (°K) 及 5500 (°K) 左右。因此從地球表面觀測時，由於溫度差發生黑暗部份，這陰影就是太陽黑子。黑子有時成群，而其大小形狀都不均勻。大的可能 10,000 公里 (約一個地球大小) 持續時間一星期，有時長達一個月左右。這些陰影部份黑點比周圍光球部份其磁場強度約 1000 倍強度。以太陽赤道為基準，南北各半球處及發生不對稱或對稱的黑點，**黑點活動** (sunspots activity) 常用**伍耳夫相對數** (Wolf number) 表示。

$$R = k(10g + s) \tag{1-1}$$

上式中 g = 太陽黑點之群數
s = 能夠看出的黑子數
k = 修正因數 (使用的觀測儀器與觀測人員相關因數)

所謂的**日斑循環** (sun-spot cycle) 如【圖 1-4】所示，每年的太陽黑子數 R 值長年記錄下來的圖表。吾人發現每 11 年黑子數呈最大值 (50

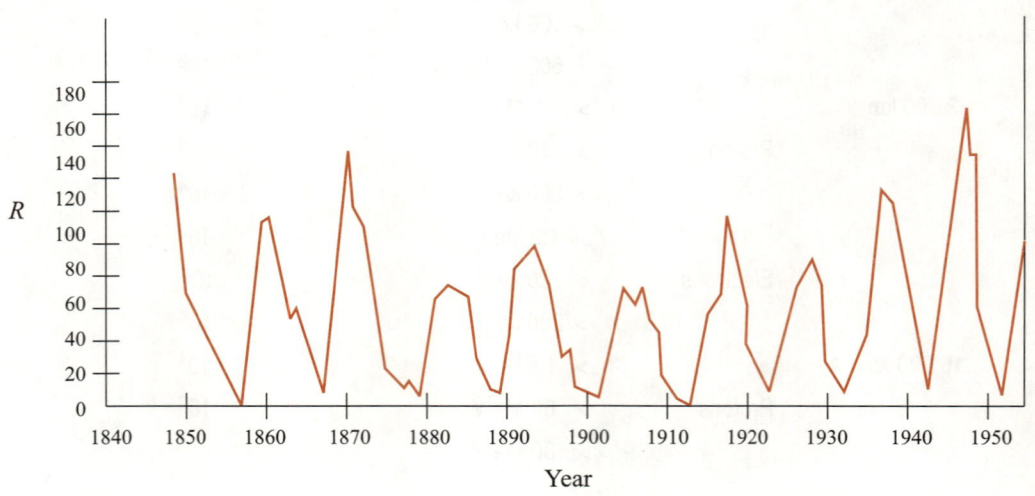

本圖顯示約每 10～11 年逢 R 之最大值簡略圖。
【註】：本圖只表示每 11 年發生最大值變化，不表示正確觀測值。

【圖 1-4】 1850 年至 1950 年一百年間，太陽黑點 (sun spots) 每年變化情況。

～190)，而最小值 (0～10)，並相當有規律地變化。

▶ 太陽重要常數

- **質量** (mass) 1.99×10^{30} kg
- **赤道半徑** (equatorial radius)   696066 km
- **太陽表面重力** (surface gravity)   274 m/s^2
- **平均密度** (mean density)   1410 kg/m^3
- **太陽逃脫速度** (escape velocity)   618 km/s
- **太陽自轉週期** (sidereal rotation period)   25.4 days
- **太陽表面溫度** (surface temperature)   5780 °K
- **太陽光度** (luminosity) 3.85×10^{26} W
- **太陽南北軸傾斜** (axial tilt)   7.25°

▶ 太陽之磁流力學波 (Magnetohydrodynamic Waves of the Sun)

　　太陽的磁場對電漿有種種之作用。磁場和電漿是互相作用，換言之，有時是主動，有時是被動。譬如磁場會給電漿一些能力因而發生加速作用，但有時相反積蓄一些能力。這些電漿與磁場之互相作用是**磁流力學** (magnetohydrodynamics: MHD) 之原理，而電漿可視為一種連續不斷的媒質。MHD 之方程式，統括了電磁和流體力學兩方面。

　　吾人知悉**馬克士威方程式** (Maxwell's equations) 包含安培定律、磁場發散、法拉第定律、帕松方程式等，附隨的有歐姆定律、連續性方程式、動量方程式，再加上能量方程式以便決定溫度等。但 MHD 方程式將**位移電流** (displacement current) $\varepsilon_0 \frac{\partial E}{\partial t}$ 省略，這是電漿速度比光速度太低關係。總而言之，MHD 方程式可歸納電漿速度及磁場 B 之運動問題，首先從法拉第電磁感應定律相關方程式得

$$\frac{\partial B}{\partial t} = \nabla \times (u \times B) + \eta \nabla^2 B \tag{1-2}$$

上式中 $\eta =$ 均勻磁擴散率 $= \dfrac{1}{\mu_0 \sigma}$

MHD 之第二方程式是**動量** (momentum) 相關方程式。

$$\rho \frac{du}{dt} = -\nabla p + J \times B + \rho g \quad (1\text{-}3)$$

上式右邊的 $-\nabla p + J \times B$ 兩項代表熱壓力及磁壓力的曲率變化影響。電漿壓力與磁壓力比等於電漿之 β 值而等於

$$\beta = \frac{p}{\frac{B^2}{2\mu_0}} \quad (1\text{-}4)$$

如果 $\beta \ll 1$ 者，稱為冷寒 (cold)，然 $\beta \gg 1$ 就是溫暖 (warm) 電漿，此時電漿之電流非常重要。假如電漿之 β 值較小，磁力就顯著加強熱壓力，現將 (1-4) 式左邊等於磁力者，可獲得

$$V_A = \frac{B_0}{\sqrt{\mu_0 \rho}} \quad \text{m/sec} \quad (1\text{-}5)$$

上式 V_A 稱為**阿耳芬速度** (Alfven speed)，這是典型的磁力加強電漿的速度。

式中　$B_0 = $ 磁通密度　weber/m^2
　　　$\mu_0 = $ 媒質的導磁係數 $= 4\pi \times 10^{-7}$　H/m
　　　$\rho = $ 媒質的密度　kg/m^3

例題1-1

設**太陽光球** (photosphere) 之 $B_0 = 0.1$ weber/m^2，$\mu_0 = 4\pi \times 10^{-7}$ henry/meter，$\rho = 2 \times 10^{-4}$ kg/m^3，試求 Alfven 速度。

解

$$V_A = \frac{B_0}{\sqrt{\mu_0 \rho}} = \frac{0.1}{\sqrt{4\pi \times 10^{-7} \times 2 \times 10^{-4}}}$$
$$= 6.313 \text{ km/sec}$$

1-4 地 球 (Earth)

人類的老家地球行星之重要常數要約如下：

- 地球距太陽距離 (orbital semi-major axis)　　　$1AU = 1.496 \times 10^8$ km
- 赤道半徑 (radius)　　　$R_e = 6378$ km
- 地球質量 (mass)　　　$M = 5.97 \times 10^{24}$ kg
- 平均密度 (mean density)　　　5520 kg/m^3
- 地球公轉速度 (orbital speed)　　　$V_0 = 29.79$ km/sec
- 地球自轉速度 (spin speed)　　　$V_s = 23$ hr 56min 4 sec
- 地球自轉週期 (sidereal rotation period)　　　0.9973 solar days
- 地球逃脫速度 (escape speed)　　　$V_e = 11.2$ km/s
- 地球傾斜度 (axial tilt)　　　$t_i = 23.45°$
- 地球表面平均溫度 (mean surface temperature)　$T_e = 290°$ k
- 地球表面重力 (surface gravity)　　　$G_e = 9.8$ m/s^2
- 地球南北傾斜 (arial tilt)　　　23.45°
- 地球南北磁極傾斜 (magnetic axes tilt)　　　11.5°

[A] 地球大氣層 (Earth's Atmosphere)

據說自從人類祖先居住地球至今已歷四十萬年，地球大氣層空氣由幾種瓦斯混合成立，其中 78% **氮** (nitrogen)、21% **氧** (oxygen)、0.9% **氬** (argon)、0.03% **二氧化碳** (carbon dioxide)、另包含 0.1% 至 3% 的水蒸氣。太陽系九個行星中唯有地球才保持豐富的氧氣，二氧化碳及水蒸氣再配合太陽的光和熱，招致人類、動物、植物一切生物之生長。

地球大氣層密度隨著距地面高度上升而降低，最下層是**對流層** (troposphere)。本氣層不斷接受陽光照射，大地與下層氣體的溫度升高熱氣就衝上，接著上層冷氣向下降落，發生所謂**對流** (convection) 作

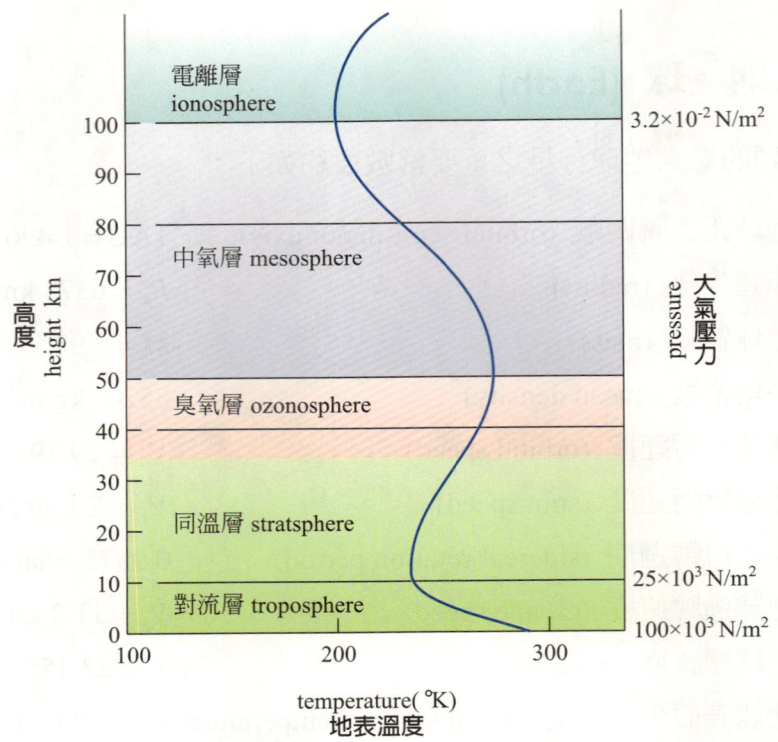

【圖 1-5】 地球大氣層溫度，氣壓與高度之變化相關圖[2]。

用。假使某時、某地方有激烈對流時，暴亂流 (turbulence) 就發生，隨著產生氣井 (air pocket)，為避免遭遇這些危險及飛航安全，尤其長途航線 (10000 公里以上) 飛航的豪華客機例如 Boeing 747-400，當起飛後一直上飛直到高度 9000-10000 公尺處，換言之接近對流層頂 (tropopause) 附近才改變水平直飛到目的地，這是乘客經驗事宜。【圖 1-5】示地球大氣層的溫度，壓力與高度之變化相關圖。

　　向地球射進的太陽紫外線被大氣層中的氧氣、臭氧和氮吸收，臭氧 (ozone：O_3) 是由三個氧氣組合構成一個分子，臭氧層是跨立同溫層和中氧層間的一種絕緣層而能保護地球上的生命能抵抗來自外太空的有害輻射線。

---

[2] 1 pascal = 1 N/m^2，1 atm ≅ 100×10^3 N/m^2

當陽光照射地球大氣層時，被空氣分子**散射** (scattering)，這是所謂瑞立散射定律 (Ray leigh law of scattering) 現象。根據瑞立定律藍色光比紅色光容易散射。這是藍色光波長約 400 nm[3] (= 400 奈米) 比較接近空氣分子。反之紅色光之波長約 700 nm 波長較紅色光長一些，現取這兩種色光波長比之四次方得 $(700/400)^4 = 9.37$ 換句話說，藍色光比紅色光較容易散射，所以你擡頭看天就見"藍天白雲"光景，吾人知悉太陽早晨東升，夕陽西下外遙看太陽的仰角較高，藍色光容易散射。重複地說，黎明太陽東升及傍晚落日餘輝時當陽光射進吾人眼睛時，在水平線跑盡了長途的藍色光成份已經用完只剩下紅色及黃色部份色光而已。

[B] 地球磁氣圈 (Earth's Magneto Sphere)

　　我們登山時攜帶生活必需品外特別帶地圖和羅盤 (指南針)。如果有全球衛星定位系統 (GPS) 裝置及行動電話就萬無一失，帶羅盤到地球任何地方磁針都會偏轉。這意謂地球均被磁場包圍。說適切，全人類被太陽的光和熱照射並在地球磁氣圈包圍裏生活。

　　條形磁鐵，蹄形磁鐵大家都熟知，事實上地球是個龐大的磁鐵，北極和南極間由磁力線環接，於是可能想到必有一個巨大的磁鐵埋在地心？如果我們查看太陽系常數表則得知太陽無核心，換言之 core = 0 的狀態，只是質量巨大的氫和氦合成流狀氣體，地球雖然質量較小名正言順的固態 (solid)，核心是鐵、鎳等金屬。雖然地下無棒型或蹄形磁鐵，能夠形成球形磁鐵，有北極和南極存在自然形成地球磁氣圈。【圖 1-6】示地球內部核心構造簡略圖，【表 1-2】示地球核心構造材質、溫度、密度各參數略表 (見表 1-2)。

---

[3] 1 nm = 1 nanometer = 1×10^{-9} meter

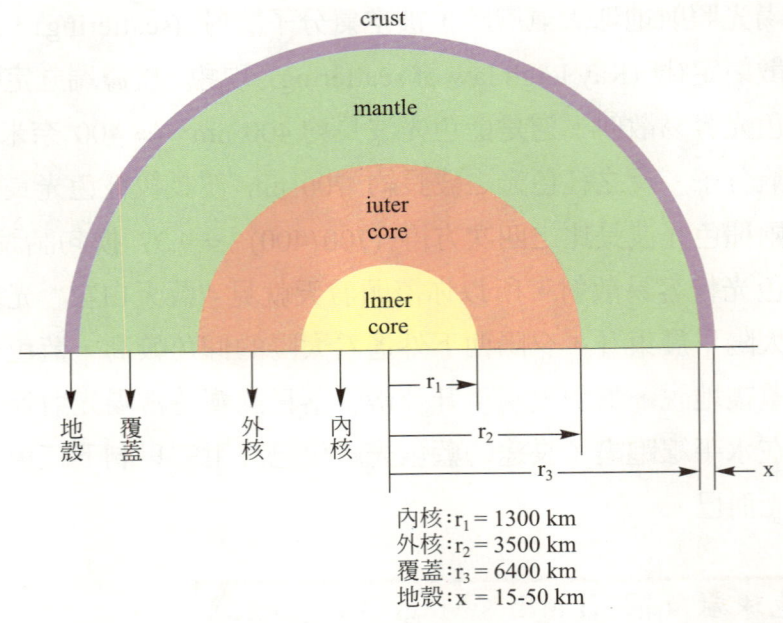

內核：r_1 = 1300 km
外核：r_2 = 3500 km
覆蓋：r_3 = 6400 km
地殼：x = 15-50 km

【圖 1-6】 地球內部核心構造簡略圖

表 1-2　地球核心構造材質、溫度、密度各參數簡略表

	半徑 (km)	材　質	溫度 (°K)	密度 (kg/m^3)
內核 (inner core)	1300	鐵、鎳	5000	8000-9000
外核 (outer core)	3500	鐵、鎳、硫磺	4000	8000
覆蓋 (mantle)	6400	鐵、鎂、矽酸鹽	2000	5000
地殼 (crust)	X = 15 – 50	花崗石	300	3000

[C] 地球之溫室效果 (Earth's Green House Effect)

　　不斷地大量陽光照射地球，透過大氣層然後達到大地面。陽光輻射能可能被高空的雲層吸收，而大部份的熱能被大地吸收，大地確實

吸收陽光的熱能，但大地絕不會儲蓄太陽熱能。地球本身在太空中不斷地自轉和公轉，地球的陽光反照率 (ALBEDO) 約 0.37，如果沒有散熱而只有蓄積熱能，地球早就熔化而且消失於太陽系中。

如此陽光可能直射大地，使溫度高升。因此，紅外線從大地面再輻射上去但被大氣中水份和二氧化碳吸收，引起大氣溫度升高。這些被捕捉的太陽輻射熱能類似溫室效果 (green house effect) 使大地面之溫度上升。【圖 1-7】示地球之溫室效果能夠使大氣層之溫度大約上升 40 °K。

[D] 維恩位移定律 (Wien's Displacement Law)

黑色物體在特定溫度 (°K) 下，光譜的最大波長可用下式表示：

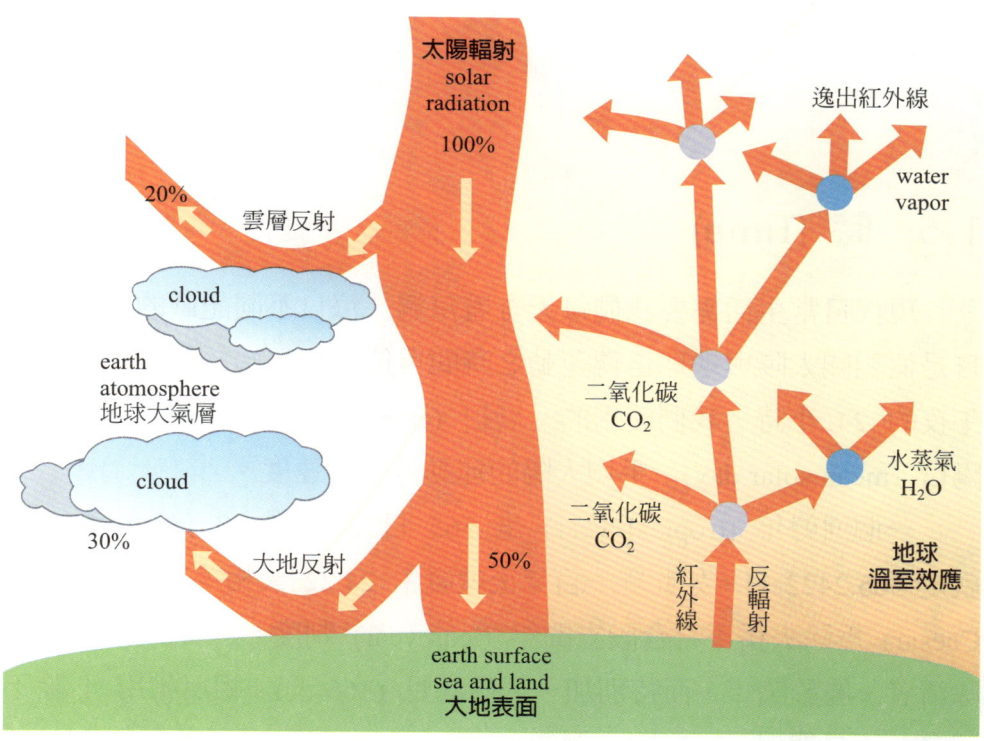

【圖 1-7】 太陽輻射陽光給地球，地球反輻射大部份熱能還回太空。陽光是容易直射地球大地及海洋。但從地球表面反輻射的紅外線被大氣層中水蒸氣及二氧化碳吸收比較不易漏出。這是地球溫室效應，總言之，地球和大氣層向太空放射回去的熱能大致等於太陽給地球輻射熱能。

$$\lambda_{max} = \frac{2.898 \times 10^{-3}}{T} \tag{1-6}$$

$$\lambda_{max} = (\text{meter}) \qquad T = (\text{Kelvin})$$

例題1-2

設地球表面平均溫度 $T = 300\ °K$，試求地球向自大氣層反輻射的紅外線之最長波長 λ_{max} 並求其頻率。

解

$$\lambda_{max} = \frac{2.898 \times 10^{-3}}{T} = \frac{2.898 \times 10^{-3}}{300} = 9.66 \times 10^{-6} = 9.66\ \mu m = 9660\ nm$$

$$f = \frac{3 \times 10^8}{9.66 \times 10^{-6}} = \frac{C}{\lambda_{max}} = 0.31 \times 10^{14} = 3.1 \times 10^{13}\ Hz \quad (紅外線)$$

1-5 時 (Time)

現代日常生活需要我們每天查看每週、每日不同記載的曆日。曆日是個相關太陽與地球自轉運動之時間單位。每日始於午夜終於次日午夜的 24 小時，我們使用的一**曆日** (calendar day) 就是一個**平均太陽日** (mean solar day)。平均太陽的運動是均等速度。

一個**回歸年** (tropical year) 是 365 日 5 時間 48 分 46 秒，也就是 365.2422 日。如此經一百年後就發生 24.22 天相差。凱撒 (Julius Caesar) 為除去這不符合設立**閏年** (leap year) 制度。如果年號用 4 能除清者，屬於閏年，而特別加一天於二月 (366 天)。相反如用 4 除不清者，不是閏年 (365 天)。例如：

1988 年	1988/4 = 477	閏年 (366 天)
1999 年	1999/4 = 499.75	不是閏年 (365 天)

假如年號末二位數字 00 者用 400 去除，除清閏年，除不清不為閏年。

2000/400 = 5 (閏年)　2300/400 = 5.75　　　(不是閏年)

「日出而作，日入而息。」是古代中國農夫勤勉不懈的表現。當時農夫雖然沒帶電子錶，但以日出及日入，換言之太陽對地球之相關運動做平均太陽日。這是古代農夫標準時之基準。

[A] 協定世界時 (Universal Time Coordinated：UTC)

1972 年協定世界時以保持環球正確時間。這就是所謂**格林威治時** (Greenwich Mean Time：GMT)，另可稱為 Zulu (z) 時。換言之，經度零度的子午線通過格林威治時定為標準時間之零時，UTC 用**平均太陽日** (mean solar day) 為基本單位計算之。

$$\text{UT}_{day} = \left(\frac{\text{hours}}{24} + \frac{\text{minutes}}{24 \times 60} + \frac{\text{seconds}}{24 \times 3600} \right) \tag{1-7}$$

$$UT_{deg} = 360 \times UT_{day} \tag{1-8}$$

例題1-3

將 2003 年 9 月 11 日 (中秋節) 21 時 32 分 16 秒換算平均太陽日。

解

2003/4 = 500.75　故 2003 年不是閏年，應用 (1-7) 得

$$\begin{aligned}
\text{UT}_{day} &= \left(\frac{\text{hours}}{24} + \frac{\text{minutes}}{24 \times 60} + \frac{\text{seconds}}{24 \times 3600} \right) \\
&= \left(\frac{21}{24} + \frac{32}{24 \times 60} + \frac{16}{24 \times 3600} \right) \\
&= 0.875 + 0.02222222 + 0.00018518 \\
&= 0.8974074
\end{aligned}$$

故　　$254^{[4]}$ + 0.8974074 = 254.8974074

---

[4] 從 1 月 1 日算起 9 月 11 日是第 254 日。

[B] 恆星時 (Sidereal Time)

以固定恆星之位置作衡量標準之時間。一恆星日是針對某恆星為基準地球自轉一匝的迴轉時間。

又規定：　　一個恆星日等於 24 恆星時
　　　　　　一個恆星時等於 60 恆星分
　　　　　　一個恆星分等於 60 恆星秒

總言之，　　一個平均恆星日 = 23 時 56.0 分 4.09 秒　平均太陽時
　　　　　　一個平均太陽日 = 24 時 3 分 56.55 秒　平均恆星時

是故地球表面經度之測定採用恆星時。【圖 1-8】顯示平均太陽日與平均恆星日之相差。

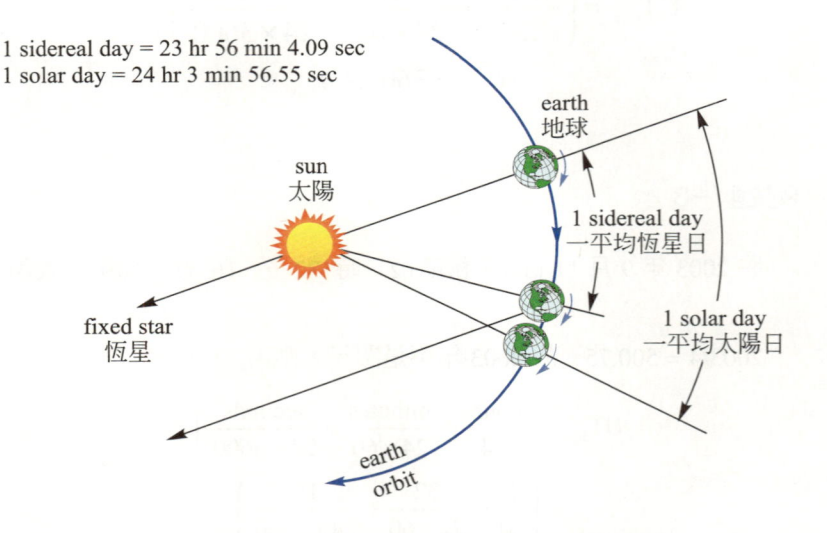

【圖 1-8】　一平均太陽日比一平均恆星日長一些

[C] 木星強大磁力場 (Jupiter's Powerful Magnetsphere)

吾人熟知地球保有磁力圈，地球的北極，南極，凡亞倫輻射帶，北極光等可證明之。1976 年 3 月，先峰太空艙 10 號 (Pioneer 10) 及

航海家太空艙 (Voyager) 等探測結果證實木星地磁比地球約 20,000 倍的強力磁力圈存在。因而來自太陽的太陽風內電子，質子群被巨大木星磁力圈捕捉充滿磁力圈，形成其尾狀可能延長到土星軌道範圍。

　　航海家太空艙探測闡明距木星核心約 70,000 公里的表面呈氣體的雲層狀態。木星之密度和溫度隨著深度出現變化。木星大氣層在表面充滿的氫是很明顯的氣體狀態。但隨深度增加受溫度、密度壓力等各因素又增加。深度 20,000 公里處變成**液體氫** (liquid hydrogen) 直到核心處，變成為**固態核** (solid core) 或**岩石氫核** (rocky core) 除氫以外**氦** (helium) 又混合在一起，如此看來木星宛如一個小太陽但絕非恆星。因為木星不會發光和熱，永遠是太陽系的行星之一。太陽系九個行星中，行星表面磁場強度木星是最大的，約地球磁場 14 倍大。

1-6　生態層 (Ecosphere)

牛津英文辭典第二版：(The Oxford English Dictionary 2nd ed 1989 Clarendon Press Oxford)。針對**生態層** (ecosphere) 如有下列解釋。

> *The region of space including Planets whose conditions are not incompatible with the existence of living things. Only a small zone about 75 million miles wides out of the 4300 million that stretch between the sun and Pluto at its farthest point-provides a planetary environment well – suited to the existence of life.*
>
> *We might call this zone the thermal ecosphere of the Sun. others stars may have such ecospheres of their own.*

查太陽系行星常數表知悉地球距太陽距離等於

　　　　太陽 ⇨ 地球　1 AU = 1.496×10^8 km
　　　　太陽 ⇨ 金星　0.723 AU
　　　　太陽 ⇨ 火星　1.524 AU

因此金星至火星之距離等於

$$(1.524 - 0.723) \cdot AU = 0.801 \times 1.496 \times 10^8 \text{ km}$$
$$= 119829600 \text{ km}$$
$$\cong 120 \times 10^6 \text{ km}$$
$$75 \text{ million miles} = 75 \times 10^6 \text{ mile}$$
$$= 75 \times 1.6 \times 10^6 \text{ km}$$
$$\cong 120 \times 10^6 \text{ km}$$

【圖 1-9】示金星與火星間相隔 75×10^6 英里（120×10^6 公里）範圍稱爲太陽系之**熱生態層** (thermal ecosphere) 而最適合動物，植物及一切生物之生存繁榮之地域。大家熟知月亮是地球天然衛星，距地球約 38

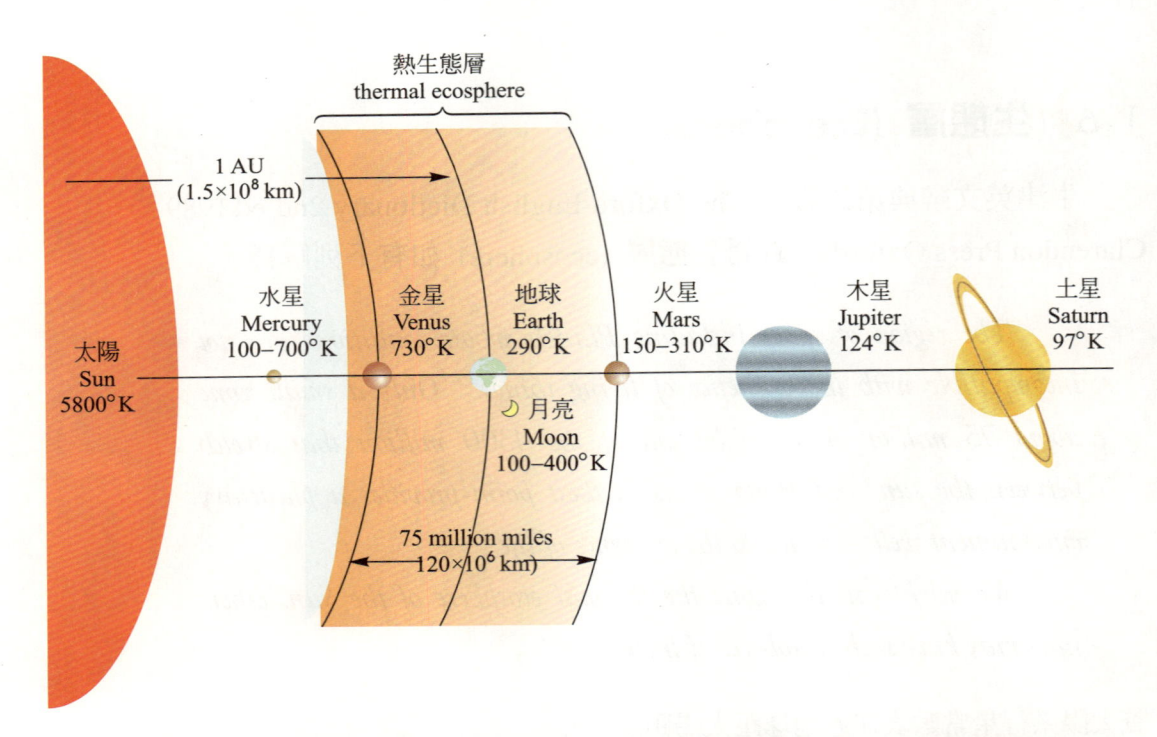

【圖 1-9】 金星與火星之間，相隔 75×10^6 英里（120×10^6 公里）空間，稱為太陽系之熱生態層 (thermal ecosphere)，最適合於動物，植物及一切生物容易繁殖地域。

萬 4 千公里處，月球與地球相同接收太陽的光和熱，惜因月球沒有大氣層和水因此白天和夜間溫度差約 300°K。是否上帝創造天地時忘去了給月亮空氣和水。(參閱聖經，創世紀第一章)

【表 1-3】顯示太陽系各行星表面之平均溫度 (°K) 及大地面**反照率** (albedo)，查表得知最接近太陽的水星、金星之溫度最高，而遙遠的冥王星最低。又因月亮無大氣層和水之存在故白天、夜間之溫度差約 300 °K，是人類、動植物一切的生物不可能生存。反之地球位在最焰熱與嚴寒兩極端的領域中間，太陽系九個行星中最美麗、最舒適的環境內，所謂 "適者生存" 之哲理令人感歎。

表 1-3 太陽各行星表面溫度 (°K) 及反照率

	表面溫度 (°K)	反照率 (Albedo)
水星 (Mercury)	100-700	0.11
金星 (Venus)	730	0.65
地球 (Earth)	290	0.37
火星 (Mars)	150-310	0.15
木星 (Jupiter)	124	0.52
土星 (Saturn)	97	0.47
天王星 (Uranus)	58	0.90
海王星 (Neptune)	59	0.5
冥王星 (Pluto)	40-60	0.6
月球 (Moon)	100-400	

* 反照率是陽光被行星表面反射的分數

1-7 電磁波之光譜 (Electromagnetic Spectrum)

【圖 1-10】示電磁波之光譜，自左向右電磁波之頻率漸高而波長逐短，相反的自右向左頻率漸低，波長逐長。大家熟知光速度等於電

太空通訊科技原理

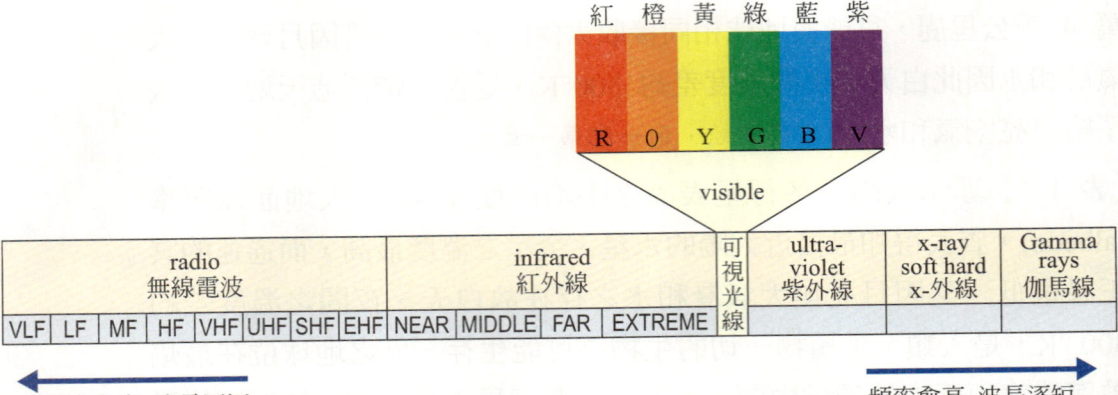

	紅 橙 黃 綠 藍 紫				
	R O Y G B V				
	visible				

radio 無線電波	infrared 紅外線	可視光線	ultra-violet 紫外線	x-ray soft hard x-外線	Gamma rays 伽馬線
VLF LF MF HF VHF UHF SHF EHF	NEAR MIDDLE FAR EXTREME				

← 頻率愈高, 波長逐短　　　　　　　　　　頻率愈高, 波長逐短 →

【圖1-10】 電磁波光譜排列，自右向左伽馬線 (Gamma ray)，X-光線，紫外線 (ultra-violet)，可視光線 (visible light)，紅外線 (infrared ray)，無線電波 (radio wave)。

磁波速度。

$C = 30 \times 10^8$ m/s $= 3 \times 10^5$ km/s 這是固定不變的常數，根據物理學原理光速度 $C = f(頻率) \times (\lambda)$ 波長之乘積，因此頻率 f 愈高其波長愈短。相反的頻率愈低，其波長就愈長。

▶ 光 譜 (Spectrum)

查【圖 1-10】知頻率最高的 (1) 伽馬線 (Gamma-ray) 向左依次序、(2) X-光線 (X- ray)、(3) 紫外線 (ultraviolet)、(4) 可視光線 (visible ray)、(5) 紅外線 (infrared-ray)、(6) 無線電波 (radio wave) 逐漸頻率降低，其波長愈長。

(1) 伽馬線 (Gamma Ray)

再查【圖1-10】得知，每一波段都有些**頻帶寬** (frequency bandwidth)。譬如可視光線就有紅、橙、黃、綠、藍、紫六個顏色，而其波長 (λ) 從 700 nm (紅色) 到 400 nm (紫色) 頻率 (f) 從 43.8×10^4 GHz 到 75×10^4 GHz 的頻寬排列。現就常用頻率，波長相關一些字首、因數、符號示於下列供參考。

例如伽馬線頻率範圍是 $10^{20} \sim 10^{23}$ Hertz。現應用 $C = f\lambda$ 計算波長如下。光速度 $C = 3 \times 10^8$ m，頻率 f = Hertz (Hz)，波長 λ = meter。

表 1-4

字首	因數	符號
Tera	10^{12}	T
Giga	10^{9}	G
Mega	10^{6}	M
Kilo	10^{3}	K
Milli	10^{-3}	M
Micro	10^{-6}	μ
Nano	10^{-9}	N
Pico	10^{-12}	P
Angstrom	10^{-10}	Å

$f = 10^{20}$ Hz，$\lambda = \dfrac{3 \times 10^{8}}{10^{20}} = 30 \times 10^{-12}$ $m = 3 \times 10^{-3}$ nm

= 0.003 nano meter (0.003 奈米)

$f = 10^{23}$ Hz，$\lambda = \dfrac{3 \times 10^{8}}{10^{23}} = 3 \times 10^{-15}$ $m = 3 \times 10^{-6}$ nm

= 0.000003 nm = (0.000003 奈米)

伽馬線對一般人相當陌生。電磁波光譜裏，頻率最高、波長最短的就是伽馬線（γ-ray）。譬如原子序 (atomic number) 88、原子量 (atomic weight) 226 的鐳原子。$^{226}_{88}$Ra 鐳 (radium)。現將鐳原子放在鉛容器，並如【圖 1-11】所示，從外加上強烈磁場時，鐳原子則放射 α、β、γ 線。又因 α 線是正帶電，β 線是負帶電，故兩者偏轉方向相反，但 γ 線是無帶電，故不偏轉。

γ-線是某原子在穩定的**基態** (ground state) 受到一些激勵而衰落變化到另類原子基態時，放射出去的波長極短的**光子** (photon) 之一類，因此排列在光譜的頻率之最右端。

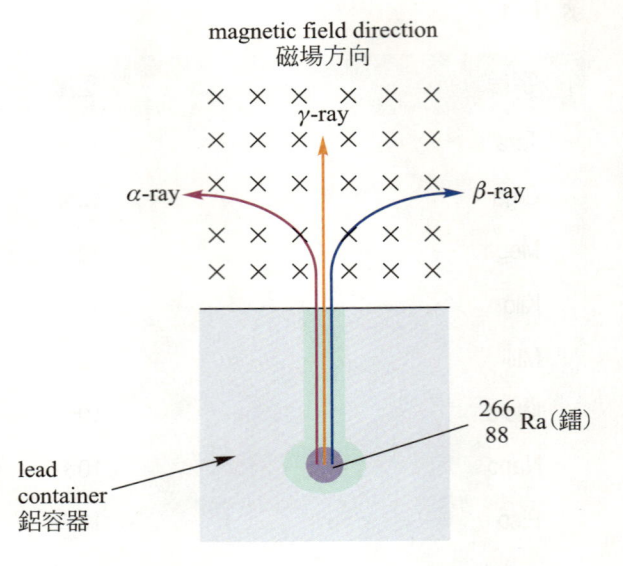

太空通訊科技原理

【圖 1-11】鉛容器裏的鐳原電子放射 α、β 及 γ 三種射線。但 γ 線因不帶電關係，不偏轉。

【圖 1-12】顯示金屬 $^{24}_{12}$Mg (鎂) Magnesium 原子從核能基態連續放射 β 線後衰落到中途的激勵狀態，然後再射許多 γ 線後變為 $^{27}_{13}$Al (鋁) Aluminium 基態的結果。

從圖 1.12 我們得知，伽馬線是原子核從高激勵狀態衰落到低激勵狀態時連續的放射。換句話說，這些伽馬放射線是從原子核向外輻射出去的**光（電）子** (photoelectron)。

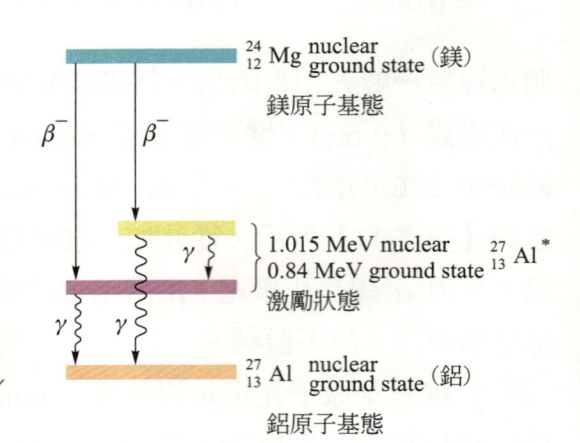

【圖 1-12】$^{24}_{12}$Mg 連續放射 β 線後衰落經中途激勵狀態後，再放射 γ 線後，到達 $^{27}_{13}$Al 最底基態略圖。

^1_1H ^2_1H ^3_1H

proton（質子）
neutron（中子）
electron（電子）

hydrogen（氫）   deuterium（重氫）   tritium（氚）

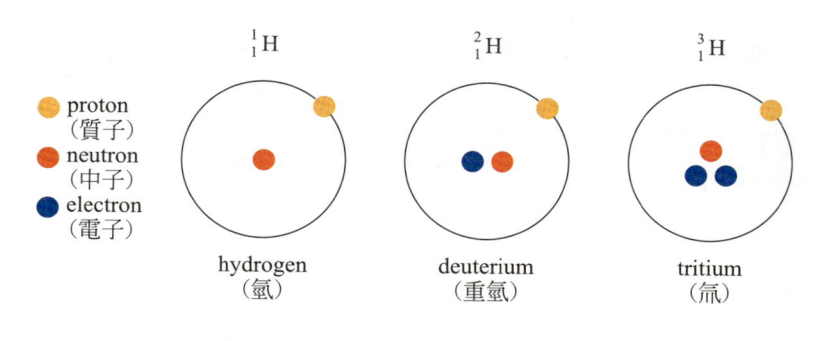

【圖 1-13】 氫同位素構造

我們又常聽**同位素** (isotope)，這是原子核中心包含同數量的**質子** (proton)，但不同數量的**中子** (neutron)。例如【圖 1-13】所示氫的一族 hydrogen，deuterium，tritium 皆是同位素。

核反應 (nuclear reaction) 是質量與能量互換相關又是愛因斯坦 (Einstein) 有名的質量-能量等效定律。

$$E = (\Delta m) c^2 \tag{1-9}$$

上式中 Δm 是核反應前後質量之變化，c 為光速度，而 E 為釋放的能量。如果熱能之放出 (exothemic reaction) 有衰落之觀念者，熱量之吸收 (endothermic reaction) 則有獲益之意味。如此含能的量用 Q 代表時從氫同位素 deuterium 與 tritium 之原子核反應可得

$$\underset{\text{反應前}}{^2_1H + ^3_1H} \rightarrow \underset{\text{反應後}}{^4_2He + ^1_0n + Q} \tag{1-10}$$

上式告訴我們反應前原子序數量是 $1 + 1 = 2$，而反應後 $2 + 0 = 2$。另核子質量而言，反應前後乃是相等的 $2 + 3 = 4 + 1$，現就反應之 Q 計算得

$$Q = \left[質量\left(^2_1H + ^3_1H\right) - 質量\left(^4_2He + ^1_0n\right) \right] c^2 \tag{1-11}$$

【表 1-5】示一些原子、粒子之質量、重量。

(2) X-光線 (X-ray)

西曆 1895 年 Wilhelm Roentgen 發現 X-光線。從此 X-光線對醫

表 1-5　一些原子、粒子之特性

原子或粒子	符號	電荷 1.6×10^{-19} coulomb	原子單位質量 amu
electron	e^-	−1	0.000549
positron	e^+	+1	0.000549
proton	P	+1	1.00728
neutron	N	0	1.00867
protium	^1_1H	—	1.00782
deuterium	^2_1H	—	2.014102
tritium	^3_1H	—	3.01605
helium-3	^3_2H	—	3.01603
helium-4	^4_2H	—	4.00260
gamma ray	γ	0	

【註】1 amu = 1 atomic mass unit = 1.660566×10^{-27} kg $\cong$ 931.5716 Mev

【圖 1-14】　真空玻璃容器內，裝置熱陰極、燈絲、高電壓陽極。陰極放射電子群受高壓影響衝擊陽極放出 X-光線。電壓 V 愈高，電子速度愈快，X-光線之波長愈短。

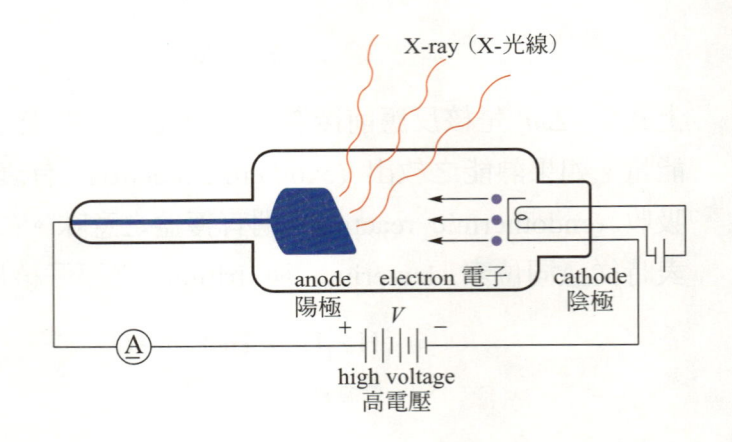

學、科學占重要位置。大家知悉 X 光線照片是骨科、牙科等診斷、治療的重要資料。近來化學及物理學者經常應用 X 光線繞射相關數據決定晶體結構學。

　　伽馬線和 X-光線其頻率極高、波長頗短，貫穿性又很強。X 光線頻率是 $f = 3 \times 10^{16} \sim 3 \times 10^{20}$ Hz，波長 $\lambda = .01 \sim 0.003$ nm 範圍。

【圖 1-14】示 X-線產生器構造簡略圖。真空玻璃管內裝設高電壓的**陽**

極 (anode)、**熱陰極** (hot cathode)、燈絲等宛如二極真空管。如此從陰極放射出去的電子群衝擊目標的陽極後產生極高熱能輻射 X-光線。此時陽極電壓 V 愈高，電子速度愈高，輻射出去的 X 光波長愈短。因此陽極之材料必須高耐熱的**鎢** (tungsten) $^{184}_{74}W$ 或**鉬** (molybdenum) $^{96}_{42}Mo$ 等特殊金屬為佳。

根據 Duane 及 Hunt 實驗結果，欲獲得最短波長 λ_{min} 者，可用下式：

$$\lambda_{min} = \frac{1.24 \times 10^{-6}}{V} \text{ m} \tag{1-12}$$

上式 V = 陽極電壓。

例題1-4

設某 X-光線管陽極電壓等於 50 kV，陽極電流等於 15 mA。試求：
(a) 由於來自陰極電子群之衝擊貯存陽極的功率
(b) 放射的 X-光線之最短波長
(c) 再求 X-光線的頻率

解

(a) $P = VI = 50 \times 10^3 \times 15 \times 10^{-3} = 750$ Watts

(b) $\lambda_{min} = \frac{1.24 \times 10^{-6}}{50 \times 10^3} = 0.0248 \times 10^{-9} = 0.0248$ nm

(c) $f_{max} = \frac{3 \times 10^8}{0.0248 \times 10^{-9}} = 120.9 \times 10^{17}$ Hz

【註】上述 (b) 之解答另可用 Planck's Law 算出，因 $1eV = 1.6 \times 10^{-19}$ Joule，而 Plank constant $h = 6.6 \times 10^{-34}$ Joule

故 $\lambda_{min} = \frac{hc}{50 \times 10^3} = \frac{6.6 \times 10^{-34}}{50 \times 10^3} \cdot \frac{3 \times 10^8}{1.6 \times 10^{-19}}$

$= 0.0248 \times 10^{-19} = 0.0248$ nm

(3) 紫外線 (Ultraviolet)

美國航空暨太空總署曾於 1992 年 6 月應用 Delta 2 號火箭發

射一枚重量 3200 kg 超紫外線探險衛星 EUVE (Extreme Ultraviolet Explorer)。該衛星距地面 528 km，傾斜 28.5° 軌道上測試波長 70 Å~760 Å，頻率 1.28×10^{17} ~ 0.639×10^{17} Hz 的紫外線。本衛星主要目標是闡明星球空間媒體內紫外線分佈狀態使用各類望遠鏡。另就紫外線對媒體內分子的電離 (游離) 作用探查。大家知悉距地面 100~300 km 的地球高空大氣層受陽光的 X 光線或紫外線影響產生了電離狀態的 E 層、F_1 層、F_2 層 (ionized layer) 被稱為電離層 (ionosphere)。因這些各層包含了許多自由電子群。這些各層接收來自大地上的短波電波，(波長 3~30 m) 發生連續電波屈折作用結果構成電波之反射作用，構成了環球短波通訊網。

因為地球大氣層對紫外線是不透明，是故紫外線之觀測必需依靠衛星或太空艙探測方可，查【圖 1-5】可知，所謂臭氧層是距地面的 32-48 公里高度分佈。

這**臭氧層** (ozonosphere) 包圍地球，保護人類以免受來自太陽的強烈紫外線之照射，據一些醫學報告，過份紫外線照射可引起皮膚癌，或白內障等病症。吾人知悉人類造成燃燒後瓦斯及地球溫暖化破壞或傷害臭氧層之厚度，招來過度之紫外線強度。南極大陸上空**臭氧層洞** (ozone hole) 逐年擴大使氣象學者特別憂心，北極上空同樣發生臭氧層洞但其面積較小。

(4) **可見光線** (Visible Light)

設計陽光 (白色光) 射入適當的**三角稜** (prism) 時，就可看見紅、橙、黃、綠、藍、紫六個美麗顏色。經測試則知紫色波長最短 (400nm) 依順序到紅色波長最長 (700 nm)，頻率是 0.75×10^{15} Hz 到 0.528×10^{15} Hz，我們又見天空中華麗的**虹** (rain bow) 之原理。

(5) **紅外線** (Infra-Red Ray)

西曆 1800 年 William Hernschel 發現紅外輻射線 (IR)。這是溫度在絕對零度 (–273°C = 0 °K) 以上的物質裏，其原子或分子會迴轉而發生熱能。紅外線可分四領域。

- 近紅外線 (near infrared) NIR
  波長：0.7 ~ 3 μm　　　頻率：4.29×10^{14} ~ 1×10^{14} Hz
- 中紅外線 (middle infrared) MIR
  波長：3 ~ 6 μm　　　頻率：1×10^{14} ~ 5×10^{13} Hz
- 遠紅外線 (far infrared)：FIR
  波長：6 ~ 15 μm　　　頻率：5×10^{13} ~ 2×10^{13} Hz
- 超紅外線 (extreme infrared)：XIR
  波長：15 ~ 1000 μm　　頻率：2×10^{12} ~ 3×10^{11} Hz

紅外線輻射源可分天然和人工兩類：

- 天然：恆星、地球、太陽、外太空、岩石、樹林
- 人工紅外線源：噴射飛機、黑體物質、雷射、火箭、飛彈

紅外線輻射

　　1879 年由斯迪枋及波爾茲曼從實驗和古典力學導出**斯迪枋波爾茲曼定律** (Stefan Boltmann Law)。熱能從黑體 (black body) 向外輻射率是比例絕對溫度之四次方。

$$W = \sigma T^4 \quad W/m^2 \tag{1-13}$$

上式　W = 從黑體表面單位面積向半球輻射出去的熱能
　　　σ = 斯迪枋波爾茲曼常數 = 5.67×10^{-8} W/m$^2 \cdot$ k^4
　　　T = 絕對溫度 (°K)

例題 1-5

有一噴射飛機距 90 公尺處輻射 85°C 之溫度。試算該機引擎之輻射能。

解

$$\begin{aligned} W &= \sigma T^4 \\ &= 5.67 \times 10^{-8} \times (273+85)^4 \\ &= 9.3 \times 10^2 = 930 \ W/m^2 \end{aligned}$$

(6) 電磁波 (Radio Wave)

大家熟知太陽給我們光和熱。假使太陽只給我們熱能，易言之，太陽只是一個**熱源** (thermal source) 者，接受到的功率密度，應隨著波長變化而跟隨**蒲朗克輻射定律** (Planck's Radiation Law) 方可。如果應用光學望遠鏡觀察結果追隨溫度 6000 °K 時蒲朗克輻射曲線相符。但應用無線電天文望遠鏡測試時，密度超過光學測量數值甚多。【圖 1-7】顯示當波長小於 1 cm (f = 30 GHz) 時適合 6000 °K 蒲朗克曲線，但波長超過 1 cm 者，無論是寧靜太陽 (quiet sun) 或是擾亂太陽 (disturbed sun)，其溫度高達 1×10^6 °K 或 1×10^{10} °K 左右。

查【表 1-6】知悉頻率 f = 30 GHz 以下的波長正是無線電電波的一大廣闊領域。換言之，太陽不只供給地球熱能外，還送給地球大量的無線電波能。因而波長 1 cm 以下時，光學天文觀測方式及無線天文觀測方式之分別。

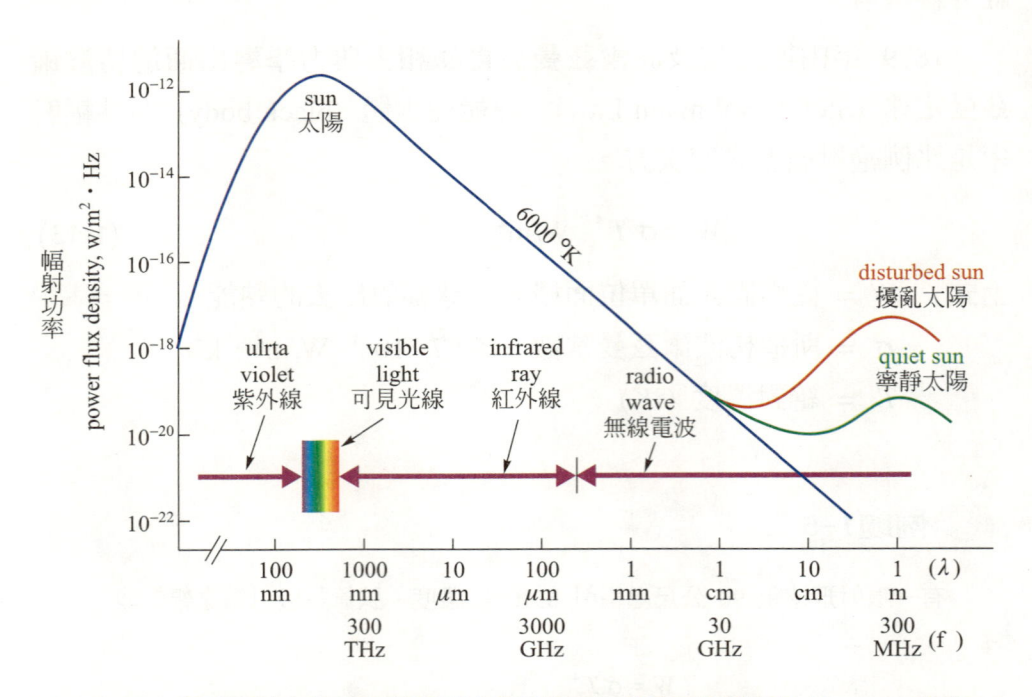

【圖 1-15】 太陽輻射功率密度與輻射波長相關圖。本圖顯示波長大於 1cm (頻率 30 GHz 以下)，若逢擾亂太陽或寧靜太陽時，輻射功率特別大而頻率高於 30 GHz 者，6000 °K 太陽溫度，跟隨蒲朗克輻射定律形態典型曲線。

寧靜太陽表示太陽黑點較少，活動又不頻繁發生。相反地，黑點較多且其位置之偏移又較多就稱擾亂。

地球上有許多太陽輻射電磁波的觀測天文台 (Radio astronomy observatory)，譬如屬於 World data center C_2 for Solar radio emission 的 Nobeyama observatory Nagano，Japan 就是其中之一。該台試記錄太陽輻射的頻率 1.0、2.0、3.75、9.4 GHz，尤其是對 17 GHz 作成 Nobeyama radio heliograph 記錄。另一無線天文觀測台是屬於日本郵政省通信總合研究所的平磯觀測台 (hiraiso observatory)，該台從日出到日入連續記錄頻率 200、500 及 2800 GHz 太陽輻射電磁波。例如針對 500 MHz 有太陽輻射電磁波強度約有 25×10^{-22} W/m^2 · Hz 等數值記錄。

【表 1-6】顯示電磁波光譜的各成份名稱、波長、頻率及應用等介紹供參考。

表 1-6　電磁波光譜及應用簡略表

光譜 (spectrum)	波長 (λ) (wave length)	頻率 (f) (frequency)	應用 (application)
伽馬線 (gamma ray)	3×10^{-6}~3×10^{-3} nm	10^{23}~10^{20} Hz	地球高空大氣層對伽馬線及 X 光線是不透明 (opaque)，故必須應用衛星環繞太空方可探測 γ 及 X 光線在太空內分佈情況。
X 光線 (x-ray)	0.003~0.1 nm	10^{20}~10^{16} Hz	醫科 (骨科) 診斷和治療、化學、物理方面應用 X 光線繞射數據，針對晶體構造之決定，量子理論、量子力學之基礎。
紫外線 (ultra violet)	3~300 nm	10^{17}~10^{15} Hz	陽光紫外線能電離地球高空大氣層產生電離層 (ionosphere)，這對短波通訊頗有用途。
可見光線 (visible light)	400~700 nm	0.75×10^{15}~0.428×10^{15} Hz	陽光（白色光）經過三角稜 (prism) 後呈現紅、橙、黃、綠、藍、紫六個顏色。天空中虹之原理。

表 1-6　（續）

光譜 (spectrum)		波長 (λ) (wave length)	頻率 (f) (frequency)	應用 (application)
紅外線 infrared ray	近 (NIR)	0.7~3 μm	$4.29 \times 10^{14} \sim 1 \times 10^{14}$ Hz	探測、追蹤、航空、飛彈、潛艇等軍中各類用途。醫學診斷、治療等衛星、太空通訊、溫度測試、飛機著陸、森林火炭探測等。
	中 (MIR)	3~6 μm	$1 \times 10^{14} \sim 5 \times 10^{13}$ Hz	
	遠 (FIR)	6~15 μm	$5 \times 10^{13} \sim 2 \times 10^{13}$ Hz	
	超 (XIR)	15~1000 μm	$2 \times 10^{13} \sim 3 \times 10^{11}$ Hz	
無線電通訊 radio	EHF (Extreme High Frequency)	0.1~1 cm	300~30 GHz	雷射光通訊 電視廣播
	SHF (Super High Frequency)	1~10 cm	30~3 GHz	廣播電台
	UHF (Ultra High Frequency)	10~100 cm	3 GHz~300 MHz	地上無線電通訊 衛星通訊
	VHF (Very High Frequency)	1~10 m	300~30 MHz	無線電遙感測試
	HF (High Frequency)	10~100 m	30~3 MHz	軍（民）用雷達 無線天文科技
	MF (Medium Frequency)	100~1000 m	3 MHz~300 KHz	無線電電報
	LF (Low Frequency)	1~10 km	300~30 KHz	無線電傳真 行動電話
	VLF (Very Low Frequency)	10~100 km	30~3 KHz	無線電探向

【註】① NIR (Near Infrared Ray) 近紅外線；MIR (Middle Infrared Ray) 中紅外線
② FIR (Far Infrared Ray) 遠紅外線；XIR (Extreme Infrared Ray) 超紅外線陽光輻射的 X-光線、紫外線將地球高空（100~300 km）高度內 O_1、O_2、N_2 等瓦斯電離成游離（ionize）而造成所謂電離層（ionosphere），E_1、F_1 及 F_2 層。這些電離層對環球短波通信頗有用處。

1-8 彩 虹 (Rainbow)

浩瀚宇宙中，大自然給人類從思考演變到科學理論之立證、科技之證實，再進展到今日萬般高科技之實現。其中太陽到地球間太空裏發生之大自然諸現象至今尚未完整的解析。大自然有時對人類苛刻，有時親和。白天炎熱的陽光，夜間就有柔和的月光。嚴寒的南北兩極地夜間可能出現五彩天幕而活動性的**北極光** (aurora)。日間雨後陽光和水蒸氣演出綺麗的**天橋虹**[5] (rainbow) 等，太陽系裏諸行星唯有地球，在宇宙間可能是最美麗的香格里拉境地。

【圖 1-16】示入射的白色光在熔凝石英內產生**色散** (chromatic dis-

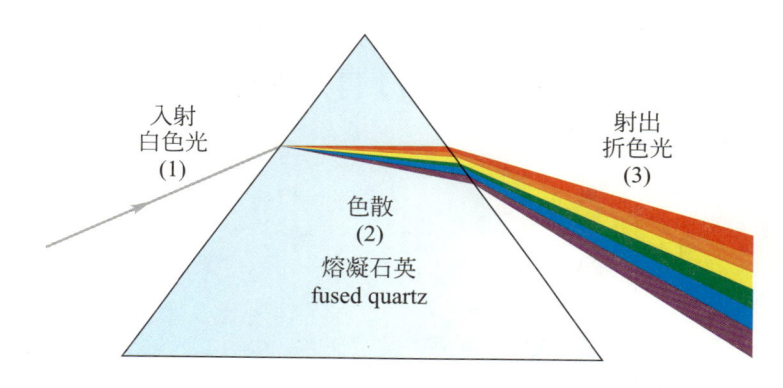

【圖 1-16】 白色光射入熔凝石英後發生色散然後射出空中，此時則有折射現象。

---

[5] Webster's Ninth New Collegiate Dictionary, 1986. Rainbow 解釋有：

- An arc or circle that exhibit in concentric bands of colors of the spectrum and that is formed opposite the sun the refraction and reflection of the sun's ray in raindrops spray or mist. 再解說
- Impossibility of reaching the rainbow ------------ an illusory goal or hope.

陽光、雨滴、和空氣這三個條件合適者天空中就出現彩色的天橋「虹」。這是萬人認為真實或真確的事，但實際並不存在，你不能到達，更不能帶回。英文寫 impossibility of reaching the rainbow，又說 illusion 或 illusory goal or hope 等，總言之，虹是達不到，得不到，而是虛幻或一種幻象。俗語說「情人眼裏出西施」，A lover often attributes an illusory beauty to his beloved. 同意。

表 1-7　折射率簡表 indices of refraction

媒質　medium	n
水　water	1.33
空氣　air	1.00
冕牌玻璃　glass crown	1.52
熔凝石英　fused quartz	1.46
鑽石　diamond	2.42

persion) 後射出空氣。參考【表 1-7】知**熔凝石英** (fused quartz) 之折射率 $n = 1.46$ 而空氣之折射率約 1.00，因此陽光射進熔凝石英後發生折射和色散，然後從玻璃質的三角稜再跑出空氣中。此時再折射一次。出現紅、橙、黃、綠、藍、紫六個顏色，我們知悉紫色的波長是 400 nm，紅色波長是 700 nm。參考【圖 1-17】得知波長短、折射率大 (紫色)，而波長長、折射率小 (紅色)。

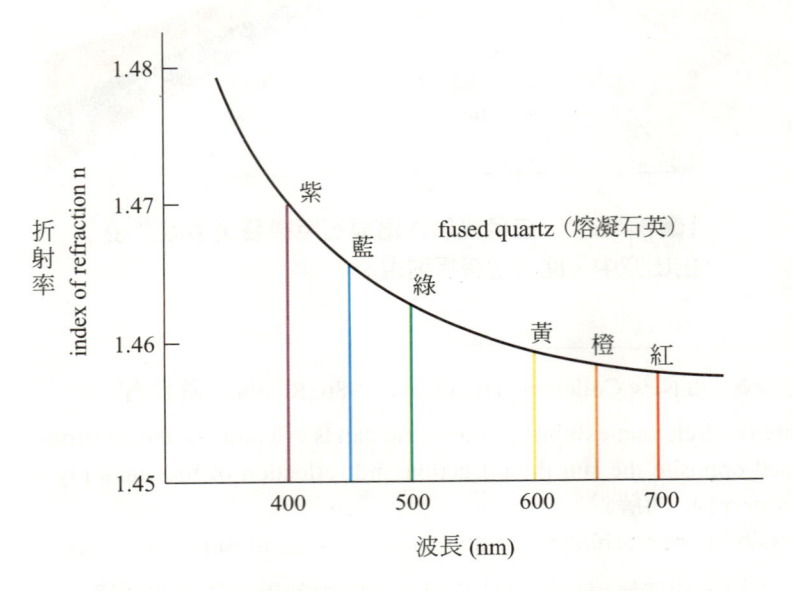

【圖 1-17】　熔凝石英 (fused quartz) 對不同色光，(不同波長) 呈現不同折射率的現象。如果異質玻璃者，折射率自然不相同。

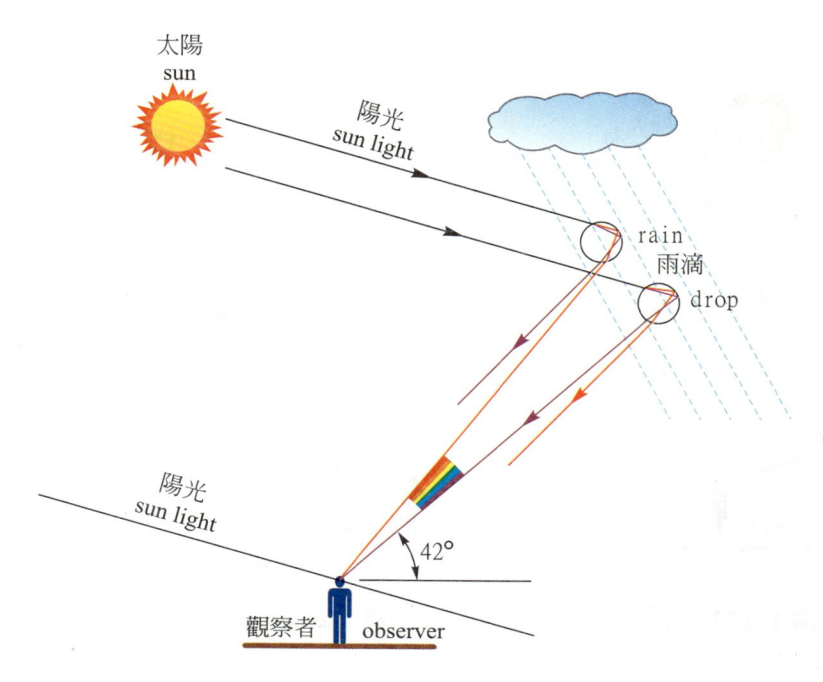

【圖 1-18】 天空中發生虹現象原理。陽光在射進和射出雨滴時，各折射一次，在雨滴內反射一次。根據 Descartes 預測與陽光 42° 角度方向出現虹。

【圖 1-18】示大氣中發生虹現象原理圖。如圖顯示陽光射進和射出兩水滴時各折射 (refraction)，色散 (dispersion) 再折射，另在水滴中**反射** (reflection) 一次。根據 Descartes 預測，與陽光 42° 角度方向現出弧形彩色虹。

有時會發生虹霓現象，如【圖 1-19】所示大都發生雨後。太陽光線射入空中浮游的水滴經二次折射色散後所呈的彩色同心圓弧。內外兩環，內環色彩較濃 (brighter) 稱為「虹」，而外環色彩比較淡 (fainter) 稱為「霓」。內環與觀察者 (observer) 之視角約 42°，而外環約為 51°。

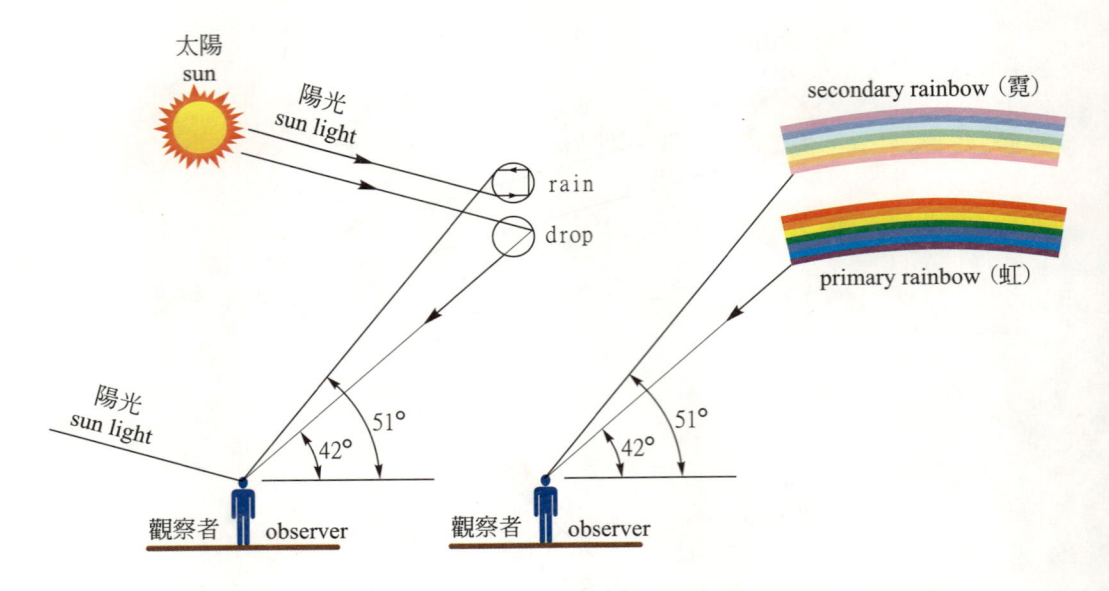

【圖 1-19】 虹 (primary rainbow) 及霓 (secondary rainbow) 發生之原理

參考文獻

1. Kraus, **Radio Astronomy 1966,** Mc-Graw Hill Book Company.

2. Chaisson/McMillan, **Astronomy Today 3rd edition,** Prentice Hall, New Jersey.

3. Paul A. Tipler, **Physics for Scientists and Engineers. 4th edition,** W. H. Freeman and Company, Worth Publishers 1979.

4. Roy, A. Gallant, **Our Universe 1994,** National Geographic Society.

5. Dennis Roddy, **Satellite Communications 1995,** Mc-Graw Hill Book Co.

6. Rudolf X. Meyer, **Elements of Space Technology,** Academic Press. 1999.

7. Margaret G. Kivelsen & Chrisopher T. Russcll 1977, **Introduction To Space Physics,** Cambridge University Press.

8. Kenneth Davis, **Inospheric Radio Propagation 1965,** U. S. Department of

Commerce, National Bureau of Standard.

9. James R. Wertz, Editor, **Spacecraft Attitude Determination and Control 1990,** Kluwer Academic Publishers Dordrecht, Netherlands.

習　題

1. 我們已知 X-光線保有強力的貫穿性質，現設
   I_o = X-光線最初線束強度 I_o
   I = X-光線貫穿厚度 x 的吸收物質後光束強度
   μ = 物質的線型吸收係數，則有下列或關係
   $$I = I_o e^{-\mu x}$$

   設有 X-光線束最初強度 $I_o = 10^6$ (photons/cm²/s，而每一光子的電能等於 50000 eV 這 X-光線射入厚度 2 cm 的骨頭，且設 $\mu = 0.15$ /cm。試求
   (a) 穿過骨頭後 X-光線之強度。
   (b) 如骨頭交換軟質的肌肉但 $\mu = 0.025$ /cm。

2. 波長 $\lambda = 300$ nm，強度 1.2 W/m² 之紫外線直接射進 $^{39}_{19}$K (鉀) Potassium 金屬上。
   試求：
   (a) 鉀光電子 (photoelectron) 的最大動能 (max kinetic energy)。
   (b) 假如 1% 的紫外線光子射入鉀金屬表面，再從 1 cm² 鉀金屬表面有多少光電子 (photo electron) 放射出去。

3. 太陽向地球熱輻射約等於每分鐘每一平方公分，2 卡路里熱量 2 (cal / cm² min)。試求陽光 (白色光) 的平均波長 550 nm (綠色光) 每分、每一平方公分，有多少光子射進。

Satellite Communication Microwave Antenna

2 衛星通信用微波天線

2-1 概說 (Introduction)
2-2 地面電台天線 (Earth Station Antennas)
2-3 號角天線 (Horn Antenna)
2-4 圓形反射板天線之增益 (Gain of Circular Reflector Antenna)
2-5 圓形開口天線 (Circular Aperture Antenna)
2-6 偏移饋波反射板天線 (Offset Feed Parabolic Reflector Antenna)
2-7 南極大陸昭和基地日本 NHK 應用凱氏天線
　　將南極大陸科學資料轉播回送東京電視台
　　參考文獻 (References)
　　習　題 (Problems)

2-1 概　說 (Introduction)

　　今日衛星通信系統包括陸上及海上地面電台，太空中飛翔的太空艙、衛星、太空梭和太空站採用的均為反射型天線。本天線由**一次輻射器** (primary radiator) 及**二次反射器** (secondary reflector) 構成，一次輻射器有各類**號角天線** (horn antenna) 而二次反射器採用柵子、鋁合金板或其他玻璃纖維特殊板噴漆金屬材料。反射板之型態屬於拋物線形 (parabolic shape) 的所謂碟型天線。通常碟型天線之直徑約使用電波的波長之幾百倍至千倍之大。

因為微波碟型天線之功率增益特別高，**定向性** (directivity) 優良，雜音溫度又較低，在微波領域內，沒有其他型態的天線可代替。名副其實，在微波天線領域內唯一珍貴天線。

衛星通信用天線可分成衛星用收發射天線及基地台用收發天線兩類，無論是地球同轉衛星，地球環繞衛星或各行星間深太空飛航的衛星，太空艙上裝設的天線，使用硬體之材質應考慮太空中嚴寒，嚴熱氣候變化外尚符合於高速度飛航。設計時應考慮下列要點。

1. 地面電台與衛星 (太空艙) 間之遙測，追蹤指揮用頻率及天線之各類型態，構造及使用頻率。
2. 廣播衛星者，大地面上涵蓋面積、形態。圓形或線形極化波，地面上接收台之電場強度。
3. 通信衛星者[1]，衛星 (太空艙) 與基地台間之距離必須考慮，此外固定台或移動台亦要分別。
4. 如果基地台設定在地球上，而太空艙飛往水星、金星、火星、木星、土星等太陽系各行星之探查資料如遙測訊號者，行星公轉太陽之週期、時間及方向，距離等各不相同。太空艙與基地台收發天線之增益，構造尺寸、重量等條件亦慎重考慮。

2-2　地面電台天線 (Earth Station Antennas)

從地面電台 (包括陸上、海上) 向太空艙發射上去的**上鏈訊號** (up link signals) 或從太空艙傳播下來的**下鏈訊號** (down link signals) 必經天線方可順利動作。比喻飛機起飛、降落的場地是機場而電波發射、

---

[1] 今日全球衛星通信 A 級標準地面電台碟型天線之直徑為 30 公尺。C 頻帶工作頻率 6/4 GHz，波長為 5/7.5 cm。故天線之直徑約波長之 500 倍，如果是加州金石城 (Gold Stone) 建立的深太空通信地面電台其直徑為 60 m (6000 cm)，工作頻率 8 GHz，其直徑約工作波長之 1600 倍大。通常天線尺寸、長度、大小均以工作頻率 (波長) 為基準算起。由此可見碟型天線之直徑/波長比之大。

第二章　衛星通信用微波天線　39

Reprinted by Courtesy of Chunghwa Telecom Co. Taipei, Taiwan

【圖 2-1】　陽明山地面電台天線台北 5B (直徑 11m) 遠景。（承中華電信公司、國際通信分公司之許可複影）

Reprinted by Courtesy of Chunghwa Telecom Co. Taipei, Taiwan

【圖 2-2】　枋山第二座天線 (直徑 21 m) 遠景。（承中華電信公司、國際通信分公司之許可複影）

接收的工具就是天線[2]。

　　根據國際（商業）衛星通信公司 (INTELSAT) 公佈的標準 A 級[3]地面電台之天線增益與雜音溫度之比必須符合下列式。

$$\frac{G}{T} \geq 40.7 + 20\log\frac{f}{4} \quad \text{dB/k} \tag{2-1}$$

上式中 f 為電台接收的頻率 (GHz)。如果 C-頻帶 4 GHz，工作時，上式等於

$$\frac{G}{T} \geq 40.7 + 20\log\frac{4}{4}$$

$$\frac{G}{T} \geq 40.7 \quad \text{dB/k} \tag{2-2}$$

換言之，A 級地面電台之 $\frac{G}{T}$ 不得少於 40.7 dB/k。

(2-1) 式的廣義一般式

$$\frac{G}{T} = G_r(\text{dB}) - 10\log_{10}T_S \quad \text{dB/k} \tag{2-3}$$

G_r 為電台接收天線之增益 (dB)，T_S 為接收系統之溫度 (Kelvin)，這包含大氣層、微波天線、導波管、外圍大氣層等，最低從 70°K 到最高 1000～2000°K 左右。

▶大型地面電台天線

　　【表 2-1】顯示國際商業衛星通信大型地面電台各類天線之性能簡略表。

　　衛星通信用天線如前所述裝設於衛星上之天線，建立在大地上之地面電台天線之兩大類。現依天線之構造再分單反射板天線、雙反射

---

[2] 從前當購置一套昂貴電視機後廠商就贈送一附電視天線，使顧客感覺『天線是電視機的附屬品』錯誤觀念，天線絕非發射機或接收機之附屬品。唯有精密而多功能天線方能達到圓滿通訊目標。

[3] 本書，習題解答，附錄【A】中，明示 INTELSAT 標準地面電台，A、B、C 及 D、E、F 各級再加 Z 級，等各類接收電台之性能規格以供參考。

表 2-1 Summary of Intelsat Standard A, B, and C Earth Station Characteristics

Standard	A	B	C
Frequencies (GHz)	6/4	6/4	14/11
Polarization	Circular	Circular	Linear
G/T dB K^{-1}	40.7	31.7	$39 + 20\log\left(\dfrac{f}{11.2}\right)$
Typical dish diameter (m)	30	11-13	19
Antenna midband receive gain (dB)	61	51.5	65
Antenna midband transmit gain (dB)	64	54.1	66.4
Main reflector rms surface tolerance (mm)	1.0	0.8	0.6
Typical LNA noise temperature (K)	40	40	120

(Reprinted with permission of Intelsat Global Service Corporation Washington DC. 20008-30006 USA. December 17, 2002)

板天線以及號角天線之三種。

1. 單反射板天線 (single reflector antenna)
   - 主焦點饋波拋物線形天線 (prime focus feed paraboloid antenna)
   - 偏移饋波拋物線形天線 (offset paraboloid reflector antenna)

2. 雙反射板天線 (dual reflector antenna)
   - 凱氏天線 (Cassegrain antenna) ／ 偏移饋波凱氏天線 (off set Cassegrain antenna)
   - 格氏天線 (Gregorian antenna) ／ 偏移饋波格氏天線 (off set Gregorian antenna)

3. 號角天線 (horn antenna)
   - 金字塔號角天線 (pyramidal horn antenna)
   - 圓錐型號角天線 (conical horn antenna)

[A] 前方饋波拋物線型反射天線 (Front Feed Parabolic Reflector Antenna)

最常用的微波天線是拋物線反射板天線或所謂**碟型天線** (dish antenna)。【圖 2-3】示典型天線的截面圖。圖中 D 為天線直徑，F 為拋物線之焦點，而 f 為本天線焦點距離。

查圖得知

$$4f(f-z) = r^2 \quad \rho \leq \frac{D}{2} \tag{2-4}$$

從焦點 F 輻射出去的球面波與反射板面上，P 點之距離設等於 ρ，在頂點 (apex) $r = 0$，此時 $f = z$。但在反射板邊緣

$$r = \frac{D}{2} \quad \text{且} \quad Z = f - \frac{\left(\frac{D}{2}\right)^2}{4f},$$

如用極座標表示者

$$\rho = \frac{2f}{1+\cos\theta} = f\sec^2\frac{\theta}{2} \tag{2-5}$$

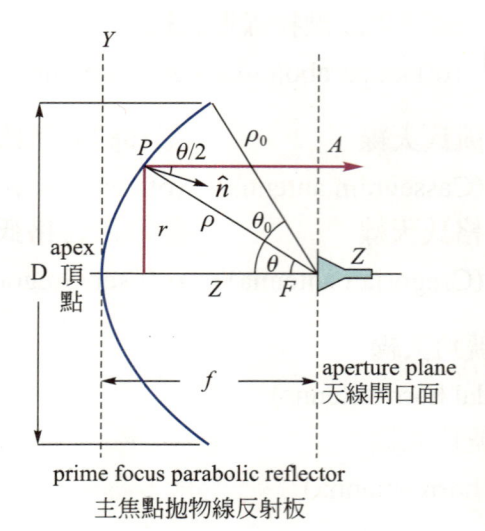

【圖 2-3】 主焦點饋波拋物線天線工作原理圖

或

$$r = \rho \sin\theta = \frac{2f\sin\theta}{1+\cos\theta} = 2f\tan\frac{\theta}{2}$$

在頂點 $(\theta = 0)$，$\rho = f$ 且 $r = 0$，另在反射板邊緣 $(\theta = \theta_0)$，故

$$\rho = \frac{2f}{1+\cos\theta_0}$$

拋物線形天線保持特殊性質。換言之，從初饋波焦點 F 輻射出來的球面波，經反射板反射而撥回到開口面 (aperture plane) 上的路徑一律相等。這可用下式表示。

$$\overline{FP} + \overline{PA} = \rho + \rho\cos\theta = \rho(1+\cos\theta) = 2f \qquad (2\text{-}6)$$

本天線另被稱為**主聚焦反射天線** (prime focus reflector antenna)。巨型反射板天線之直徑遠大於波長 $(D \geq \lambda)$ 或其他 $\frac{f}{D}$ 比，通常在 0.25～0.4 左右。應用 $\theta_0 = \tan^{-1}\left(\frac{1}{4} \cdot \frac{D}{f}\right)$ 得 θ_0 應在 90°～64° 範圍內。如果 $\frac{f}{D} = 0.25$ $(\theta_0 = 90°)$，則稱為**焦點平面反射板** (focal plane reflector)。$\frac{f}{D}$ 比約在 0.3～0.4 中間為最佳設計值。本型天線最大增益當開口面邊緣之照射比天線軸中心照射減少為 10～12 dB 時可獲得。不但如此，邊緣照射之減低可能減少天線之溢波，同時可降低旁瓣波之發射。通常邊緣照射約為 −12 dB 時得到最大效率。

[B] 凱氏天線 (Cassegrain Antenna)

今日在太空中運轉的衛星、太空梭，以及地面電台採用的天線大都應用單反射或雙反射板的圓形拋物線型天線。因為構造較簡單的碟型天線，單一組的天線就可以獲得 30 dB 以上之天線增益。這是其他任何天線得不到的優點。在十七世紀由 William Cassegrain 和 James Gregory 兩位天文學者利用光學電文望遠鏡原理設計改良應用於無線

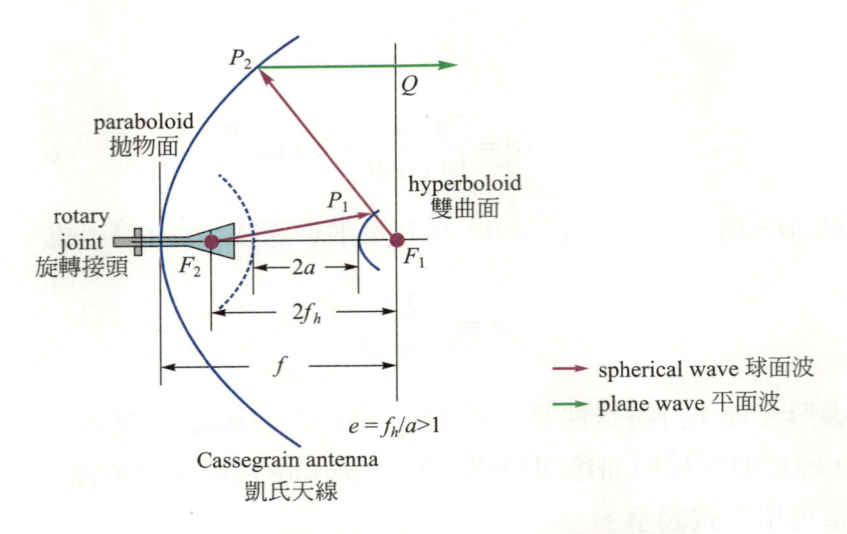

【圖 2-4】 雙反射凱氏天線之動作原理示意圖

電雙反射型微波高增益天線。

【圖 2-4】示凱氏雙反射天線機構示意圖。

本天線初級饋電中心位置在雙曲線副反射板之焦點 F_2 上，因此從 F_2 焦點輻射出去的球面波經副反射板上 P_1 反射。其次再由主反射板上 P_2 點反射後變換為平面波。最後到達天線開口面上 Q 點。凱氏天線之動作原理可由等效拋物線概念來說明之。

【圖 2-5】示等效拋物線被定義為與凱氏天線之主反射板相等焦點長度及直徑的拋物線。

$$f_e = \frac{d_1}{d_2} \cdot f = mf$$

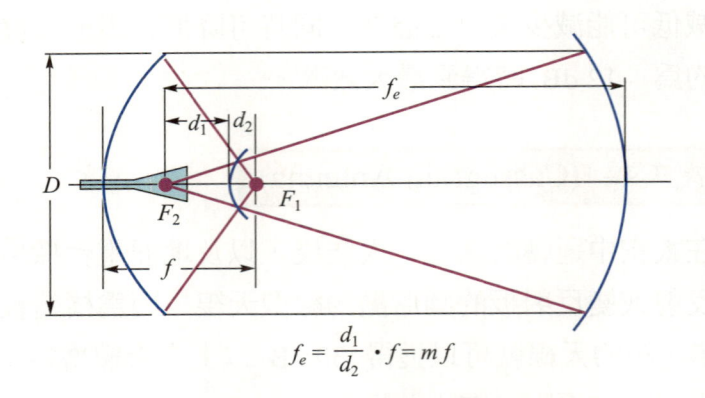

【圖 2-5】 凱氏天線動作原理概念圖

如上述被定義為**等效焦點長度** (equivalent focal length)，f_e 可用下式表示：

$$f_e = \frac{d_1}{d_2} f = mf = \frac{e+1}{e-1} \cdot f \qquad (2\text{-}7)$$

上式 m 是放大因數，而在 0 與 ∞ 中間可取任何數值，通常採用 2 至 6。凱氏天線之焦點距離與直徑之比 $\frac{f}{D}$ 大於普通拋物線天線。因此凱氏天線之交叉極化特性較佳。凱氏天線與主焦點饋波拋物線天線不相關，不需用較長導波管，並且設置於主反射板後面的發射機及接收機其他機件可融合，並能靈活的應用。因此常被採用於地面電台之主天線。凱氏天線當天線仰角旋轉時，需用**旋轉接頭** (rotary joint) 或可撓導波管。

▶ 凱氏天線之優點

1. 如第三章【圖 3-17】所示，凱氏天線之**溢流** (spill over)，其主要部份在空中產生而不在大地上，是故天線之雜音溫度特別低。其次是應用定向性尖銳的初級號角饋波系統，將拋物線反射板及雙曲線反射板之各焦點距離 f_d 及 f_s 縮短，使有效焦點距離增大以致溢流減少。

2. 凱氏天線之增益可用下式表示：

$$G = \eta \frac{4\pi A}{\lambda^2} \cdot \exp\left(-B\left(\frac{4\pi\varepsilon}{\lambda}\right)^2\right) \qquad (2\text{-}8)$$

上式中　ε = 反射板面之精度 rms 誤差

B = 校正因數，假設 $\frac{f}{D}$ 比相當高而引起 B 值近似於 $B \cong 1$ 者，就算反射面之精度不夠完善時，天線增益也不會降低甚多。

3. C 頻帶 $\frac{6}{4}$ GHz 超高頻電路可安裝於初級饋電號角之背後，因此可避免導波管之損失。

第三章【圖 3-18】顯示**波束導波管** (beam waveguide) 之構造及動作示意圖。如圖所示，將來自皺紋圓錐形號角饋波經四重反射鏡板後再照射雙曲線副反射板。查圖易知本構造將高頻電路設施及饋電系統固定，但有易於讓主反射板在二個正交軸 (AZ-EL) 方向任意旋轉之優點。今日世界各國標準 A 級地面電台之大型天線差不多採用**輪軌型** (wheel and truck type) 之四重反射饋波系統凱氏天線。

[C] 格氏天線 (Gregorian Antenna)

【圖 2-6】顯示雙反射格氏天線動作示意圖。

本天線反射板為拋物線形，且副反射板採用橢圓形反射板，如圖所示拋物線之焦點 F_1 與橢圓之焦點一致，而橢圓之另一焦點 F_2 設置於初級饋波器之相位中心。本天線與凱氏天線之相異點是在 F_1 處所有電波被聚成為焦點。在圖中設 $\overline{P_2Q} = l_1$，$\overline{F_1P_2} = l_2$，$\overline{F_1P_1} = l_3$，$\overline{P_1F_2} = l_4$ 時，電波路徑總長 $L = l_1 + l_2 + l_3 + l_4 =$ 常數，$F_2 \rightarrow P_1$ 及 $P_1 \rightarrow P_2$ 路徑均為球面波，但在拋物線型主反射板 P_2 點反射後 $P_2 \rightarrow Q$ 路徑轉變為平面波。

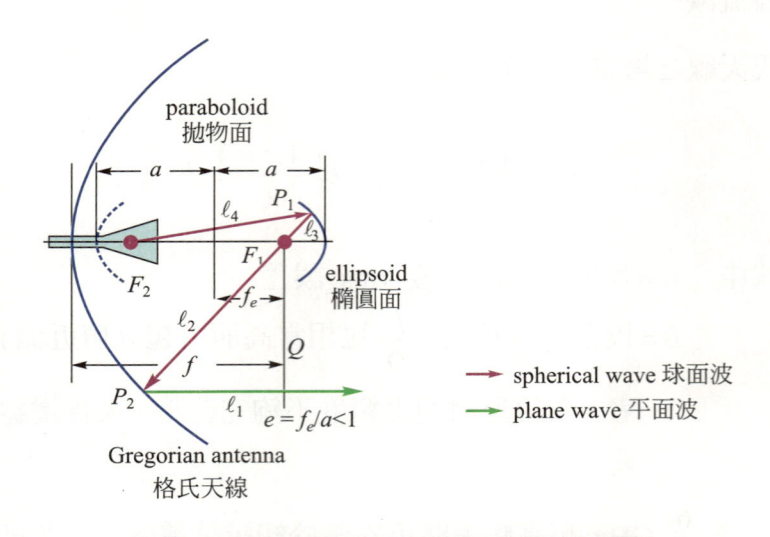

【圖 2-6】 雙反射格氏天線動作原理示意圖

2-3 號角天線 (Horn Antenna)

我們知悉太空通信在微波領域內常採用拋物線形反射板天線，也就是所謂碟形天線。假如不採用反射板天線而直接應用號角器當天線也可以通信，可惜號角天線之增益不大，輻射的波束寬較大，不適合於衛星通信用。此時若使用圓錐型號角天線最適合於**地球涵蓋波束** (earth coverage antenna)。

[A] 圓錐型號角天線 (Conical Horn Antenna)

【圖 2-7】示圓錐型號角天線連絡圓型導波管饋波之原理圖。

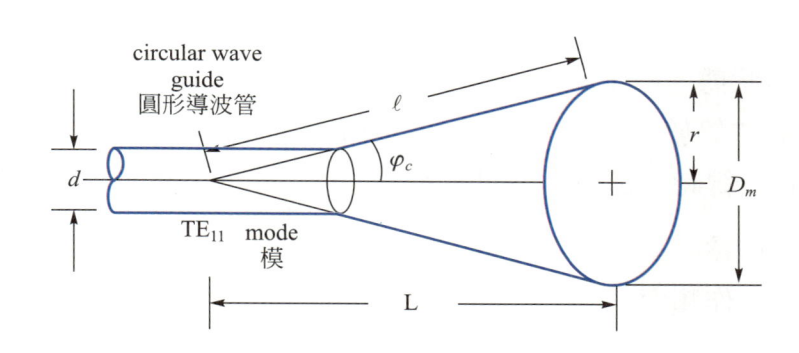

【圖 2-7】 圓錐型號角天線機構圖

如圖所示圓錐號角天線長度 L，開口面直徑 D_m，圓錐擴張角度 φ_c。現假使直徑 D_m 固定，讓長度 L 增加，換言之，L 增加而 $\varphi_c = 0$ 情況則等於直徑 D_m 的圓形導波管。開口面積愈大，天線輻射波束寬愈狹窄。設已知開口面之效率 η_{ap}，開口面之周圍 C 者，圓錐天線之定向 $(D_C)_{dB}$ 等於

$$(D_C)_{dB} = 10\log\left(\eta_{ap}\frac{4\pi}{\lambda^2}\pi r^2\right) = 10\log\left(\frac{C}{\lambda}\right)^2 - L_{(S)} \qquad (2-9)$$

上式中，$r=$ 開口面之半徑

$$L_S = -10\log\eta_{ap} \tag{2-10}$$

(2-9) 式右邊第一項表示均勻圓形開口面之定向，而第二項示開口面效率起因的定向損失之校正因數。(2-10) 式是損失項而可用分貝表示。

$$L(S)_{dB} = (0.8 - 1.71S + 26.25S^2 - 17.79S^3) \tag{2-11}$$

上式 S 表示最大相位偏差 (用波長表示)，則得

$$S = \frac{D_m^2}{8\lambda l} \tag{2-12}$$

如果號角天線之直徑等於

$$D_m = \sqrt{3l\lambda} \tag{2-13}$$

可得最佳狀態。(2-13) 式之條件相當於最大開口面積相位偏差 $S = 3/8$，且損失等於 2.9 dB (開口面效率均等於 $\eta_{ap} = 51\%$)，當設計最佳增益號角天線時，常用規格如下：

1. 需求增益
2. 中心工作頻率

然再求 D_m、L、l、d 及 φ_c 等函數。

▶ **設計步驟：**

1. 將 (2-13) 式代入 (2-12) 式導出 $S = \dfrac{3}{8}$

2. 應用 (2-11) 式求 $L_{(S=\frac{3}{8})}$，損失因數 $L_{(S=\frac{3}{8})} = 2.91$ dB

   $L_{(S)} = (0.8 - 1.71S + 26.25S^2 - 17.79S^3)$，當 $S = 3/8$ 得 $L_{(S)} = 2.91$ dB

3. 已知 d_m 從 (2-13) 式求出 l，然後再求 L 及 φ_c，饋電用圓形導波管直徑 d 可滿足 TE_{11} 模之截止頻率方可。

例題2-1

某圓錐形號角天線之長度 $L = 19.5''$，$D_m = 15''$，$d = 2.875''$，試求：

1. 工作頻率使得號角天線能獲得最大定向，同時試算最大定向增益 (dB)。
2. 再求工作頻率為 2.5 GHz 及 5 GHz 時定向增益 (dB)。
3. 試算本圓錐形號角天線饋電用圓形導波管，在 TE_{11} **主模** (dominant mode) 工作時，**截止頻率** (cutoff frequency)。

解

1. 參考【圖 2-7】得知

$$l = \sqrt{L^2 + \left(\frac{D_m}{2}\right)^2} = \sqrt{19.5^2 + \left(\frac{15}{2}\right)^2} = 20.89''$$

應用 (2-13) 式，在最佳增益時，

$$D_m = \sqrt{3l\lambda} \qquad D_m^2 = 3l\lambda$$

$$\lambda = \frac{D_m^2}{3l} = \frac{15^2}{3(20.89)} = 3.59'' = 9.119 \text{ cm}$$

故 $f = 3.29$ GHz，$\dfrac{L}{\lambda} = \dfrac{19.5}{3.59} = 5.432$，$\dfrac{D_m}{\lambda} = \dfrac{15}{3.59} = 4.178$

因 $D_m = \sqrt{3l\lambda}$，最大定向增益是 $S = 3/8$ $L_S = 2.91$ dB

應用 (2-9) 式，可算出定向增益

$$D_C = 10\log\left(\frac{C}{\lambda}\right)^2 - L_S = 10\log\left(\frac{\pi D_m}{\lambda}\right)^2 - 2.91 = 19.44 \text{ dB}$$

2. 當工作頻率 $f = 2.5$ GHz 時，$\lambda = 12$ cm $= 4.7244''$

$$\frac{L}{\lambda} = \frac{19.5}{4.7244} = 4.1275 \qquad \frac{D_m}{\lambda} = \frac{15}{4.7244} = 3.175$$

應用

$$S = \frac{(D_m)^2}{8\lambda l} = \frac{15^2}{8(4.7244)(20.89)} = 0.284975$$

$$L_{(S)} = \left(0.8 - 1.71S + 26.25S^2 - 17.79S^3\right) = 2.0327$$

$$D_C = 10\log\left(\frac{\pi D_m}{\lambda}\right)^2 - L_{(S)} = 10\log[\pi(3.175)]^2 - 2.0327 = 17.94 \text{ dB}$$

其次當 $f = 5$ GHz 時，$\lambda = 6$ cm $= 2.3622''$，$\dfrac{L}{\lambda} = \dfrac{19.5}{2.3622} = 8.255\,\lambda$

$$\frac{D_m}{\lambda} = \frac{15}{2.3622} = 6.35$$

$$S = \frac{(D_m)^2}{8\lambda l} = \frac{15^2}{8(2.3622)(20.89)} = 0.569$$

$$L_{(S)} = \left(0.8 - 1.71S + 26.25S^2 - 17.79S^3\right) = 5.048 \text{ dB}$$

$$D_c = 10\log\left(\frac{\pi D_m}{\lambda}\right)^2 - L_{(S)} = 25.99 - 5.048$$

$$= 20.94 \text{ dB}$$

3. 圓型導波管之**主模** (dominant mode) 為 TE_{11} 波型。

【表 2-2】明示圓型導波管 TE_{np} 模之 $J'(k_c a)$，Pth zero 相關表。

表 2-2

P	n = 0	1	2	3	4	5
1	3.832	1.841	3.054	4.201	5.317	6.416
2	7.016	5.331	6.706	8.015	9.282	10.520
3	10.173	8.536	9.969	11.346	12.682	13.987
4	13.324	11.706	13.170			

【註】本表參考文獻 (8)。

因 TE_{11} mode，$n = 1$，$p = 1$，查表得知 $X_{11} = 1.841 = k \cdot a$；導波管之半徑 $a = \frac{d}{2} = \frac{2.875''}{2} = 1.4375'' = 3.65$ cm；$k_c = \frac{1.841}{0.0365} = 50.438$，因此截止頻率

$$f_{c(11)} = \frac{50.438}{2\pi\sqrt{\mu_0 \varepsilon_0}} = \frac{50.438 \times 3 \times 10^8}{6.28}$$

$$= 2.4094 \times 10^9 = 2.4094 \text{ GHz}$$

例題2-2

設計工作頻率選定 12 GHz，增益等於 22.6 dB 之圓錐號角天線。

解

應用 (2-12)、(2-13) 兩式得：

$$S = \frac{D_m^2}{8\lambda l} = \frac{3l\lambda}{8l\lambda} = \frac{3}{8}$$

當 $S = \frac{3}{8}$，損失因數 $L_{(S=\frac{3}{8})} = 2.91$ dB，應用 (2-9) 式

$$D_C \text{(dB)} = 22.6 = 10\log\left(\frac{C}{\lambda}\right)^2 - 2.91$$

$$\left(\frac{C}{\lambda}\right)^2 = 10^{2.551} = 355.63 \quad \text{且} \quad \left(\frac{C}{\lambda}\right) = \frac{\pi D_m}{\lambda} = \sqrt{355.63} = 18.86$$

故 $D_m = \frac{18.86\lambda}{3.14} = 6\lambda$，因 $f = 12$ GHz；$\lambda = 2.5$ cm；$D_m = 6\lambda = 15$ cm

應用 (2-13) 式得 $D_m = \sqrt{3l\lambda}$

$$l = \frac{D_m^2}{3\lambda} = \frac{36\lambda^2}{3\lambda}$$
$$= 12\lambda = 30 \text{ cm}$$

其次查【圖 2-7】得

$$L = \sqrt{l^2 - \left(\frac{D_m}{2}\right)^2} = \sqrt{(12\lambda)^2 - \left(\frac{6\lambda}{2}\right)^2}$$

$$= 11.62\lambda = 29.05 \text{ cm}$$

且

$$\varphi_c = \tan^{-1}\left(\frac{\frac{D_m}{2}}{L}\right) = \tan^{-1}\left(\frac{\frac{15}{2}}{29.05}\right) = 14.47°$$

$$2\varphi_c = 28.94°$$

2-4 圓形反射板天線之增益
(Gain of Circular Reflector Antenna)

圓型反射板天線之增益[4] 可用下式表示。

$$G = \eta_{ap} \frac{4\pi}{\lambda^2} A_P = \eta_{ap} \left(\frac{\pi D}{\lambda}\right)^2 \tag{2-14}$$

上式　η_{ap} = 圓形天線開口面之效率
　　　D = 圓形天線之直徑
　　　λ = 工作頻率
　　　A_P = 圓形天線面積

(2-14) 式中天線開口面效率 η_{ap} 事實上由天線之構造上許多相關因數之總積成立。

$$\eta_{ap} = \eta_i \cdot \eta_{ss} \cdot \eta_{ms} \cdot \eta_b \cdot \eta_{ps} \cdot \eta_p \tag{2-15}$$

上式　η_i = 主反射板之**照射效率** (illumination efficiency)
　　　η_{ss} = 副反射板起因**溢流效率** (spillover efficiency of sub-reflector)
　　　η_{ms} = 主反射板起因溢流效率 (spillover efficiency of main reflector)
　　　η_b = 副反射板及支持架引起的波束**封鎖效率** (blockage efficiency)
　　　η_{ps} = 相位誤差及主反射面表面精度誤差 (phase error and surface error) 相關效率
　　　η_p = **極化損失** (polarization loss) 相關效率

---

[4] 有些課本、參考書記載拋物線型天線之增益等於

$$G_{dB} = 20 \log f_{GHz} + 20 \log B_m + 17.8$$

上式中，工作頻率為 GHz，天線直徑用公尺表示，雖然天線開口面之效率不明示，但其效率是 $\eta = 55\%$ 之含意。

表 2-3　某地面電台凱氏天線效率計算表

效率相關因數	符號	損失 (%)	效率 (%)
主 反 射 板 照 射 效 率	η_t	2.0	98.0
副 反 射 板 照 射 溢 流	η_{ss}	12.0	88.0
主 反 射 板 溢 流	η_{ms}	4.0	96.0
副 反 射 板 封 鎖 損 失	η_b	7.0	93.0
反射面表面及相位誤差	η_{ps}	8.0	92.0
極 化 損 失	η_p	2.0	98.0

【表2-3】明示某地面電台採用的凱氏天線效率計算表供參考。

天線開口面效率：
$$\eta_{ap} = \eta_t \cdot \eta_{ss} \cdot \eta_{ms} \cdot \eta_b \cdot \eta_{ps} \cdot \eta_p$$
$$= 0.98 \times 0.88 \times 0.96 \times 0.93 \times 0.92 \times 0.98$$
$$= 0.694 \cong 0.7$$

例題2-3

直徑 D 的圓形拋物線反射板天線開口面效率等於 55%。天線之增益等於 $G = 10\log\left[0.55\left(\dfrac{\pi D}{\lambda}\right)^2\right]$ dB，現使用直徑 D 等於 12 英尺 (12 ft = 3.66 m)，工作頻率 f = 11.7 GHz (λ = 2.564 cm) 的拋物線天線經測試後知 G = 50.2 dBi。如果我們用計算得 $G = 10\log\left[0.55\left(\dfrac{3.14 \times 366}{2.564}\right)^2\right]$ = 50.4 dB，相比下增益相當一致。

【註】查美國天線製造名廠 Andrew 公司，廣告的 Ultra High Performance Antenna TEGLAR Long Life Radome Included, UHX 12-107U 12 (3.7)，頻率範圍 10.7~11.7 GHz，天線增益等於 50.2 dBi，由上述可知其一般。

查【習題 2-4】中【習圖 2-2】得知，天線照射（照明）愈下降，換言之天線外圍邊緣照明度減少時，天線開口面錐形效率 (η_t) 隨著下降。這現象導致**旁瓣波** (side lobe) 之減小。

一方面溢流現象不旺，導致溢流效率 (η_s) 增高，結果得 $\eta_t\eta_s$ 兩項**綜合效率** (combined efficiency) 在緣邊照明值約在 -10 dB 附近得最高效率 0.8 左右。

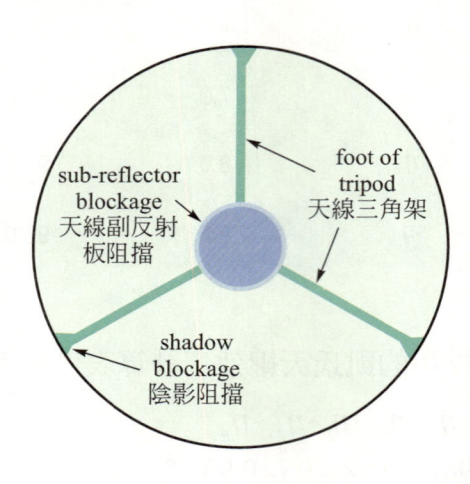

【圖 2-8】示大型凱氏天線開口面由副反射板及三腳支柱架封鎖之情況

其次【圖 2-8】顯示凱氏天線開口面被副反射板及三腳（或四腳）支柱封鎖而發生陰影部份。現設 D 為拋物線主反射板直徑，d 為副反射板直徑，天線開口封鎖效率等於 η_b 則得

$\dfrac{d}{D}$	0.05	0.1	0.2
η_b	0.99	0.96	0.84

再就被支柱封鎖影響可得

支柱架	$D = 10\lambda$	$D = 100\lambda$	$D = 200\lambda$
3 支	0.946	0.995	0.999
4 支	0.935	0.994	0.998

【註】λ = 工作頻率之波長，D = 主反射板直徑

例題 2-4

拋物線形反射板天線之增益與主反射板表面精度有下列關係：

$$G = \eta_{ap}\left(\frac{\pi D}{\lambda}\right)^2 e^{-\left(\frac{4\pi\varepsilon}{\lambda}\right)^2}$$

$$= \eta_{ap}(\pi D_\lambda)^2 e^{-\left(4\pi\frac{\varepsilon}{D}D_\lambda\right)^2}$$

上式中 η 是 $\varepsilon = 0$ 時天線之效率，而 ε 是主反射板表面之 rms 精度，$D_\lambda = \frac{D}{\lambda}$。主反射板與標準拋物線容許偏差率示於下列簡易表。

表 2-4　典型反射板表面容許偏差

反射板形式	反射板表面 RMS 偏差 ε
最　佳　鋁　絲　網	0.15 mm
普　通　鋁　絲　網	0.64 mm
金　屬　化　合　塑　膠	0.06 mm
機　械　加　工　鋁	0.04 mm

設 $\varepsilon_s = e^{-\left(\frac{4\pi\varepsilon}{\lambda}\right)^2}$ 等於主反射板 rms 精度偏差，如此 t_s 值就接近 1.0，應用【表 2-4】若應用金屬化塑膠時 ε 等於 0.06 mm，故 $\varepsilon_s = e^{-(4\times 3.14\times 0.06/25.6)} = 0.999 \cong 1.0$

【註】設工作頻率 $f = 11.7$ GHz　$\lambda = 2.564$ cm $= 25.6$ mm

另有一簡單方程式可應用

$$\varepsilon_s = 3\times 10^{-2}\times d \tag{2-16}$$

上式 $d =$ 天線之直徑 (單位 meter)，例如直徑 10 公尺者天線表面誤差容許 0.3 mm，如果直徑 $d = 70$ 公尺者 $\varepsilon_s = 2.1$ mm。

2-5 圓形開口天線 (Circular Aperture Antenna)

【圖 2-9】示圓形開口天線在遠地點 $P(r, \theta, \phi)$ 產生之電場，通常開口面積愈大換言之直徑愈大，**主波束** (main beam) 愈狹窄，波束在 $\theta = 0°$ 方向就最大。

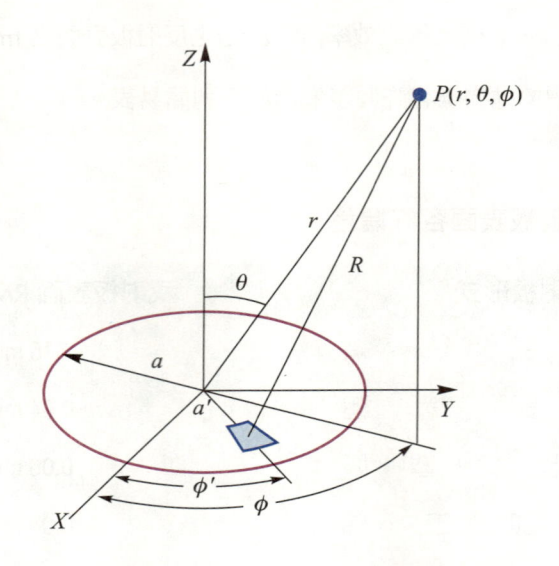

【圖 2-9】 圓形開口天線在遠地點 $P(r, \theta, \phi)$ 產生之電場

吾人常用的碟形天線反射板如果受號角器之均勻照射時其輻射強度可用下式表示：

$$f(\theta) = \frac{2J_1.(\beta a \sin\theta)}{\beta a \sin\theta} \qquad (2\text{-}17)$$

上式是 $\theta = 0°$ 最大值設等於 1 時正規化值，式中 $J_1(\beta a \sin\theta)$ 是**一階第一種貝塞爾函數** (first kind Bessel function)。

我們在前面討論過天線之增益 $G = \eta\left(\dfrac{\pi D}{\lambda}\right)^2$，本式是地面上之天線正確面對著衛星時獲得之增益，但通常如【圖 2-10】所示，天線之主

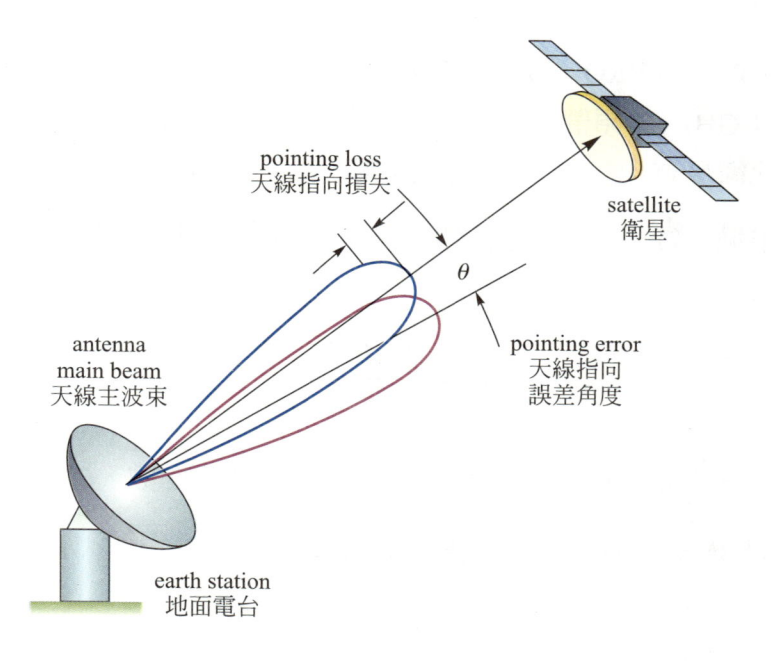

【圖 2-10】 天線指向損失概念圖

軸不易精確的指向距地面幾萬公里太空中的衛星天線。

查圖易知，如果碟形天線之主波束 (main beam) 有些**偏軸角度** (off axis angle) 或可以說有些指向**誤差角度** (pointing error) 存在就發生**指向損失** (pointing loss)，讓我們考慮將天線精確的指向衛星有一些困難之原因。

1. 地球靜止軌道上衛星必須遵循下列三規定，週期 P = 23 hr 56min 4.09 sec，離心率 $e=0°$ 軌道傾斜 $i=0°$ 惜因地球本身是旋轉橢圓扁體，又受月球，太陽之引力及太陽風之影響，使靜止衛星在軌道上經常發生所謂漂流 (drift) 現象。

2. 微波反射板天線之主波束隨著反射板直徑之增大其波束寬度 (beam width) 愈狹窄，譬如直徑 30 公尺，工作頻率 6 GHz 反射板天線主波束，3dB 半功率波束寬等於 $\theta_{3dB} = 0.12°$ 頻率如果採用 8.4 GHz，且天線直徑 60 公尺時，$\theta =_{3dB} = 0.044°$，上兩例子告訴我們 $\left(\frac{1}{10}\right)°$ 及 $\left(\frac{4}{100}\right)°$ 等非常狹窄天線之波束精確的指向 36000 公里外的太空中衛星天線方可順利通訊。

3. VSAT 或 TVRO 專用直徑較小的反射板天線者主波束寬較大，例如 4 GHz (C 頻帶) 直徑 1.2 公尺者，主波束波束寬 $\theta_{3dB} \cong 4.6°$，因此衛星有少許漂流時，其影響不大。

常用拋物線天線反射板如果被號角天線均勻照射時，其增益可用下式表示

$$G(\theta) = 4\left|\frac{J_1(u)}{u}\right|^2 \tag{2-18}$$

上式中 $u = \frac{\pi D}{\lambda}\sin\theta$，$J_1(\theta)$ 是一階第一種貝塞爾函數，θ 是偏軸角度【表 2-5】顯示錐形圓型開口面輻射特性。

表 2-5　錐形圓型開口面輻射特性表

照明函數 n	半功率 (3dB) 波束寬 (rad)	照明效果	第一旁瓣波位準 (dB)	正規化輻射波型 $f(\theta, n)$
0	$1.02\frac{\lambda}{D}$	1.00	−17.6	$\frac{2J_1(u)}{u}$
1	$1.27\frac{\lambda}{D}$	0.75	−24.6	$\frac{8J_2(u)}{u^2}$
2	$1.47\frac{\lambda}{D}$	0.56	−30.6	$\frac{48J_3(u)}{u^3}$

【註】D = 天線直徑、λ = 波長、$n = 0$ 均勻照射；$n = 1$ 拋物線衰減；$n = 2$ 平方衰減、$u = \beta a \sin\theta$，$2a = D$，$J_n(u)$ 貝塞爾函數

查【表 2-5】知，均勻照射時 ($n = 0$) 半功率波束寬等於 $1.02\frac{\lambda}{D}$ rad，或 $58.5\frac{\lambda}{D}$ deg。如果拋物衰減形照射 ($n = 1$) 者，半功率波束寬等於 $1.27\frac{\lambda}{D}$ 或 $72.7\frac{\lambda}{D}$ deg。事實上，天線指向精度而言，偏軸角度若能保持天線半功率波束度的 1/3 以內就可容許，譬如天線直徑 60 公尺，

工作頻率 8.4 GHz 半功率波束寬度 ($n = 1$) 等於 $1.27\frac{\lambda}{D} = 1.27\frac{3.57}{6000}$ rad
$= 0.0432 \deg$；$\frac{1}{3} \times 0.0432 = 0.0144 \deg$

$$G(0.0144) = 4\left|\frac{J_1(u)}{u}\right|^2 = 4\left|\frac{J_1\left[\frac{\pi D}{\lambda}\sin(0.0144)\right]}{\frac{\pi D}{\lambda}\sin(0.0144)}\right|^2$$

$$= 4\left|\frac{J_1\left[\frac{3.14 \times 6000}{3.57}(2.51\times 10^{-4})\right]}{\frac{3.14 \times 6000}{3.57}(2.51\times 10^{-4})}\right|^2$$

$$= 4\left|\frac{J_1(1.326)}{1.326}\right|^2 \cong 0.64$$

$10\log 0.64 = -1.94$ dB

上述例子告訴我們如果天線偏軸角度能保持半功率波束角度之 1/3 以內者，天線指向損失大約 1~2 dB 以內而可以容許。

　　吾人已經了解，衛星在軌道上漂流現象，此外大型反射板之**風載效果** (wind loading effect) 等現象。為避免指向損失之增加，需要考慮衛星追蹤之問題。

- 反射板天線之直徑 1.2 至 2.4 公尺以下之 VSAT 或 TVRO 專用天線者，因半功率波束寬度相當大不需要追蹤，當首次裝設天線時，留意衛星之方位，仰角經細心校準後則可固定天線使用[5]。
- 極軌道衛星，譬如 Landsat C，軌道週期 103 min 傾斜度 $i = 99°$，地面高度 $h = 916$ km 之接收軌道號天線必須轉接才能追蹤。
- 參考**衛星軌道程式數據** (satellite ephemeris data)，驅動天線以便追

---

[5] INTELSAT 標準 A 級電台採用巨型碟形天線，直徑 30 公尺波束寬約 0.12 度，接收來自衛星之指標信號 (beacon signal)，應用單脈衝追蹤方式 (monopulse tracking system)，這是完全自動連續追蹤精確度 $= \frac{1}{20} \times$ 半功率波束寬。

蹤方式。常用從 TT&C 獲得資料及儲存記憶以便應用。
- 採用**步進式追蹤系統** (step tracking system)。應用本方法時，追蹤精確度若能獲得半功率波束角的 1/3 以內時，指向損失可能 0.5~1.5 dB 左右。

[A] 地面電台與地球同步衛星間之通信干擾

實用衛星例如國際商業通信衛星，廣播衛星或氣象衛星均採用地球靜止軌道 (GEO)。因這軌道在地球赤道面上保持圓形的獨一無二的軌道。離地心 42164 km 的赤道高空上，同步圓形軌道的弧上間隔 1 度約 736 km，全圓周可容納 360 枚衛星。如果間隔 2 度者距 1472 km，可放置 180 枚衛星。針對地面電台大型天線，CCIR 曾推荐天線輻射波型要保持 $32 - 25\log\theta$ 之特性，以期減少干擾。面對應用同步軌道之衛星急速增加，導致衛星與地面電台間天線輻射波型之**主瓣波** (major lobe) 及**副瓣波** (side lobe) 間之互相干擾日趨嚴重。1983 年美國 FCC 公佈更嚴格的 $29 - 25\log\theta$ 以便對付在 GEO 軌道上 2 度間隔情況，以期改善查【圖 2-11】。現有反射板微波天線均採用**拋物衰減**

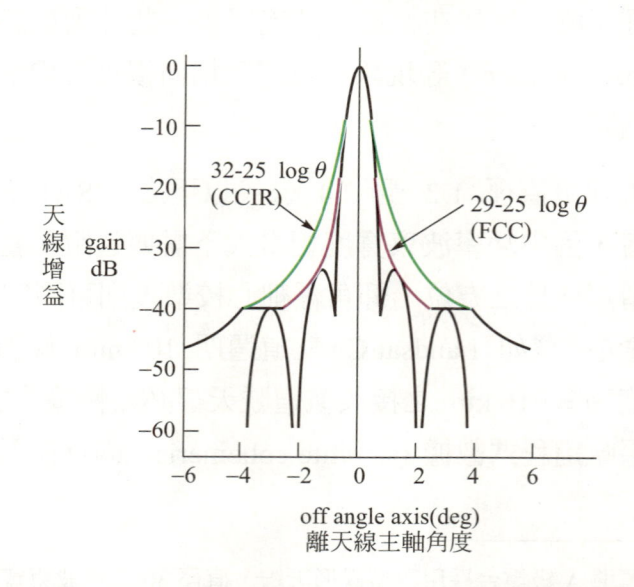

【圖 2-11】 美國 FCC 公佈靜止衛星天線副瓣波 ($29-25\log\theta$) 位準特性曲線與 $32-25\log\theta$ (CCIR) 之比較

型態 (parabolic taper illumination，$n = 1$) 之照射方式，而根據 FCC 規定之 29-25 $\log\theta$ 特性，離天線之主軸 $\theta = 2°$ 計算得第一副瓣波 (first side lobe) 之功率位準從峰值 (假定 50 dB) 降低至 50- (29-25log2°) = 28.5 dB。換言之，其功率位準自 0 dB 算起應該在 21.5 dB 以下方合規定。

2-6 偏移饋波反射板天線 (Offset Feed Parabolic Reflector Antenna)

將拋物線形天線焦點之饋波用號角天線偏移，就成為不對稱天線照射，就成偏移饋波反射天線。查【圖 2-12】易知，偏移饋波天線可能避免副反射板 (sub-reflector) 之輻射電波封鎖。另由旁瓣波引起之繞射及交叉極化等問題就會消失。

偏移饋波有單反射板 (simple reflector) 及雙反射板 (double reflector) 兩種方法。今日許多衛星資訊蒐集用車 (satellite news gathering：SNG)，車頂上裝設的天線大都屬於偏移饋波反射天線。【圖 2-12】顯示偏移饋波號角正指向反射板中心，因此溢波現象又減少，另天線開口面投影成為圓形且邊緣為橢圓。圖中 φ_0 是拋物線軸至反射板中心角度，而反射板之對向角度為 $2\varphi_e$。因為偏移角之關係，反射板之 $\dfrac{F}{D}$ 等於偏

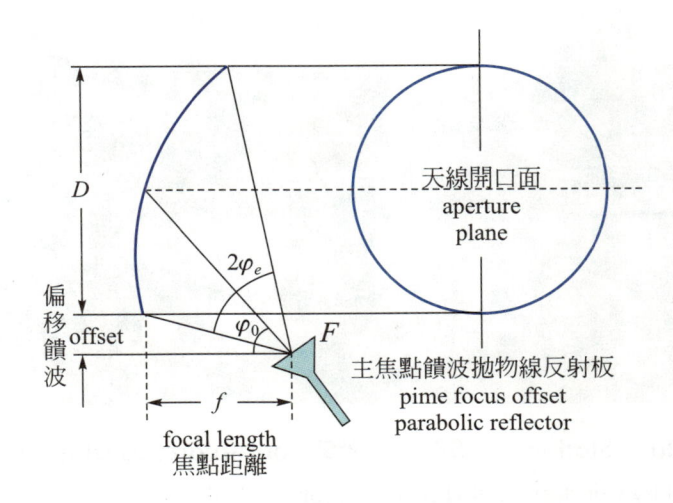

【圖 2-12】 偏移饋波天線工作原理圖

移反射板之解析法與不對稱反射板大約相等，由於反射板之不對稱可能引起一些不規則饋電機構，偏移饋波反射板之幾何型態可能偏向圓極化波束，因而不會產生交叉極化。偏向有關方程式等於

$$\varphi_s = \sin^{-1} \frac{\lambda \sin \varphi_0}{4\pi F} \qquad (2\text{-}19)$$

上式 φ_s 為偏向角。

2-7 南極大陸昭和基地日本 NHK 應用凱氏天線將南極大陸科學資料轉播回送東京電視台

　　南極大陸昭和基地（東經 39.58°E，南緯 69°S）上由日本（NHK）建設的高品質映像輸送系統（high vision transmission system）將在南極大陸上發生的重要科學資料、天文、地理等特殊現象應用基地上直徑 4.8 公尺的凱氏天線播送到赤道高空東經 62° 的國際商業通信衛星（INTELSAT）902 號靜止衛星，然再轉播到日本山口衛星通信地面

Syowa Base Station (39.58°E，69°S), on Antarctica (summer time)
Reprinted by Courtesy of N.H.K, Co in Tokyo JAPAN.

電台 (Yamaguchi earth station)。爾後應用微波回線傳達東京都內 NHK 電視廣播台中心。(本圖拍攝於南極的夏天)

參考資料：

- 南極大陸昭和基地離日本約 14000 公里遙遠地方，與日本之時差約六小時，一年平均氣溫 $-10.6°C$，最低氣溫 $-45.3°C$ (1982/9/4)，最高氣溫 $10.0°C$ (1977/1/21)。
- 白夜：每年 11/23~1/20 (59 天) 期間，無論是白天或晚上太陽光持續照射 59 天，因此即使到了夜間，仍舊彷彿置身在白天，故稱之為白夜。
- 極夜：每年 5/31~7/13 (44 天) 期間，無論是白天或晚上，持續 44 天的時間未曾有太陽光的照射，因此即使到了白天，仍舊彷彿置身在黑夜，故稱之為極夜。
- 昭和基地天線位置：39.58°E，69°S。
- 國際商業通信衛星 (INTELSAT) 902 號停留於東經 62°E 赤道高空上。

昭和基地上建立直徑 4.8 公尺，雙反射微波天線與東經 62° 赤道高空上 INTELSAT 衛星之鏈路。

- 斜距 (slant range)：

$$D = \left[R_e^2 + (R_e + h)^2 - 2R_e(R_e + h)\cos\phi\cos\omega\right]^{\frac{1}{2}} \text{ km}$$
$$= 40504 \text{ km}$$

- 仰角 (elevation angle)：

$$E_l = \sin^{-1}\left(\frac{(R_e + h)^2 - R_e^2 - D^2}{2R_e D}\right) = 14.93°$$

- 方位角 (Azimuth angle)：

$$A_z = \tan^{-1}\left(\frac{\tan\omega}{\sin\phi}\right) = 23.82°，$$

【註】$R = R_e + h = 6378+35786 = 42164$ km，$R_e = 6378$ km (地球半徑)，
$\omega = 62° - 39.58° = 22.42°$，$\phi = 69°$

日本東京都到昭和基地的地球大圓距離 (great circle distance : D)，實例：

日本東京都國分寺　35.71° N　　139.48°E　　設 $A = 35.71°$
南極昭和基地　　　69° S　　　39.58° E　　$B = -69°$ (南半球)
$\Delta L = 139.45° - 39.58° = 99.9°$

$$\cos D = \sin A \cdot \sin B + \cos A \cdot \cos B \cdot \cos \Delta L$$
$$= \sin(35.71°) \cdot \sin(-69°) + \cos(35.71°) \cdot \cos(-69°) \cdot \cos(99.9°)$$
$$= -0.592$$

故　　$D = 126.3°$

$$D_{km} = 126.3 \times \frac{40000}{360} = 14033 \text{ km}$$

▶ 南極大陸概略

❶ **南極大陸之形成**：在太古綜合現在的澳大利亞、紐西蘭、印度、非洲大陸、南極大陸、南美洲大陸等一大塊超級大陸 (Gondwanaland) 約在一億八千萬年前開始分裂而漂流終於穩定然呈現代的環球世界地形。南極大陸 (Antarctica) 之中心與地理上的南極 (South Pole) 略為一致。

❷ **南極大陸探險**：1911 年 12 月 14 日挪威人 Roald Amundsen 率領四位探險隊員從大陸南部 Ross 海，鯨魚灣 (Bay of Whale) 登陸用狗拖雪橇，共費 99 天中途不遭遇事變，輕裝快跑 2,993 公里 (來回) 到達南極 (South Pole)，這是人類首次探險到達南極的壯舉。

❸ **南極大陸的地形概略**：南極大陸總面積 $A_s = 13,586,000 \text{ km}^2$ (平方公里)，這是澳大利亞大陸面積之 1.76 倍的廣大面積。數十萬年來南極大陸上積雪總體積，根據資料顯示 $V_s = 30,000,000 \text{ km}^3$ (立方公里)。概算積雪總體覆蓋 98% 南極面積得其平均高度等

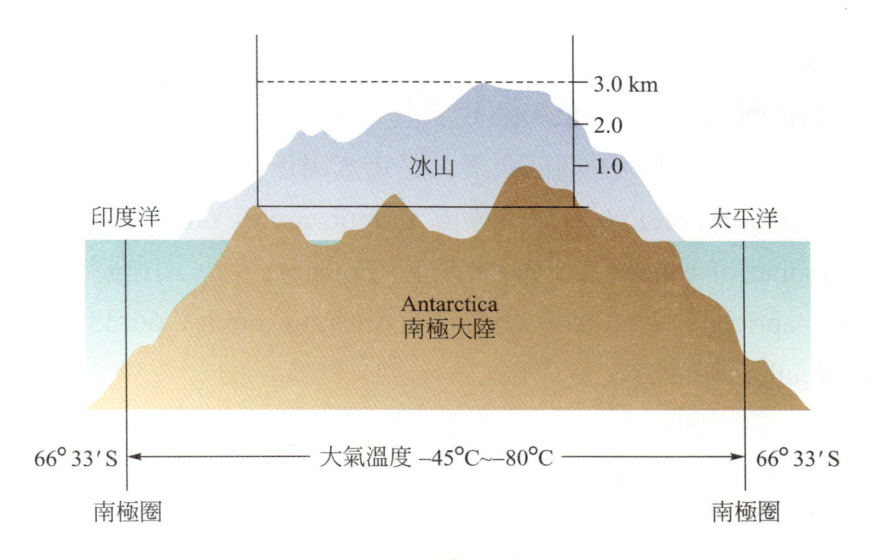

【圖 2-13】 南極大陸側面圖

於 $h_s = \dfrac{30 \times 10^6}{13586 \times 10^3} = 2.2$ km = 2200 公尺。南極大陸側面圖顯示南極大陸冰山積雪高度概念圖。

南緯 66°33′ 至南極 (South Pole) 的南極圈 (Antarctic Circle) 範圍內面積大約被南極大陸 (Antarctica) 佔領，若用肉眼垂直看下地球儀的南極大陸時，只能看阿根廷南端、紐西蘭、澳大利亞東南端塔斯梅尼亞 (Tasmania) 島外、整個南極大陸被澎湃的太平洋、印度洋及大西洋包圍。南極之下面是龐大的南極大陸不是海洋，故氣候比北極更酷寒約 −45°C 至 −80°C 左右。

查地圖知悉南極大陸中央部，從北向南橫掃南極山脈 (trans antarctic mountains) 而其高度從 2000~3000 公尺左右。大陸的東部 (east antarctica) 積雪較高，而西部 (west antarctica) 較低。我們熟知晚近全球大氣層內二氧化碳 (CO_2) 急劇增加導至地球溫度暖化作用。環球海面高度之增加，大家熟知印度洋、太平洋一些島嶼國家埋沒海面下之危機。如果全球二氧化碳激烈的增加，南極上空臭氧層 (ozone hole) 破洞擴大，萬一導至南極大陸萬年

來的積雪溶化時，全球的海面可能增高約 60 公尺高。[6]

❹ **南極大陸之特殊氣象**：讓我們取一地球儀 (globe) 或一本世界地圖，從北極到南極細細觀察，必定查出正投影法地球所示，從北極 (North Pole) 90°N，北極圈 (Arctic circle) 66°33′N，北迴歸線 (Tropic of cancer) 23°27′N 赤道 (Equator) 0°，南迴歸線 (Tropic of capricon) 23°27′S，南極圈 (Antarctic circle) 66°33′S 到南極 (South Pole) 90°S。

再把地球儀北極放在我們眼睛垂直下面。馬上發現到北極圈

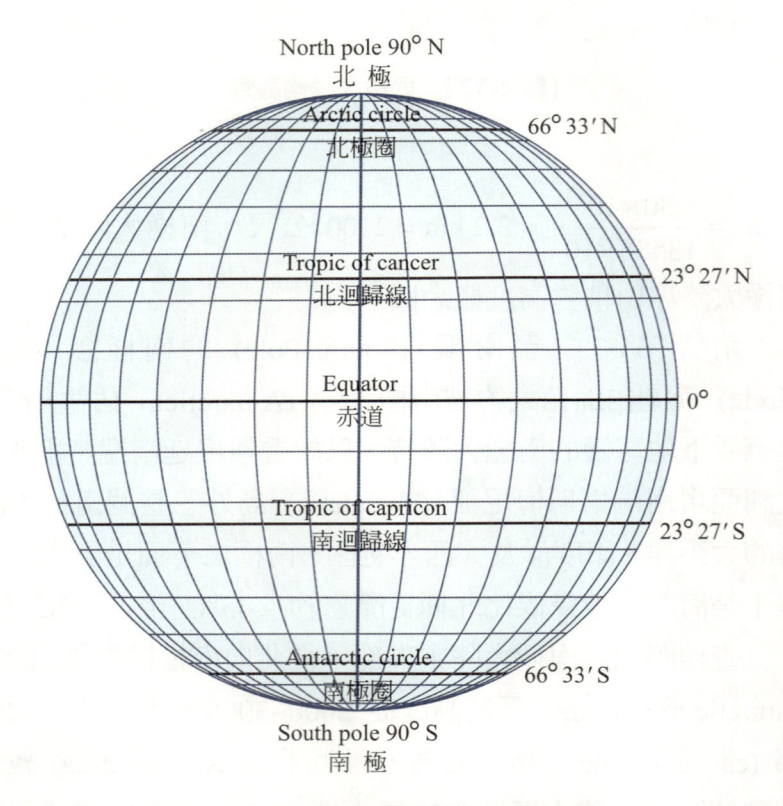

【圖 2-14】 正投影法地球圖

---

[6] 地球之總表面積 $A_E = 5.1 \times 10^8 \text{ km}^2$，南極大陸上總積雪量體積 $V_s = 30 \times 10^6 \text{ km}^3$，故 $h_E = \dfrac{30 \times 10^6}{5.1 \times 10^8} = 0.0588 \text{ km} = 58.8 \cong 60 \text{ m}$，假使這個現象成真全球的一些大都市、港口都市全沉沒於海面下，彷彿義大利的威尼斯沿海都市。

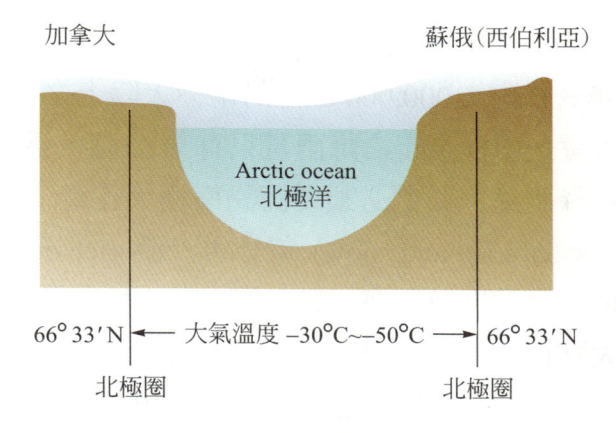

```
          加拿大                          蘇俄(西伯利亞)

                        Arctic ocean
                          北極洋


          66°33′N ← 大氣溫度 –30°C~–50°C → 66°33′N
           北極圈                              北極圈
```

【圖 2-15】 北極洋側面圖

　　裏有龐大的蘇俄領土西伯利亞 (Siberia)、挪威 (Norway)、瑞典 (Sweden)、芬蘭 (Finland)、冰島 (Iceland)、格林蘭 (Greenland)、加拿大北部 (Canada)、及美國阿拉斯加 (Alaska)、諸國家的領土 360 度全方位包圍北極洋 (Arctic Ocean)，換句話說，北極洋之下面是純粹海洋而沒有一片陸地。固此逢夏季，北極洋上之冰雪大部份溶化而黑暗的冰水吸收熱能。隨著赤道與北極圈之溫度差引起地球大氣層之循環。北極雖寒冷其溫度大約 –30°C 至 –50°C 左右。

　　北緯 66°33′ 至北極 (North pole) 的北極圈 (Arctic circle) 內易見到蘇俄領土的浩大西伯利亞大陸、北美洲北邊的阿拉斯加、加拿大北部大陸、挪威、瑞典、芬蘭、北歐、冰島、格林蘭島無數的大小島嶼包圍了北極洋。大氣溫度的 –30°C 至 –50°C。當北極光 (Northern lights) 出現時，同時南極光 (Southern lights) 又出現。

　　其次將地球儀迴轉 180° 使南極大陸放在你眼睛下面，你馬上可看到除了阿根廷的最南端、紐西蘭及澳大利亞東南部的塔斯梅尼亞 (Tasmania Island) 島外，整個南極大陸均被澎湃的太平洋、印度洋及大西洋包圍。由於這個緣故，雖然北極溫度是寒冷到零下 –30°C 至 –50°C 左右，但南極冬季更酷寒，降到零下 –50°C 至 80°C 左右。巍然聳立於南極大陸的積雪冰山峰將

90% 左右太陽輻射能反射撥回太空。據資料明示全世界新鮮水源皆貯藏於約 6,000,000 km^2 的南極大陸上之冰雪裏。更令人驚訝的事實是南極全年之降雨量只有 5 公釐，這是等於撒哈拉沙漠全年降雨量。我們必須要認識南極大陸是「一片冰雪掩蓋之地」(a sahara ice and snow) 或冰雪沙漠 (ice desert) 之兩句。冰雪不是水，世界最酷寒、最乾燥、沒有水份的大地就是南極。

❺ **南極大陸條約**：1959 年，阿根廷、澳大利亞、比利時、智利、法國、紐西蘭、日本、挪威、南非共和國、蘇聯、英國及美國等十二個國家共同簽署南極大陸條約 (Antarctic Treaty) 並聲明將南極大陸供奉世界和平科學研究機構之新領域。此後巴西、中國、德國、義大利、波蘭、南韓等十五個國家參加為諮詢機構，1991 年南極大陸條約會員國簽署禁止除了科學研究探測隊外針對南極礦產任何相關之活動。1998 年又簽署南極環境保護委員會 (Committee for Environmental Protection : CEP)。如今 CEP 不但對南極大陸實施許多保護及援助外，自遠古至今全球氣候之變遷探測外，針對未來大氣氣象之預報，變化等執行了靈敏，快速的訊息。今日二氧化碳彌漫全世界，南極大陸上空的臭氧層破洞又擴大而面臨環球生態危機。但幾萬年來不污染，嚴峻美麗，潔白的南極大陸裏冰山雪地仍然是科學家不斷研究探查之聖地。

參考資料：

- Atlas of the world : National Geographic 7th edition 2000.

參考文獻

1. Bruno Pattan **Satellite-Based Cellular Communication** Mc-Graw Hill Book Co. 1996.

2. T Pratt. and C.W Bostian **Satellite Communications 1986** \ John Wiley & Sons. Inc.

3. Dennis Roddy **Satellite Communication System 1999** Institution of Electrical Engineer's. London. U.K.

4. G.D. Gordon & W. L. Morgan **Principle of Communication system, 1993** John Wiley & Sons. Inc.

5. B. G. Evans. **Satellite communication system, 3rd Edition 1999 The Institution of Electrical Engineers** SGl; 2AY. United Kingdom.

6. Joseph H. Yuen. Editor **Deep Space Technology system, 1982** JPL, NASA. U.S.A.

7. W. L. Stutzman & Gary A., Thiele, **Antenna Theory And Design, 1981** John Wiley & Sons. Inc.

8. SAMUEL Y. LIAO **MICROWAVE DEVICES AND CIRCUIT 1985** PRENTICE HALL INC. ENGLEWOOD CLIFFs NJ 07632.

習 題

2-1. 某衛星地面電台採用直徑 4.5 公尺之主焦點饋波拋物線天線 (prime focus feed parabolic antenna)。設天線是 Ku 及 C 頻帶雙用，該衛星之工作頻率簡表如下：

C-band Receiver:	3.625~4.2 GHz	中心頻率	4.0 GHz
C-band Transmitter:	5.850~6.425 GHz	中心頻率	6.175 GHz
Ku-band Receiver:	10.95~12.75 GHz	中心頻率	11.95 GHz
Ku-band Transmitter:	14.0 ~14.5 GHz	中心頻率	14.25 GHz

試算 Ku 及 C 頻帶接收和發射中心頻率時，天線增益 (dB)

2-2. 某地面電台之發射系統設備規格如下：
凱氏天線：天線直徑 $D = 30$ 公尺，天線效率 $\eta = 55\%$ 上鏈頻率 $f_u = 14.25\,\text{GHz}$，設拋物線天線表面之偏差 $\frac{\varepsilon}{D} = 2\times 10^{-5}$，高功率發射機連結

天線導波管之損失 $L_{WG} = 1.2$ dB。試求高功率放大機之輸出功率以便符合電台需求的 EIRP = 102 dBW。

2-3. 某地面電台接收站高頻部份方塊圖示於【習圖 2-1】。試求：

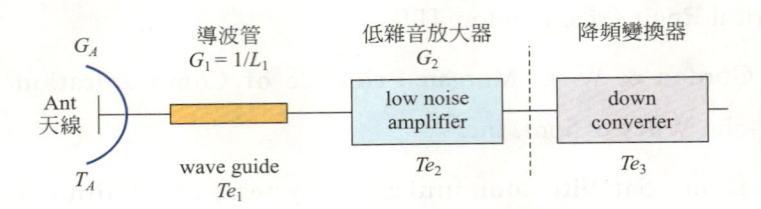

```
         G_A          導波管          低雜音放大器         降頻變換器
                   G_1 = 1/L_1           G_2
         Ant                          low noise           down
         天線                         amplifier         converter
         T_A         wave guide         Te_2              Te_3
                       Te_1
```

【習圖 2-1】 地面電台接收站高頻部份系統雜音相關圖

(a) 導波管輸入端的系統雜音溫度
(b) 降頻變換器輸入端之系統雜音溫度，但設

周圍溫度 (ambient temperature)：$T_0 = 290\,°K$
天線雜音溫度：$T_A = 60°K$
導波管損失：0.3 dB

$$L_1 = anti\log 0.03 = 1.071$$
$$Te_1 = 290(1.071 - 1) = 20.59\,°K$$

低雜音放大器之有效雜音溫度 $T_{e2} = 150°K$ 和它的增益 $G_2 = 60$ dB
降頻變換器之有效雜音溫度：$T_{e3} = 11 \times 10^3$ K
天線增益：$G_A = 65.53$ dB
再求 (a)、(b) 兩項有關 G/T 比。

2-4. 某電視接收專用台 (TVRO)，工作頻率 4 GHz，天線應用前方饋波型反射天線 (front-fed reflector)，天線直徑 3 公尺。現讓我們應用【習圖 2-2】天線效率相關圖來評價最佳反射天線板邊緣之照射情況。假使工作頻率改為 4.2 GHz，天線邊緣照射設定 –6 dB 時，試求天線之增益。

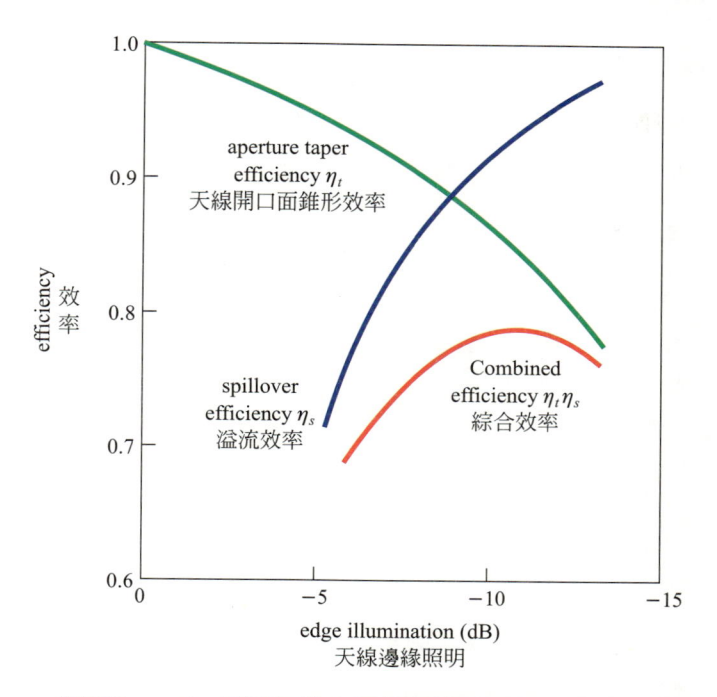

【習圖 2-2】 圓形天線主反射板邊緣照射位準與天線溢流效率 (η_s)，開口面照射效率 (η_t)，合併效率 ($\eta_t \eta_s$) 相關圖。

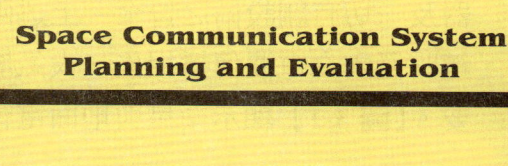

Space Communication System Planning and Evaluation

3 太空通信系統計劃與評價

3-1 概說 (Introduction)
3-2 地面電台與衛星間鏈路之評價與計算 (Link Budget Calculation Between Earth Station and Satellites)
3-3 地面電台工程設施 (Earth Station Engineering)
3-4 追蹤及數據中繼用衛星系統 (Tracking and Data Relay Satellite System：TDRSS)
3-5 FM/FDMA 電視訊號 $(S/N)_{P-P}$ ($(S/N)_{P-P}$ for FM/FDMA Television Signal)
3-6 國際商業通信衛星之轉頻器（Structure of INTELSAT Transponder）
3-7 INTELSAT 5 號通信衛星單路載波設計例 (Example of INTELSAT 5 SCPC Channel Calculation)
參考文獻 (References)
習　題 (Problems)

3-1 概　說（Introduction）

　　太空通信系統計劃與評估是通訊系統策劃與設計的最重要而最基本事項。現就國際商業通信系統而言，地面電台之收、發射天線、接收機、發射機、周邊設備包括電源供給系統，然就在太空中飛翔的通信衛星而言，同樣衛星之收、發天線、轉頻機設施、電源設備、察覺器及一切有關設備之齊全。上述兩項副系統之設施外，上鏈路徑及下鏈路徑內之電波傳播損失、大氣層內之各類損失、雜音因素等尤其重要。【圖 3-1】顯示衛星與地面電台上、下鏈路徑簡略圖。

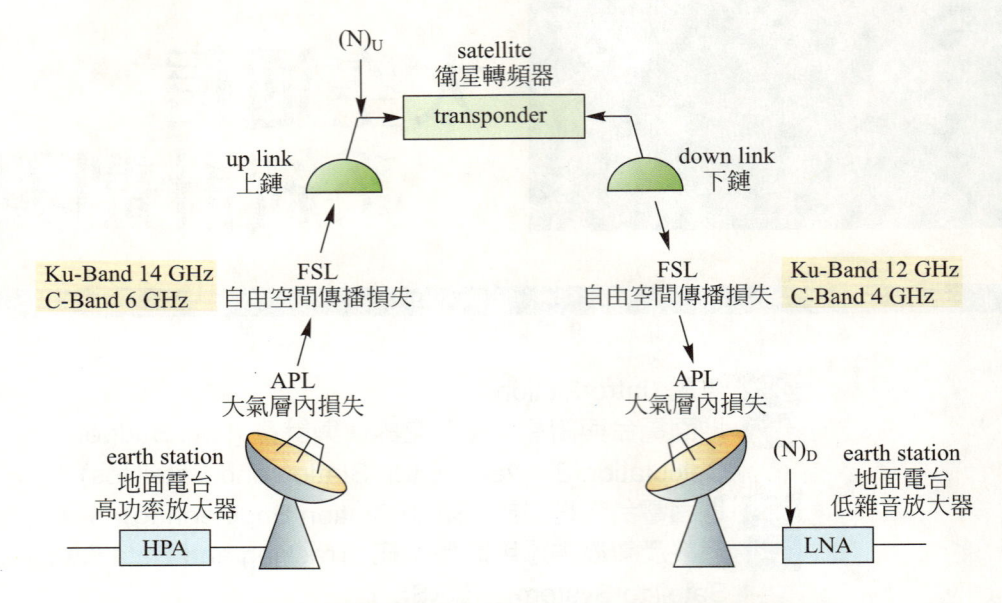

【圖 3-1】 顯示衛星與地面電台上、下鏈路徑簡略圖
FSL: FREE SPACE LOSS　APL: ATOMOSPHERIC LOSS

3-2　地面電台與衛星間鏈路之評價與計算
(Link Budget Calculation Between Earth Station and Satellites)

[A] 衛星鏈路計算步驟：

▶ 上鏈路評估 (Up Link Evaluation)

設定　P_{TE} = 地面電台載波發射功率
　　　G_{TE} = 地面電台發射天線增益
　　　R_U = 地面電台至軌道上靜止衛星之斜距

衛星接收天線之**飽和接收功率密度** (saturation power flux density) 等於

$$\Omega_S = \frac{P_T \, G_{TE}}{4\pi R_U^2} \quad \text{w/m}^2 \tag{3-1}$$

另設　A_R = 衛星接收天線之有效面積
　　　G_{RS} = 衛星接收天線之增益
得

$$A_R = \frac{\lambda^2 \, G_{RS}}{4\pi} \tag{3-2}$$

上述所設定因素外，包圍地球約大氣層內常發生下雨、霧或下雪等，而發生所謂**降雨衰減損失** (rain attenuation loss)。除此之外，地面上發射天線與約 36,000 公里太空上的衛星接收天線互相指向不正確而產生的**天線指向損失** (antenna pointing loss) 等，這些損失一併設等於 L_U，則得衛星接收功率等於

$$P_{RS} = \frac{P_{TE} \, G_{TE}}{4\pi R_U^2} \cdot A_R \cdot \frac{1}{L_U} \quad \text{watt} \tag{3-3}$$

將式 (3-2) 代入式 (3-3) 得

$$P_{RS} = P_{TE} \cdot G_{TE} \left(\frac{\lambda}{4\pi R_U}\right)^2 \cdot G_{RS} \cdot \frac{1}{L_U} \quad \text{watt} \tag{3-4}$$

我們熟知，全球瀰漫雜訊，連太空中都散佈雜音，因此當衛星接收來自地面電台之上鏈訊號之同時，雜音功率也一併接收。現設上鏈路之雜音功率等於 N_U 時，

$$(N)_U = k \, T_U \, B \tag{3-5}$$

上式　k = 波爾茲曼常數 (Boltzmann constant) $= 1.38 \times 10^{-23}$ J/°K
　　　　　$= -228.6$ dBW/KHz
　　　T_U = 衛星接收系統之雜音溫度 (°K)
　　　B = 衛星接收系統之雜音頻帶 (Hz)

(3-4) 式內 P_{RS} 是衛星天線接收到的載波功率，吾人用**載波 C** (Carrier) 代替，同時 G_{RS} 可用 C_U 代替之。因此上鏈路之載波功率與雜音功率之比可用下式表示：

$$\left(\frac{C}{N}\right)_U = P_{TE}\, G_{TE} \cdot \left(\frac{G_U}{T_U}\right) \cdot \left(\frac{\lambda}{4\pi R_U}\right)^2 \cdot \frac{1}{L_u} \cdot \frac{1}{kB} \tag{3-6}$$

上式中 $\left(\frac{4\pi R_U}{\lambda}\right)^2 = \left(\frac{4\pi f_U R_U}{C}\right)^2$ 是電波的自由空間傳播損失，且 C = 光速度 = 3×10^8 m/s，$\left(\frac{G_U}{T_U}\right)$ 是衛星天線增益與接收系統雜音溫度比。

【圖 3-2】示衛星內裝**轉頻器** (transponder) 方塊圖。

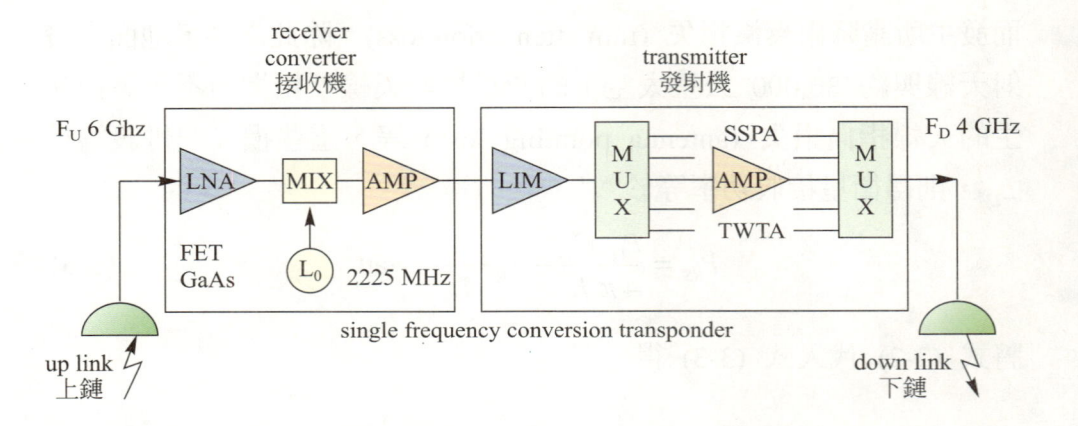

【圖 3-2】 單變換轉頻器簡略圖

　　晚近通信衛星設置多組轉頻器，如圖所示上鏈 6 GHz 經變換器改變 4 GHz，再經**限制器** (limiter) 後，應用**行波管放大器** (TWTA) 或**電晶體功率放大器** (SSPA) 將功率放大後，以 4 GHz 下鏈頻率撥回地面電台。因為行波管放大器持有非直線放大特性，當多載波輸入訊號功率過大而超越直線特性時，呈顯飽和而易於產生**互調變現象** (intermodulation)，同時又引起**輸出反減補償** (output back-off: BO_0) 現象強迫在直線特性部份動作。上述觀念能使我們將 (3-6) 式改變為

$$\left(\frac{C}{N}\right)_U = (EIRP)_E \cdot \left(\frac{G_U}{T_U}\right) \cdot \left(\frac{\lambda}{4\pi R_U}\right)^2 \cdot \left(\frac{1}{L_U}\right) \cdot \left(\frac{1}{BO_i}\right) \cdot \left(\frac{1}{kB}\right) \quad (3\text{-}7)$$

(3-7) 式如用 dB 表示則得

$$\left(\frac{C}{N}\right)_U = (EIRP_E)_{dBW} - 20\log\left(\frac{4\pi f_U R_U}{C}\right) + \left(\frac{G_U}{T_U}\right)_{dBk}$$
$$-10\log k - 10\log B - (BO_i)_{dB} - (L_U)_{dB} \quad (3\text{-}8)$$

▶下鏈路評估 (Down Link Evaluation)

將上鏈路的 U (Up) 改為 D (Down)，而地面電台的 E (Earth) 改為 S (Satellite)，同時 BO_i 改變為 BO_0 則可。如上述則得

$$\left(\frac{C}{N}\right)_D = (EIRP_S)_{dBW} - 20\log\left(\frac{4\pi f_D R_D}{C}\right) + \left(\frac{G_D}{T_D}\right)_{dBk}$$
$$-10\log k - 10\log B - (BO_0)_{dB} - (L_D)_{dB} \quad (3\text{-}9)$$

▶上、下總鏈路之評估 (Overall Link Evaluation)

$\left(\frac{C}{N}\right)_T$ 是上下鏈總鏈路載波功率與雜音功之比，而可用下式表示：

$$\left(\frac{C}{N}\right)_T = \left(\frac{C}{N}\right)_U + \left(\frac{C}{N}\right)_D \quad (3\text{-}10)$$

通常上鏈頻率高於下鏈頻率，例 6/4 GHz 或 14/12 GHz 而地面電台之 $(EIRP)_E$ 高於衛星之 $(EIRP)_S$，因此易於了解 $\left(\frac{C}{N}\right)_U > \left(\frac{C}{N}\right)_D$，因此由 (3-10) 計算出來的 $\left(\frac{C}{N}\right)_T$ 必定小於 $\left(\frac{C}{N}\right)_D$，換言之，$\left(\frac{C}{N}\right)_D > \left(\frac{C}{N}\right)_T$。

例題3-1

日本電視廣播衛星 BS-3 (YURI) 停留在 GEO 軌道 100°E 赤道 36,000 公里太空上。採用 Ku-頻道 14/12 GHz。設這 DBS (Direct Broadcast Satellite) 之 TVRO (Television Receive Only Terminal) 台位在台北市區。【表 3-1】顯示本系統相關參數。試算 TVRO 專用台之 $\left(\frac{S}{N}\right)$ 及 $\left(\frac{C}{N}\right)$。

解

表 3-1　BS 衛星與台北 TVRO 台相關參數

日本 BS 衛星[1] 在 GEO 軌道上位置	東經 110°E
台北市 TVRO 台位置	121.5°E，25°N
BS 衛星上鏈頻率	Ku 頻帶，14 GHz
BS 衛星下鏈頻率	Ku 頻帶，12 GHz
台北 TVRO 台看 BS 衛星方位角	$A_E = 208.38°$
台北 TVRO 台看 BS 衛星仰角	$E_L = 64.3°$
台北 TVRO 台看 BS 衛星斜距	$D = 36496$ km

- BS 衛星參數：
  - 衛星輸出功率：$P_T = 20$ dBW
  - 發射天線增益：$G_T = 39$ dB
  - 饋電損失：$L_S = -2$ dB
  - 衛星 EIRP：$(EIRP)_{sat} = 57$ dBW

- 傳播參數：
  - 自由空間傳播損失：FSL $= 205.2$ dB
  - 大氣層水蒸氣衰減及天線指向損失：$L_P = -2$ dB

- TVRO 台站參數：
  - 接收天線增益：$G_R = 41.3$ dB
  - 波爾茲曼常數：$k = -228.6$ dBW / kHz
  - 接收機系統雜音溫度：$T_S = 26.4$ dB

---

[1] 日本 BS 衛星至台北市 TVRO 收台之斜距 D 之計算：

$$D = [R_e^2 + (R_e + h)^2 - 2R_e(R_e + h)\cos\phi \cdot \cos\omega]^{1/2} \tag{3-11}$$

已知台北 TVRO 台之經度：121.5°E，緯度：25°N，日本 BS 衛星停留在東經 110°E 赤道 36,000 公里太空上，緯度 = 0°，故衛星與地面上電台之經度差 $\omega = 110° - 121.5° = -11.5°$。地面電台之緯度 $\phi = 25°$，

$$D = [6378^2 + (42164)^2 - 2(6378)(42164)\cos(25°)\cdot\cos(-11.5°)]^{1/2} = 36496 \text{ km}$$

- 接收機頻帶寬：$B = 27$ MHz
- 雜音功率：$N = \mathrm{KTB} = -127.9$ dBW
- 接收機輸入載波功率：$C = \mathrm{EIRP} - \mathrm{FSL} - L_P + G_R =$
  $= 57 - 205.3 - 2 + 41.3 = -109$ dB
- 載波功率、雜音功率比：$\left(\frac{C}{N}\right) = -109 - (-127.9) = 19$ dB
- 訊號功率、雜音功率比：

$$\left(\frac{S}{N}\right) = 6\left(\frac{C}{N}\right)\left(\frac{B}{f_m}\right)\left(\frac{\Delta f}{f_m}\right) \cdot P \cdot W \qquad (3\text{-}12)$$

$$= 10\log 6 + 19 + 10\log\left(\frac{27}{4.2}\right) + 10\log\left(\frac{9.3}{4.2}\right) + 12.8$$

$$= \left(\frac{C}{N}\right) + 32.11$$

$$= 51.11 \quad \mathrm{dB}$$

■ 台北 TVRO 台看 BS 衛星之仰角 (E_L)：

$$E_L = \sin^{-1}\left(\frac{R^2 - R_e^2 - D^2}{2R_e D}\right)$$

$$= \sin^{-1}\left(\frac{(42164)^2 - (6378)^2 - (36625)^2}{2 \times 6378 \times 36625}\right)$$

$$= \sin^{-1}(0.847) \qquad (3\text{-}13)$$

故 $E_L = 64.3°$

■ $\Delta f = \dfrac{B}{2} - f_m = \dfrac{27}{2} - 4.2 = 9.3$

■ 台北 TVRO 台看 BS 衛星之方位角：

$$A_Z = 180° + \tan^{-1}\left(\frac{\tan\omega}{\sin\phi}\right) \qquad (3\text{-}14)$$

$$= 180° + \tan^{-1}\left(\frac{\tan(11.5°)}{\sin 25°}\right)$$

$$= 180° + 28.38° = 208.38°$$

■ 衛星至 TVRO 台自由空間
  傳播損失：

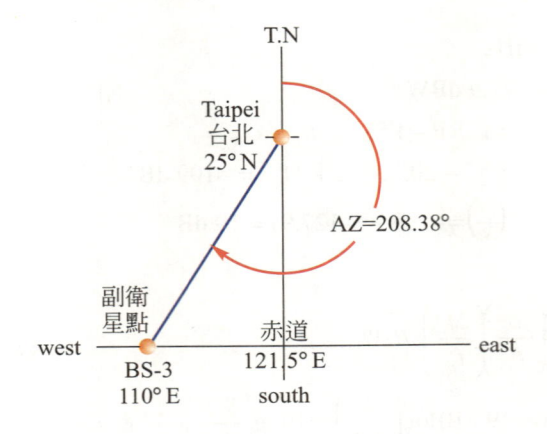

【圖 3-3】 BS-3 衛星[2]是停留在台北西南方向，如圖所示從真北 (T.N) 旋轉 208.38° 之方位角。

$$FSL = 20\log\left(\frac{4\pi D}{\lambda_D}\right) = 20\log\left(\frac{12.56 \times 36476 \times 10^5}{2.5}\right)$$
$$= 205.2 \text{ dB}$$

- (3-11) 式中 $P \cdot W$ 兩項乘積 $P \cdot W = 12.8$ dB，其中

    P = **預先加強及解強調有關因數** (Pre-emphasis and deemphasis factor)
    W = **雜音加權因數** (noise weighting factor)

[B]　劃頻多工及劃頻多向進接 (FDM/FDMA)

一枚地球同步衛星，其通信網路之涵蓋地域內包括了許多地面電台。衛星裝備**轉頻器**之波道容量，輸出功率等為通信系統之主要因素。衛星轉頻器接收來自地面電台許多載波之進接。可惜轉頻器的**行波管放大器** (TWTA) 具備非直線特性。故除非採取**反減補償法** (back-off method)，否則可能產生一些**互調變干擾現象** (Inter-modulation)。吾人知悉許多資訊依靠單一載波傳送時，常採用多工技術。譬如具有 36 MHz 頻寬的轉頻器，在單一載波上可容約 1200 電話波道。最常用的

---

[2] 副衛星點如果位在地面電台之西南方時

$$A_Z = 180° + \tan^{-1}\left(\frac{\tan\omega}{\sin\phi}\right)$$

多工制**有劃頻多工制** (FDM) 及**劃時多工制** (TDM) 之二種，而被多工之基頻訊號都是被限其頻帶寬。例如音頻傳送其頻寬限制 4 kHz 範圍內。

36 MHz 轉頻器之頻帶寬，是夠應用多波道電話，彩色電視 SCPC 或 TDMA 等各類資訊之傳播。若使用類比電視廣播者，因基帶視頻訊號必須加上一個或二個音頻副載波。倘若要傳播**高畫質電視** (HDTV)，依據**卡爾遜法則** (Carson rule)，先估計需要頻帶寬然後判斷應決定**半轉頻器寬度** (half-transponder bandwidth) 或**全轉頻器寬度** (full-transponder bandwidth)。假如應用數位式頻帶寬壓縮方式只用 1/4 或 1/8 轉頻器全頻帶寬亦可。【表 3-2】顯示國際商業通信衛星 4 號 A、5 號及 6 號 FDM/FM 通信衛星之傳輸參數以供參考。

表 3-2　INTELSAT 4 號 A、5 號、6 號國際商業通信衛星之傳輸參數 (high density FDM/FM carriers)

載波容量波道數 n	最高基頻頻率 f_m=kHz	佔領頻帶寬 b_0=MHz	多波道 rms 偏差 f_{mc}=kHz	載波全雜音溫度比 C/T=dBW/K	載波與雜音比 C/N dB
72	300	2.25	261	−141.7	23.4
312	1300	9.0	1005	−137.1	22.0
792	3284	18.0	1784	−129.9	26.2
972	4028	22.5	2274	−129.4	25.7
1332	5884	36	3834	−129.3	23.8

[C]　單路載波通訊 (Single Channel Per Carrier)

FDM/FM 通信系統必須將電話語音 4 kHz 訊號加以**多工** (multiplexing) 方能應用，但單路載波通信系統不需要多工，而直接將電話訊

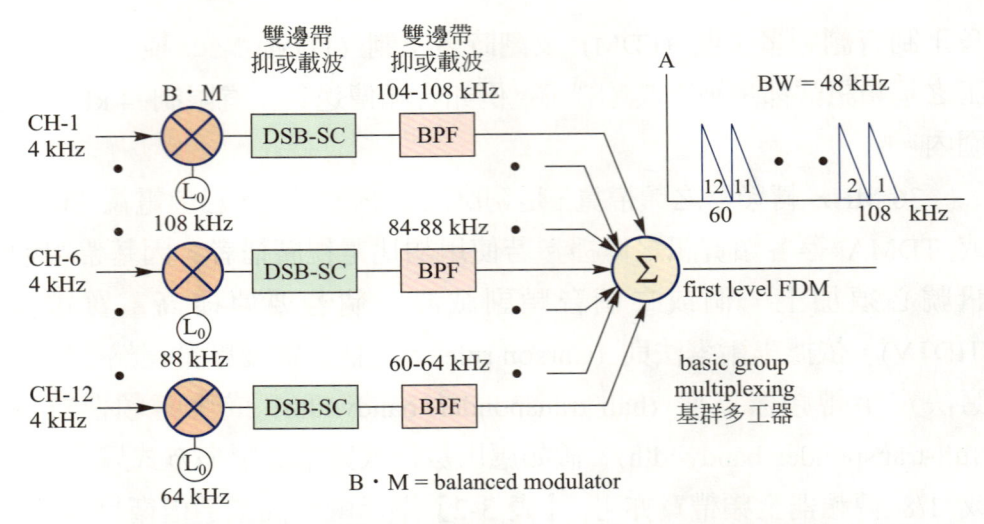

(a) 12 電話波道經平衡調變器，通頻帶放大器後得 SSB-SC 訊號，多工後基頻率範圍是 64-108 kHz

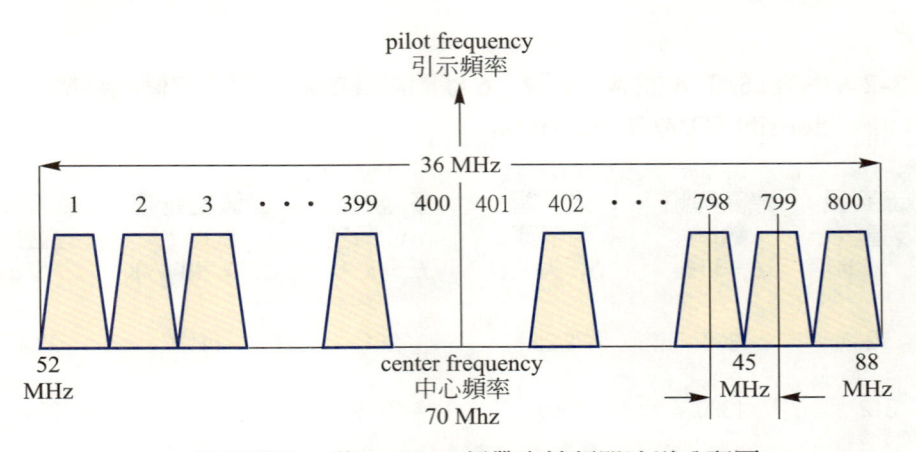

(b) 單路載波，將 36 MHz 頻帶寬轉頻器波道分配圖

【圖 3-4】 FDM 多工原理與單路載波 (SCPC) 波道分配觀念比較圖

號調變**單路載波** (single channel) 成為 SCPC/FM 則可。換句話說，**稀少波道** (thin route) 的單路載波系統裏可削減昂貴的多工 (發射方面) 及**解多工** (demultiplexing) 接收方面的設備，以利節省電台費用，【圖 3-4】顯示 FDM 多工原理與**單路載波** (SCPC) 波道分配之觀念比較圖。

針對一個音頻波道採用一個載波的 SCPC/FM 方式，有數位式及類比式兩種。SCPC 方式很適合於通訊容量較少的複數個地面電台，為提高通信效率，下列兩種方法常被採用。

1. 載波開閉方式 (carrier on-off system)

在電話回線裏，如有音頻存在，並且音頻位準超過臨限值時，才能起動載波的發射方式。本方式又可稱為**音頻激話方式** (voice activation)。因為通常在傳輸路線中音頻存在的或然率約有 40% 左右，故採用本方式時在衛星放大器內需要放大載波數自然減少，因此可減輕**互調變雜音** (inter-modulation noise)。

2. 應需求分配方式 (demand assigned system)

複數地面台與衛星間連絡系統中規劃定數量的**音頻波道池** (voice channel pool)。倘有兩個地面電台需要互相呼叫時，可從波道池中特選一對波道來應付。當話務完畢後立即收回原先波道池裏以供他台使用。如此可提高利用率。因為 SCPC 的各載波頻帶寬較狹，易受**頻率偏差** (frequency deviation) 而影響通信效果。通信設置一個**引示信號** (pilot signal)，而根據引示信號實施頻率自動控制減低頻率偏差。

在 INTELSAT SCCPC 系統裏如果針對**預先指定分配多向進接法** (pre-assigned multiple access)，則稱為**普通 SCPC**，但如果是應需求分配多向進接法者，被稱為 SPADE 方式。上述 SCPC 及 SPADE 兩種方式互相共存可應付轉輸情況之變化。

SPADE 系統

SPADE 是 Single Channel Per Carrier PCM Multiple Access Demand Assignment Equipment 之略稱，這是單波道 PCM/PSK/FDMA 通信方式。載波之調變應用相移接鍵法，而**高頻利用劃頻多向進接** (FDMA) 方法。本方式在 INTELSAT 支援下由 COMSAT 實驗所開發的通信方式以專供通信容量較少的地面電台間之連絡被採用。

SPADE 方式有下列優點：

● 針對通信容量較少的鏈路，其工作效率較高。

- 預先分配的**中等通信容量** (medium route voice) 鏈路,如有過負載現象時可擔任操作工作。
- 在同一地球涵蓋**地域內** (global beam) 之任何地面電台,可以與其他任何電台連絡通信。
- 採用本方式時,衛星的利用率較高。
- 對現有地面電台設備可做最適當應用。

【表 3-3】顯示 SPADE 系統之主要特性:

表 3-3　SPADE 系統特性表

波道特性		共同信號波道特性	
編 碼 方 式	PCM	進 接 方 式	TDMA
調 變 方 式	QPSK	容　　　　量	128 k_b/s
容　　　　量	64 k_b/s	調 變 方 式	BPSK
波 道 頻 帶 寬	38 kHz	圖 框 週 期	50 ms
波 道 間 隔	4 kHz	割 發 週 期	1 ms
定　　　　度	±2 kHz	進 接 數 量	50
最大位元誤差率	10^{-4}	最 大 誤 差 率	10^{-7}

　　查表知悉通信波道位元率為 64 Kb/s 並採用 PCM,但共同信號採用 128 Kb/s,並且**位元誤差率** (bit error rate) 高達 10^{-7} 左右。吾人知悉國際商業通信 4 號衛星共有 12 個轉頻器,而每一個轉頻器之頻帶寬為 36 MHz。INTELSAT 將 4 號衛星之第十個轉頻器作 SPADE 用途。另頻帶中心頻率 (6.320 GHz 及 4.095 MHz) 當作引示信號,而由接收機改變為中頻引示信號之兩邊各有 400 個波道,而每一波道之間隔為 45 kHz (45 kHz × 2 × 400 = 36 MHz),但 800 個波道中實際被利用於電話波道共有 794 波道,以便構成 807 對的雙路電話回線。離中心引示信號 18.045 MHz 的左端處有 160 kHz 頻帶寬的**共用信號波道** (common signaling channel) 而信號的位元速度為 128 Kb/S。【表

表 3-4 SCPC/FM 與 SPADE 特性比較表

	載波頻譜寬	波道數	多向進接數
預先指定分配多向進接	5 MHz	60	7
應需求分配多向進接	45 kHz	1	800

3-4】示預先指定分配多向進接 (FDM/FM/FDMA) 方式與應需求分配多向進接方式 (SPADE) 之比較表。查【表 3-4】則知，SPADE 方式針對進接數量多，但波道容量較少的電台比較有利，但設備費較高。

SCPC/FM 傳輸系統

因 SCPC/FM 系統免除多工手續，故檢波器輸出端的測試訊號功率與雜音功率比 $\left(\frac{S}{N}\right)$ 與 FDM/FM 大致相同而可應用下列式表示：

$$\left(\frac{S}{N}\right) = 3 \cdot \left(\frac{C}{N_0}\right) \cdot \left(\frac{(\Delta F_r)^2}{(f_{\max})^3}\right) \cdot P \cdot W \qquad (3\text{-}15)$$

上式　$\left(\frac{C}{N}\right)$ = 接收機輸入端的載波功率與雜音功率密度比
　　　ΔF_r = 測試訊號發生的 rms 值頻率偏差
　　　P = 預先加強及解加強改善因數（約 6.8 dB）
　　　W = 噪聲電位差權衡因數（約 2.5 dB）

接收機有效雜音頻帶寬 B 等於

$$B_N = 2(\Delta F_r + f_m) \quad \text{Hz} \qquad (3\text{-}16)$$

上式　ΔF_P = 頻率偏差峰值 = $g\, l \Delta F_r$
　　　g = 峰值因數 = 12.6
　　　l = 負載因數 (load factor)
　　　l = 0.35 (不使用壓伸器)

$$l = 0.58 \text{ (使用壓伸器)}$$
$$f_{max} = \text{電話語言最高頻率 (3400 Hz)}$$

例題3-2

有一 SCPC 地面電台通信鏈路之頻帶寬等於 38 kHz。設訊號雜音比 $\left(\frac{S}{N}\right) =$ 51dB，峰值頻率偏差

解

$$\Delta F_P = \frac{B_N}{2} - f_{max} = \frac{38 \times 10^3}{2} - 3400 = 15600 \text{ Hz}$$

故

$$\Delta F_r = \frac{\Delta F_P}{g\,l} = \frac{15600}{12.6 \times 0.35} = 3537 \text{ Hz}$$

因此

$$\left(\frac{C}{N_0}\right) = \frac{\left(\frac{S}{N}\right)}{3 \cdot \frac{(\Delta F_r)^2}{(f_{max})^3} \cdot P \cdot W}$$

將 $\frac{S}{N} = 51$ dB，$\Delta F_r = 3537$ Hz，$P = 6.3$ dB，$W = 2.5$ dB 代入得

$$\left(\frac{C}{N_0}\right)_{dB} = \frac{51}{10\log 3 + 10\log\left(\frac{(3537)^2}{(3400)^3}\right) + 6.3 + 2.5}$$

$$= \frac{51}{4.77 + (-34.97) + 6.3 + 2.5} = 72.4 \text{ dB/Hz}$$

$$\left(\frac{C}{N}\right)_{dB} = \frac{\left(\frac{C}{N_0}\right)}{B_N} = 72.4 - 10\log(38 \times 10^3) = 26.6 \text{ dB}$$

[D] 劃時多工/相移按鍵/劃時多向進接 (TDM/PSK/TDMA)

當應用 TDMA 時，轉頻器只能使用單載波並且佔滿轉頻器全頻帶為要。因為使用單一載波，**行波管放大器** (TWTA) 不需 $(BO)_0$ 及

transponder
轉頻器
36 MHz BW

VF 192 | VF 60 | VF 60 | VF 112 | VF 48 | VF 60

劃頻多向進接

(a) MCPC/FDMA

transponder
轉頻器
36 MHz BW

劃時多向進接

(b) TDMA

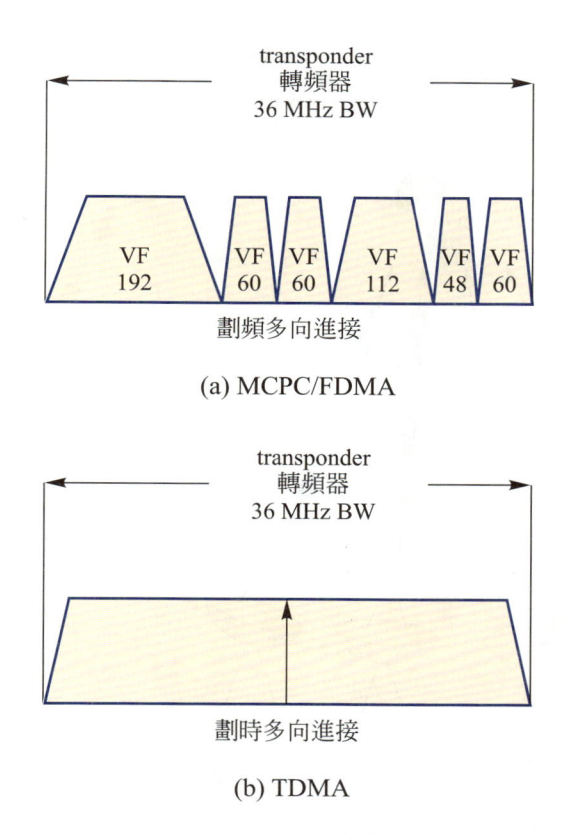

【圖 3-5】 36 MHz 頻帶寬、轉頻器應用例，(a) MCPC/FDMA；(b) TDMA。

$(BO)_i$ 等煩雜手續。是故 TWT 能在最大輸出功率動作又不會發生所謂互調變干擾現象。這是 TDMA 優越 FDMA 之特徵。【圖 3-5】顯示 FDMA 及 TDMA 用途比較。

TDMA 採用**突發訊號** (burst signal) 之連續發射與接收機構，故最適合數位式訊號之傳輸。換言之，TDM 與 TDMA 是最適合連繫及結合之機構系統。

【圖 3-6】示**應用基準電台** (reference station) 的 TMDA 通信系統概念圖。

查圖則知轉頻器是被**劃時分配** (time shared)，但各發射台是採用同一載波頻率。假如有預先指定多向進接者，所有**時槽** (time slot) 都被分配各電台的上鏈突發訊號佔有而不會發生重疊。換言之，每一電台

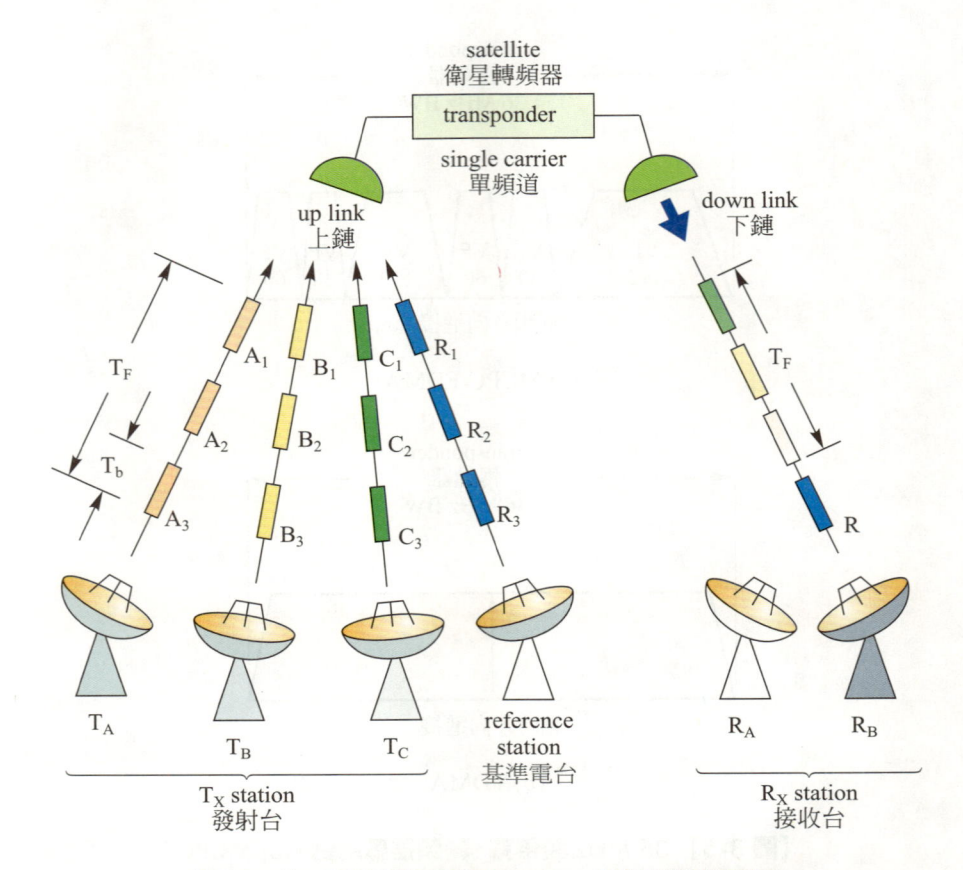

【圖 3-6】 應用基準電台的 TDMA 通訊系統概念圖

收到來自各用戶的連續訊號。但經被壓縮短時間然後用高速度突發性，並且正確時間以順序轉播到衛星。如此來自各電台的突發性訊號經衛星接收後再撥回地面各電台。此時**基準電台** (reference station) 規劃定時並突發時機相關同步訊號，以便有關所有電台屆時接收到所欲訊號。

【圖 3-7】示 TDMA 碼框構造略圖。如圖所示為增加通信可靠度起見，通常由基準電台發射二個**基準突發訊號** (reference burst) RB_1 及 RB_2，接著約 48 bits 期間的**保護時間** (guard time) 後，依序排列來自發射台的一連串**話務突發訊號** (traffic burst)。TDMA 話務用碼框時間 (T) 通常需要 $0.75 \leq T_f \leq 20$ ms，這是 PCM，8 kHz 轉碼調變框時間 0.125 ms ($= 125\,\mu$s) 之整數倍。

碼框之結構

INTELSAT 系統衛星 TDMA 典型**碼框** (frame) 之結構示於【圖 3-7】。查圖則知碼框最長時間少於 2 ms 且保護時間佔 64 符號 (128 位元)，這相當於 1 μs。通常話務訊號擁有 280 符號 (560 位元) 並按話務台之通信內容設置 64 符號整數倍之**預先碼** (preamble)。來自基準台訊號擁有 288 符號 (576 位元)，但無話務的預先碼。所謂基準者發射基準突發訊號，得以規劃碼框之時間配合使所有電台追隨基準台同步。換言之，來自各台的突發訊號與基準台的基準突發訊號保持一定的延遲時間。【圖 3-8】顯示來自基準台的基準突發訊號 (RB) 及話務突發訊號 (TB) 之詳細內容。

查圖則知，**複合突發訊號** (composite burst signals) 各佔領適當的時槽而通常應用 QPSK 來調變射頻載波，因為 INTELSAT 系列衛星皆停留在太平洋、印度洋及大西洋赤道高空，故至少有兩個基準台，一為東側 (east)，另一為西側 (west) 基準電台。有時候被稱呼**主要基準台** (master reference station) 及**次要基準台** (secondary reference station)。由於衛星自備的時鐘被來自主要基準台之訊號鎖定，然這動作可做其他地面台時間配合之基準。因此 INTELSAT 系統 TDMA 碼框，可能有兩個基準突發訊號 RB_1 及 RB_2 之存在。換言之，來自主要基準台訊號決定碼框之開始包含時間及同步相關之情報之來源。但次要基準台只發射有關同步情報而已。下面略示 INTELSAT 衛星 TDMA 用碼框之內容細節。

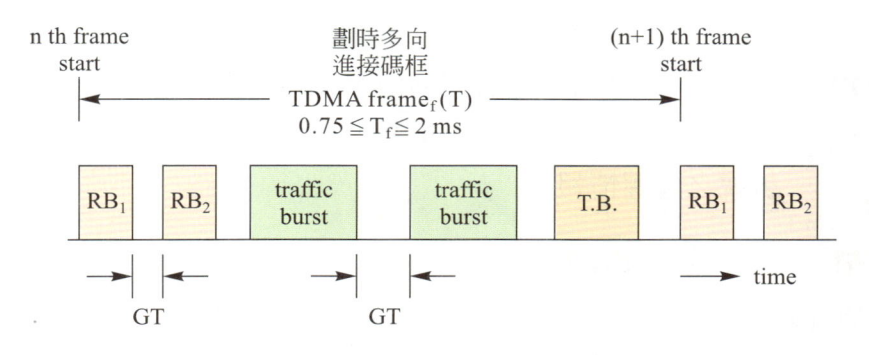

【圖 3-7】 典型 TDMA 碼框結構圖

```
|← ———————— reference burst RB₁ ————————— →|
                基準突發訊號

| CR/BTR | UW | TTY | SC | VOW | VOW | CDC |
|← 176 →|← 24 →|← 8 →|← 8 →|← 32 →|← 32 →|← 8 →|
|← ——————————— (288) ——————————— →| symbols
                    (a)


|← ———————— traffic burst TBₙ ————————— →|
                話務突發訊號

| CR/BTR | UW | TTY | SC | VOW | VOW | Traffic DATA |
|← 176 →|← 24 →|← 8 →|← 8 →|← 32 →|← 32 →|← n×64 →|
|← ——————— (280) preamble ——————— →|← symbols
          預先碼
                    (b)
```

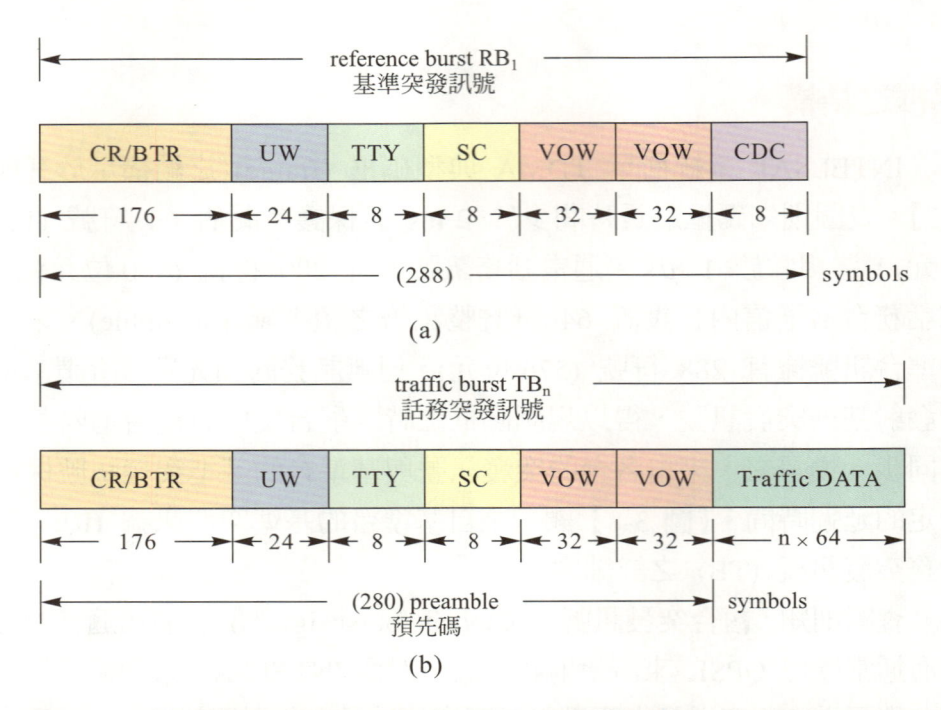

【圖 3-8】 基準電台的基準突發訊號 (RB) 及話務突發訊號 (TB) 連接組合內容

▶ 基準突發訊號 RB₁ 及 RB₂ [詳見【圖 3-8】(a)]

RB₁ ：Reference Burst from master reference station，來自主要基準台的基準突發訊號

CBR ：Carrier and Bit Timing Recovery，載波及位元時間回復

UW ：Unique Word，獨特語 (唯一語)，在前言的特殊位元型態，能使精確的同步及不確定相位。

TTY ：Teletype 電傳打字

SC ：Service Channel 服務波道，包含警報及各網路管理情報

VOW ：Voice Order Wire 電台間通信用電報、電話傳遞線

CDC ：Control and Delay Channel 控制及延遲波道，包含同步發射訊號之延遲情報。

▶ 話務突發訊號 TBₐ, TBᵦ, ……, TBₙ 等

查【圖 3-8】(b) 即知預先訊號與 (a) 圖大致相同，只是 preamble 後面追加來自各發射台的**話務數據** (traffic data) 而已。

碼框效率 (frame efficiency)

碼框效率 (η_F) 被定義為話務位元與總位元數之比，

$$\eta_F = \frac{\text{話務位元數}}{\text{總位元數}} \tag{3-17}$$

碼框效率另可用下式表示：

$$\eta_F = 1 - \frac{\text{overhead bits}}{\text{total bits}} \tag{3-18}$$

例題3-3

INIELSAT 系列衛星相關 TDMA 碼框如有下列內容，
碼框總長：120832 符號 (2 ms)
一個碼框裏話務突發訊號數：12
一個碼框裏基準突發號數：2 (RB_1 及 RB_2)
保護時間間隔：102
CDC 波道相關符號數：8
試求碼框效率。

解

參考【圖 3-8】將所有預先訊號 (符號數) 相加得

$$P = 176 + 24 + 8 + 8 + 32 + 32 = 280$$

如果再加 CDC 符號數得

$$RB = 280 + 8 = 288$$

因此，所有 OH (over head) 符號數等於

$$OH = 2(102+288) + 12(102+280) = 5364 \text{ symbols}$$

故

$$\eta_F = 1 - \frac{5364}{120832} = 0.955$$

TDMA 系統之訊號傳輸通常應用 QPSK 來調變。因此有時**位元** (bits) 或**符號** (symbols) 兩語常被採用。發射台發射上鏈波而接收台接

收下鏈波一切都用位元流 (bit stream) 來實行。INTELSAT QPSK 調變 90 度相移載波 (Q-Channel)，故進來的奇數及偶數位元構成一個**發射訊號** (transmitted symbol)。接收台首先接收發射的載波，接著回復發射台**定時脈衝** (clock pulses)，再認出 (鑑定) 每一碼框之出發點，因而可回復發射波道之內容。在 TDMA 裏每一碼框包含獨立的傳輸號碼，故 TDMA 每一電台必須要知道發射的時刻，然必須回復載波及接收訊號以便挑選欲望的基頻波道，INTELSAT TDMA 系統調變規格示於【表 3-5】。

表 3-5　INTELSAT TDMA 系統調變規格 (參數)

標 稱 位 元 率	120.832 Mb/sec (120832 symbols)
標 稱 符 號 率	60.416 M bit
動 作 模 式	突發式 (Burst)
調 變 方 式	QPSK
解 調 方 式	相關解調 (Coherent)
編 碼 方 式	不用差動編碼方式
載 波 位 元 定 時	48 符號不調變
回 復 次 序	128 符號調變
獨 特 語 長 度	24 符號

現就下鏈波而言，每一接收台都接收碼框之所有突發訊號。【圖 3-9】示接收台之突發訊號接收程序。

如圖 3-9 所示，接收台首先檢出獨特語 (UW) 後，認明碼框之每一突發訊號出發點然摘取話務訊號。換言之，突發訊號內容之鑑定基礎是接收台之必須認出獨特語方可。

一個碼框之音頻波道容量也就是轉頻器音頻容量。我們從碼框的效率及**位元率** (bit rate) 可求出波道容量。現設 R_b 為音頻波道之位元

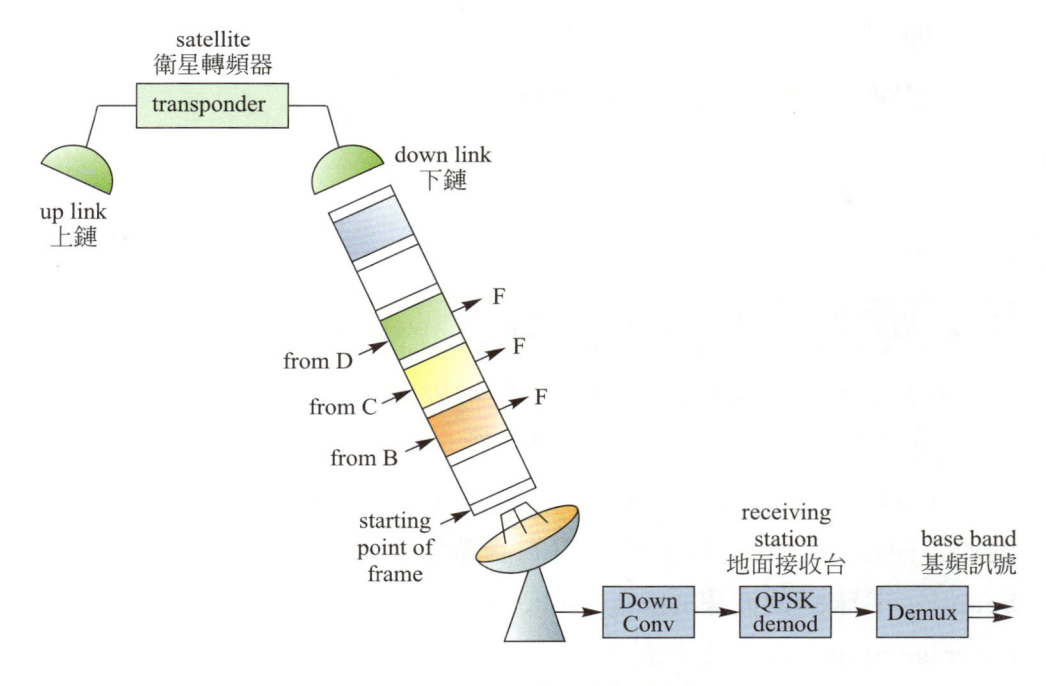

【圖 3-9】 接收台的突發訊號接收次序

率，並設有 n 個音頻容量由所有地面電台來分擔。因此總進入話務位元率則等於 nR_b。如此碼框之話務位元率等於 $\eta_F R_T$，故得

$$nR_b = \eta_F R_T \ , \ n = \frac{\eta_F R_T}{R_b} \tag{3-19}$$

例題3-4

就【例題 3-3】試求 INTELSAT TDMA 碼框之音頻波道容量，但音頻波道之位元率設等於 64 Kb/sec 且應用 QPSK 調變，另設碼框長等於 2 ms。

解

查【表 3-5】得知一個碼框擁有符號 120832 symbols，這碼框期間等於 2 ms，故每秒符號等於

$$120832/0.002 = 60416000 = 60.416 \quad \text{mega symbols/sec}$$

在 QPSK 調變系統裏 2 個位元構成一個符號，故傳輸率等於

$$R_T = 60.416 \times 2 = 120.832 \quad \text{Mbit/sec}$$

再應用 (3-19) 式等於

$$n = \frac{\eta_F R_r}{R_b} = \frac{0.955 \times 120.832 \times 10^6}{64 \times 10^3} = 1803$$

[E] 通信衛星之地面涵蓋法 (Earth Coverage by Satellite)

在靜止軌道上運作的通信衛星均被安置於指定的**軌道槽** (orbital slot) 而與地面電台做上、下鏈通訊工作，吾人知悉太平洋 (POR)、大西洋 (AOR) 及印度洋 (IOR) 三大洋赤道高空 36,000 km 的衛星發射的電磁波照射大地面。最常用的涵蓋型式是**全球涵蓋波束** (global beam)、**半球涵蓋波束** (hemi spheric beam) **區域性涵蓋波束** (zone coverage beam) 及**點波束涵蓋** (spot beam) 之四種。【圖 3-10】明示四

(a) 全球涵蓋波束
(global beam)

(b) 半球涵蓋波束
(hemi spheric beam)

(c) 點波束涵蓋
(spot beam)

(d) 區域性涵蓋波束
(zone beam)

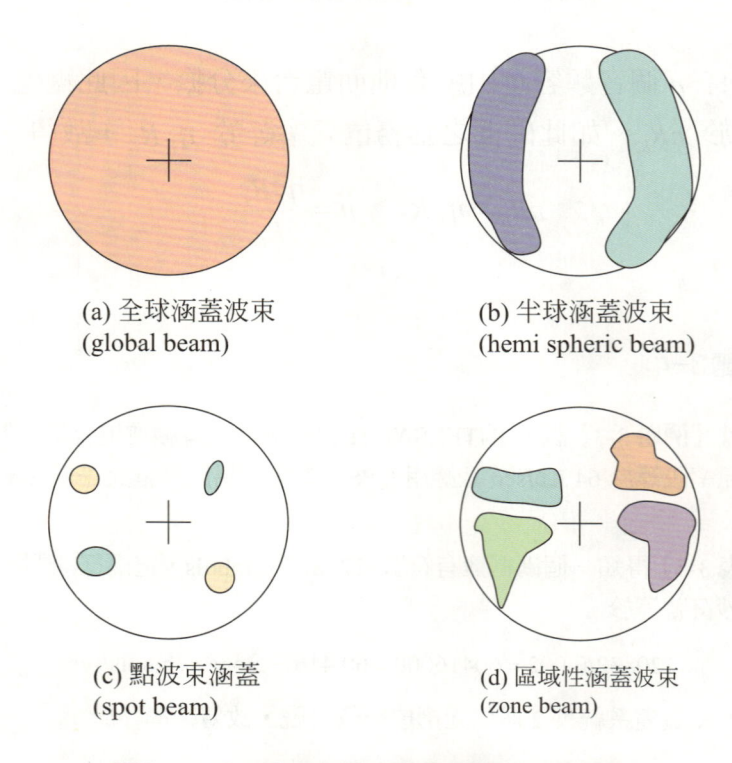

【圖 3-10】 靜止衛星地球涵蓋四種方法略圖

第三章　太空通信系統計劃與評價

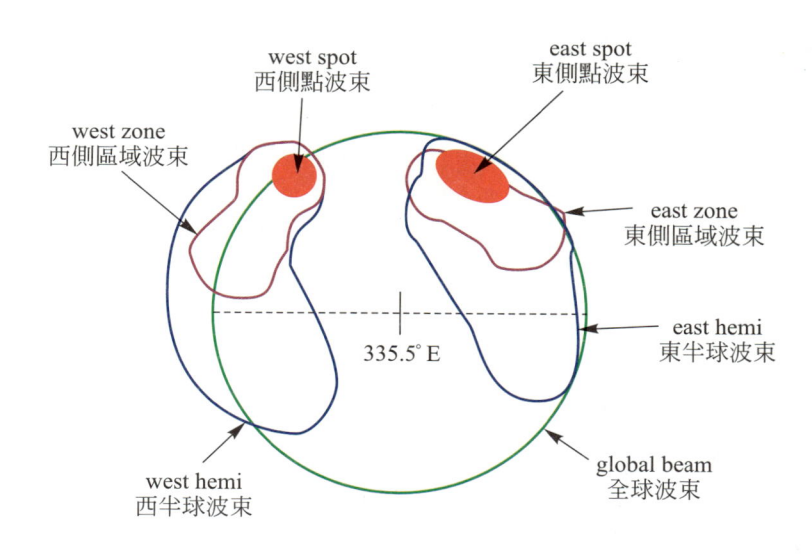

【圖 3-11】 INTELSAT 5 號通信衛星停留東經 335.5° (大西洋) 赤道高空執行東西兩側四種大地面涵蓋

種涵蓋波束之略圖且【圖 3-11】示 INTELSAT 5 號衛星停留東經 335.5° 高空執行東西兩側四種涵蓋略圖。

【圖 3-12】示離地面高度 h 的靜止衛星對大地涵蓋面積相關略圖。

通信衛星採用的頻率是 L-band (1.5~1.6 GHz)、S-band (2.0~2.7 GHz)、C-band (3.7~7.25 GHz) 及 Ku-band (10.7~18 GHz) 之四種最多。由於衛星在太空中飛翔故關係重量、體積、型態等隨著各類用途、目的又相異，應了解下列諸問題。

1. 無論是靜止衛星或地球環繞衛星，為獲得衛星**姿勢** (attitude) 穩定起見，採用迴轉姿勢穩定方式三軸姿勢穩定方式。如果是自轉姿勢穩定式者，裝備**雙旋轉天線** (dual spun antenna) 比較理想。
2. 裝設各類通訊天線外，衛星本身之遙測、追蹤及指揮用天線必須考慮。
3. 在太空中飛翔衛星之天線當輻射大地面時，需要涵蓋面積之大小、形狀等，無論是點波束涵蓋、區域性波束，其範圍應保持伸縮性方可。

$$S = \iint ds$$
$$ds = R_e^2 \sin\theta \, d\theta \, d\phi$$
$$A = \int_0^{2\pi} \int_0^{\theta} R_e^2 \sin\theta \, d\theta \, d\phi = 2\pi R_e^2 (1 - \cos\theta)$$

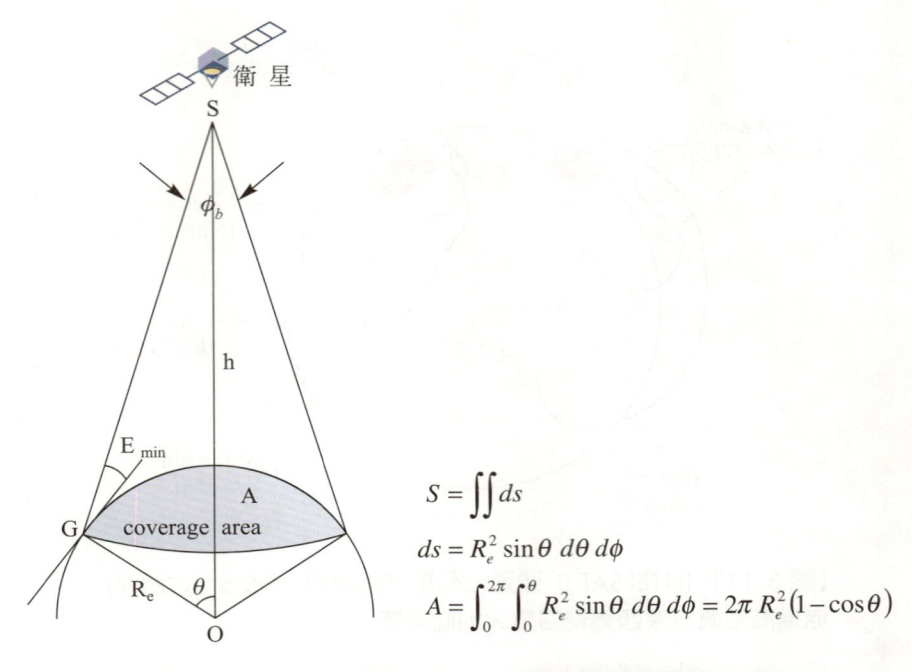

【圖 3-12】 距地面高度 h 的靜止衛星針對地面涵蓋面積

4. 為更適合各國領土之大小、地形等複雜變化及人口稠密分佈、山岳森林、河川等各類環境，衛星設置全球涵蓋、半球涵蓋、區域性涵蓋及點波束涵蓋之四種涵蓋方法以便應付。

5. 衛星通信採用 L 頻帶、S 頻帶、C 頻帶及 Ku 頻帶的微波頻帶天線。故裝備於衛星之收、發天線要訣如下：

   (a) **偏移饋波拋物線型天線** (offset paraboloidal reflector antenna)

   (b) **偏移饋波凱氏天線** (offset cassegrain antenna)

   (c) **圓錐型號角天線** (conical horn antenna)

6. 下鏈波衛星涵蓋面積內的**功率密度** (power flux density: dBW/m^2) 或電場強度應符合於規定值。晚近衛星上之發射及接收用微波天線都分別裝設使用。除上述天線本身各項規格外，例如高頻電路、偏移饋電天線、指向機構、環境適合條件等應該一併考慮。

▶ 天線涵蓋面積 (Antenna Coverage Area)

停留赤道高空 36,000 km 靜止衛星照射地球的涵蓋波束，如【圖

3-10】所示有：**1. 全球涵蓋波束**；**2. 半球/區域性涵蓋波束**；**3. 點波束涵蓋**之四種。就典型的 INTELSAT 通信衛星而言，無論是太平洋 (POR)、印度洋 (IOR) 及大西洋 (AOR) 高空的靜止衛星均有上列四種詳圖。

1. 全球涵蓋波束

【圖 3-12】是距地面高度 h 的靜止衛星涵蓋示意圖。

衛星下鏈波之波束寬為 ϕ_b°，地面照射面積等於 $S = \iint ds$ 且 $ds = R_e^2 \sin\theta \, d\theta \, d\phi$，$R_e =$ 地球半徑 (6378 km)。因地面電台之實用最小仰角 $E_{\min} \geq 10°$ 方能接收良好通訊，再查【圖 3-12】之三角形 SGO 得知，

$$\cos\theta = \frac{R_e}{R_e + h} = \frac{6378}{6378 + 35786} = 0.1512$$

得 $\theta = 81.3°$ 並且 $\theta_{opt} = 81.3° - 10° = 71.3°$，現將 $R_e = 6378$ km，$\theta = 71.3°$ 代入

$$A = \iint ds = 2\pi R_e^2 (1 - \cos\theta) = 1.737 \times 10^8 \quad \text{km}^2$$

因這涵蓋面積等於地球總表面積 $A_E = 4\pi R_e^2 = 5.109 \times 10^8$ km² 之約 1/3，讓我們知道應用三枚衛星而各衛星距 120° 之角度可包圍全球，換言之容易獲得全球 (環球) 通訊之美夢。INTELSAT 6 號通信衛星採用 C 頻帶 (6/4 GHz) 皺紋號角天線 (corrugated horn antenna)，而其直徑 $d_m = 0.267/0.178$ m，長度 $L = 1.259/0.772$ m 之圓錐形號角天線，增益約 19.8 dBi，以利全球涵蓋。

2. 半球/區域性涵蓋波束

【圖 3-11】示大西洋區域 INTELSAT 衛星涵蓋的半球及區域性波束涵蓋情況。

如圖所示 INTELSAT 5 號停留在 335.5°E 赤道高空。西側照射北美、南美 (west hemi)，而東側則照射歐洲及非洲 (east hemi)。**覆蓋** (coverlay) 於東西兩半球照射，北美和南美比較重要地域實施西側區域涵蓋 (west zone)，另對歐洲大陸及英國重要城市 (Metropolitan area) 以

及非洲北部一些繁榮地域執行東側區域照射 (east zone)。INTELSAT 6 號衛星針對 C 頻帶下鏈波專用天線採用直徑 3.2 公尺之偏移饋電碟型天線。為投射反射面板之饋電系統採用 146 個 Potter 號角器，以便構成**多饋電天線行列** (multi-fed array)。此外對**區域涵蓋** (zone beam) 應用**左旋轉極化波** (LHCP)，而對**半球涵蓋** (hemi-spheric zone) 應用**右旋轉極化波** (RHCP)，並備用四個極化器以達成目的。上鏈波接收專用天線採用直徑 2 公尺偏移饋電天線，同樣也採用多饋電天線行列系統。整型波束天線通常採用下列二種方法，一為如日本 BS-2 廣播衛星採用功率與相位相關的複數個饋電器以作**一次放射器** (primary radiator) 併用修正反射板面的橢圓反射面為**二次輻射系統** (secondary

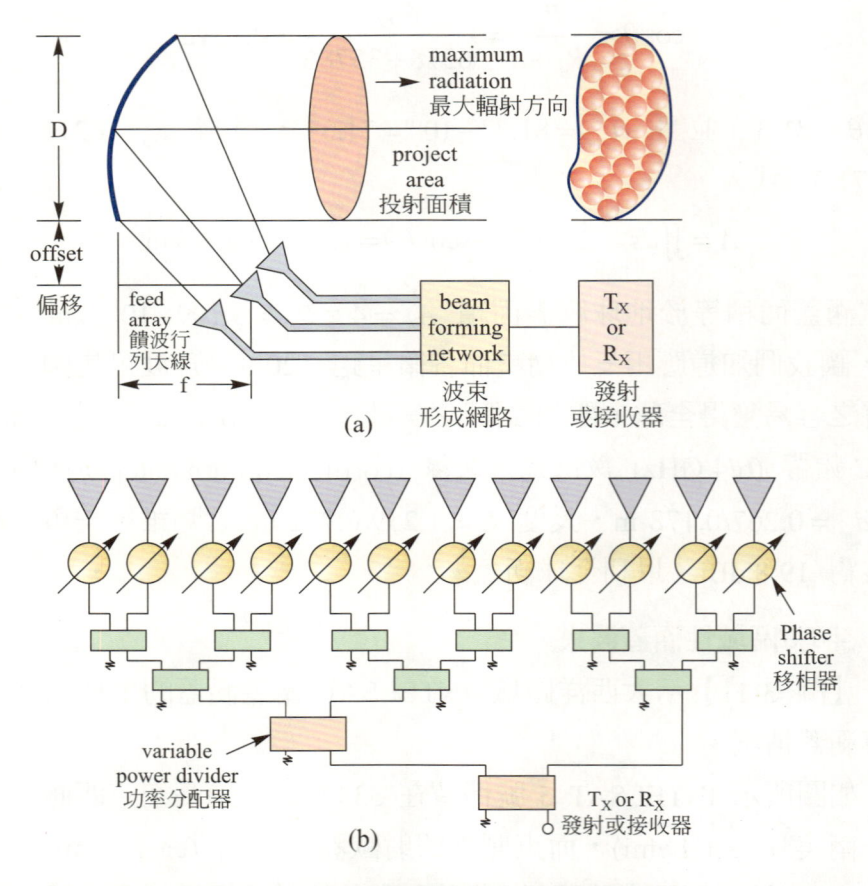

【圖 3-13】 (a) 應用波束形成網路偏移饋電碟型天線涵蓋；(b) 採用功率分配器及相移電路方式涵蓋方法。

radiator)，另一為採用偏移饋電碟型天線併用多饋電行列天線。

【圖 3-13】顯示偏移饋電型天線略圖及功率分配器原理圖。

3. 點波束涵蓋

在前面我們已經討論過衛星下鏈波載波雜音功率比 C/N。現再整理如下：

$$\left(\frac{C}{N}\right)_D = P_{TS} G_{TS} \left(\frac{G_{RE}}{T_{RE}}\right) \left(\frac{\lambda_D}{4\pi R_D}\right)^2 \left(\frac{1}{L_D}\right)\left(\frac{1}{k \cdot B}\right) \tag{3-20}$$

根據天線理論，天線增益 G 與**定向性** (directivity) D_d 有 $G = \eta D_d$ 關係，這是假定天線效率 $\eta = 100\%$ 時可獲得 $G = D_d$。設衛星發射天線增益等於 G_{TS}，地面電台接收天線增益等於 G_{RE} 時，

$$D_{TS} = G_{TS} = \frac{4\pi}{\Omega_A} = \frac{4\pi}{(\phi_b)^2} \tag{3-21}$$

且

$$D_{RE} = G_{RE} = \frac{4\pi A_{RE}}{(\lambda_D)^2} \tag{3-22}$$

將 (3-21)、(3-22) 式代入 (3-20) 式得

$$\begin{aligned}\left(\frac{C}{N_O}\right)_D &= \left(\frac{P_r}{N_O}\right)_D = P_{TS} \cdot G_{TS} \left(\frac{G_{RE}}{T_{RE}}\right)\left(\frac{\lambda_D}{4\pi R_D}\right)^2 \left(\frac{1}{L_D}\right)\left(\frac{1}{kB}\right) \\ &= P_{TS}\left(\frac{4\pi}{\phi_b^2}\right) \cdot \frac{4\pi A_{RE}}{(\lambda_D)^2} \cdot \frac{(\lambda_D)^2}{(4\pi R_D)^2} \cdot \frac{1}{L_D} \cdot \frac{1}{T_{RE} kB} \\ &= \frac{P_{TS} \cdot A_{RE}}{(\phi_b)^2 R_D^2} \cdot \frac{1}{kT_{RE}} \cdot \frac{1}{L_D} \cdot \frac{1}{B}\end{aligned} \tag{3-23}$$

詳查 (3-23) 式得知 $P_{TS} \cdot R_D \cdot T_{RE} \cdot B \cdot K$ 均屬於固定數值或常數，故簡化後可得

$$\left(\frac{P_r}{N_O}\right)_D = \frac{A_{RE}}{(\phi_b)^2} \times K_1 \tag{3-24}$$

假設地面電台接收天線之直徑 A_{RE} 又固定者，(3-24) 更可簡化為

$$\left(\frac{P_r}{N_0}\right)_D = \frac{1}{(\phi_b)^2} \times K_2 \qquad (3\text{-}25)$$

(3-25) 告訴我們衛星下鏈波載波功率與雜音功率比與波束寬 ϕ_b 之平方成反比。

例題 3-5

我們熟知衛星下鏈波全球涵蓋波束 $\phi_{Gb} = 17.34° \cong 18°$，現設下鏈波波束寬為 $\phi_{b10} = 10°$ 者，$\dfrac{(\phi_b)_{10}}{(\phi_{Gb})_{18}} = \dfrac{10}{18} = 0.555$

解

$$\frac{1}{\left(\dfrac{(\phi_b)_{10}}{(\phi_{Gb})_{18}}\right)^2} = \frac{1}{(0.555)^2} = 3.246 \quad \Rightarrow \quad 10\log 3.246 = 5.11 \text{ dB}$$

假如波束寬改為 $\phi_b = 1°$ 者，$\dfrac{(\phi_b)_{10}}{(\phi_{Gb})_{18}} = \dfrac{1}{18} = 0.0555$

$$\frac{1}{\left(\dfrac{(\phi_b)_{10}}{(\phi_{Gb})_{18}}\right)^2} = \frac{1}{(0.0555)^2} = 325 \quad \Rightarrow \quad 10\log 325 = 25.1 \text{ dB}$$

【表 3-6】示點波束寬 ϕ_b，在大地面涵蓋面積的直徑 D (km) 與全球涵蓋波束 ϕ_{Gb} 比較後增加的 EIRP 值 (dB)。

表 3-6　衛星下鏈波地面涵蓋面積點波束寬度、面積直徑相關比較

點波束寬度 (ϕ_b) deg	涵蓋面積直徑 D km (mile)	點波束與全球涵蓋波束比較後增加 EIRP (dB)
10	6269 (3918)	5.1
6	3755 (2347)	9.5
3	1876 (1172)	15.6
2	1250 (781)	19.0
1	625 (391)	25.1
0.5	313 (195)	31.1

點波束涵蓋之再檢討

吾人知悉全球涵蓋之波束寬 $\phi_{Gb} = 17.34°$，吾人又熟知照射大地面波束寬窄，單位面積之功率密度愈大，換言之 EIRP 會增加。根據天線理論，**天線主瓣波** (main lobe) 主瓣波角設等於 Ω_A 者，

$$\Omega_A = HP_E \cdot HP_H \tag{3-26}$$

上式中　　HP_E = E 平面內 3 dB 之波束幅
　　　　　HP_H = H 平面內 3 dB 之波束幅

再設天線**指向性** (directivity) 為 D_d 時

$$\begin{aligned}D_d &= \frac{4\pi}{\Omega_A} = \frac{4\pi}{HP_E \cdot HP_H} \\ &= \frac{4\pi}{\left(\frac{\pi}{180}\right)HP_E^0\left(\frac{\pi}{180}\right)HP_H^0} = \frac{\left(\frac{180}{\pi}\right)^2 4\pi}{HP_E^0 \cdot HP_H^0} = \frac{41274}{HP_E^0 \cdot HP_H^0}\end{aligned} \tag{3-27}$$

(3-27) 式中 HP_E^0 及 HP_H^0 均以 3 dB 波束寬用度 (deg) 表示。

【圖 3-14】顯明標準拋物線天線之 $HP_E = HP_H$，而且

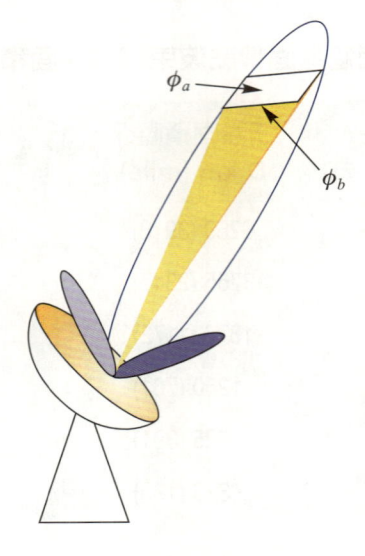

$$HP_E = HP_H \qquad \Omega_a = \theta_a \cdot \theta_b = \phi_b^2$$

【圖 3-14】 標準拋物線型天線輻射波型

$\Omega_A = \theta_a \cdot \theta_b \cong (\phi_b)^2$ 的情況。

如果天線是橢圓形反射面者 $\Omega_A = \theta_a \cdot \theta_b (\theta_a \neq \theta_b)$，假如天線之開口面積 A 等於圓形拋物線天線者，增益 G 則等於

$$G = \eta \frac{4\pi A}{\lambda^2} = \frac{4\pi A_{eff}}{\lambda^2} \tag{3-28}$$

天線之效率 η 大約 55~65% 左右。

上式 $A_{eff} = \eta \cdot A$，且 $A = \frac{\pi D^2}{4}$，故

$$G = \eta \left(\frac{\pi D}{\lambda}\right)^2 = \eta \left(\frac{\pi f D}{c}\right)^2 \tag{3-29}$$

3-3 地面電台工程設施
(Earth Station Engineering)

[A] 地面電台概述 (Outline of Earth Station)

以衛星通信為目標，設置於大地面上的電台通常稱為**地面電台** (earth station)。大地面固然有海洋與陸地之區別，我們特分陸上的**固定電台** (ground earth station)，海洋上航行的**船舶台** (ship earth station) 以及陸上的**移動電台** (mobile station)。不但如此例如 747 型噴射客機因其飛行高度離地面約在 10 公里以下，這與地球同轉衛星在 36,000 公里高空相比下，確實是低空故又被稱為**航空地面台** (aircraft earth station)。吾人通稱的地面電台就是以衛星為轉播站，應用上鏈及下鏈波做國際國內相關通訊工作。譬如國際電話、傳真、網際網路、電視廣播等電台。除此之外，專管軌道上衛星的遙測、追蹤及指揮工作的地面電台，現就 INTELSAT 系統而言，分佈於全球幾所的 TT&C network station。我們熟知每一枚衛星都有它的目的和用途，嚴格地說，衛星被火箭發射升空上軌道而順利地環繞地球，如果壽命為十年者，在這期間內必須依賴 TT&C 電台，或者被稱為管制電台來協助修正軌道、姿勢穩定或台址維護等煩雜工作。不可否認 TT&C 電台者，衛星的控制台、指揮台和保護台。

【圖 3-15】示地面電台設施簡略圖。

▶ 標準地面電台 (Standard Earth Station)

以國際商業通信為主要業務的地面電台，簡稱標準地面電台。依據電台設施、性能之優劣可分類：**1.** 標準 A 級電台 (Standard A Earth station)；**2.** 標準 B 級電台 (Standard B Earth Station) 及 **3.** 標準 C 級電台 (Standard C Earth Station) 等等。【表 3-7】顯示標準地面電台之性能表以供參考。通常以『G/T』之高低來評估地面電台之等級，G 代表地面電台天線增益，T 代表地面電台接收系統之雜音溫度。在浩瀚無際太空裏有的是低高度、中高度或高高度衛星 (高度 36,000 km 的同

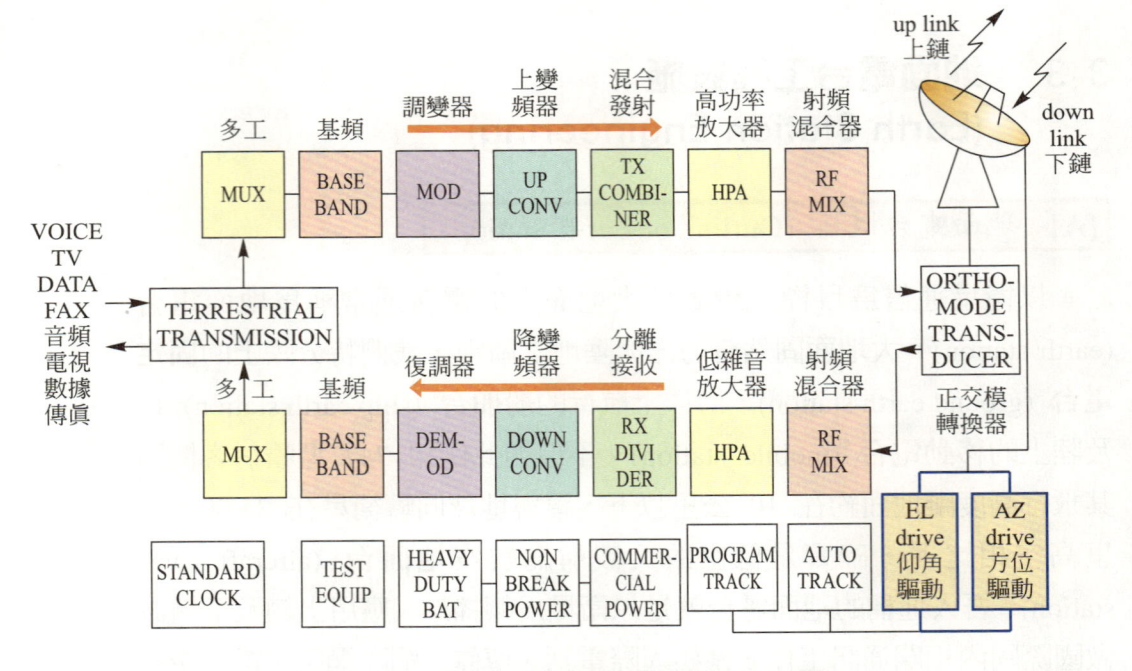

【圖 3-15】 地面電台設施簡略圖

轉衛星)。吾人知悉通信衛星大都採用靜止衛星且離地心約 42,164 km 的高空上，如果是採用 C-頻帶 6/4 GHz 者，電波傳播損失是固定。假設下鏈波而論，路程損失 $L_D = 20\log\left(\frac{4\pi f R_D}{c}\right)$ 是固定。前面我們所討論的 $\left(\frac{C}{N}\right) = P_t G_t \left(\frac{\lambda}{4\pi R_D}\right)^2 \frac{G_R}{T_R}$，地面接收台所接收的載波與雜音功率比是完全靠 $\frac{G_R}{T_R}$ 之比，故以 $\frac{G_R}{T_R}$ 之大小做地面電台等級評鑑之基礎。

[B] 地面電台天線

無論是上鏈用發射天線或下鏈用接收天線，地面電台天線必備下列幾個條件。

1. 天線需要高增益、定向天線方可。因衛星通信均採用微波頻率，故實用的天線被限制：(a) 主焦點饋波拋物線形天線；(b) 凱氏天線；(c) 格氏天線之三種。

2. 近來在靜止軌道 (GEO) 上飛翔衛星數量急遽增加，在圓形軌道上每一度就放置一枚衛星趨勢。根據 CCIR NO. 465 規定，天線

表 3-7　INTELSAT 標準電台特性表

TYPE OF STATION	STANDARD A	STANDARD B	STANDARD C	STANDARD D	STANDARD E	STANDARD F
FREQ. BAND (GHz) POLARIZATION	6/4 CIRCULAR	6/4 CIRCULAR	14/12 LINEAR	6/14 CIRCULAR	14/12 LINEAR	6/4 CIRCULAR
ANTENNA DIA (m)	15	11-14	11	4.5 (D-1) 11 (D-2)	3.5-10	4.5-10
EIRP (dBW)	88	85	75-87	83-57	49-86	46-76
G/T (dB/k)	35	31.7	37	23-32	25-34	23-29
ANTENNA GAIN (dB)	≥54	≥51	≥59	≥43	≥50	≥29
TYPE OF MODULATION	FDM SCPC-QPSK TV/FM	CFON-FM SCPC-QPSK TV-FM	FDM-FM IDR IBS	SCPC-CFM	IBS/QPSK IDR/QPSK	IBS/QPSK IDX/QPSK
ACCESS METHOD	FDMA TDMA	FDMA	FDMA	FDMA	FDMA	FDMA

【註】地面電台是在大地上建設的電台。因此任何設施的重量、體積、形態沒有什麼特別限制。譬如就天線而論，如有必要者，其直徑是 10 公尺、30 公尺或 64 公尺均可以建立，其重量是幾拾噸、幾百噸則無問題。

旁瓣波之位準應符合 $32-25\log\theta$，但在 1983 年 FCC NO. 25.209 規定針對美國國內衛星更嚴格的規定為 $29-25\log\theta$。上式中 θ 為離天線主軸之角度。

3. 天線之雜音溫度應保持較小值為佳 (low antenna temperature) 外，天線與低雜音放大器 (LNA) 間之導波管損失設法到最低。
4. 如果採用 TT&C 電台天線者，應選擇**全自動操縱天線** (fully automatic steerable) 為佳。

今日與 INTELSAT 一系列衛星相關的 A 級、B 級及 C 級專用發射及接收台用巨型天線外，還有**電視接收專用電台** (TVRO) 或**小型開**

口天線 (VSAT) 用天線。這些電視接收專用天線 (直徑 3.6～9.1 公尺) 及 V_{SAT} 用天線 (1.8～3.4 公尺)。

【圖 3-15】顯示 A 級或 B 級等比較大型地面電台的設施簡略圖。我們可分別下列三個部門討論。

▶ **射頻終端設施** (RF Terminal Equipment)
- 主焦點饋波拋物線型凱氏天線 (prime focus feed Cassegrain antenna)
- 正交模轉換器、雙工器 (orthogonal mode transducer, diplexer (OMT))
- 方位、仰角、控制器 (azimuth, elevation controller)
- 高功率放大器 (high power amplifier)
- 低雜音放大器 (low noise amplifier)
- 昇頻混波器 (up coverter)
- 降頻混波器 (down converter)

上列七項主要設施中，直徑 30 公尺的凱氏天線將射頻電路設備及饋電系統固定而易於讓反射波在兩個正交軸 (AZ-EL) 方向任意旋轉的優點。今日世界各國標準地面電台之大型天線大都採用**輪軌型** (wheel and track type) 之四重反射饋波系統的凱氏天線，本方式能實現發射機、接收機等有關射頻相關設施接裝於天線下面之機房裏，因而能使天線可能**完全自動操縱**。

▶ **基頻終端設施** (Base Band Terminal Equipment)
- 調變器 (或編碼器)
- 複調器 (或解碼器)

通常射頻終端和基頻終端兩機房間應用適當的電纜或光纜連繫構成中頻 (IF line：70 MHz) 連絡系統。

▶ **周邊設施** (Base Band Terminal Equipment)
　　如發電機、蓄電池、電力控制器、變電設備、測試儀表、空氣調節、標準鐘等設施。應留意的是無間斷電力設備得以全天候供應國際通信事業為要。

凱氏天線 (Cassegrain antenna)

典型雙反射天線首推凱氏天線，本天線從光學望遠鏡演變發展出來的。凱氏天線之主反射板應用拋物線型反射板而其焦點 F_1 與雙曲線特性的副反射板共用同一焦點。【圖 3-16】示本天線之初級饋波器相位中心設置於副反射板之另一焦點 F_2，因此從 F_2 焦點輻射出去的球面波經副反射板上 P_1 反射。其次由主射板上 P_2 點再反射後變換為平面波，最後到達天線開口面上 Q 點。

凱氏天線之焦點距離與直徑之比 $\frac{f}{D}$ 大於普通拋物線天線。由於直線緣故凱氏天線之交叉極化特性較佳。凱氏天線與主焦點饋波拋物線天線不相同，不需用較長導波管，並且設置於主要反射板後面的發射板及接收機其他機件可融合，並能靈活地應用。

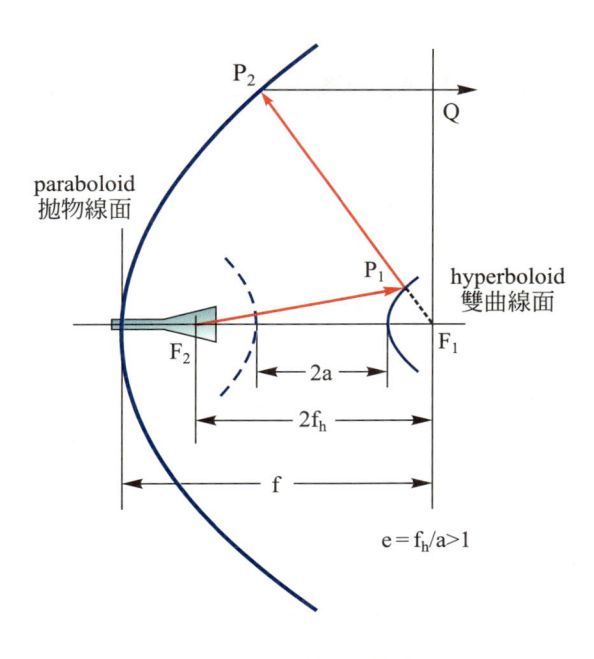

【圖 3-16】 凱氏天線機構示意圖

凱氏天線之優點

查看【圖 3-17】可獲知天線**溢波** (spill over) 之主要部份在空中產生,因此雜音溫度特別低。

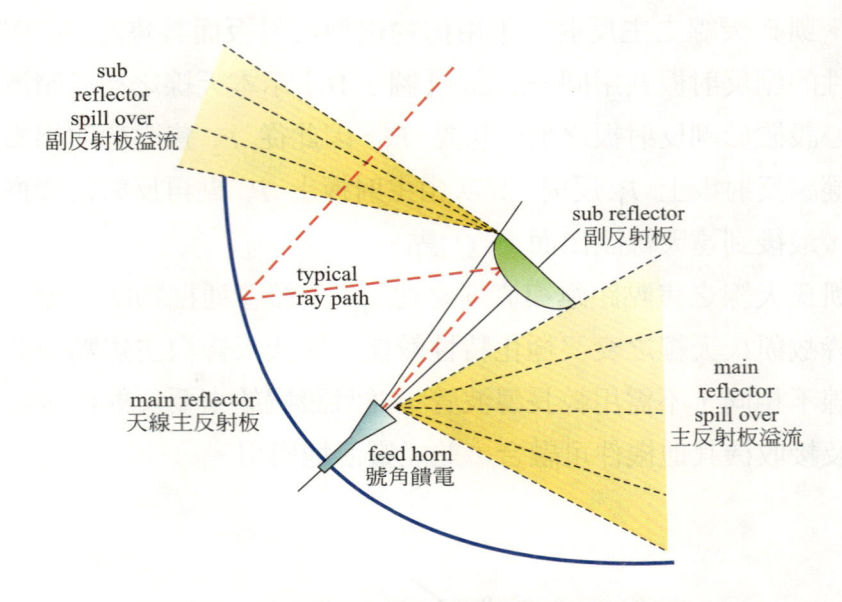

【圖 3-17】 凱氏天線波束溢流與效率相關圖

此外應用定向性尖銳的號角饋波系統,將主反射波及副反射波之各焦點距離縮短,使得有效焦點距離增大而減少溢波。

凱氏天線之增益可用下式表示:

$$G = \eta \frac{4\pi A}{\lambda^2} \exp\left(-B\left(\frac{4\pi\varepsilon}{\lambda}\right)^2\right) \tag{3-30}$$

上式中 ε =天線反射板之精度 rms 誤差,B 為校正因數。假使 $\frac{f}{D}$ 比相當大而引起 B 值近似於 $1 (B \cong 1)$ 者,就算反射板之精良不夠完善時,天線增益也不會降低甚多。C 頻帶或 K_u 頻帶的射頻電路可裝備於主反射板,饋電號角之背後,如此可避免較長導波管之損失。

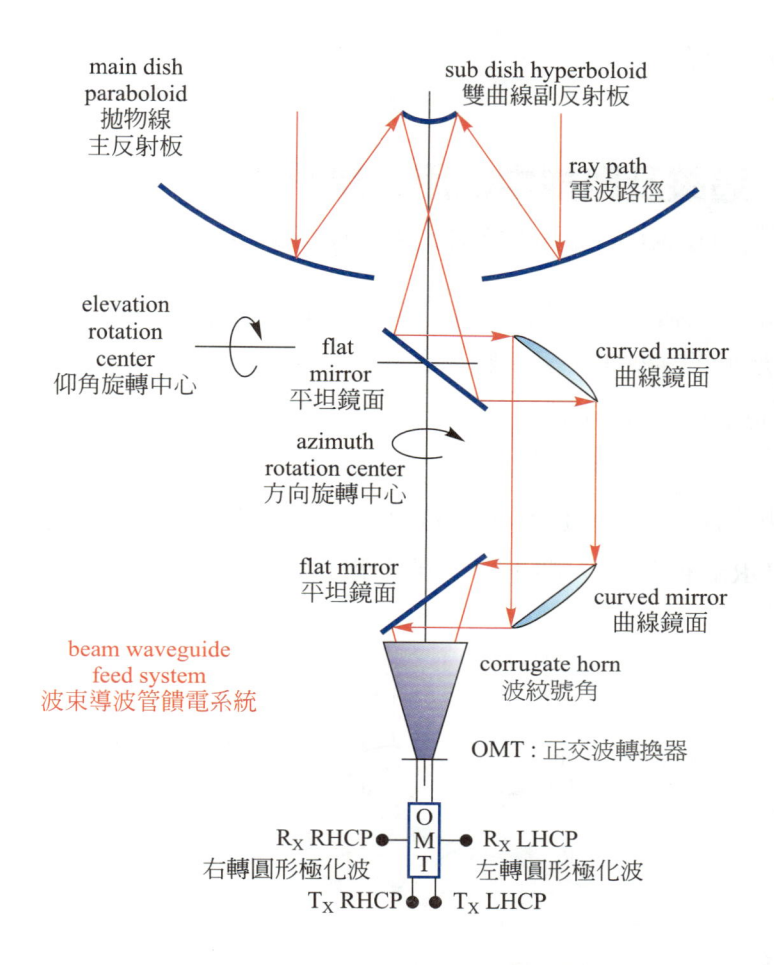

【圖 3-18】 凱氏天線波束導波管四重反射饋波系統構造略圖

波束導波管饋電 (beam wave guide feed)

【圖 3-18】明示波束導波管之構造及動作示意圖。

如圖所示，地面電台將皺紋圓錐形號角饋電經四重反射板後再照射雙曲線副反射板。本天線將射頻電路設備及饋電系統固定，而易於讓主反射板在兩個正交軸 (AZ-EL) 方向任意旋轉之優點。今日世界各國標準地面電台之大型天線，差不多採用**輪軌型** (wheel and track type) 之四重反射饋波系統的凱氏天線，因而使天線可完全自動操縱，本天線之唯一缺點是副反射板引起的**開口面之封鎖** (aperture blockage)，但如果副反射板與主反射板之直徑比 $\frac{d}{D}$，取極小值者，譬如 $\frac{d}{D} \leq 0.1$ 則可忽略其影響。

3-4 追蹤及數據中繼用衛星系統
(Tracking and Data Relay Satellite System：TDRSS)

地球靜止軌道上兩顆同轉衛星在赤道上相隔約 130° 經度，例如一顆停留大西洋高空上，另一顆停留太平洋高空上。再配合適當**地面電台** (ground terminal) 則可構成追蹤及數據中繼用衛星系統 (TDRSS)，如此大西洋上空的衛星稱為東邊 (TDRS EAST, 41°W, 319°E) 而太平洋上空的衛星稱為西邊 (TDRS WEST, 171°W, 189°E)。【圖 3-19】顯示東西兩邊 TDRS 衛星和大地上一座地面電台的中繼網路示意圖。

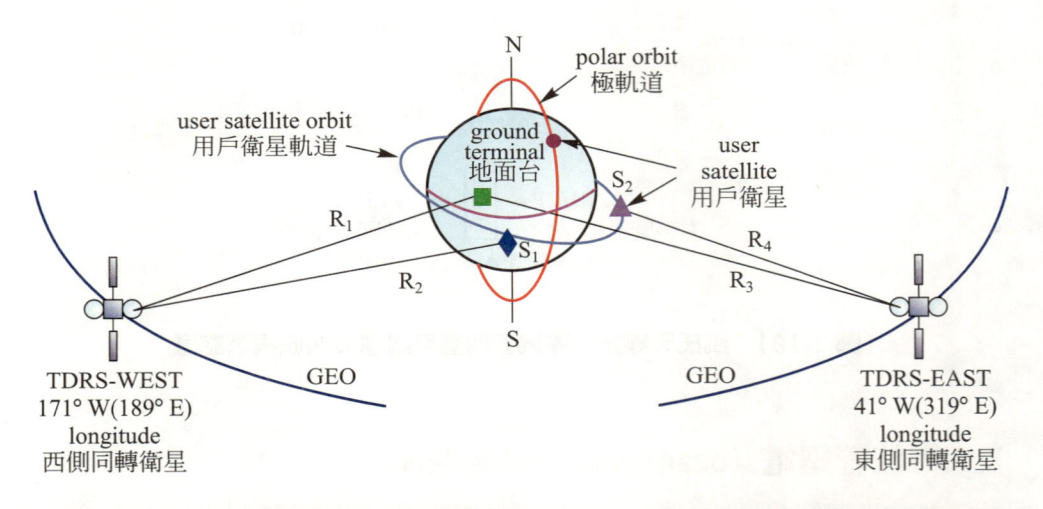

【圖 3-19】 東西兩顆追蹤及數據中繼用衛星 (TDRS) 和大地上一座地面電台構成全球追蹤數據中繼網路簡略圖

查圖易知在地球低軌道 (LEO) 上環繞的衛星或者太空梭等所獲得數據資料，相片等經 TDRS WEST 或 TDRS EAST 和地面電台連絡互相通訊。這就是 TDRS 系統之優點。

但我們必須留意 LEO 的離地面高度。200 km～1000 km 高的 LEO 軌道，有圓形軌道，適當傾斜度的橢圓軌道或極軌道。譬如 300

km 高圓形軌道（例如太空梭）者，其太空中速度及週期等於

$$V = \sqrt{\frac{\mu}{r}} = \sqrt{\frac{398600}{(6378+300)}} = 7.73 \text{ km/s}$$

$$P = 2\pi\sqrt{\frac{r^3}{\mu}} = 2\pi\sqrt{\frac{(6678)^3}{398600}} = 5428 \text{ sec} = 1.5 \text{ hr}$$

如果離地面 1,000 km 高度者，V = 4.93 km/s 而 P = 5.79 hr

上面計算告訴我們衛星高度愈高速度愈慢且環繞地球的週期愈長。

吾人知悉 INTELSAT 為完成全球通信系統，將三枚靜止衛星配置 AOR、POR 及 IOR 之高空 36,000 km 處並隔開約 120° 經度處。反之，TDRSS 系統唯有兩顆靜止衛星在赤道上空隔開約 130° 各停留大西洋及太平洋高空上。因此在印度洋上空（約 75°E 經度）附近發生電波達不到的**陰影區域** (shadow zone)。【圖 3-20】明示由二顆靜止衛星在印度洋上空發生電波陰影區域示意圖。

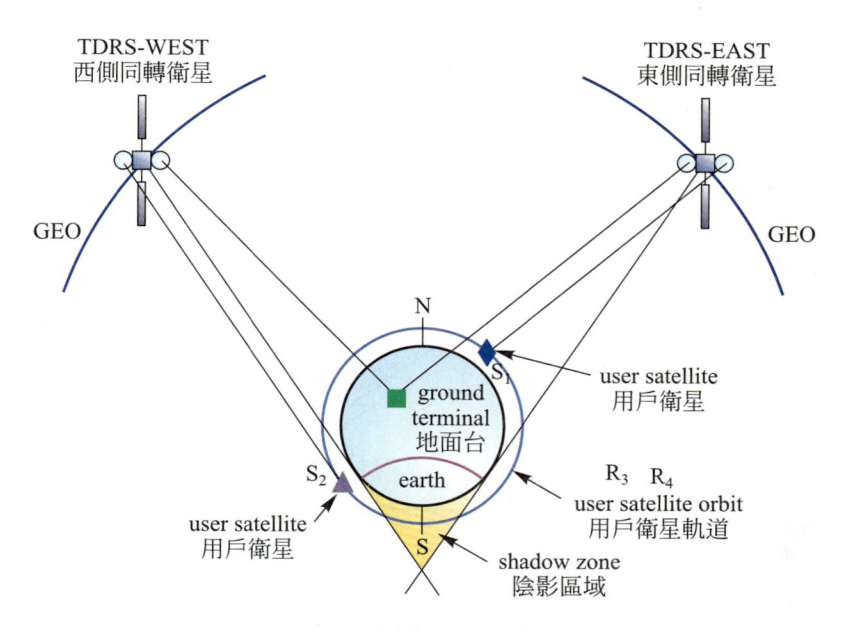

【圖 3-20】 地球赤道經度上隔開約 130° 的兩枚靜止衛星在印度洋上空形成電波陰影區域

美國噴射推進實驗所（JPL）之分析結果，環繞衛星之軌道高度如果有些差異者，大地上則有涵蓋面積之變化。

1. 軌道高度如 200 km 附近者，可達到 85% 之涵蓋率。
2. 假如 1200 km ~ 2000 km 高度者可獲得 100% 的**多重出入進接**（multiple access：MA）的涵蓋可能性，而如果是 1200 ~ 12000 km 高度範圍者，可獲得**單出入**（single access：SA）之涵蓋。

但下面條件須留意：

SA .... S 頻帶或 Ku 頻帶　one user/assigned channel
MA .... S 頻帶　several user/assigned channel 或應用散頻系統

▶ TDRS 系統使用頻道計劃（參考【圖 3-21】）

1. **向前鏈路**（forward link path）　地面電台經 TDRS 傳播到使用衛星。

   指揮訊號（command signals）

   F_1： 14.6 ~ 15.25　GHz
   F_2： 13.775　GHz
   　　　 2106.4　MHz
   　　　 2025 ~ 2120　MHz

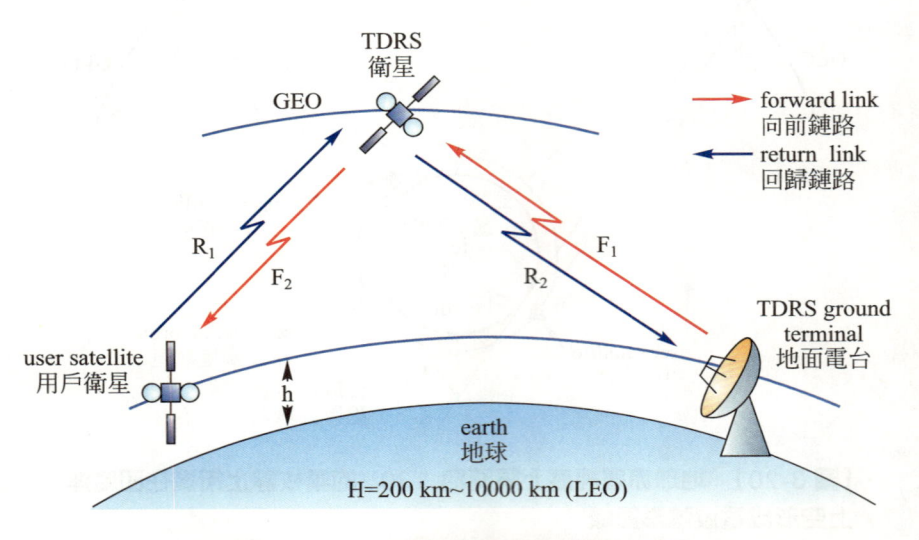

【圖 3-21】　向前鏈路和回歸鏈路示意圖

2. **回歸鏈路** (return link path)　使用衛星 (或太空梭) 經 TDRS 傳播到地面電台。

遙測訊號 (telemetry signals)

R_1：2287.5　　　　MHz
　　　2200～2300　　MHz
　　　15.6034　　　　MHz
R_2：13.4～14.05　　GHz

【圖 3-19】所示 TDRS 系統可應用於 (a) 杜卜勒追蹤 (Doppler tracking) 及 (b) 測距 (ranging) 之測試。距離及距離變率 (range and range rate) 之計算按照下述二種傳播路程可算出。

(a) FORWARD：

ground terminal — R_3 → TDRS EAST — R_4 → user satellite (S_2)

RETURN：

user satellite (S_2) — R_4 → TDRS EAST — R_3 → ground terminal

(b) FORWARD

ground terminal — R_1 → TDRS WEST — R_2 → user satellite (S_1)

RETURN：

user satellite (S_1) — R_2 → TDRS WEST — R_1 → ground terminal

上述 (a) 及 (b) 之二種路程/所需時間則可算出路程變率 (range rate)。

3-5　FM/FDMA 電視訊號 $(S/N)_{P-P}$ ($(S/N)_{P-P}$ for FM/FDMA Television Signal)

現在電視廣播節目之傳播逐漸應用**固定衛星業務** (fixed satellite service：FSS) 來服務，並採用 C 頻道或 k_u 頻道之趨勢。

1983 年美國 FCC 核准直播衛星 (DBS) 之上鏈頻率，可應用 17.3~17.8 GHz 且下鏈頻率可用 12.2~12.7 GHz。這 DBS，k_u 頻帶之

下鏈頻率非常接近 FSS，k_u 頻帶下鏈頻率 11.7~12.2 GHz。由於衛星科技之進步，晚近 DBS 之 EIRP 之逐漸增強，以到客戶應用直徑約 60~70 cm 之小型碟形天線裝設於屋頂上，即可接收電視訊號。假如地面接收台 G/T 保持 10 dB/K 者，可獲得 (C/N) 等於 14~15 dB。電視專用接收台採用可獲得 2.5~3.2 dB 之雜音指數。通常 FM/FDMA 電視波道之工作狀態，可用峰間值亮度信號與雜音比來表示。就正弦波而言，峰間值功率是均方根 (rms) 功率之 $\left(2\sqrt{2}\right)^2$ 倍，並且**峰間值** (peak to peak) 亮度信號是複合訊號峰間值之 $\left(1/\sqrt{2}\right)$ 倍。是故 FM/FDMA 電視訊號的峰間值亮之信號功率與雜音功率比可用下式表示。

$$\left(\frac{S}{N}\right)_{P-P} = \left(2\sqrt{2}\right)^2 \left(\frac{1}{\sqrt{2}}\right)^2 \frac{3}{2}\left(\frac{C}{N}\right)\left(\frac{B}{f_m}\right)\left(\frac{\Delta f}{f_m}\right)^2$$

$$= 6\left(\frac{C}{N}\right)\left(\frac{B}{f_m}\right)\left(\frac{\Delta f}{f_m}\right)^2 \cdot P \cdot W$$

上式中 $\left(\frac{C}{N}\right)$ = 載波功率與雜音功率比

p = **預先加強及解強調有關因數** (preemphasis and deemphasis factor)

W = **雜音加權因數** (noise weighting factor)

Δf = 頻率偏移 (峰值)

f = 調變頻率 (最高值)

$B = 2(\Delta f + f_m)$：卡爾遜準則頻帶寬

[A]　典型 FM/FDMA 電視參數：FSS系統

$B = 36$ MHz，　　　　　$f_m = 4.2$ MHz，

$\Delta f = \dfrac{B}{2} - f_m = 13.8$ MHz，　$P \cdot W = 12.8$ dB

$$\left(S/N\right)_{p-p} = 6\left(\frac{C}{N}\right)\left(\frac{B}{f_m}\right)\left(\frac{\Delta f}{f_m}\right)^2 \cdot P \cdot W$$

$$= 6\left(\frac{C}{N}\right)\left(\frac{36}{4.2}\right)\left(\frac{13.8}{4.6}\right)^2 \cdot 12.8$$

$$\left(S/N\right)_{\text{p-p}}(\text{dB}) = 10\log 6 + \left(\frac{C}{N}\right)\text{dB} + 10\log\left(\frac{36}{4.2}\right) + 10\log\left(\frac{13.8}{4.2}\right)^2 + 12.8$$

$$= \left(C/N\right)_{\text{dB}} + 40.24 \text{ dB} \quad\text{..FSS}$$

[B] 典型 DBS 電視系統參數

$B = 24$ MHz, $\qquad f_m = 4.2$ MHz,

$\Delta f = \dfrac{B}{2} - f_m = 7.8$ MHz, $\qquad P \cdot W = 12.8$ dB

$$\left(S/N\right)_{\text{p-p}} = 6\left(\frac{C}{N}\right)\left(\frac{B}{f_m}\right)\left(\frac{\Delta f}{f_m}\right)\cdot P \cdot W$$

$$= 10\log 6 + \left(C/N\right)_{\text{dB}} + 10\log\left(\frac{24}{4.2}\right) + 10\log\left(\frac{7.8}{4.2}\right) + 12.8$$

$$= \left(C/N\right)_{\text{dB}} + 33.52 \text{ dB} \quad\text{..DBS}$$

晴天時 (C/N) 約等於 14 dB，故 DBS 系統電視波道之 $\left(\frac{S}{N}\right)_{\text{p-p}} = 33.52 + 14 = 47.5$ dB。假使考慮音頻副載波之關係而減少 2 dB 者，$\left(\frac{S}{N}\right)_{\text{p-p}} = 47.5 - 2 = 45.5$ dB。這是比較周到的算法。

▶日本廣播電視衛星 (BS) 衛星小檔案

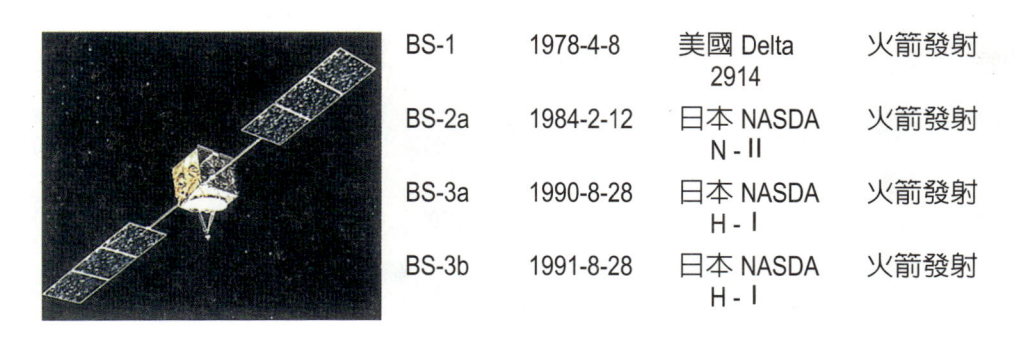

BS-1	1978-4-8	美國 Delta 2914	火箭發射
BS-2a	1984-2-12	日本 NASDA N-II	火箭發射
BS-3a	1990-8-28	日本 NASDA H-I	火箭發射
BS-3b	1991-8-28	日本 NASDA H-I	火箭發射

【圖 3-22】 BS-3a (YURI)：停留東經 110°E 赤道高空 (36,000 公里) 靜止軌道

3-6 國際商業通信衛星之轉頻器
(Structure of INTELSAT Transponder)

聞名世界的國際商業通信衛星 (INTELSAT) 自 1935 年發射第一枚衛星 (又稱晨鳥 early bird) 至 1993 年發射的 7 號為止，該衛星之製造過程可以代表環球通信衛星發展之縮圖。【表 3-8】顯示國際商業通信衛星之發展歷史表以供參考[3]。

表 3-8 國際商業通信衛星之發展歷史表

Intelsat Designation	Intelsat I	Intelsat II	Intelsat III	Intelsat IV	Intelsat IV-A	Intelsat V	Intelsat V-A	Intelsat VI
Year of Launch	1965	1967	1968	1971	1975	1980	1985	1989
Prime Contractor	Hughes	Hughes	TRW	Hughes	Hughes	Ford Aerospace	Ford Aerospace	Hughes
Width Dimensions, m. (Undeployed)	0.7	1.4	1.4	2.4	2.4	2.0	2.0	3.6
Height Dimensions, m. (Undeployed)	0.6	0.7	1.0	5.3	6.8	6.4	6.4	6.4
Launch Vehicles	Thor Delta	Thor Delta	Thor Delta	Atlas Centaur	Atlas Centaur	Atlas Centaur or Ariane 1,2	Atlas Centaur Ariane 2	NASA STS (shuttle) or Ariane 4
Design Lifetime, Years	1.5	3	5	7	7	7	7	14
Bandwidth (MHz)	50	130	300	500	800	2,144	2,250	3,300
Voice Channel	240	240	1500	4000	6000	12000	15000	120000
TV Channel				2	2	2	2	3

---

[3] 本書附錄中將 INTELSAT IV-A、V、V-A 及 VI 號之傳輸參數 (transmission parameter) FDM/FM，列表以供設計參考。

```
horizontal polarization (down link)

  36 MHz      4 MHz   20 MHz              40 MHz   18 MHz   telemetry
                                                            遙測訊號
 1H  2H  3H  4H  5H  6H    7H  8H  9H  10H  11H  12H

3720 3760 3800 3880 3920 3940  3960 4000 4040 4080 4120 4160

         (36+4)×6×2+20 = 500 MHz
              下鏈水平極化波
```

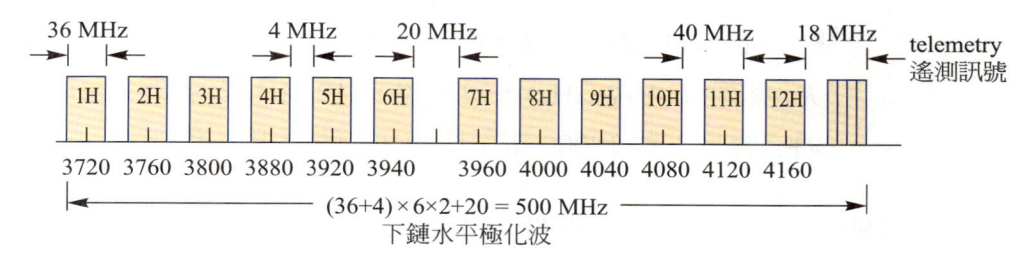

【圖 3-23】 INTELSAT **IV號，C 頻帶下鏈 12 波道，轉頻器內容水平極化波總頻帶寬 500 MHz 由 12 個轉頻器構成。**

　　轉頻器是通信衛星之心臟部份，轉頻器包含接收機、濾波器、變頻器、發射機、多工器等中樞機關，比較早期的衛星忽略不提從 INTELSAT IV 號至 INTELSAT VI 號為止詳述其內容。轉頻器可向衛星公司租用或購買。

- **INTELSAT IV 號**

　　國際商業通信衛星 IV 號轉頻器之頻帶寬為 500 MHz，分割 12 波道。每一波道頻帶寬 36 MHz，波道間隔 4 MHz。再查【圖 3-23】，則知第 1 至第 6 波道的低頻帶與第 7 至第 12 波道的高頻帶保持 20 MHz 隔離。總共通信容量 4,000 電話波道另擁有 2 個電視波道。

- **INTELSAT V 號**

　　V 號衛星轉頻器之頻帶寬及數量如下：

　　　　36 MHz (4 unit)，41 MHz (1 unit)，72 MHz (14 unit)
　　　　77 MHz (6 unit)，241 MHz (2 unit)，總共 27 unit
　　　　通信容量：12000 電話波道，2 個電視波道

- **INTELSAT VI 號**

　　VI 號衛星轉頻器之頻帶寬及數量如下：

　　　　36 MHz (12 unit)，41 MHz (2 unit)，72 MHz (29 unit)
　　　　77 MHz (1 unit)，150 MHz (1 unit)
　　　　通信容量：12000 電話波道，3 個電視波道

太空通訊科技原理

● INTELSAT Ⅶ 號

C 頻帶 (6/4 GHz)，36，41，72，77 MHz 頻帶寬共 26 (unit)

K_U 頻帶 (14/12 GHz)，72，77，112 MHz 頻帶寬共 10 (unit)

通信容量：共 18000 電話波道，3 個電視波道

1993 年 10 月發射的 INTELSAT 701 衛星，C 頻帶 hemi/zone 涵蓋用轉頻器採用 10 W、16 W、20 W 及 30 W 之**固態電晶體放大器** (SSPA: Solid State Power Amplifier)。這與日本 BS 衛星 12 GHz，200 Watt，TWTA 轉頻器不相同。INTELSAT Ⅶ 號衛星轉頻器之特徵要約如下：**1.** C 頻帶採用 SSPA；**2.** C 頻帶採用點波束涵蓋；**3.** K_U 頻帶下鏈波採用 11 GHz 及 12 GHz 兩頻帶，而隨時可調換使用。

從靜止衛星對大地面之照射通常有**半球涵蓋波束、區域涵蓋波束、全球涵蓋波束**及**點波束**之四種。設計這些照射時應考慮通信容量，再配合電波極化狀態，尤其針對人口稠密、經濟金融、交通之中心等首都城市區域為對象者，更應留意轉頻器頻帶寬及數量。**全頻帶轉頻**

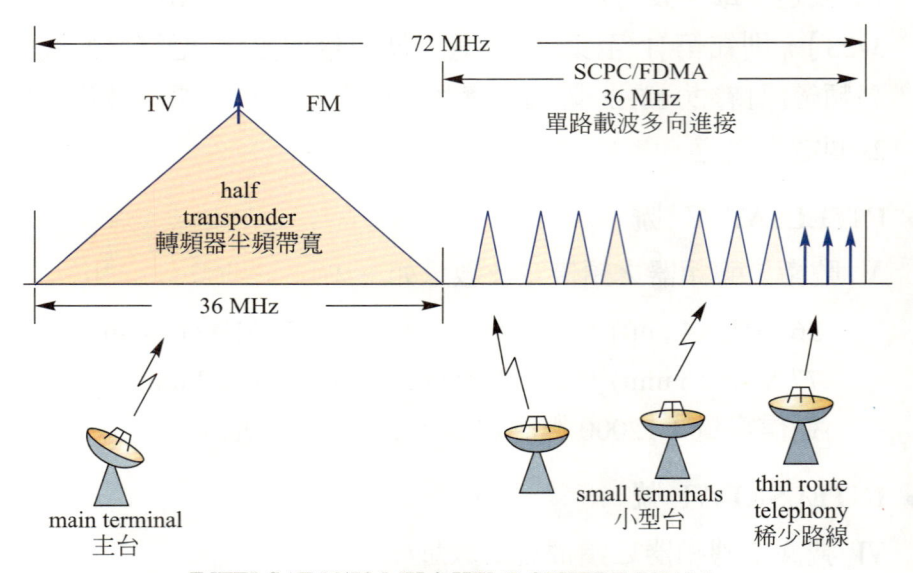

INTELSAT V(72 MHz) HEMI-SPHERE BEAM

【圖 3-24】 72 MHz 全頻帶寬將半頻帶寬被應用 TV/FM，另半頻帶寬用於 SCPC/FDMA。

器 (full transponder) 或**半頻帶寬轉頻器** (half transponder) 之採用均依賴上述之頻帶寬為 72 MHz，其一半 36 MHz 為 TV/FM 用途，而另一半為單路載波 (SCPC) 用途，根據資料顯示 525/60 標準彩色電視轉播器之頻帶為 30 MHz，而半頻帶寬為 17.5 MHz。【圖 3-24】示轉頻器半頻帶使用例。

3-7　INTELSAT 5 號通信衛星單路載波設計例
(Example of INTELSAT 5 SCPC Channel Calculation)

例題3-6

吾人知悉 INTELSAT 5 號通信衛星轉頻器擁有 36 MHz 頻帶寬，且有 800 個單路載波 (SCPC) 話務通信設備。試算上、下鏈路之總載波與雜音溫度比 $(C/T)_T$

5 號衛星之鏈路相關參數示於【表 3-9】。

表 3-9　INTELSAT 5 號衛星鏈路相關參數

W_s	:	−75 dBW/m²	n	:	312
$(BO)_I$	:	12 dB	(EIRP)	:	23.5 dB
$(BO)_o$	:	6 dB	L_D	:	196.1 dB (4 GHz)
$(G/T)_S$	:	−18.6 dB/K	(C/I)	:	20 dB
$(G/T)_E$	:	50.0 dB/K	B	:	38 kHz

解

總鏈路之載波功率與雜音溫度比 $\left(\frac{C}{T}\right)_T$ 可用下式表示

$$\left(\frac{C}{T}\right)_T^{-1} = \left(\frac{C}{T}\right)_U^{-1} + \left(\frac{C}{T}\right)_D^{-1} + \left(\frac{C}{T}\right)_I^{-1} + \left(\frac{C}{T}\right)_A^{-1} \tag{3-31}$$

上式中 $\left(\frac{C}{T}\right)_U$，$\left(\frac{C}{T}\right)_D$，$\left(\frac{C}{T}\right)_I$ 及 $\left(\frac{C}{T}\right)_A$ 各為上鏈、下鏈、互調變及鄰接波道起因之載波與雜音溫度比。

- $$\left(\frac{C}{T}\right)_U = W_S - (BO)_I + \left(\frac{G}{T}\right)_S - 10\log\left(\frac{4\pi}{\lambda^2}\right) - 10\log n \quad (3\text{-}32)$$

式中　　W_S = 衛星輸入飽和功率密度 dBW/m²
　　　　$(BO)_I$ = 衛星輸入功率反減補償 (input back off) dB
　　　　$\left(\frac{G}{T}\right)_S$ = 衛星之 (G/T) 比 dB/K
　　　　$10\log\left(\frac{4\pi}{\lambda^2}\right)$ = 衛星天線面積 1 平方公尺之增益 dB
　　　　n = 電話波道總數

- $$\left(\frac{C}{T}\right)_D = (EIRP)_S - (BO)_O - L_D + \left(\frac{G}{T}\right)_E - 10\log n \quad (3\text{-}33)$$

在此　$(EIRP)_S$ = 衛星之 EIRP (dBW)
　　　$(BO)_O$ = 衛星輸出功率之反減補償 (output back off) dB
　　　L_D = 下鏈路總損失 dB
　　　$\left(\frac{C}{T}\right)_E$ = 地面電台 $\left(\frac{C}{T}\right)$ dB/K

- $$\left(\frac{C}{T}\right)_I = \left(\frac{C}{I}\right) + 10\log B + 10\log K \quad (3\text{-}34)$$

$\left(\frac{C}{I}\right)$ = scpc 系統音頻激語方式，載波與干擾雜音功率比等於 20 dB
B = 頻帶寬
K = Boltzmann 常數 $k = 1.38 \times 10^{-23}$ J/°k (−228.6 dBW/kHz)

再設如鄰接波起因干擾的載波與雜音功率比 (C/N)$_A$ 等於 26 dB (鄰接頻率相差 2 kHz) 則得

- $$\left(\frac{C}{T}\right)_A = \left(\frac{C}{N}\right)_A + 10\log B + 10\log K \quad (3\text{-}35)$$

將【表 3-9】參數 [4] 代入 (3-32)、(3-33)、(3-34) 及 (3-35) 各式得

$$\left(\frac{C}{T}\right)_U = W_s - (BO)_I + \left(\frac{G}{T}\right)_S - 10\log\left(\frac{4\pi}{\lambda^2}\right) - 10\log n$$
$$= -75 - 12 + (-18.6) - 37 - 10\log 312$$
$$= -167.54 \text{ dBW/K}$$

---

[4] 上鏈頻率 $f = 6$ GHz, $\lambda^2 = 0.0025$，$10\log\left(\frac{4\pi}{\lambda^2}\right) = 37$

$$\left(\frac{C}{T}\right)_U = 1.76 \times 10^{-17} \text{ dB/K}$$

再從 (3-33)、(3-34) 及 (3-35) 各式計算得

$$\left(\frac{C}{T}\right)_D = 1.73 \times 10^{-16} \text{ dBW/K}$$

$$\left(\frac{C}{T}\right)_I = 5.24 \times 10^{-17} \text{ dBW/K}$$

$$\left(\frac{C}{T}\right)_A = 2.08 \times 10^{-16} \text{ dBW/K}$$

因

$$\left(\frac{C}{T}\right)_T^{-1} = \left(\frac{C}{T}\right)_U^{-1} + \left(\frac{C}{T}\right)_D^{-1} + \left(\frac{C}{T}\right)_I^{-1} + \left(\frac{C}{T}\right)_A^{-1}$$

$$= (1.76 \times 10^{-17})^{-1} + (1.73 \times 10^{-15})^{-1} + (5.24 \times 10^{-17})^{-1} + (2.08 \times 10^{-16})^{-1}$$

$$= 8.63 \times 10^{16}$$

$$\left(\frac{C}{T}\right)_T = 0.115 \times 10^{-16} \qquad 10\log(0.115 \times 10^{-16}) = -169.3$$

故

$$\left(\frac{C}{T}\right)_T = -169.3 \text{ dBW/K}$$

參考文獻

1. Joseph H. Yuan. Editor **Deep Space Telecommunication Systems Engineering** 1982. JPL Publication 82-76. NASA.

2. Timothy Pratt. Charles W. Bostian **Satellite Communications 1986** John Wiley & sans.

3. B. G. Evans. Editor **Satellite Communication System. 1999** Institution of Elearicel Engineer's. London. U.K.

4. G.D. Gordon & W.L. Morgan **Principles of Communication Satellite 1993** John Wiley & Sons. Inc.

5. 白光弘　太空通訊原理，1996，國立編譯館主編，東華書局印行。

6. Pacific Regional Satellite Prospectus Trw Space & Technology Group.
7. Data Relay Test Satellite (Drts) NASDA (JAXA).

習　題

3-1. 有一 FDM/FM/FDMA 地面電台採用 C-頻帶 (6/4 GHz) 作業，而其系統略圖示於【習圖 3-1】。

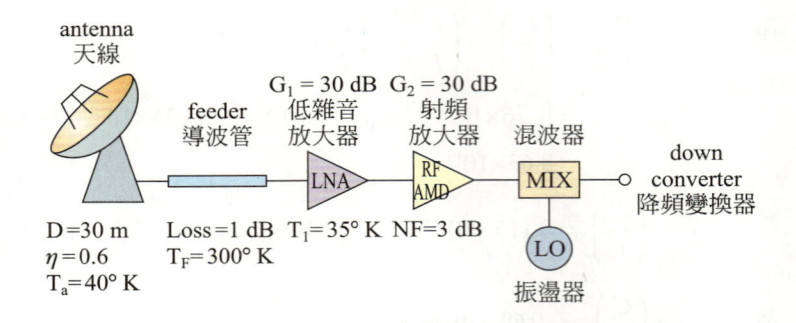

```
antenna 天線
feeder 導波管
低雜音放大器 LNA
射頻放大器 RF AMD
混波器 MIX
down converter 降頻變換器
振盪器 LO

G₁ = 30 dB   G₂ = 30 dB
D = 30 m     Loss = 1 dB   T₁ = 35° K    NF = 3 dB
η = 0.6      T_F = 300° K
T_a = 40° K
```

【習圖 3-1】 FDMA 相關地面電台設施簡略圖

試算：
(a) 地面電台之 G/T，但設電台接收天線之雜音溫度等於 40°K。
(b) 設有八個地面電台等份共用衛星轉頻器，轉頻器之輸出功率等於 28 dBW。

有關本題相關參數列表下面：

衛星下鏈路傳播損失 (L_D)	197 dB
傳播限度 (propagation margin) M	4 dB
上鏈路之 $\left(\dfrac{C}{N}\right)_U$	27 dB
互調變載波雜音功率比 $\left(\dfrac{C}{N}\right)_I$	20 dB
輸出功率反減補償 $(BO)_o$	6 dB
載波峰值頻率偏差	260 kHz

試問本系統可容納 4 kHz 音頻之波道數 N。

但將接收機輸入端之 $\left(\frac{C}{N}\right)_T$ 不得少於 16 dB 以下。

3-2. 有一衛星轉頻器的 EIRP 等於 34 dBW。採用無編碼數位式 BPSK 發射 1.544 Mb/sec 電波。設下鏈路的路程傳播損失 $L_D = 200$ dB。試求地面電台 G/T 能使比次誤差率 (BER) 不會小於 1×10^{-7}。【註】：參考【習圖 3-2】以利計算。

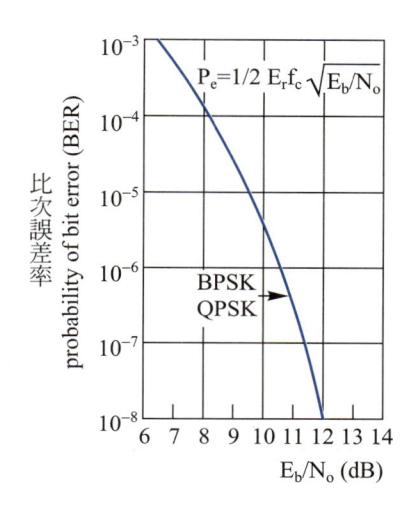

【習圖 3-2】 二進相移按鍵方式 E_b/N_o (dB) 與比次誤差率 (BER) 相關圖

3-3. 如【習圖 3-3】所示在地球靜止軌道 (GEO) 上，兩顆衛星在地心相隔 $\theta = 120°$，互相以 BPSK 通信工作。設相關參數如下：

- 工作頻率：$f_c = 60$ GHz
- 發射機輸出功率：$P_T = 10$ Watts
- 接收機雜音溫度：$T = 750\,°K$
- 數位通訊比次率 (bit rate) = 100 Mb/sec
- 比次誤差率 (bit error rate)：BER = 10^{-7}

試求：

(a) 兩顆衛星在太空中之距離及路程電波傳播損失。

(b) 假設兩顆衛星之發射及接收使用相同尺寸之碟型天線。試算這天線之直徑。但保證 BER 不會降低於 BER = 10^{-5}。

(c) 假設發射及接收天線雙方失去正確的指向而引起 3 dB 增益之損失。試述 BER 有如何變化？

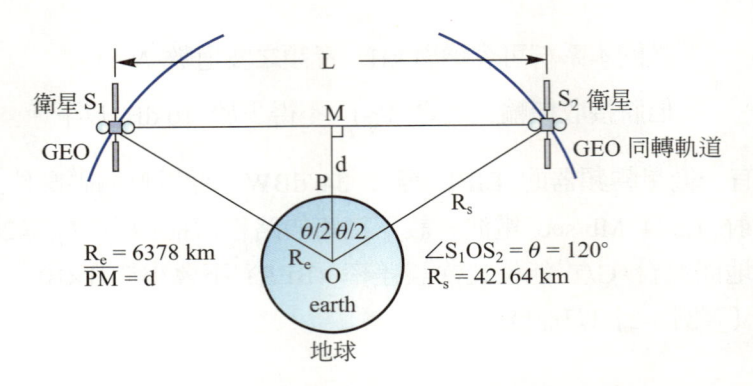

```
                  L
        ┌─────────────────┐
衛星 S₁                    S₂ 衛星
  GEO                      GEO 同轉軌道
              M
              │d
              P
              R_s
R_e = 6378 km    θ/2 θ/2    ∠S₁OS₂ = θ = 120°
PM = d       R_e    O       R_s = 42164 km
                  earth
                   地球
```

【習圖 3-3】 地球靜止軌道上，二顆衛星在地心相隔 $\theta = 120°$ 相關圖

3-4. INTELSAT 5 號通信衛星之全球涵蓋波束能使地面電台的 $\left(\frac{C}{N}\right)$，得 17.8 dB。衛星轉頻器之單載波擁有 972 波道且佔 36 MHz 頻帶寬以便 FDM – FM 通訊工作。如果有加權 (weighted) 而且在最高基頻波道時 (S/N) 等於 51dB。試求 rms 值測試音偏差 (test tone deviation) 及 rms 值多載波偏差。

有關系統相關參數如下：

衛　　星		地面電台	
● 轉頻器增益	90 dB	● 4 GHz 天線增益	60 dB
● 輸入雜音溫度	550 °K	● 6 GHz 天線增益	61.3 dB
● 輸出功率	6.3 W (max)	● 接收機系統溫度	100 °K
● 4 GHz 天線增益	20 dB	● 傳播路徑損失	
● 6 GHz 天線增益	22 dB	4 GHz	196 dB
		6 GHz	200 dB

3-5. 假定某衛星轉頻器放大器特性到 90 dB 增益一直保持線性且忽視其他損失而由五座地面電台等分共用。

(a) 基頻訊號頻帶寬 252 kHz，包含 60 波道話務資料採用調頻方式的 FDMA 系統。假如每 252 kHz 基頻帶之 rms 值頻率偏差等於 500 kHz 者，每一地面電台可發送幾個波道。但轉頻器內 36 MHz 頻帶寬均被等分。

(b) 試算基頻帶內最高話務波道 0 dBm 測試音 (test tone) 之 $\left(\frac{S}{N}\right)$，但不

包含噪聲電位差權衡而不包含預先加強改良部份。

3-6. SPADE 系統的一個 SCPC 話務波道在 38 kHz 頻帶寬內，每秒用 32,000 符號速度執行 QPSK。這達成 1×10^{-4} 的**比次誤差率**且在不需任何編碼獲得 9.4 dB 的 $\left(\frac{E_b}{N_0}\right)$，SPADE 波道之單載波由 INTELSAT 5 號衛星轉頻器以 0 dB 的 EIRP 播送到距 40,000 km 的地面電台。設波道的中心頻率等於 4,095 MHz。試問：

(a) INTELSAT 5 號衛星轉頻器在表上 EIRP 是 29 dBW，但 SPADE 單載波 EIRP 為 0 dBW，這是為何？

(b) 試求地面電台接收機輸入 $\left(\frac{C}{N}\right)$ 是多少 dB，但忽視上鏈波互調變影響。

(c) 地面電台要完成比次誤差率在 3 dB 以內時，最小 $\left(\frac{G}{T}\right)$ 應為多少？

3-7. 某數位通信衛星轉頻器的頻帶寬等於 50 MHz。有幾所地面電台共分這轉頻器並應用 QPSK 調變。這些電台採用標準數據率，換言之系統是應用 80 Kb/s 及 2 Mb/s 之二種。為 QPSK 訊號之發射，使用的射頻頻帶寬為比次率之 0.75。TDMA 碼框是 125 μs，而每一進接中間附有 1 μs 的保護時間。每一地面電台發射突發訊號時 48 比次的預先碼必須要輸送。試問：

(a) 每一地面電台發射突發數據的符號率 (symbol rate)。

(b) 轉頻器能夠供應的地面電台數量，但地面電台輸送 80 Kb/s 的數據。如果每一地面電台輸送 2 Mb/s 的數據，可容幾所地面電台。

3-8. 有一地面電台天線直徑 2 公尺，工作頻率 f_o =14 GHz。天線開口面之效率 η = 60%，試求

(a) 天線增益

(b) 第一旁瓣波 (first sidelobe level) 及 3-dB 波束寬之位準，但設天線照射函數為 $\left[1-\left(\frac{r}{r_o}\right)^2\right]$。

3-9. 有一大型地面電台之工作頻率為 6/4 GHz，設置直徑 30 公尺的圓形反射板天線，因天線設計持有整型波束凱氏天線 (shaped beam Cassegrain antenna)。設本天線在 f = 4 GHz，工作時持有如【習表 3-1】之天線特性。

習表 3-1　某凱氏天線在 4 GHz 工作時特性表

項　目	損　失	效　率
η_1：天線開口照射	0.04	0.96
η_2：天線開口面之封鎖	0.04	0.96
η_3 饋電溢流（副反射板）	0.05	0.95
η_4 饋電溢流（主反射板）	0.02	0.98
其他損失	0.06	0.94

本天線之饋電採用導波管皺紋號角天線之歐姆損失約 0.3 dB。試求
(a) 假設忽視歐姆損失時，試算天線開口面積之效率
(b) 計算天線之增益，但考慮 0.3 dB 的饋電損失
(c) 評價天線之第一旁瓣波及 3 dB 波束寬水準

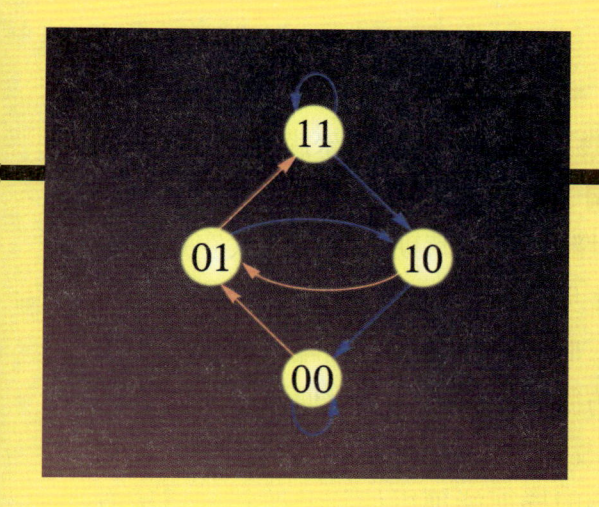

Coding and Information Theory

4

編碼與消息理論

4-1 概說 (Introduction)
4-2 編碼之分類 (Classification of Codes)
　　(a) 方塊碼 (Block Codes)
　　(b) 迴旋碼 (Convolutional Codes)
4-3 迴旋編碼原理 (Principle of Convolutional Coding)
4-4 編碼之選擇 (Selection of Coding)
4-5 迴旋碼之編碼 (Decoding of Convolutional Codes)
4-6 連鎖碼 (Concatenated Codes)
4-7 超長距離通訊系統必須編碼科技 (Ultra-Long Range Telecommunication System Necessitates Coding Technology)
　　參考文獻 (References)
　　習　題 (Problems)

4-1 概　說（Introduction）

　　2003 年正是面臨數位式通訊之巔峰時代。日本正積極展開高品質數位式電視廣播系統之完成，據說不久將來台灣的電視廣播系統一律更改為數位式。屆時不但影響頻率之修正，廣播電台之設備，我們家庭的電視接收機又必定走向數位式高品質系統 (digital high vision system)。

半世紀前，通訊系統在發射機方面只有基頻號來**調變載波** (modulation) 而接收機方面是所謂**復調** (demodulation) 或**檢波** (detection) 等而已。從二十世紀末到二十一世紀黎明短時期人類面臨太空通訊之挑戰，而為獲得高性能通信品質，另為克服存在太空裏各類雜音，所謂**編碼** (coding) 之高科技被研發。晚近衛星通信必備編碼科技將基頻數位訊號內應用備份的比次群以防微波訊號內容之訛傳。吾人知悉應用編碼可**偵錯** (error detection) 及**改錯** (correction) 等工作，我們又知在接收機裏不需依據任何回饋到發射機而能獲得偵錯及改錯。這種方法稱為**前向誤差改錯** (forward error correction)，如果是為了改錯回饋到發射機請求再輸送方法者，則稱為**自動複傳請求** (automatic repeat request：ARQ)。

衛星通信需編碼主要原因可要約如下：

- 一些應用超小型天線的電台，由於輸出電功率受限制不易獲得高品質通訊。另有些移動電台電波傳播頗不利於接收環境，故更需用編碼的應用。
- 在電腦通信，實際上無錯誤通訊確實需要編碼可減少錯誤率。
- 編碼能應用於波道容量更佳。

【圖 4-1】示編碼的基本觀念圖。

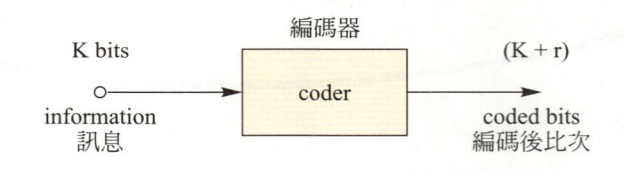

【圖 4-1】 編碼器基本觀念

查圖知如果訊息傳輸時間必須保留者，**比次[1] 時間** (bit time) 應該減少到 $\frac{K}{K+r}$，結果輸送頻帶寬及接收雜音則增加。在接收機方面可保

---

[1] 比次 (bit) 就是 (binary digit) 二進位元之意，例如 bit stream 就是位元流或比次流。

持訊息誤差率之改善,且保持發射機輸出功率。換言之,設計良好的編碼系統者,就特定的比次誤差率而論,如果有附加編碼時,其輸送功率比無附加編碼時可節略 4~7 dB 的輸出功率。

▶ 波道之容量 (Channel Capacity)

在雜音存在的空間裏,任何通信波道之通信容量都有最高容許的限度。向農氏立證在高斯雜音存在時通訊之容量如下:

$$H = B\log_2\left(1+\frac{P}{N_0 B}\right) \text{ bit/sec} \tag{4-1}$$

上式中　$B =$ 波道之頻帶寬　　　　Hz
　　　　$P =$ 接收功率　　　　　　Watts
　　　$N_0 =$ 單邊雜音功率頻譜密度　W/Hz

(4-1) 式就是**向農哈特雷** (Shannon Hartley) 定律。現為數位通信鏈路,改寫 $H = \frac{1}{T_b}$,而 T_b 是比次持續時間,單位為秒。吾人規定每一比次之電能用 E_b 表達,則得

$$E_b = P \cdot T_b = \frac{P}{H} \tag{4-2}$$

現將 $\frac{E_b}{N_0} = \frac{P}{HN_0}$ 代入 (4-1) 得

$$\frac{H}{B} = \log_2\left(1+\frac{E_b}{N_0}\frac{H}{B}\right) \tag{4-3}$$

上式中 $\frac{H}{B}$ 是通信鏈路之頻譜效率。

【圖 4-2】明示 $H<B$ 條件下 $\log_2\left(\frac{H}{B}\right)$ 與 $\frac{E_b}{N_0}$ 之相關圖。不管頻帶寬如何,$\frac{E_b}{N_0}$ 從波道容量立場而言,不可能小於 −1.6 dB (= ln2)。這是向農定律之界限,換言之,就是 $\frac{E_b}{N_0}$ 的最低限度。不管任何調變或編碼,通信鏈路都可應用。

如果通信鏈路是在 $H<B$ 情況下,可以說功率被限制,不可能應用頻帶寬效率。

太空通訊科技原理

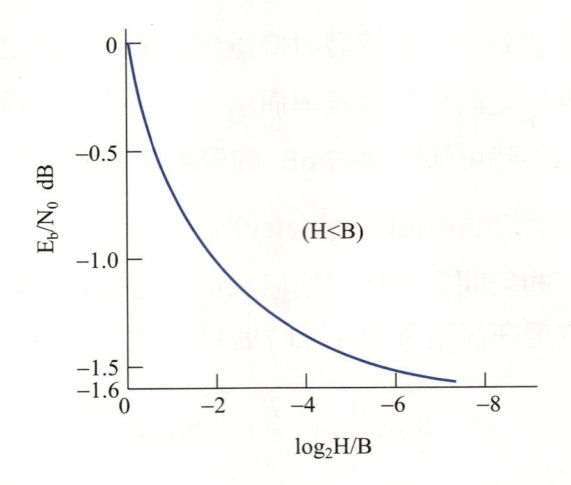

[圖表：E_b/N_0 dB vs $\log_2 H/B$，曲線在 (H<B) 區域]

【圖 4-2】 $\frac{E_b}{N_0}$ 較低時 H/B 與 $\frac{E_b}{N_0}$ 相關圖

查【圖 4-3】知，當 $H > B$ 時，鏈路可以說頻帶寬已受限制，意含可增加發射機功率。根據向農定律，實際上要求零比次誤差者，比次誤差率 (BER) 等於 10^{-10}，而在 QPSK 鏈路上 $\frac{E_b}{N_0} = 13$ dB 且頻譜效率需 2 bits/Hz 為要。(4-3) 式預言 $\frac{E_b}{N_0} = 1.77$ dB 適合本例。何種編碼特別是前向誤差改錯提供我們，當面臨 $\frac{E_b}{N_0}$ 較低的鏈路時，譬如遭遇降雨而衰減期間中，鏈路之 BER 不應過度的上升。

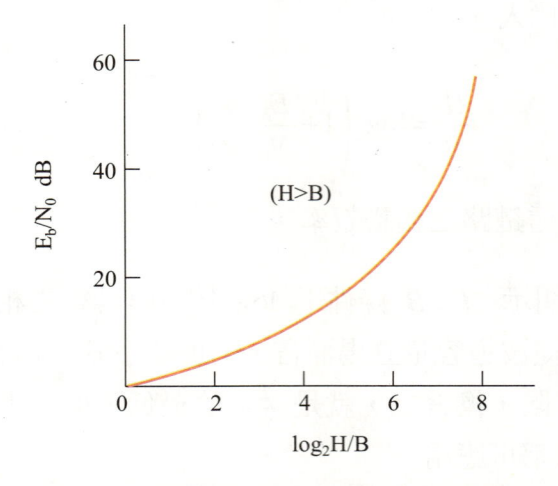

[圖表：E_b/N_0 dB vs $\log_2 H/B$，曲線在 (H>B) 區域]

【圖 4-3】 $\frac{E_b}{N_0}$ 較高時 H/B 與 $\frac{E_b}{N_0}$ 相關圖

▶ 編碼增益 (Coding Gain)

編碼增益 (G_C) 之定義可用下式來表達：

$$G_C = \frac{\left(\dfrac{E_b}{N_0}\right)_U}{\left(\dfrac{E_b}{N_0}\right)_C} \tag{4-4}$$

(4-4) 式意義是針對特定的比次誤差率而言，無編碼和有編碼時比次能 (bit energy) 與雜音功率密度 (N_0) 之比。現查【圖 4-4】易知無編碼的 $\frac{E_b}{N_0}$ 約等於 8.8 dB 而有編碼的 $\frac{E_b}{N_0}$ 約 4.2 dB，故編碼增益等於 8.8 − 4.2 = 4.6 dB，這是 BER = 10^{-5} 時得到的編碼增益。事實上，編碼增益通常大約 4~7 dB 左右，在雜音波道內編碼增益另可用下式表示：

$$G_C = 10\log_{10}(Rd) \tag{4-5}$$

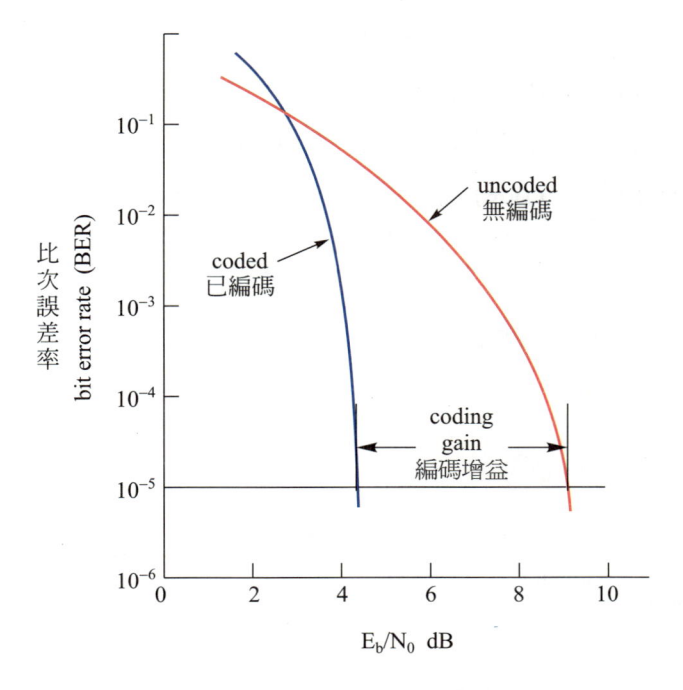

【圖 4-4】 編碼增益之概念

上式中 R = 編碼率 $\left(\frac{K}{n}\right)$
d = 方塊碼或迴旋碼的最小碼距離
Rd = **編碼品質因數** (code quality factor)

通常編碼增益隨著編碼距離之增加而增多，如果 Block 的尺寸增加時 d 又跟著增加，這與**向農理論** (Shannon theorem)，換言之，誤差率隨著編碼長度之增大可減少一些。

4-2 編碼之分類 (Classification of Codes)

衛星通訊之編碼可分**方塊碼** (block code) 和**迴旋碼** (convolution code) 兩大類。

[A] 方塊碼

本編碼之比次群排成長方形像方塊的編碼。被編造的方塊，換言之由 K bits 的資訊相關比次和 r 備份比次構成，總共有 n 比次的編碼。

$$n = K + r \tag{4-6}$$

譬如 (n, k) 編碼中，有 $k = 5$ 資訊比次，$r = 3$ 備份比次就可以表示 (8, 5) 方塊碼。同時規定**編碼率** (code rate) r_c 等於 $r_c = \frac{K}{n}$。**線型方塊碼** (linear block code) 中，系統的編碼語 (n, k) 如 (6, 3) 及 (7, 4) 示於【圖 4-5】。

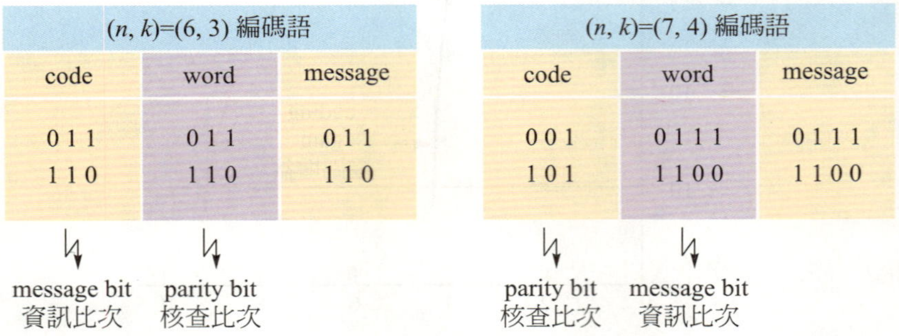

(n, k)=(6, 3) 編碼語		
code	word	message
0 1 1	0 1 1	0 1 1
1 1 0	1 1 0	1 1 0

　　　↓ message bit 資訊比次　　↓ parity bit 核查比次

(a)

(n, k)=(7, 4) 編碼語		
code	word	message
0 0 1	0 1 1 1	0 1 1 1
1 0 1	1 1 0 0	1 1 0 0

　　　↓ parity bit 核查比次　　↓ message bit 資訊比次

(b)

【圖 4-5】 系統的編碼語 (n, k)，如 (6, 3) 及 (7, 4) 範例

線型方塊碼語一般形式可用下式表示：
$$C = DG \tag{4-7}$$

上式中 D = 資訊碼，G = 相關矩陣項，易言之，從資訊比次創作核對比次。

現設 D 是 2 個資訊比次 [1, 0]，而 G 是相關矩陣項，$G = \begin{bmatrix} 110 \\ 010 \end{bmatrix}$，如此編碼語 $C = DG$ 故

$$\begin{aligned} C &= [01]\begin{bmatrix} 110 \\ 010 \end{bmatrix} \\ &= [(0\otimes 1)\oplus(1\otimes 0)][(0\otimes 1)\oplus(1\otimes 1)][(0\otimes 0)\oplus(1\otimes 0)] \\ &= (0\oplus 0)(0\oplus 1)(0\oplus 0) \\ &= 010 \end{aligned}$$

另一例子是 [6, 3] 的方塊語。設定 G 是

$$G = \begin{bmatrix} 101 & 110 \\ 010 & 011 \\ 100 & 001 \end{bmatrix}$$

因此編碼語

$$C = DG = [D]\begin{bmatrix} 101 & 110 \\ 010 & 011 \\ 100 & 001 \end{bmatrix} \tag{4-8}$$

設資訊語 $D = [1\ 1\ 0]$ 時，編碼語則等於

$$C = [110]\begin{bmatrix} 101 & 110 \\ 010 & 011 \\ 100 & 001 \end{bmatrix} = 111\ \ 010 \tag{4-9}$$

其次吾人需要編碼語之偵錯科技。為此我們應用**同位核對矩陣** (parity check matrix) H 來完成。

$$H = [P^T : I_{n-k}]_{(n-k)\times n} \tag{4-10}$$

上式 P^T 將矩陣 P 之 "行" 和 "列" 交換可獲得，且 I_{n-k} 是檢查比次本身矩陣。如此偵錯者，將接收編碼語 R 與核同偵錯矩陣 H^T 之相乘而可獲得。如果接收編碼語 R 是正確，則 $R = C$ 且 H^T 被定義為

$$C \times H^T = 0 \tag{4-11}$$

反之編碼語 R 是錯誤者

$$R = C + E \tag{4-12}$$

上式中，E 是錯誤向量 (error vector) 而且當 E 不等於零 (0) 時可偵查。我們找尋徵狀 (syndrome) S 就可偵查誤差。徵狀是長 $n-k$ 的單語，而 $n-k$ 是編碼語內之核同比次數字，由接收編碼語與核同矩陣之乘積形成，是故假使接收編碼語無錯誤者常為零。

$$S = RH^T = [C + E]H^T = CH^T + EH^T \tag{4-13}$$

從 (4-11) 式定義知悉 $CH^T = 0$，故

$$S = EH^T \tag{4-14}$$

由上述吾人獲知：若 R 是正確的編碼語者，$S = 0$，假使 $S \neq 0$ 者，吾人可判斷編碼語被傳輸中，錯誤被修正。

[B] 迴旋碼

迴旋碼是由**抽頭式暫存器** (tapped shift register) 和二個或多個**模-2 加法器** (modulo -2 adder) 連結為反饋電路的編碼器。迴旋之由來是該編碼器之輸出是輸入比次流之迴旋，而比次之順序是代表暫存器之脈衝響應及回饋電路。

【圖 4-6】顯示迴旋編碼器典型形狀。如圖所示當輸入資訊比次流經**暫存器** (shift register) 時，影響幾個輸出比次針對幾個鄰接比次流中，展開到每一個數據比次內容。迴旋編碼器者，將 n 個暫存器之輸出在模-2 加法器相加，正如【圖 4-6】顯示 $n = 4$，$v = 3$，在此 R_1 至 R_4 設定一個比次儲存器宛如**正反器** (flip-flop)，此時 V_1 至 V_3 之輸出各等於

$$V_1 = b_1 \tag{4-15}$$
$$V_2 = b_1 \oplus b_2 \oplus b_3 \oplus b_4 \tag{4-16}$$
$$V_3 = b_1 \oplus b_3 \oplus b_4 \tag{4-17}$$

再就【圖 4-6】典型迴旋編碼器工作程式而論，設輸入等於 5 個的比次流。

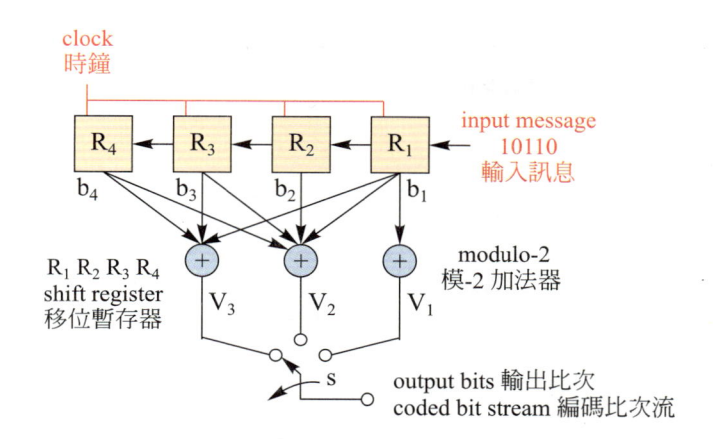

【圖 4-6】 典型迴旋編碼器型狀與工作原理相關圖

$$r = 1\ 0\ 1\ 1\ 0 \tag{4-18}$$

如此編碼的比次輸出流等於

$$C = 111\quad 010\quad 100\quad 110\quad 001\quad 000\quad 011\quad 000\quad 000 \tag{4-19}$$

假使資訊比次流有 L 比次，輸出編碼的比次就 $V(L+K)$，但事實上，L 是很大數字而 K 是較小數字，故 $V(L+K) \cong VL$。所以編碼比次之數字是 V 乘上資訊比字數。

4-3 迴旋編碼器原理 (Principle of Convolutional Coding)

【圖 4-7】示暫存器 3 個，模-2 加法器 2 個之典型迴旋編碼器。
【圖 4-8】顯示 N 個暫存器及多數個模-2 加法器組成的典型迴旋

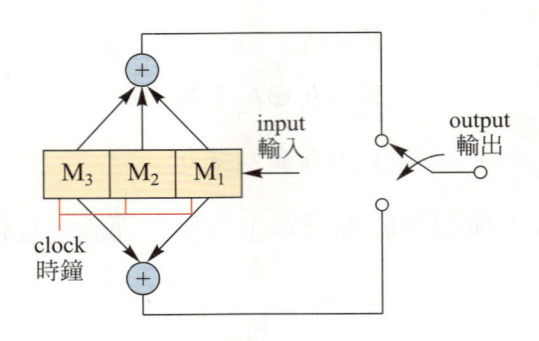

【圖 4-7】 典型迴旋編碼器型狀圖。暫存器 3 個模-2 加法器 2 個

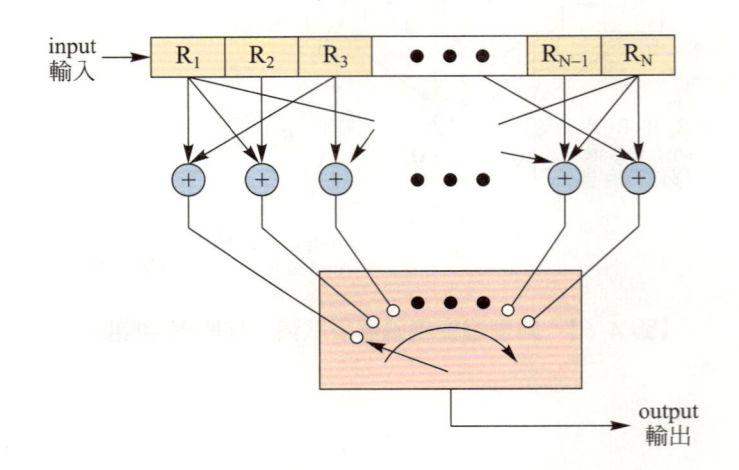

【圖 4-8】 N 個暫存器及多數模-2 加法器組成的典型迴旋器機構圖

編碼器機構圖。【圖 4-9】示暫存器 3 個，模-2 加法器 2 個的迴旋編碼器，圖中 (a) 示**狀態圖** (state diagram) 而 (b) 示**形狀圖** (configuration diagram)。查圖易知兩圖均保持相同功能圖。

現在就【圖 4-9】(a) 讓我們來研討。查圖知資訊比次流從右邊暫存器 M_1，M_2，M_3 之順序向左邊進入。【表 4-1】顯示【圖 4-9】(a) 迴旋編碼器輸入比次流迴旋狀態相關順序詳表。

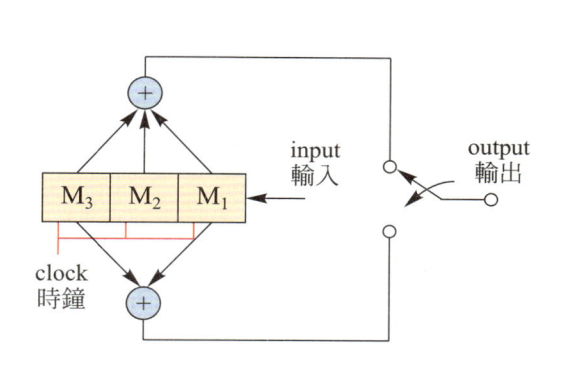

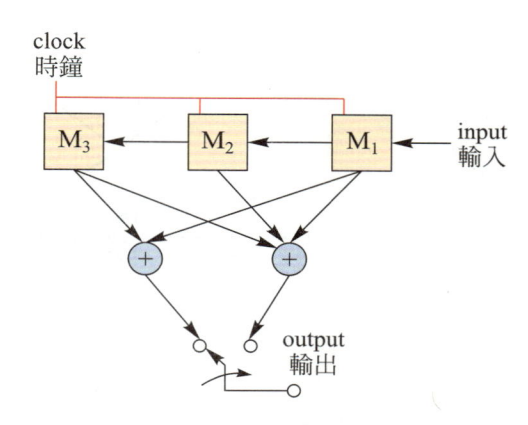

(a) 狀態圖 (state diagram)　　　　　　(b) 形狀圖 (configuration diagram)

【圖 4-9】 暫存器 3 個，模-2 加法器 2 個的迴旋編碼器。(a) 示狀態圖及 (b) 示形狀圖。查圖知 (a) (b) 兩圖均保持相同功能圖。

表 4-1　【圖 4-9】(a) 兩迴旋編碼器輸入比次流迴旋順序詳表

出發狀態	比次流輸入	輸入後暫存器內容	輸出狀態	終結狀態
a　(0.0)	0	000	00	**a**： (0.0)
ditto	1	100	11	**b**： (1.0)
b　(1.0)	0	010	01	**c**： (0.1)
ditto	1	110	01	**d**： (1.1)
c　(0.1)	0	001	11	**a**： (0.0)
ditto	1	101	00	**b**： (1.0)
d　(1.1)	0	011	01	**c**： (0.1)
ditto	1	111	10	**d**： (1.1)

▶ 模-2 加法原理

　　互斥（或）閘子 (exclusive or gate：XOR) 又可稱為**模-2 加法器** (modulo-2 adder)，吾人可應用符號 ⊕ 代表這函數之加法。例如：

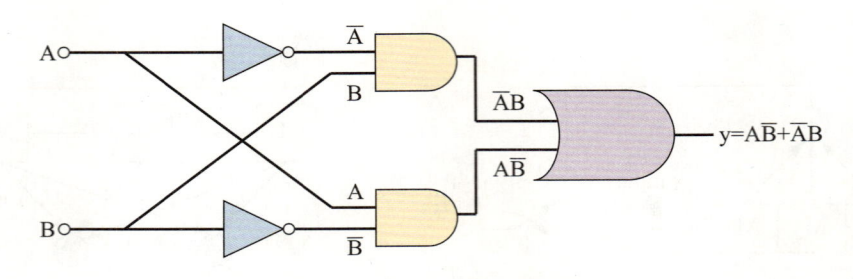

【圖 4-10】 互斥 (或) 閘工作原理圖

$$y = A \oplus B$$

【圖 4-10】明示互斥 (或) 閘工作原理圖。
XOR 之**真值表** (truth table) 示於下表。

A	B	Y
0	0	0
0	1	1
1	0	1
1	1	1

現將模-2 加法之運算示於下面以供參考：

$$0 \oplus 0 = 0$$
$$0 \oplus 1 = 1$$
$$1 \oplus 0 = 1$$
$$1 \oplus 1 = 0$$

類似的算法如下：

$$0 \otimes 0 = 0$$
$$0 \otimes 1 = 0$$
$$1 \otimes 0 = 0$$
$$1 \otimes 1 = 1$$

4-4 編碼之選擇 (Selection of Coding)

無論是編碼或是解碼相關硬體之設備相當複雜。採用編碼而獲得利益如編碼增益等，和前向誤差偵錯 (FEC) 等，綜合性利弊應要考慮，從事衛星通信的工程師該要留意衛星和地面電台有關 EIRP 及 G/T 等制約通信鏈路之各項規格要理解。

就一些重要波道特性當評價編碼或調變時下列條件可做參考。

- 載波功率對雜音功率
- 雜音之特性例如熱雜音或者衝擊性雜訊頻分

【表 4-2】示在高斯雜音存在的波道內，各類不同編碼方式所獲得編碼增益 (理論值) 之比較表。

表 4-2 不同編碼方式所獲得編碼增益 (理論值) 之比較表

編碼方式	編碼增益 (dB) BER = 10^{-5}	編碼增益 (dB) BER = 10^{-8}
方塊編碼	3-4	4.5-5.5
迴旋編碼附連續解碼	4-5	6-7
迴旋編碼附維特比編碼	4-5.5	5-6.5
迴旋編碼附雷-所羅門及維特比編碼	6.5-7.5	8.5-9.5

【註】由上表可見，雷-所羅門/維特比迴旋編碼方式 (Reed-Solomon/Viterbi convolutional coding) 之編碼增益最高。

▶ FEC 與 ARQ 之目的

陸上的微波通信網偶而遭遇氣候之激變及大氣雜音 (AWGN) 等影響到通信品質之傷害。衛星通信由於通信距離之擴大加上包圍地球各大氣層之多種變化,所謂訊號/雜音比之減小。吾人面臨現代通信之數位化,不得不留意所謂**比次誤差** (bit error) 之課題。

前向誤差改正 (forward error correction: FEC) 或**誤差之偵錯** (error detection) 等常被採用,但 FEC 系統絕無回歸到訊號之源點發射機。相反也當偵測到錯誤時立刻回頭求助原發射機重新撥送訊號者,稱為**自動校誤** (automatic repeat request: ARQ) 系統。衛星通信極需要**編碼** (coding) 的理由,由下述可說明之。

1. 我們熟知標準地面電台設置的天線直徑大,自然天線增益就大,加上發射機輸出功率增大因此 EIRP 更增強。因此上鏈波 (up link) 對衛星之**進接** (access) 比較簡單。但 **VSAT** (very small aperture terminal) 的 EIRP 較小,不易得到良好通信回線結果,晚近環球各地區採用嶄新,高品質的雙向通信網路再附加中心電台 (hab station) 當轉播站來補救網路暢通,此外如一些移動體衛星通信或私人電台用途受 EIRP 之限制招致通信之劣化,上述之種種困難,若採用編碼系統者可迎刃而解。

2. 如果是**計算機通信系統** (computer communication system) 者,編碼科技可容易減少錯誤。

3. 編碼可利用更良好通信量之利用率。

▶ **編碼之結論** (Summary of Coding)

- 編碼時經常附加備份比次結果可能招一些複雜性,因此實行編碼時應研討優點和必要性雙方再考慮妥協性。
- 對既定用途而選定編碼時應考慮下列幾項條件:

    (1) 由於熱雜音受限制的波道內為獲得最小誤差而設計的編碼,可能不適合遭遇附加的衰落。

    (2) 應用上需要幾乎無誤差的傳輸,還是選一種以上的編碼方式為要。

    (3) 如果空間是由熱雜音占盡時無論是方塊碼或迴旋碼均可應用。

(4) 如果波道由亂雜 (random noise) 及脈衝雜訊 (impulse noise) 受害時**連鎖碼** (concatenated code) 是有用的。

(5) 採用軟體解決問題比硬體更有效，但難免遭遇複雜性。

如果需要很低比次誤差時或鏈路內高頻信號完全消失時，**自動復傳請求** (automatic repeat request: ARQ) 是有用，但 ARQ 系統需要附帶回饋波道並難免有些延遲。因此 ARQ 系統者，延遲時間可容許超過 0.5 秒者最適用。

例題4-1

參考 (4-18) 及 (4-19) 兩式並研討【圖 4-6】之迴旋編碼解器。但設輸入訊息比次流

$$r = 10110$$

解

順序	R_4	R_3	R_2	R_1	V_1	V_2	V_3	輸出比次
(a)	0	0	0	1	1	1	1	111
(b)	0	0	1	0	0	1	0	010
(c)	0	1	0	1	1	0	0	100
(d)	1	0	1	1	1	1	0	110
(e)	0	1	1	0	0	0	1	001
(f)	1	1	0	0	0	0	0	000
(g)	1	0	0	0	0	1	1	011
(h)	0	0	0	0	0	0	0	000
(i)	0	0	0	0	0	0	0	000

4-5 迴旋碼解碼 (Decoding Convolutional Codes)

　　常用迴旋編碼之解碼方式是應用**解碼樹** (coding tree) 為捷徑。因有編碼才要解碼，然而隨著編碼器之機構，譬如暫存器數量、模-2 加法器及輸入資訊比次數量之多寡、解碼樹之機構有所變化。

　　現為簡化起見讓我們就【圖 4-6】迴旋編碼器及【例題 4-1】所示輸入訊息，$r = 10110$ 及輸出比次 111、010、100、110，001、000、011、000、000 繪出【圖 4-11】之解碼附圖。該圖顯示如果輸入資訊比次為 0 則往上，相反輸入比次為 1 則往下走。詳看輸入比次是

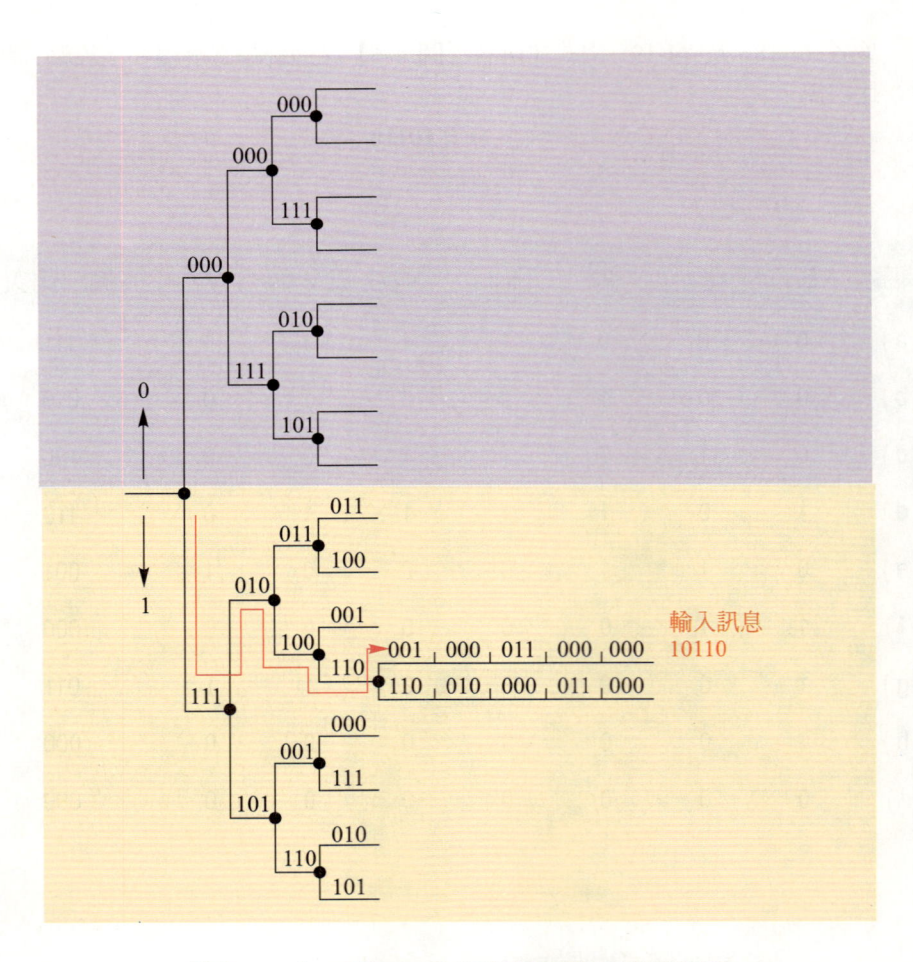

【圖 4-11】 【圖 4-6】迴旋編碼器之解碼樹圖

10110 因此解碼樹圖，顯示下、上、下、下、上。其次再查看輸出比次明示橫方向是按次序 111、010、100、110、001、000、011、000、000。

▶狀態圖及格子架圖 (State Diagram and Trellis Diagram)

在【圖 4-11】解碼圖中，已明瞭輸入「0」或輸入「1」的分別。但如果輸入比次數量增加時，解碼圖中樹節就指數函數遽增呈顯複雜。【圖 4-12】是迴旋器有暫存器 4 個 ($k = 4$)，模-2 加法器 3 個相關圖見【圖 4-6】。為避免重複且冗長起見，我們另用**格子架圖** (trellis diagram) 解析之。

【圖 4-13】示**限制長** (constraint length) $k = 3$，Code rate = 1/2 的迴旋編碼圖。

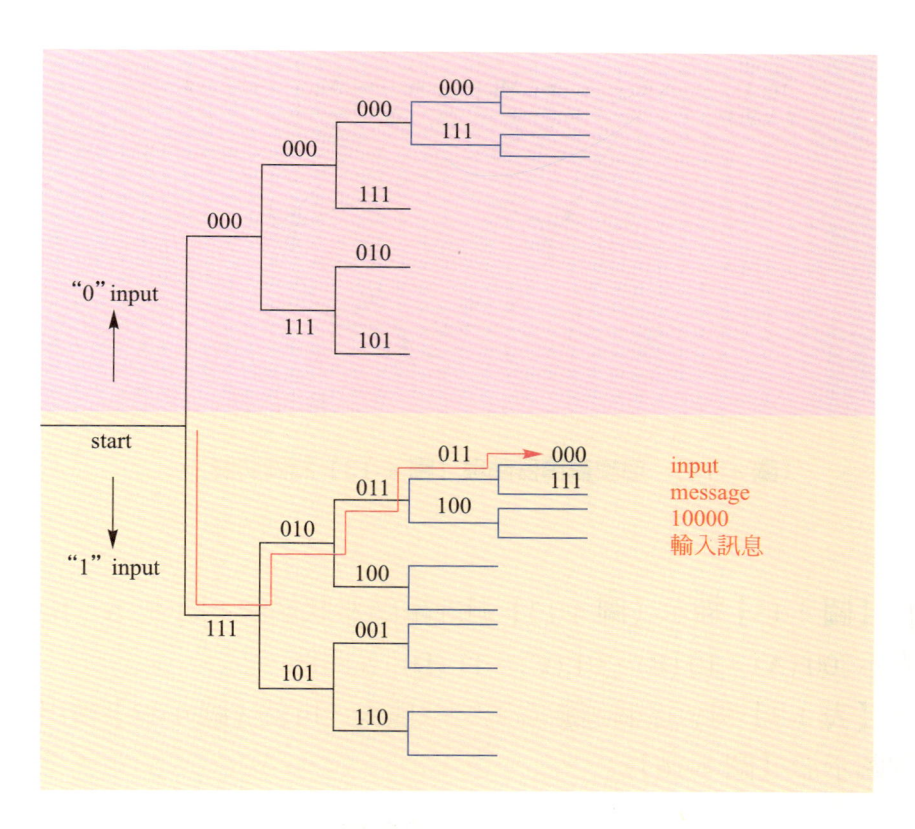

【圖 4-12】 迴旋編碼器有暫存器 4 個，模-2 加法器 3 個 ($v = 3$) 的相關碼樹圖

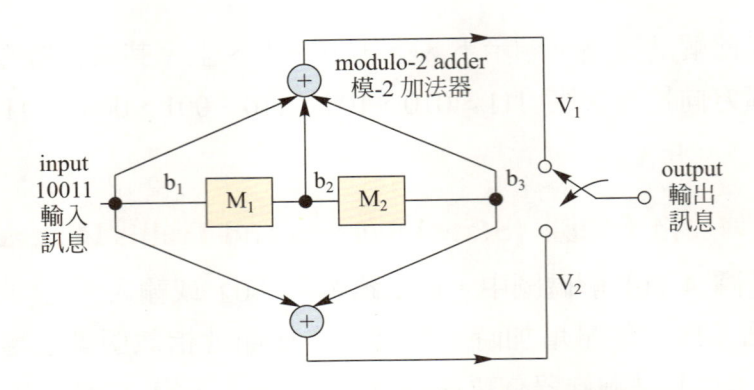

【圖 4-13】 限制長 $k = 3$，編碼率 $r = 1/2$ 迴旋編碼圖。

【圖 4-14】及【圖 4-13】兩圖保持相同功能的編碼圖。輸入訊息為 10011。

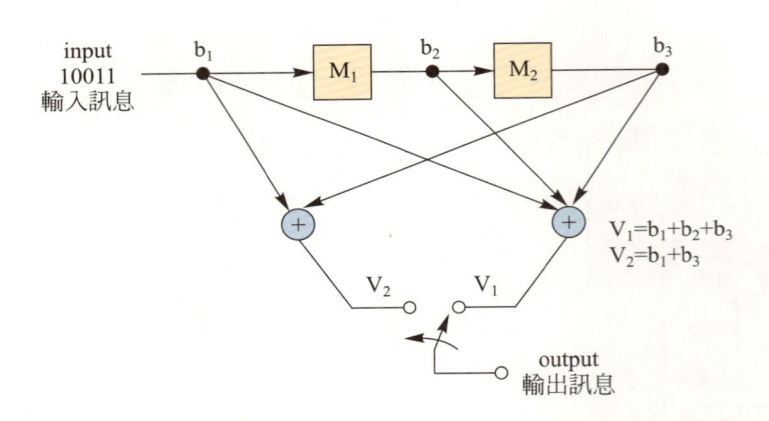

【圖 4-14】 迴旋編碼器圖與【圖 4-13】相同功能

【圖 4-15】顯示【圖 4-13】迴旋編碼器狀態圖，圖中 A、B、C、D 表示 00 (A)、10 (B)、01 (C)、11 (D) 等四節。

【表 4-3】明示這個迴旋編碼之狀態表。再就【圖 4-13】繪出的格子架圖示於【圖 4-16】。

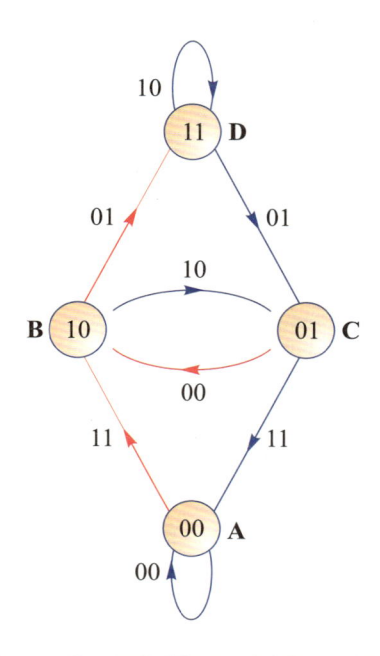

【圖 4-15】 迴旋編碼之狀態圖，圖中藍線表示輸入「0」時轉移的情況紅線代表輸入「1」時轉移的情況。

表 4-3 迴旋編碼之狀態表

STATE	BINARY
A	00
B	10
C	01
D	11

【圖 4-17】中左邊 **A, B, C, D** 為現時的編碼器狀態，而右邊 **A, B, C, D** 四節為下一個時刻狀態，如果左右兩邊合併就成為【圖 4-15】的狀態圖。

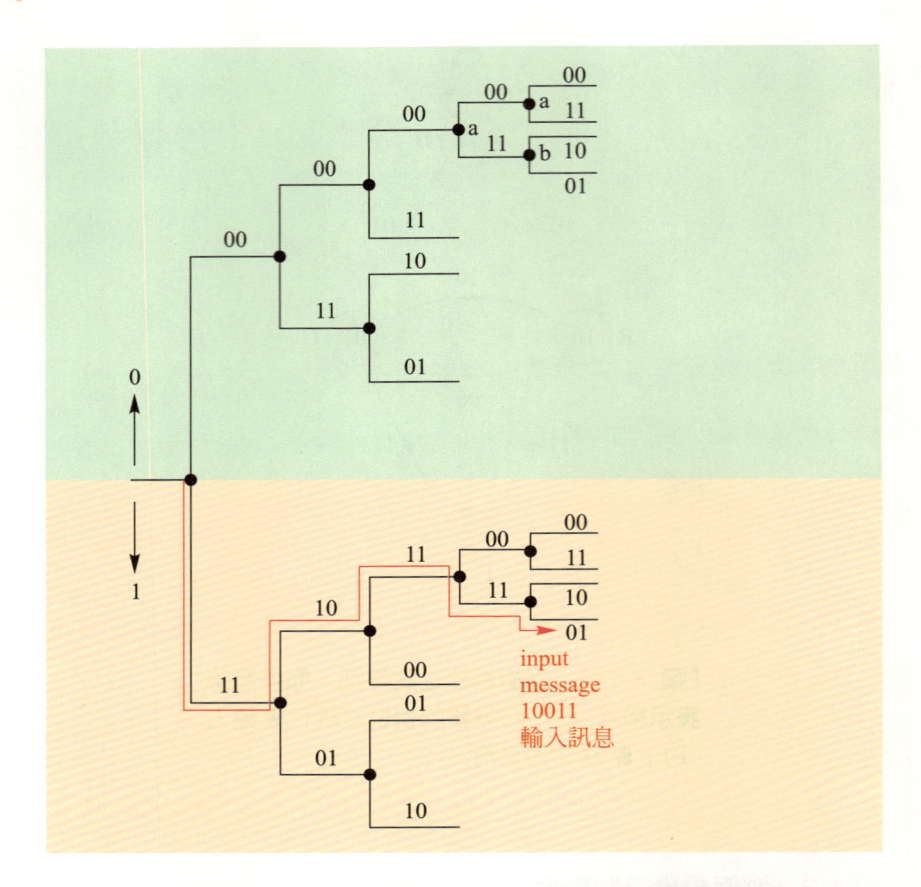

【圖 4-16】 本圖示【圖 4-13】迴旋編碼器相關碼樹圖

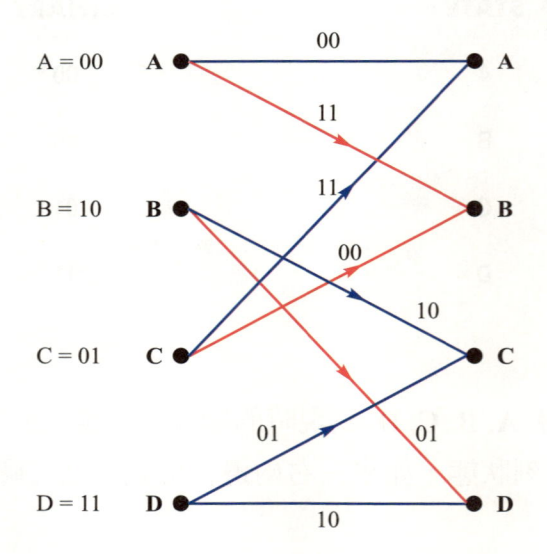

【圖 4-17】 針對【圖 4-13】繪出格子架圖

例題4-2

設定輸入訊息為五個比次流 10011，首先應用【圖 4-13】迴旋編碼器，輸入編碼器是左邊先端 (leftmost) 10011 之次序開始進入暫存器。

解

	輸入	M_1 M_2	輸出
(a)	11001	0 0	11
(b)	1100	1 0	10
(c)	110	0 1	11
(d)	11	0 0 1	11
(e)	1	1 0 0 1	01

其次查看【圖 4-15】及【圖 4-17】。因輸入訊息設定為 10011，故在【圖 4-17】格子架圖上各節的轉移次序是 **ABCABD**，換言之，相應的輸出次序是 **AB** (紅線) 11，**BC** (藍線) 10，**CA** (藍線) 11，**AB** (紅線) 11，**BD** (紅線) 01，是故迴旋編碼器的輸入、輸出關係可由狀態圖詳述之。

4-6 連鎖碼 (Concatenated Code)

衛星通信鏈路中常遇到**突發性錯誤** (burst errors) 或**雜亂錯誤** (random error) 等現象，尤其深太空通訊[2] 如木星、土星之探測等。美國 NASA JPL (噴射推進研究所) 常應用**串列連鎖** (serial concatenation) 及**並聯連鎖** (parallel concatenation) 方法。【圖 4-18】顯示串列連鎖機構方塊圖。內編碼意圖修正波道訊息錯誤，如果波道特性有所指定者，**迴旋間插** (convolution interleaving) 或較短的**方塊碼間插** (block code interleaving) 都可行。外編碼常用 **RS 碼** (reed solomon code) 欲修正來自內解碼突發性錯誤。

---

[2] 參考第九章 9-5 節深太空通訊接收機系統。

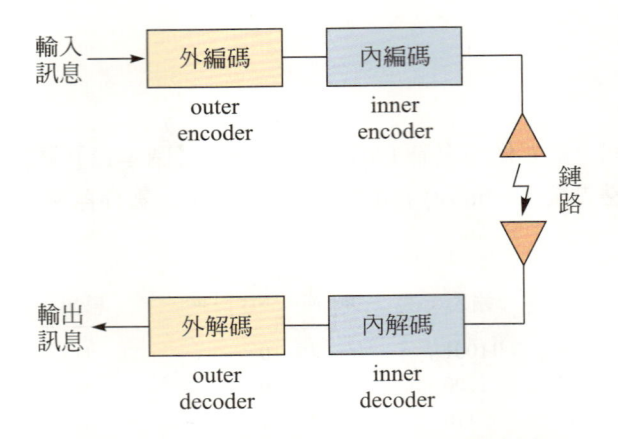

【圖 4-18】 串列連鎖碼 (serial concatenated code) 之通訊系統

總而言之，雷-所羅門碼針對突發性錯誤特別有用處外，如果連鎖碼的外編碼或外解碼者，尚能獲得編碼增益之益處。

【圖 4-19】顯示最普遍的連鎖碼相關圖。查圖知輸入數據先進雷-所羅門外編碼器，經適當的間插後由連鎖內編碼器處理。在輸出方面採用維特比內解碼器，再經解間插，最後由雷-所羅門外解碼器處理完成連鎖目的。根據 JPL，NASA (81-73) 實驗資料，當 BER = 10^{-8} 且內編碼為 (10, 1/3) 及 (7, 1/3) 時，$\frac{E_b}{N_0}$ 各等於 1.8 dB 及 2.2 dB 之特優成果。

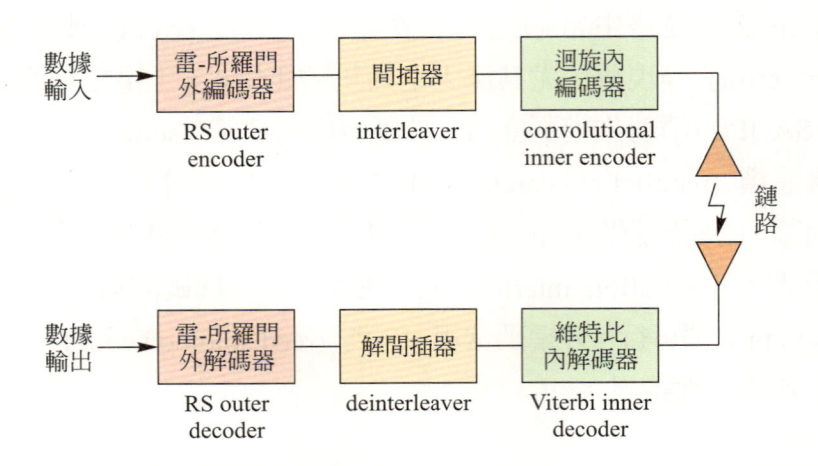

【圖 4-19】 美國噴射推進實驗所 (Jet propulsion laboratory) 採用之連鎖碼相關鏈路略圖

▶雷-所羅門碼 (Reed Solomon Code：RS Code)

這是典型的編碼語，含有 K 資訊比次，r 查核比次，總共有 n 個比次，$n = k + r$。雷-所羅門碼有 k 訊息符號 (不是比次)，有 r 核查符號，故總數有 $n = k + r$ 符號成立，是故碼語的符號有

$$n = 2^m - 1 \tag{4-20}$$

雷-所羅門碼能修正 t 個符號的錯誤

$$t = 2^m - 1 \tag{4-21}$$

例如 $m = 8$ 則得 $n = 2^m - 1 = 2^8 - 1 = 255$ 個符號存在於編碼中。假如需 $t = 6$ 得 $r = 2t = 32$ 且 $k = n - r = 355 - 32 = 223$ 訊息符號/編碼語。而編碼率為 $R_c = \frac{k}{n} = \frac{223}{255} = 0.875$，因此編碼語中比次總數等於 $255 \times 8 = 2040$ 比次/編碼語，因為雷-所羅門碼可以修正 16 符號，所以可修改突發性錯誤 $16 \times 8 = 128$ 個連續不斷的比次錯誤。雷-所羅門碼應用間插法者，能修正符號數為

$$B = mtl \tag{4-22}$$

若將 $m = 8$，$t = 16$，$l = 10$ 代入上式得 $B = 1280$ 比次。

▶對突發性錯誤波道之對策

鏈路通訊常遇到**雜亂錯誤** (random error) 及突發性錯誤之發生。其中針對突發性錯誤對策尤其重要，其對策有：

1. 解碼前將波道裏的錯誤碼雜亂然後適當處理，這就是所謂**間插** (interleave) 之原理。
2. 應用適合於突發性錯誤的雷-所羅門編碼法。

衛星通訊或星球間之數位式通訊時常面臨人工或自然界之急遽變化，而發生突發性傳送比次變化引起錯誤。我們已討論的方塊碼或迴旋碼都可應用間插技術來預防突發性錯誤現象。【圖 4-20】示方塊碼採用間插技能修正突然錯誤相關圖。

```
輸入訊息 → [間插及編碼] → 鏈路 → [解碼及解間插] → 輸出訊息
           interleaver & coder          decoder & deinterleaver
```

【圖 4-20】 應用間插技能修正突發性錯誤

4-7 超長距離通訊系統必須編碼科技 (Ultra-Long Range Telecommunication System Necessitates Coding Technology)

著名加州噴射推進實驗所 (JPL) 是美國國家航空暨太空總署管轄十大太空中心之一。JPL 曾經於 1977 年 8 月及 9 月間發射航海家太空艙 1 號及 2 號 (Voyager 1&2)。這兩太空艙從甘迺迪太空中心被發射後飛越火星經木星再旁飛 (fly by) 土星或其月亮附近，遙望天王星向浩瀚銀河系裏消失。

我們可查看太陽系行星常數表就得知在土星或土星的月亮如泰坦 (Titan) 附近飛翔的太空艙距地球約 $9.516\,AU = 9.516 \times 1.496 \times 10^8$ km (約等於 14 億 2300 公里)。我們又知悉地球本身是不斷的自轉和公轉，而距地球約 14 億公里遙遠土星附近的 Voyager 是以高速度飛翔，而太空艙和地球不但是超長距離，其傳播路徑又是呈現複雜的問題。因此不只是杜卜勒效應問題，加上地球大氣層，水蒸氣、降雨、降雪及濃密雲層等吸收了太空艙發射的傳播訊號，必定影響到編碼訊號之誤差。JPL 採取下列幾種優異科技以策完善。

1. 地球是自轉又公轉並且保持 23.5° 之傾斜，在美國加州 Goldstone，歐洲西班牙 Madrid，澳大利亞首都 Canberra，設立深太空網站 (Deep Space Network)[3]。這三站在地球上經度互相隔離約 120 度。其中 Goldstone 及 Madrid 兩站位在北半球，而 Canberra 位在南半球以利應付來自 Voyager 太空艙之訊號。
2. 上面三所 DSN 地面電台，每站均建立直徑 70 公尺、雙頻道、四

---

[3] 本書第九章「深太空通訊系統」詳解相關科技資料。

重反射高功率，並用低雜音**凱氏天線**，另設直徑 34 公尺較小型微波反射型天線兩座，構成環球三所 DSN 天線網並互相可即時連絡通信。

3. 航海家太空艙天線之直徑 3.7 公尺，X-頻帶 (8.4 GHz) 之天線增益等於 48.2 dB，而 S-頻帶 (2.3 GHz) 之天線增益等於 35.3dB。因 Voyager 之天線是雙頻道天線故設置**雙向色鏡** (dichroic mirror) 以便使用。

4. DSN 環球接收台接收來自外太空的訊號是太微弱，故接收機採用**行波型梅射放大器** (travelling wave maser)。

5. 當航海家太空艙飛翔木星、金星、土星及天王星旁飛 (fly-by) 時必須撥回科學性或圖畫性相關訊號以便地球上三所 DSN 台接收、記錄。爲此太空艙之追蹤、遙測、指揮訊號特別留意。換言之在規定理想 **BER** 之下爲求最小 $\frac{E_b}{N_0}$ 起見，考慮採用迴旋編碼、雷-所羅門編碼、維特比編碼、甚至連鎖碼等爲獲得最高**編碼增益**以利應用。

▶ 未來之展望

1. 調變和編碼二者間有密切關聯，設計時須留意考慮科技上問題。
2. 附有維特比解碼的迴旋編碼方式，**比次誤差率** (BER) 較小又可免除複雜性。
3. 如果是被約束長期而長型迴旋編碼附有連鎖碼者，**在有順序的解碼** (sequential decoding) 下，能獲得極小的比次誤差率。
4. 面臨突飛猛進的 21 世紀電子工學科技添加開發性的編碼、解碼之進展，將來更容易獲得理想的比次誤差率及更低的 $\frac{E_b}{N_0}$ 值。

參考文獻

1. Timothy Pratt., Charles W. Bostian **Satellite Communications 1986** John Wiley & sons. Inc.

2. Kamilo Feher, **Digital Communications 1983** Prentice Hall International Inc. Englewood Cliffs. N.J.
3. M. Richharia **Satellite Communication System 1995** Mc-Graw Hill Inc.
4. B.G. Evans. **Satellite Communication Systems 1999** The Institution of Electrical Engineers London. United Kingdom
5. John B. Anderson **Digital Transmission Engineering 1991** Prentice Hill, IEEE PRESS.
6. Tri T. Ha. **Digital Satellite Communications 1990** Mc-Graw Hill Publishing Company.
7. Taub, Schilling **Principle of Communication Systems** Mc-Graw Hill Book Company.
8. Joseph H. Yuen, Editor **Deep Space Telecommunications Systems Engineering 1983** JPL, NASA.
9. Andrew J. Viterbi, **CDMA, Principles of Spread Spectrum Communication 1995** Addison Wesley Publishing Company.

習 題

4-1. 有一 (6,3) 方塊碼由下列矩陣形成產生。

$$a = \begin{bmatrix} 100 & 110 \\ 010 & 101 \\ 001 & 011 \end{bmatrix}$$

我們知悉編碼語 $C = DG$，而 D 為數據語，現設 $D = 001$ 則得

$$C = DG = [001] \begin{bmatrix} 100 & 110 \\ 010 & 101 \\ 001 & 011 \end{bmatrix}$$

$$= [0 \oplus 0 \oplus 0][0 \oplus 0 \oplus 0][0 \oplus 0 \oplus 1][0 \oplus 0 \oplus 0][0 \oplus 0 \oplus 1][0 \oplus 0 \oplus 1]$$

$$= 001011$$

(a) 就下面四個數據碼計算**編碼語** (code word)

000,010,100,110

(b) 試算這編碼的最短距離，從編碼語能夠偵查幾個錯誤，又能改正幾個錯字。

4-2. 有一迴旋編碼器如【習圖 4-1】所示。設編碼器之輸入訊號為 110100，試證輸出訊息比次等於 111，001，001，000，110，111 並繪出狀態圖及格子架圖。

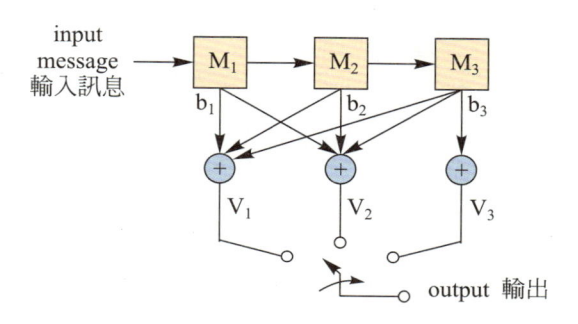

【習圖 4-1】 K = 3，V = 3 迴旋編碼器

4-3. 某迴旋編碼器如【習圖 4-2】所示，現設編碼器之資訊輸入為 10111，

(a) 試求輸出訊息等於 11、11、01、11、10、10。

(b) 試繪本編碼器之解碼樹圖

$$V_1 = b_1 + b_2 + b_3 + b_4$$
$$V_2 = b_1 + b_2 + b_4$$

$V_1 = b_1 + b_2 + b_3 + b_4$
$V_2 = b_1 + b_2 + b_4$

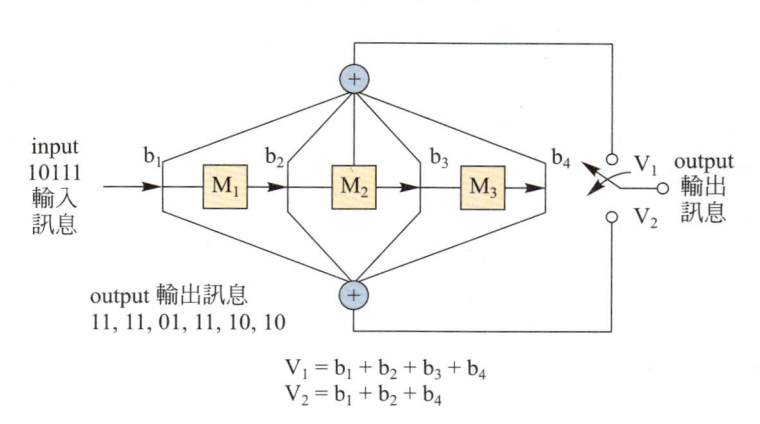

【習圖 4-2】 k = 3, V = 3 迴旋編碼器

Spacecraft

5

太空艙

5-1 概說 (Introduction)
5-2 太空艙熱能控制 (Thermal Control of Spacecraft)
5-3 太空艙電功率系統 (Electric Power System of Spacecraft)
5-4 太空艙姿勢控制 (Attitude Control of Spacecraft)
5-5 太空艙系統可靠度 (System Reliability of Spacecraft)
5-6 衛星台址維護問題 (Station Keeping Maneuver of Satellite)
　　參考文獻 (References)
　　習　　題 (Problems)

5-1　概　說（Introduction）

　　當火箭被發射升空的瞬間開始設在頂上的衛星或太空艙就受到一系列的震動和爆音。在無大氣層存在的宇宙裏太空艙可能受到帶電粒子之轟擊，太陽風之壓力外尚有紫外線之強烈照射。我們又熟知太陽表面的溫度高到約 6000°C，因此在地球高空上環繞地球的同轉衛星，由於地球自轉關係，衛星內外部的構造溫度達到極高或極低溫度。例如通信衛星者，裝備太陽電池板、天線群、發射機、接收機、蓄電池、化學燃料、各類**察覺器** (sensor)、電子零件等不勝枚舉的大小其他物件相處一艙。換言之，機械、電機、化工類相關的共處一艙裏。很明顯的事實，這些物件如果不適應太空裏的溫度之變化，可能發生蒸發、溶解、凍結或結冰的現象以致失去衛星正常功能。【圖 5-1】明示現代典型衛星或太空艙、太空梭、太空站的構造外觀圖。

　　面臨 21 世紀的現代人無論住在陸上、海上或空中一時都離不開電設備。假使你居住太空者，更需要電力。因為在太空中無加油站、無變電所、無水力、火力發電廠、更無原子能發電廠。今日所有太空艙、衛星、或太空站 (space station) 均設置小型核能發電設備或為安全起見裝設太陽電池板直接吸收陽光應用光電變換原理獲得一些電力。在太陽系裏地球附近的太空中陽光波束密度約 1400 W/m^2，光電變換效率 $\eta \cong 20\%$，例如面積 4 cm^2、$25°C$，矽質二極體的開路電壓約 0.55 V，短路電流約 0.14 A。

　　現代光電變換裝置，使用的材質，變換機構究極目的要提高變換效率。而附帶的蓄電池從鎳鎘 (Ni-Cd Cells) 到鎳氫 (Ni-H$_2$ Cells) 電池之發展實在有一日千里之進展，國際太空站 (ISS) 的所需總電功率約 90 kW 之多。

　　另為應付社會多媒體需求資料的爆發性膨脹以及各類衛星採用不相同的軌道以便迎合特異性太空現象。譬如**太陽同步回歸軌道** (sun-synchronous near recurrent orbit)，**地球靜止軌道** (geo-stationary orbit)，**極軌道** (polar orbit)，**高遠地點橢圓軌道** (hightly elliptically earth orbit) 等。為執行各類探測目的各種軌道上環繞的不同衛星之**姿勢** (attitude) 又不同而成為最重要因素之一。例如**自轉姿勢穩定方式** (spin stabilized system)，**三軸姿勢穩定方式** (3-axis attitude stabilization) 或東西-南北台址維護 (station keeping) 操縱等皆是重要因素。

　　吾人經常在電視節目看過或國外新聞報導先進國新型太空梭或衛星被發射升空。有些一切順利成功但有些一開始就爆炸而告失敗。另有些軌道轉換不順利譬如停留軌道不易改換遷移軌道等等。上述種種故障，連連失敗皆屬於太空艙**可靠度** (reliability) 相關問題。所謂衛星**設計壽命** (design life) 等還包含在可靠度內。

(a) 衛星 (satellite)

(b) 太空艙 (spacecraft)

(c) 太空梭 (space shuttle)

(d) 太空站 (space station)

【圖 5-1】 典型衛星或太空艙、太空梭、太空站的構造外觀圖

5-2 太空艙熱能控制 (Thermal Control of Spacecraft)

　　正如聖經創世紀說太陽系裏地球有水又有空氣。吾人知悉地球表面溫度約 20°C，因此風和日麗的溫暖季節常出現，但浩瀚無際的宇宙裏只有極端嚴寒和酷熱的環境。換言之，環繞太空中的太空艙或衛星常遭遇到 −200°C 到 +150°C 左右溫度變化。

　　按照物理學說，熱能之遷移有**傳導** (conduction)，**對流** (convection) 及**輻射** (radiation) 之三種型態。包圍地球周圍的**太空熱源** (heat source) 是來自太陽的光熱和地球之**反照** (albedo)。人類應用太陽電池之光電變換原理產生的電功率供應太空艙內一切電子設備，然必定產生另一種熱能源。大家知道**熱能之產生** (heat balance or thermal equilibrium) 和平衡方能維持衛星之正常功能。當平衡時得

$$\begin{pmatrix} 太空艙吸收 \\ 的太陽熱能 \end{pmatrix} + \begin{pmatrix} 太空艙裏機件 \\ 產生的熱能源 \end{pmatrix} = \begin{pmatrix} 太空艙向深太 \\ 空輻射的熱能 \end{pmatrix} \quad (5\text{-}1)$$

如果熱能平衡不能保持時，譬如左邊的產生熱能源大於右邊的輻射熱能者，太空艙本身溫度急劇上升終於燃燒。反之右邊熱能大於左邊者，太空艙溫度下降終於結冰狀態，以致艙內燃料不流通，失去一切機能。(5-1) 式用式子表示則得

$$\alpha A_a E \sin\theta + P = \varepsilon \sigma \eta A_e T^4 \quad (5\text{-}2)$$

上式　α ＝ 陽光吸收比 (solar absorptance)

　　　A_a ＝ 陽光熱能吸收面積 (absorption area)

　　　E ＝ **太陽常數** (solar constant)

　　　θ ＝ 陽光與地球赤道面傾斜度

　　　　　　冬至及夏至時：$\theta = 23.5°$

　　　　　　春分及秋分時：$\theta = 0°$

　　　P ＝ 太空艙裏電子零件產生的熱能輻射

　　　ε ＝ 散熱器的**輻射率** (emittance)

　　　σ ＝ **斯迪枋波爾茲曼常數** (Stefan Boltzmann Constant 5.67×10^{-8} w/m^{2}K^4)

　　　η ＝ 散熱器效率

　　　A_e ＝ 熱能輻射表面積 (emitting surface area)($A_e \neq A_a$)

　　　T ＝ 輻射溫度 (°K)

我們熟知地球靜止衛星與地球同轉在太空中飛翔，因此遭遇**日變化** (diurnal variation) 及**季節變化** (seasonal variation) 現象。易言之，同轉衛星每天自上午 6 點至下午 6 點的白天時間接受陽光之照射而從下午 6 點至翌日上午 6 點的夜間接受不到陽光之照射。地球以太陽為中心 365 天週期旋轉一週但不完整的圓形。因此形成近日點及遠日點之相差外並有 23.5° 之傾斜度。太陽給我們光和熱自然就有太陽功

率密度 (solar flux: W/m^2) 而一年之平均值等於 1353 W/m^2。地球離太陽的距離是**一個天文單位** 1 A.U. (Astronomical Unit)，是 1.496×10^8 km，由於地球**離心率** (eccentricity) 關係，地球軌道近日點、遠日點距離差約有 3%。【表 5-1】顯示太陽地球間距離相差起因的太陽功率之相差及一些相關因數。

表 5-1　太陽地球間距離與太陽功率密度之相關因素

日期	太陽功率密度 S W/m^2	關係值 $F=\dfrac{S}{1353}$	傾斜度 (θ)	$\cos\theta$	$F \cdot \cos\theta$
春分 (vernal equinox) March 21	1362	1.0066	0	1.0	1.0066
夏至 (summer solstice) June 21	1311	0.96896	+23.44	0.917	0.8885
秋分 (autumnal equinox) Sept 23	1345	0.99408	0	1.0	0.99408
冬至 (winter solstice) Dec 22	1397	1.0325	−23.44	0.917	0.94680
近日點 (perihelion) Jan 3	1399	1.034	−23.11	0.919	0.9502
遠日點 (aphelion) July 4	1309	0.9675	23.13	0.919	0.8891

由於太陽地球間距離太長故射入太空艙之陽光可視為平行線故入射陽光強度等於

$$P = SA\cos\theta \quad \text{Watt} \tag{5-3}$$

上式　P = 射入陽光強度　Watt
　　　S = 太陽功率　　　W/m^2
　　　A = 總面積　m^2
　　　θ = 陽光功率束與入射面垂直線之間的夾角

無論是自轉姿勢穩定方式或三軸姿勢穩定方式只要是同轉衛星者陽光垂直照射機會最少並且照射量又最小這情況最適合裝設熱能產生最大的衛星發射機零件如行波管放大器 (TWTA) 等。另每年春分及秋分季節逢**衛星蝕** (satellite eclipses) 時，衛星接受不到陽光，而以春分 (3 月 21 日) 及秋分 (9 月 23 日) 為中心前後約 22 天，全年總共 88 天的蝕相關現象。蝕的最長時間約 72 分鐘，而超過 50 分的蝕期間每年約有 60 天左右。

▶ 斯迪枋波爾茲曼定律 (Stefan Boltzmann Law)

1879 年由斯迪枋及波爾茲曼兩位從實驗和古典力學導出此定律。熱能從**黑體** (black body) 向外的輻射率是比例絕對溫度的四次方。換言之

$$E_b = \sigma T^4 \tag{5-4}$$

上式中　E_b = 從黑體表面單位面積向半球輻射出去的熱能，W/m^2
　　　　σ = 斯迪枋波爾茲曼常數 (5.67×10^{-8} W/m^{2}k^4)
　　　　T = 絕對溫度 (°K)

例題 5-1

某三軸姿勢穩定衛星，朝南北兩方向板附近設置通信用發射機 TWT 等零件。現設每一方向板之散熱約為 300 Watts，而在太空中能順利工作起見，設計外部各散熱器 (radiator) 容許溫度範圍等於 5°~37°C，且散熱器之容量包含器件在內重量 85 kg 其**比熱** (specific heat) 為 900 Watt-sec/kg·K 試求：
1. 通信設備需要的散熱器之面積 A (尺寸)。
2. 春 (秋) 分或衛星蝕時之溫度。

解

1. 太陽電池末期 (EOL: End of Life) 時候逢冬至季候太空艙朝南方向的面積散熱器溫度可能最高。設**陽光反射器** (OSR: Optical Solar Reflector) 是等溫且從太陽電池及天線之紅外線輻射計算在內，是設在非蝕期間內散熱器效率等於 90%。
應用熱平衡式得

$$\varepsilon \sigma T^4 \eta A = \alpha_s A \cdot S \cdot \sin\theta + P$$

上式中，ε = 散熱器的輻射率（= 0.8）
σ = 斯迪枋波爾茲曼常數（= 5.67×10^{-8} w/m²k⁴）
η = 效率（= 0.9）
A = 散熱器之面積
T = 散熱器溫度（= 310°K 最大容許溫度）
α_s = EOL 時期陽光吸收比（= 0.21）
S = 冬至時陽光功率密度（= 1397 w/m²）見【表 5-1】
θ = 陽光之方位角度（= 23.5°）

將上述各數值代入熱能平衡式可得散熱器之面積 A，

$$A(\varepsilon \sigma T^4 \eta - \alpha_s \cdot S \cdot \sin\theta) = P$$

$$A = \frac{P}{\varepsilon \sigma T^4 \eta - \alpha_s \cdot S \cdot \sin\theta}$$

$$= \frac{300}{0.8 \times 5.67 \times 10^{-8} \times 310^4 \times 0.9 - 0.21 \times 1397 \times \sin 23.5^0} = 1.16 \text{ m}^2$$

2. 在非蝕期間內，春（秋）分時，$\theta = 0$，故熱平衡式為 $\varepsilon \sigma T^4 \eta A = P$

$$T = \left(\frac{P}{\varepsilon \sigma \eta A}\right)^{1/4} = \left(\frac{300}{0.8 \times 5.67 \times 10^{-8} \times 0.9 \times 1.16}\right)^{1/4} = 282°K = 9°C$$

因 9°C 位在上述 5°~37°C 範圍內可允許，但如果經計算結果，溫度過低者，應採用加熱器方可。

▶衛星熱能平衡分析 (Analysis of Satellite Heat Balance)

衛星平均溫度可從熱能平衡式導出

貯存熱能 = 進入熱能 – 跑出熱能

在太空軌道中環繞的衛星吸收的熱能，包含陽光吸收和**地球反照** (albedo) 熱能。衛星裏由一些電機及電子零件產生的熱能均被消散，而從衛星向外太空以紅外線型態輻射出去。現假想一個球形的超導電等溫度同轉衛星而忽視地球反照輻射，再假設衛星無熱能消耗。從熱能平衡得

$$\alpha S\pi R^2 = \varepsilon\sigma 4\pi R^2 T^4 \tag{5-5}$$

從上式得平衡溫度 (°K)

$$T = \left(\frac{\alpha S}{4\varepsilon\sigma}\right)^{1/4} \tag{5-6}$$

【表 5-2】顯示覆蓋衛星表面一些物質的熱能相關表。

表 5-2 覆蓋衛星表面物質的熱能相關表

	熱能吸收比 (α)	熱能輻射率 (ε)
白色油漆 (white paint)	0.2	0.9
黑色油漆 (black paint)	0.9	0.9
太陽電池板 (solar cells panel)	0.7	0.82
金箔 (gold)	0.25	0.05
鋁箔 (aluminium)	0.12	0.06
石墨環氧基樹脂 (graphite epoxy)	0.84	0.85

查表知譬如使用白色油漆者，因 $\alpha = 0.2$，且 $\varepsilon = 0.9$，故平均溫度 T 等於

$$T = \left(\frac{0.2 \times 1362}{4 \times 0.9 \times 5.67 \times 10^{-8}}\right)^{1/4} = 191.13\,°\text{K} = -82°\text{C}$$

上式中 1362 為春分 (3 月 21 日) 時的太陽常數。如果用黑色油漆者，$\alpha = 0.9$，$\varepsilon = 0.9$，故得

$$T = \left(\frac{0.9 \times 1362}{4 \times 0.9 \times 5.67 \times 10^{-8}}\right)^{1/4} = 278.4°\text{K} = 5.23°\text{C}$$

假如使用金箔覆蓋者，因 $\alpha = 0.25$，$\varepsilon = 0.05$，得

$$T = \left(\frac{0.25 \times 1362}{4 \times 0.05 \times 5.67 \times 10^{-8}}\right)^{1/4} = 416.3°K = 143.1°C$$

綜合上述得知，使用白色油漆時因 α 值較小；吸收陽光熱能很小。但輻射率 ε 較大，故衛星機件急劇轉"冷"。如果用黑色油漆時因 $\alpha = \varepsilon = 0.9$，故平衡溫度比較"溫和"。如果用金箔覆蓋者，因 α 值較大而且 ε 很小，故平衡溫度轉為"高溫"。

【圖 5-2】示通信衛星之各零件為熱能平衡，採取各類方法。

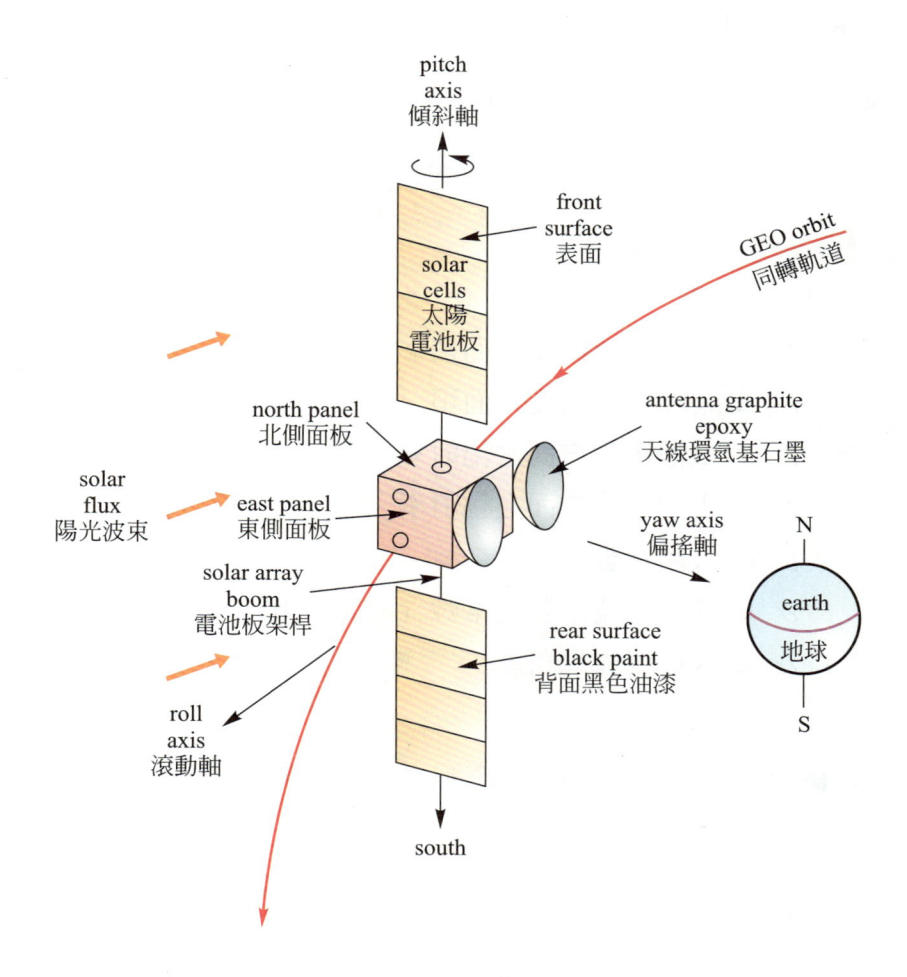

【圖 5-2】 通信衛星之各零件為熱能平衡，採取各類方法

▶ 太陽電池溫度 (Solar Cells Temperature)

三軸姿勢穩定太空艙之太陽電池板，接收陽光照射部份全部使用電池板覆蓋。因此，部份被陽光照射的地方用電池板遮蔽而產生一些電功率，因而會減低熱能。（註）吾人知悉太陽給我們光和熱，太陽電池是利用太陽的光而不是熱。現設太陽光吸收比為 α_{sE}，則得

$$\alpha_{sE} = \alpha_s - F_P \eta \tag{5-7}$$

上式　α_s = 太陽電池板平均吸收比
　　　F_P = 太陽電池包裝因數
　　　η = 太陽電池工作效率

在穩定工作時太陽電池之溫度等於

$$T_{OP} = \left(\frac{\alpha_{sE} A_F S \cdot \cos\alpha}{(\varepsilon_F A_F + \varepsilon_B A_B)\sigma} \right)^{1/4} \tag{5-8}$$

上式中　A_F = 太陽電池板前方面積
　　　　A_B = 太陽電池板後方面積
　　　　ε_F = 電池板前方面之輻射率
　　　　ε_B = 電池板後方面之輻射率
　　　　S = 太陽常數
　　　　σ = 斯迪枋波爾茲曼常數 $(= 5.67 \times 10^{-8}\ \text{W}/\text{m}^2\text{k}^4)$
　　　　α = 入射陽光之角度

🚀 例題 5-2

某三軸姿勢穩定太空艙保持下列特性：

面積，$A_B = A_F = 6\ \text{m}^2$，$\alpha_s = 0.8$，$\varepsilon_F = 0.8$，$\varepsilon_B = 0.7$，$F_P = 0.95$，$\eta = 0.14$
試求春分及夏至穩定期間內工作溫度。

解

有效陽光吸收比

$$\alpha_{sE} = \alpha_x - F_P\eta = 0.8 - 0.95 \times 0.14 = 0.667$$

穩定期間內工作溫度 T_{OP} 等於

$$T_{OP} = \left(\frac{\alpha_{sE}\,A_F\,S\cdot\cos\alpha}{(\varepsilon_F\,A_F + \varepsilon_B\,A_B)\sigma}\right)^{1/4}$$

現得 $\alpha_{sE} = 0.667$，$A_F = A_B = 6$，$S = 1362$，$\alpha = 0$，$\sigma = 5.67\times10^{-8}$ 代入上式得

$$T_{OP} = \left(\frac{0.667\times 6\times 1362}{(0.8\times 6 + 0.7\times 6)\times 5.67\times 10^{-8}}\right)^{1/4} = 571.68°K = 298.68°C$$

另夏至時溫度等於

$$T_{OP} = \left(\frac{0.667\times 6\times 1311}{(0.8\times 6 + 0.7\times 6)\times 5.67\times 10^{-8}}\right)^{1/4} = 566.25°K = 293.25°C$$

▶ 地球反照功率密度 (Albedo Flux Density of the Earth)

幾十億年來地球接收太陽的光和熱照射，雖然地球離太陽有一天文單位 1 A.U. ($=1.496\times10^8$ km)，易言之約一億五千萬公里之遠方。但太陽表面溫度就有 6,000°C 超高溫，如果不是有適當的反照熱能者，地球早就燒焦。來自太陽絕大熱量從地球表面向太空反照、輻射或散射 (scattering) 等等，雖然有南、北極寒冷地帶或沙漠地帶，但地球平均溫度約 20°C 眞適合於人類之居住。這與太陽的孫子，也就是地球的兒子月球，無大氣層、無水、日夜溫度差約 200°C 左右相比，實在天國與地獄之差。

現設地球反照常數 (albedo flux constant) 為 ϕ_a，得

$$\phi_a = s \cdot a \tag{5-9}$$

上式　$s =$ 陽光熱功率密度
　　　$a =$ 反照係數

上述反照平均係數 $a \cong 0.3 \pm 0.02$，其數值可能在 0.1~0.8 變化的可能性。這是因地球高緯度地域雪地以及赤道地方雲層之反射而發生一些變化，因此低緯度地域 (30°S~30°N) 的 a 值可能 $a < 0.3$ 左右。如前

所述，陽光的熱被地球和大氣層吸收然依斯迪枋波爾茲曼定律向太空中擴散。從地球表面熱輻射的年平均值為

$$\phi_r = 237 \pm 7 \quad W/m^2 \tag{5-10}$$

通常從地球表面輻射的熱能可視為常數而從地表擴散的應順從朗伯定律 (Lambert's law)。環繞地球的太空艙之陽光功率密度 ϕ_T 是高度的函數。如果太空艙之形狀是球形者

$$\phi_T = \frac{1}{2}\sigma T_0^4 \left(1-\sqrt{1-\frac{R_e^2}{\delta^2}}\right) = \frac{1}{2}\phi_r\left(1-\sqrt{1-\frac{R_e^2}{\delta^2}}\right) \tag{5-11}$$

上式中　T_e = 平均地球黑體溫度 °K
　　　　ϕ_r = 地球熱輻射 W/m²
　　　　R_e = 地球半徑 km
　　　　δ = 太空艙離地心之高度 km

例題 5-3

有一球形通信衛星之直徑等於 0.6 公尺。球表面用太陽電池覆蓋，以便吸收陽光。現設太陽電池熱能吸收比 $\alpha = 0.5$，且輻射率 $\varepsilon = 0.7$，散熱器 (radiator) 之效率 $\eta = 0.9$，衛星裏由電子零件產生熱能之散熱 $P = 250$ watt。試求：
1. 逢春分時衛星平衡溫度；
2. 逢冬至時衛星平衡溫度。

解

當春分時 $\theta = 0°$，$\sin 0° = 0$，球表面積等於 $4\pi R^2 = 12.56 \times 0.3^2 = 1.13$ m²。應用 (5-2) 式得

$$\varepsilon \sigma \eta A_e T^4 = P$$

$$T = \left(\frac{P}{\varepsilon \sigma \eta A_e}\right)^{1/4} = \left(\frac{250}{0.7 \times 5.67 \times 10^{-8} \times 0.9 \times 1.13}\right)^{1/4} = 280.54°K = 7.4°C$$

逢冬至時，應用 (5-2) 式

$$\alpha A_a E \sin\theta + P = \varepsilon \sigma \eta A_e T^4$$

冬至時太陽常數 $E = 1397$ w/m^2，$\sin\theta = \sin 23.5° = 0.398$

$$A_a = \pi r^2 = 3.14 \times 0.3^2 = 0.283 \text{ m}^2 \text{，} A_e = 4\pi r^2 = 12.56 \times 0.3^2 = 1.13 \text{ m}^2$$

這些數值代入上式得

$$0.5 \times 0.283 \times 1397 \times 0.398 + 250 = 0.7 \times 5.67 \times 10^{-8} \times 0.9 \times 1.13 \times T^4$$
$$328.67 = 4.036 \times 10^{-8} \times T^4$$

故

$$T = \left(\frac{328.67}{4.036 \times 10^{-8}}\right)^{1/4} = 300.4°K = 27.25°C$$

▶ 朗伯餘弦定律 (Lambert's Cosine Law)

從黑體平面輻射出去熱能功率，其方向與平面直線夾角 θ 之餘弦相關。吾人稱為朗伯餘弦定律。

$$I = \frac{\sigma T^4}{\pi} \cos\theta \tag{5-12}$$

上式表示溫度 T 的黑體向 θ 方向、每單位面積、每單位立體角輻射出去的功率。【圖 5-3】(a) 顯示自面積 da，立體角度 dw 輻射出去的熱能功率為

$$I\, da_1 \cdot dw = \frac{\sigma T^4}{\pi} \cdot \cos\theta \cdot da_1 \cdot dw \tag{5-13}$$

如果這熱功率再向另小面積射入者，可得投影面積 $\cos\theta_2\, da_2$ 而 θ_2 是兩個面積之連結線 r 與垂直面積之夾角。見【圖 5-3】(b) 所截取的面積除之。

$$dw = \frac{\cos\theta_2\, da_2}{r^2} \tag{5-14}$$

因此從面積 da_1 射進 da_2 的總熱能功率等於

$$q_{12} = I\, da_1\, dw = \frac{\sigma T^4}{\pi} \cdot \frac{\cos\theta_1 \cos\theta_2}{r^2} da_1 \cdot da_2 \tag{5-15}$$

假使兩個小面積不是黑體者，由第二小面積吸收的熱功能等於

$$q_{12} = \frac{\varepsilon_1 \varepsilon_2 \sigma T_1^4}{\pi} \cdot \frac{\cos\theta_1 \cdot \cos\theta_2}{r^2} da_1 da_2 \qquad (5\text{-}16)$$

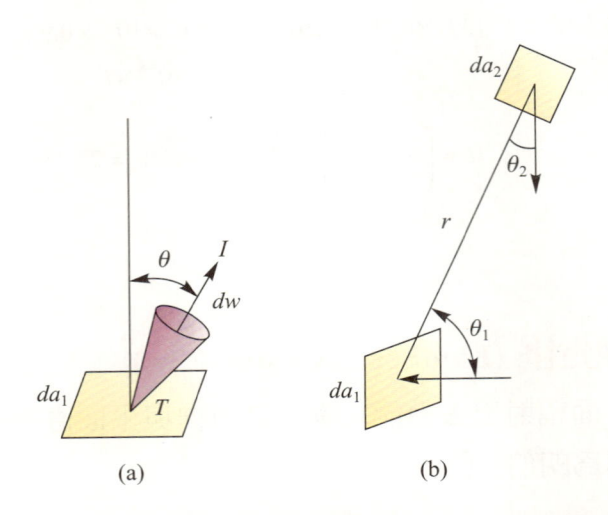

【圖 5-3】 (a) 朗伯定律輻射熱能分佈圖；(b) 兩個微小面積 da_1 da_2 間熱能轉換相關圖。

5-3 太空艙電功率系統
(Electric Power System of Spacecraft)

今日太空艙之電源都依靠太陽電池和核能發電。太陽電池應用矽質二極體之光電效應，取得電功率。然核能發電是採用小型**核反應器** (nuclear reactor) 加熱鍋爐使如水銀之蒸氣動作**渦輪發電機** (turbin generator) 之類。

吾人知悉太陽電池每年逢春、秋分季節發生**衛星蝕** (satellite eclipse) 而不能發電，故必需裝備蓄電池以利應用。但核能發電系統不需蓄電池然唯一缺點者爲恐核能輻射影響太空艙，衛星或太空站內一切子零件，又有可能直接影響到太空人身體。因此至今環繞地球的大部份衛星均採用太陽電池發電系統而本系統之優點要約如下：

1. 將太陽的光能變換為電能的光電變換裝置。本式採用太陽電池。因此絕無太空環境污染現象，又沒有核能發電之危險性。不但如此因陽光是取之不盡的光源。據天文學者說太陽是年輕的恆星，它的壽命尚有 50 億年之長，又免費供應的永久穩定能源。
2. 如前所述，雖然有春、秋兩季必遭遇衛星蝕，但現在有性能優越的鎳鎘 (Ni-Cd) 或鎳氫 (Ni-H$_2$) 蓄電池可備用。
3. 除上述發電設施外，尚需要一些電力分配控制、調整等配電系統如【圖 5-4】所示。

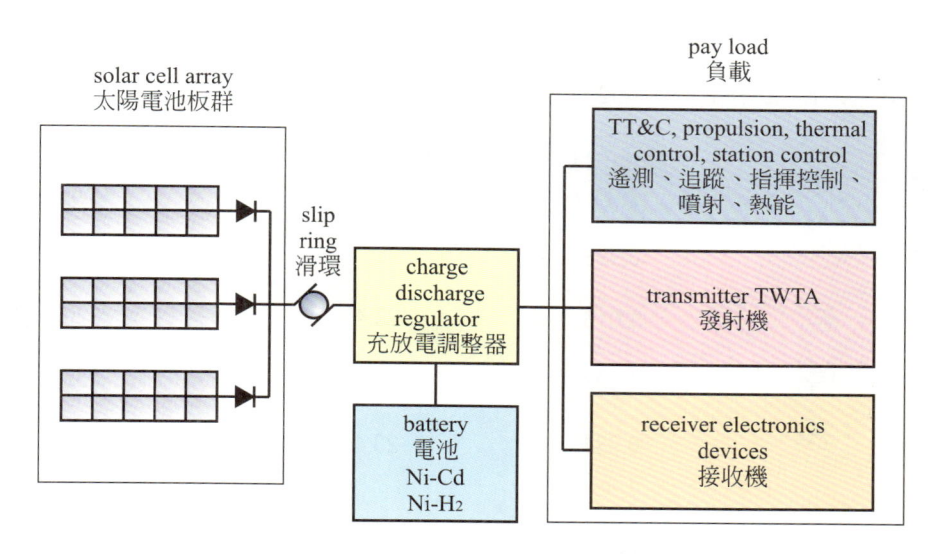

【圖 5-4】 太陽電池板發電功率與配電負載簡略圖

▶ 太陽電池板面積大小 (Size of Solar Array)

由於電池板之輻射，及損害可能引起一些老化，並且逢季節關係影響到太陽能功率之變化。電池板面積之大小亦需要考慮因素之一，太陽電池之老化，可用指數因數 $e^{-\lambda t}$ 表示。這裏 t 表示設計壽命時間，λ 值大約 0.025，通常太陽電池使用 7 年後功率會減低 20% 左右。

陽光功率密度 G (W/m^2)，因地球離太陽的距離的變化，另因傾斜度之變化有所不同。

$$G = \frac{\cos\delta}{r^2}\phi = F\phi \qquad (5\text{-}17)$$

上式中 $\phi = 1360$ W/m^2，這是地球距太陽一個天文單位 (=1 A.U.) 且 δ 是太陽偏角。季節因數 F 顯示於【表 5-3】中。如上述複合影響造成春分時最大而夏至時最小。這是太陽電池使用較長而接近末期時候現象。太陽電池的總數 N 等於

$$N = \frac{g}{\eta_w \eta_a s}\left(\frac{P}{P_{sc}}\right) \qquad (5\text{-}18)$$

表 5-3 太陽功率密度季節變化

季 節	太陽地球距離 (A.U.)	偏角 ($\delta°$)	F	G W/m^2
春 分	0.996	0	1.008	1371
夏 至	1.016	23.4	0.889	1209
秋 分	1.003	0	0.993	1351
冬 至	0.984	−23.4	0.948	1289

上式 η_{sc} 是太陽電池效率，η_a 與衛星姿勢有關餘弦損失，而 g 等於全體面積與有效陽光照射面積比，s 是陰影相關因數，P 是需求的總電功率。因此需要的太陽電池板總面積 A 則等於

$$A = \frac{N A_{sc}}{f} = \frac{g P}{G \eta_{sc} \eta_{cg} \eta_w \eta_a s f} \qquad (5\text{-}19)$$

上式中，f 是填裝太陽電池相關分數。

　　三軸姿勢穩定衛星之太陽電池群被填裝在衛星本身兩翼而用構架 (boom) 支持並能迴轉以利接受最大太陽能，因此 $g = 1$。反之圓筒型自轉衛星太陽電池被裝設於圓筒表面上而其總表面積是等於 $\pi D h$。D 是圓筒直徑而 h 電池群之高度。因此有效照明面積是投面積 Dh。因

此總電池群之尺寸增大因數 $g = \dfrac{\pi Dh}{Dh} = \pi$。為獲得需求的電壓和電流，太陽電池被連接串聯或並聯。通常太陽電池是在長年使用譬如 7 年或 10 年後 (EOL) 需要的電壓 (V_{mp}) 及電流 (I_{mp}) 因而 $P_{sc} = V_{mp} I_{mp}$ 而且總功率 $P = VI$。其中 I 是總電流，V 是匯流電壓。要約上述吾人可知一套串聯的電池需要的總數等於

$$N_s = \frac{V + \Delta V}{V_{mp}} = \frac{1}{\eta_w} \frac{V}{V_{mp}} \tag{5-20}$$

上式中 ΔV 是串聯接法之電壓降，另所需電池之並聯數 N_p 等於

$$N_p = \frac{N}{N_s} = \frac{g}{\eta_a S} \cdot \frac{I}{I_{mp}} \tag{5-21}$$

早期太陽電池之效率只有 8% 左右，但現今可能提高到 15~20% 左右。

▶ 太陽電池之電壓、電流特性 (Voltage Current Characteristics of a Solar Cell)

【圖 5-5】顯示太陽電池的電壓電流特性曲線。查圖知面積 4

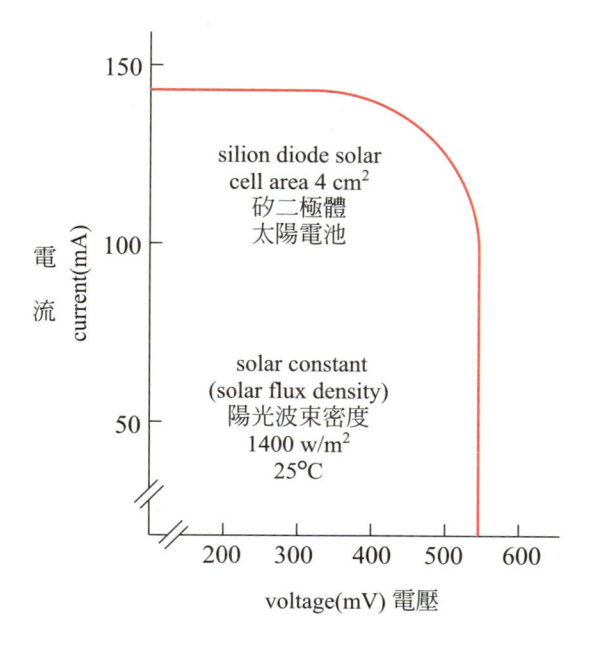

【圖 5-5】 太陽電池 (矽二極體) 電壓電流特性曲線

cm², 陽光波束密度 1400 w/m², 周圍溫度 25°C 時開路電壓約 550 mV, 而短路電流等於 140 mA。【圖 5-6】(a) 示陽光垂直射入矽質二極體 P-N 接面時情況而 (b) 示二極體的等效電路。

(a) structure of a solar cell

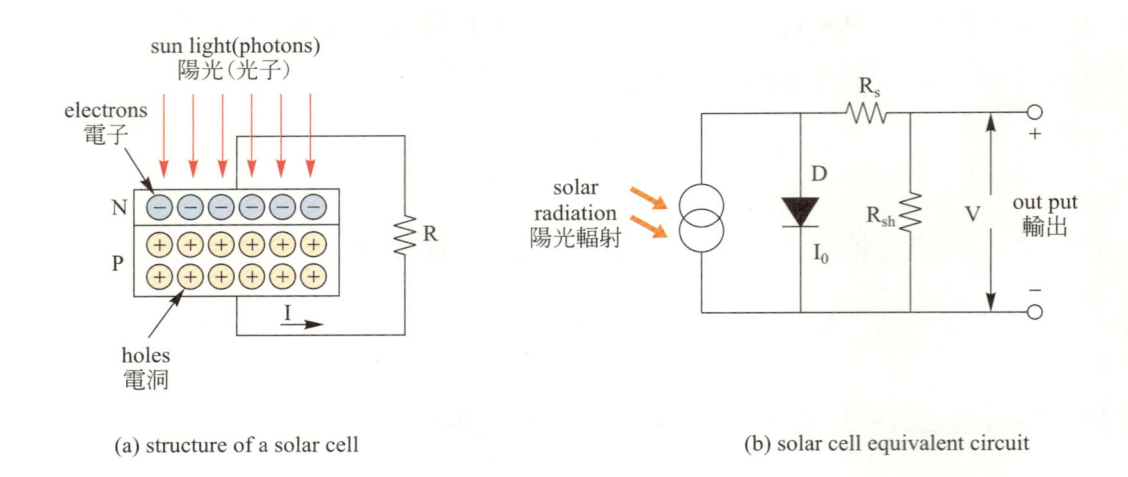

(b) solar cell equivalent circuit

【圖 5-6】 (a) 矽質二極體太陽電池構造；(b) 矽質二極體太陽電池等效電路。

吾人知悉地球離太陽距離有 1 A.U. 而太陽常數 (solar constant) 約 1400 W/m², 這是陽光垂直照射時情況。

[A] 三軸姿勢穩定衛星太陽電池板 (3-axis Stabilized Satellites Solar Cell)

本方式可稱為**筐體穩定方式** (body stabilized system), 如【圖 5-2】所示, 衛星之**傾斜軸** (pitch axis) 上裝備兩套伸展式太陽電池板, 以便吸收陽光獲得一些電功率。另衛星筐體上尚裝設一些太陽電池。當衛星在遷移軌道環繞地球時接受陽光, 俟衛星上同轉軌道後來自地面電台之**指揮訊號** (command signal) 後, 設在電池板上的**太陽察覺器** (sun sensor) 屆時動作, 使電池板以傾斜軸為中心迴轉以利獲得最多陽光而最大輸出電功率。因而電池板之平均溫度比圓筒式太陽電池板高而達到 60°C 左右。故效率低一些 η 約等於 11% 左右。若逢 EOL 時, 電池板之效率更降低約 28%, 因而**損失因數** (loss factor) 約等於 $l = 0.28$ 左右。

例題 5-4

有一枚三軸姿勢穩定衛星的太陽電池板之效率 $\eta = 11\%$，損失因數 $l = 0.28$，設每單一電池之面積 $A = 2 \times 4 = 8$ cm^2，且**填塞因數** (filling factor) 等於 0.75，7 年後 (EOL) 太陽電池之功率尚需 1200 watts，試求電池之總數量 n，並求太陽電池板之總面積，但夏至時電池得陽光波束密度 $\phi = 0.89 \times 1353$ w/m^2。

解

先計算

$$P_E = (1-0.28) \cdot \phi \cdot \eta \cdot l \cdot n \cdot A \tag{5-22}$$

故太陽電池之總數量 n 等於

$$n = \frac{P_E}{(1-0.28)\phi \eta l A}$$

$$= \frac{1200}{(1-0.28) \times 0.89 \times 1353 \times 0.11 \times 0.88 \times 8 \times 10^{-4}} = 17873$$

太陽電池之總面積 S 等於

$$S = \frac{17873 \times 8 \times 10^{-4}}{0.75} = 19 \text{ m}^2$$

[B] 圓筒型自轉衛星太陽電池板 (Spinned Satellite Solar Cell)

本方式採用的太陽電池裝設於圓筒型衛星外殼表面，以便接受陽光照射。參考【圖 5-7】由於旋轉型構造，太陽電池之有效照射面積等於衛星太陽電池總面積之 $1/\pi$。換言之，幾何型態因數 F 等於 π。並且衛星自轉關係，太陽電池逐次被陽光照射，但脊面電池無法接受陽光。

隨著衛星自轉，電池就忽熱忽冷使電池板之平均溫度大約在 25°C 左右。當平均溫度 25°C 時電池之效率 $\eta = 14 \sim 15\%$ 左右。太陽電池平均壽命大約 7 年，連續使用 7 年後 (EOL：End of Life)，由於電池之劣化比初期 (BOL：Beginning of Life) 時，其輸出功率可能降低

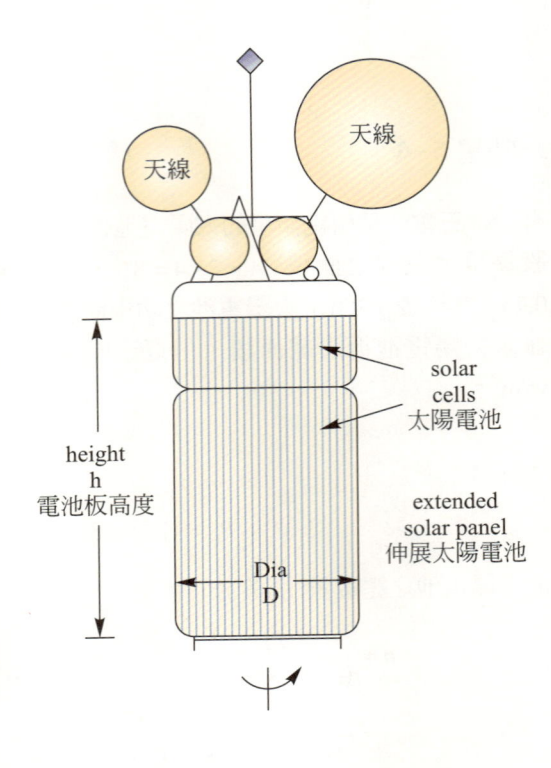

【圖 5-7】 圓筒型自轉衛星太陽電池被排列表面外觀

35% 左右。太陽電池之表面裝設保護用特殊玻璃片，以免**太陽風** (solar wind) 或其他太空中帶電高速粒子之衝擊。

實用太陽電池之尺寸，譬如 INTELSAT 6 號採用的是 K4-3/4 (1.8 × 6.2 cm)，K7 (2.5 × 6 cm)，INTELSAT 5 號採用 (2.1 × 4.04 cm)，INTELSAT 4 號採用 (2 × 2 cm) 等。每單一電池之電壓電流為 V_{oc} = 0.56 ~ 0.59 V，I_{SC} = 0.14 ~ 0.68 A。為適合衛星內部各副系統電壓電流規格之需求，數量高達幾萬張電池群必須是**串聯/並聯** (series-parallel) 或**並聯/串聯** (parallel-series) 之接法，以便利高電壓電流容量。參考【圖 5-8】，同時應用電壓調整器以應充電衛星自備的 Ni-Cd 或 N_i-H_2 電池並供電一切負載。吾人熟知地球赤道面在夏至及冬至時與陽光方向成 23.5° 傾斜度，而逢春分及秋分時傾斜度就等於零。換言之，在地球赤道面上與地球同轉的靜止衛星在夏至及冬至時受陽光而產生的太陽電池輸出功率最低，但春分及秋分時回復最大。重複的說，同轉衛星之太陽電池在春分、秋分時陽光是垂直的照射而夏至、冬至時有 23.5° 之傾斜，也就是降低到 0.917 (= cos 23.5°)。

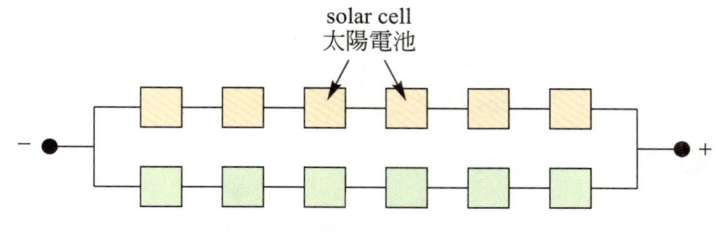

(a) series parallel connection

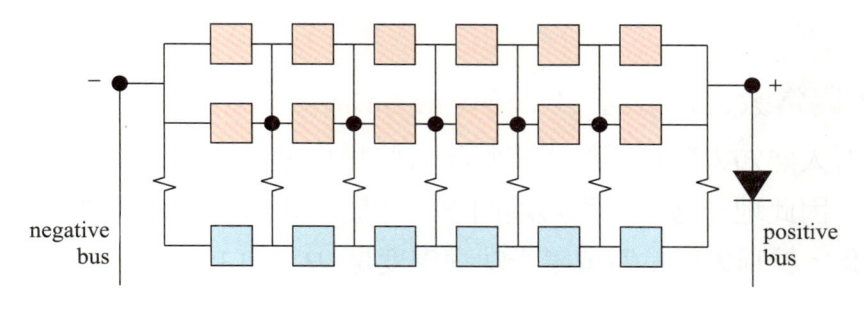

(b) parallel series connection

【圖 5-8】 (a) 太陽電池群之串聯-並聯接續法；(b) 太陽電池群之並聯-串聯接續法。

例題 5-5

直徑 2 公尺圓筒型自轉穩定衛星在同轉軌道上飛翔。設衛星太陽電池之效率 $\eta = 14\%$，且使用 7 年後電池劣化比初期 (BOL) 時降低 35%。假若 7 年後尚需求 800 watts 之功率者，這圓筒型衛星的太陽電池群之最低高度 (h) 應為多少。另求春分 (或秋分) 時輸出功率，再求初期時春分 (秋分) 之輸出功率。

解

太陽光功率密度 $S = 1353$ w/m^2，這是陽光垂直照射太陽池的情況。最壞情況是逢夏至 (或冬至) 時軌道面與陽光有 23.5° 之傾斜度。設衛星的太陽電池面之高度 (h) 在冬至時獲得的功率等於

$$P_s = hDE\cos 23.5° \tag{5-23}$$

上式 hD 代表圓筒受陽光有效面積。設 7 年後尚需求 800 watts 之功率，則得

$$P_{s7} = \eta(1-0.35)h \cdot D \cdot E \cdot \cos 23.5° \tag{5-24}$$

將 $P_{s7} = 800$，$\eta = 0.14$，$D = 2$，$E = 1353$ 代入 (5-24) 式得，$h = 3.54$ m，在

春分 (秋分) 時獲得功率

$$P_E = \frac{P_{s7}}{\cos 23.5°} = \frac{800}{0.917} = 872.4 \quad \text{watts}$$

而在初期的春分 (秋分) 所得功率等於

$$P_{EB} = \frac{872.4}{0.65} = 1342 \quad \text{watts}$$

▶ 太陽常數之再檢討 (Review of Solar Constant)

吾人熟知太陽功率的密度每年有些變化，這是地球公轉軌道是橢圓形，因此地球離太陽距離隨四季有些變化關係。另太陽傾斜度又有些變化。標稱太陽常數或陽光功率密度是 $H_{sc} = 1353 \text{ w/m}^2$，而實驗公式告示

$$H_{on} = H_{sc}\left(1 + 0.033\cos\left(\frac{360n}{365}\right)\right) \text{ deg} \qquad (5\text{-}25)$$

上式 n 是從 1 月 1 日算起的日數。H_{on} 是在地球上與陽光成垂直面接收的太陽輻射功率密度。現將春分 (3 月 21 日)、夏至 (6 月 21 日)、秋分 (9 月 23 日) 及冬至 (12 月 21 日) 的日數代入 n，則得 1362 W/m² (春分)、1311 W/m² (夏至)、1345 W/m² (秋分)，及 1397 W/m² (冬至)。

有關**太陽傾斜度** (solar declination angle) δ 可用下式表示。

$$\delta = 23.45\sin\left(\frac{360}{365}(284+n)\right) \text{ W/m}^2 \qquad (5\text{-}26)$$

上式 n 是從 1 月 1 日算起的日數。現將 n 值代入上式得春分 ($\delta \cong 0$)，夏至 ($\delta = +23.45$)，秋分 ($\delta \cong 0$)，冬至 ($\delta = -23.45$)。根據上述吾人得太陽輻射功率密度是地球離太陽的距離和太陽傾斜度二因數有關聯，故得

$$D = \frac{\cos\delta}{r^2}\Phi = F\Phi \qquad (5\text{-}27)$$

上式 $r =$ 地球離太陽距離，$\Phi = 1360$ W/m²，這是 $r = 1$ A.U. =

表 5-4　太陽輻射功率密度變化

季	節	地球距離太陽相對距離 (A.U.)	太陽傾斜度 ($\delta°$)	太陽常數 Φ (W/m²)	四季因數 F	太陽輻射功率密度 $D = F\Phi$
春	分	0.996	0	1362	1.008	1373
夏	至	1.016	+23.45	1311	0.888	1164
秋	分	1.003	0	1345	0.993	1336
冬	至	0.984	−23.45	1397	0.948	1324

$(1.496 \times 10^8 \text{ km})$ 時太陽輻射功率密度。F 是四季因數,【表 5-4】顯示太陽功率密度之四季變化。

每一枚電池受陽光照射產生的電功率等於

$$P_s = \eta_s \eta_g D A_s \tag{5-28}$$

上式中　$\eta_s =$ 太陽電池之效率

　　　　$\eta_g =$ 保護電池玻璃蓋子效率

　　　　$A_s =$ 每一枚太陽電池之面積

是故需求的太陽電池總數量 (N_s) 等於

$$N_s = \frac{KP}{\eta_w \eta_l L P_s} \tag{5-29}$$

上式　$K =$ 太陽電池總面積與陽光照射面積之比例

　　　$P =$ 衛星需求總功率

　　　$\eta_w =$ 太陽電池配線效率

　　　$\eta_l =$ 衛星姿勢起因的餘弦損失因數 $(\cos\theta)$

　　　$L =$ 陰影損失因數

因此衛星太陽電池之總面積

$$S_l = \frac{N_s A_s}{p} = \frac{KP}{\eta_w \eta_l L P_s} \cdot \frac{P_s}{\eta_s \eta_g D} \cdot \frac{1}{p} = \frac{KP}{\eta_w \eta_l \eta_s \eta_g LDP} \tag{5-30}$$

上式 p 是電池之填塞 (包裝) 因數。

三軸姿勢穩定方式衛星之電池群被裝置於平板上且電池板之**支臂** (boom) 者，每天在支臂軸中心迴轉一次，以便電池板正面對著陽光，故 $K=1.0$ 是固定值。但如果是圓筒型自轉衛星者，電池群被裝備於圓筒表面，故其總面積 $A_K = \pi Dh$，$D=$圓筒直徑，$h=$圓筒高度。因此有效陽光照射面積等於 Dh，故 $K = \frac{\pi Dh}{Dh} = \pi$。無論如何，電池群之組合排列能使得末期 (例如 7 年後之 EOL) 的電池最大輸出功率 $P_m = V_m I_m$。因電池群之總功率 $P = VI$，V 是幹線電壓，而 I 是串聯的電流，故得每一串聯之電池數量等於

$$N_{series} = \frac{V + \Delta V}{V_m} = \frac{1}{\eta_w} \frac{V}{V_m} \tag{5-31}$$

上式 ΔV 是每一串聯接法中電壓降，而電池群之並聯數量等於

$$N_{parallel} = \frac{KI}{\eta_l L I_m} \tag{5-32}$$

例題 5-6

有一圓筒型自轉衛星之幾何型態因數 (geometric shape factor) $F = \pi$ (=3.14)。設太陽電池平均溫度等於 25°C 時其效率 $\eta = 14\%$，再設 EOL 時電池之功率降低 22%，且太陽電池之保護玻璃電池之導線**損失因數** (loss factor) $f = 0.9$，每單一太陽電池之面積 $A = 2 \times 2 = 4$ cm^2，另設電池在板上**填塞因數** (filling factor) 等於 0.85，倘若 7 年後尚需求 1200 watts 之功率。試求太陽電池之總數量 n。但夏至時電池尚能獲得陽光輻射功率密度 $D = F\phi = 0.889 \times 1311$ w/m^2。

解

依上述題意得

$$P_E = \frac{(1-0.22) \cdot D\, n\, f\, \eta\, A}{F} \qquad (5\text{-}33)$$

上述中，P_E = EOL 時太陽電池所得功率（1200 Watt）

$\quad\quad\quad n$ = 太陽電池總數量

$\quad\quad\quad f$ = 損失因數

$\quad\quad\quad \eta$ = 太陽電池效率

$\quad\quad\quad A$ = 每單一電池之面積

從 (5-33) 得

$$n = \frac{F \times P_E}{(1-0.22) D\, f\, \eta\, A}$$

$$= \frac{3.14 \times 1200}{(1-0.22) \times 0.889 \times 1311 \times 0.9 \times 0.14 \times 4 \times 10^{-4}} = 82240$$

因填塞因數等於 0.85，故太陽電池佔面積等於

$$A = \frac{82240 \times 4 \times 10^{-4}}{0.85} = 38.7 \text{ m}^2$$

倘若圓筒型衛星之直徑 $D = 2.5$ m 者，圓筒之高度 h 等於

$$h = \frac{38.7}{2.5 \times 3.14} = 4.93 \text{ m}$$

5-4　太空艙姿勢控制 (Attitude Control of Spacecraft)

　　被火箭發射升空的衛星因為每顆的使命不同，不但在太空中的軌道相異，裝備的儀器、各類察覺器、零件又不相同。我們熟知常用的軌道有地球靜止軌道、極軌道、太陽同步回歸軌道等。我們必須要認清衛星通信的對象是地球而不是太陽系其他行星。是故裝備於衛星上的天線必須正確的定向地球上目標點，並且符合原設計的涵蓋形狀面積外尚保持適當的電場強度方可。為保持正確的衛星之姿勢 (attitude)，原則上應留意下列三點。

1. 衛星需按照原設計軌道上被指定的**軌道槽** (orbital slot) 內正確地環繞地球。

2. 太陽電池板應正面對著太陽以利接收最大光能。

3. 衛星上諸天線必須指向被設定方向輻射電磁波。

上列三項是衛星姿勢控制之原則。但遺憾的就是在太空中時常發生**擾動轉矩** (disturbance torque)。例如**太陽壓力** (solar pressure)、**重力梯度** (gravity gradient)、或衛星上裝備的各類**推進器** (thruster) 之不正常校準等。原先 pitch (傾斜)、roll (滾動)、yaw (偏搖) 之三句是航海的輪船及航空的飛機被採用的。至現代在浩瀚太空中飛翔的衛星並採用 pitch, roll 及 yaw 之三個直角座標。

【圖 5-9】(A) 示衛星姿勢變動，而 pitch 軸有迴轉時，如圖明示衛星裝備天線輻射**波束** (beams) 則向東或向西兩方向不停搖晃。
【圖 5-9】(B) 顯示 Roll 軸有迴轉時，天線波束則發生上 (北方) 或下 (南方) 搖動。【圖 5-9】(C) 示衛星姿勢變動，yaw 軸有迴轉時，天線輻射波束在軸上順時針或反時針方向旋轉。

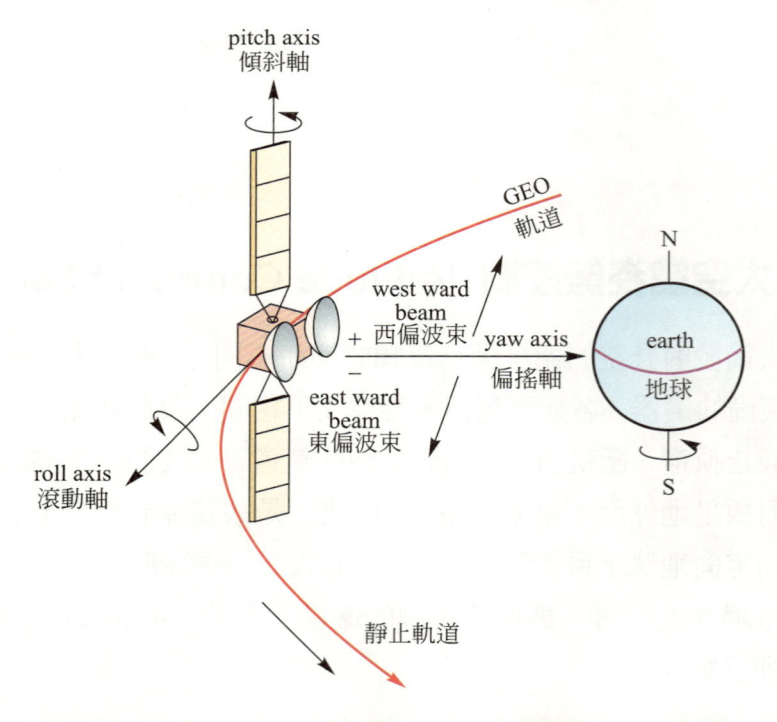

【圖 5-9】(a) 衛星姿勢變動，pitch 軸有迴轉時，天線輻射波束則向東或向西搖晃。

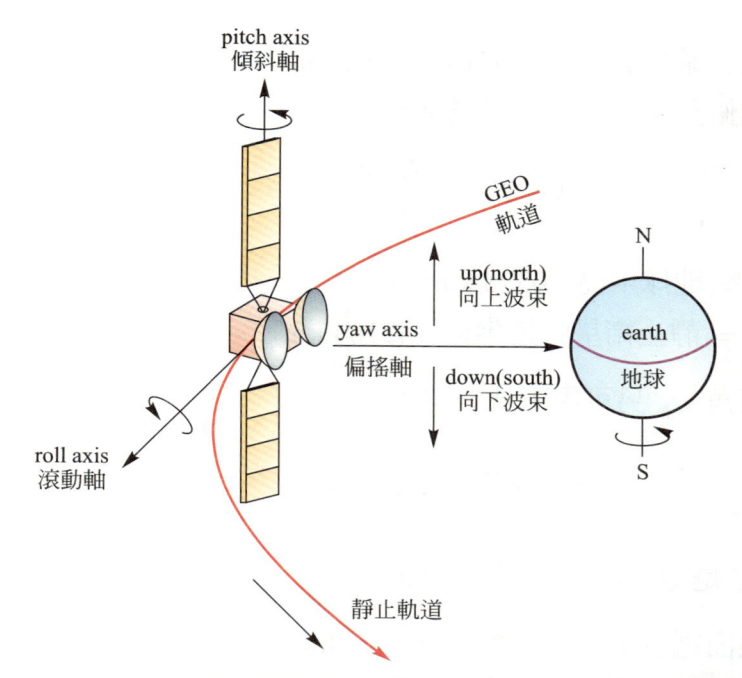

【圖 5-9】 (b) 衛星姿勢變動，Roll 軸有迴轉天線輻射波束則有上（北方）或下（南方）搖動。

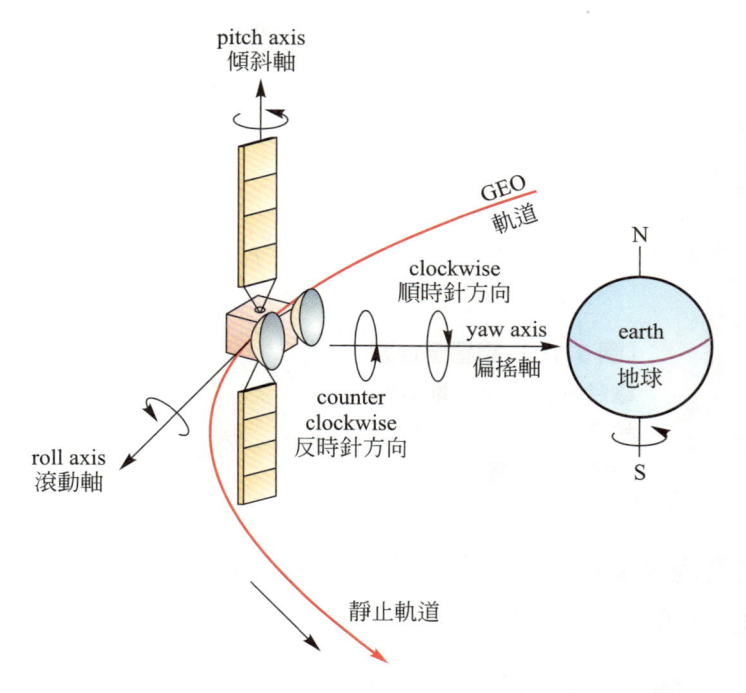

【圖 5-9】 (c) 衛星姿勢變動，YAW 軸有迴轉，天線輻射波束在軸上，順時針方向或反時針方向旋轉。

假使地表上某地面電台。如【圖 5-10】所示與地心所形成的角度為 β_0 者，衛星俯角 α_0 可用下式表示。

$$\tan\alpha_0 = \frac{R_e \sin\beta_0}{r - R_e \cos\beta_0} \tag{5-34}$$

上式　$R_e =$ 地球半徑 (6378 km)
　　　$r =$ 靜止衛星軌道半徑 (42164 km)

衛星之俯角 α_0 另可用下式表達：

$$\sin\alpha_0 = \frac{R_e}{r} \cdot \cos(E_{\min}) \tag{5-35}$$

上式 $E_{\min}$ 是地面電台看衛星之仰角。

查圖知地面電台至**副衛星點** (sub satellite point) 之距離是等於 $R_e\beta_0$，但 β_0 之單位是弳。(1 rad = 57.3°)

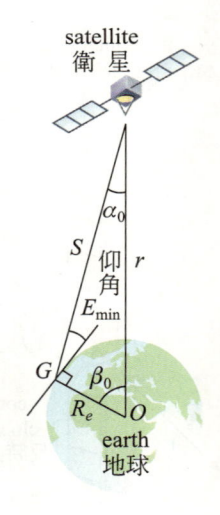

【圖 5-10】衛星至地面電台的斜距 S，地面電台之仰角 $E_{\min}$，地心之夾角 β_0 相關圖。

從太空裏看地球表面上不同經度及緯度地面電台之 PITCH 角度 (θ_p) 及 ROLL 角度 (θ_R) 可用下式求出：

$$\tan\theta_p = \frac{\sin\Delta\lambda}{\left(\dfrac{r}{R_e}\right)\sec\phi - \cos\Delta\lambda} \tag{5-36}$$

$$\sin\theta_R = \frac{R_e \sin\phi}{\left(r^2 + R_e^2 - 2rR_e\cos\phi\cdot\cos\Delta\lambda\right)^{1/2}} \quad (5\text{-}37)$$

【圖 5-11】顯示 θ_P 及 θ_R 相關 pitch 及 roll 角度。

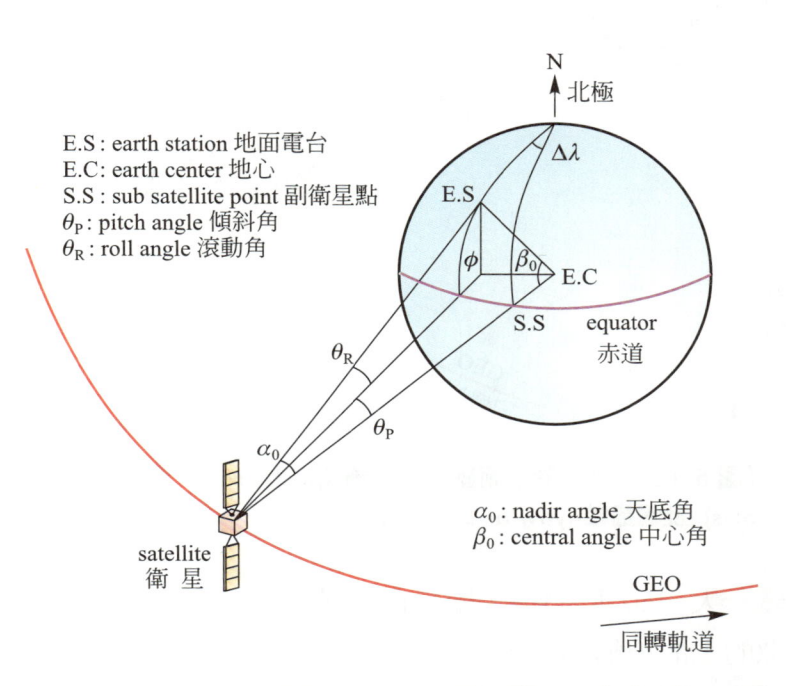

【圖 5-11】 從太空裏看地球表面上不同經度及緯度地面電台之 pitch 角度及 roll 角度

▶衛星姿勢外形

為維持正常姿勢得以順利通訊工作，實用衛星採用三軸姿勢穩定方式及自轉姿勢穩定方式兩種。

[A] 三軸姿勢穩定方式 (Three Axis Attitude Stabilization)

本方式另稱**艙體穩定型衛星** (body stabilized satellite)。【圖 5-12】顯示衛星三個主要慣性軸在衛星重力中心互相垂直。現從地球赤道面上 P 點遙看三軸姿勢穩定衛星時，雖然衛星在高速度飛翔 (3.075 km/s)，但其外觀宛如靜止狀態。因為赤道面 P 點以地心 O 為中心，一天迴轉 360 度，同樣在軌道上衛星的重力中心又在赤道面上以 O

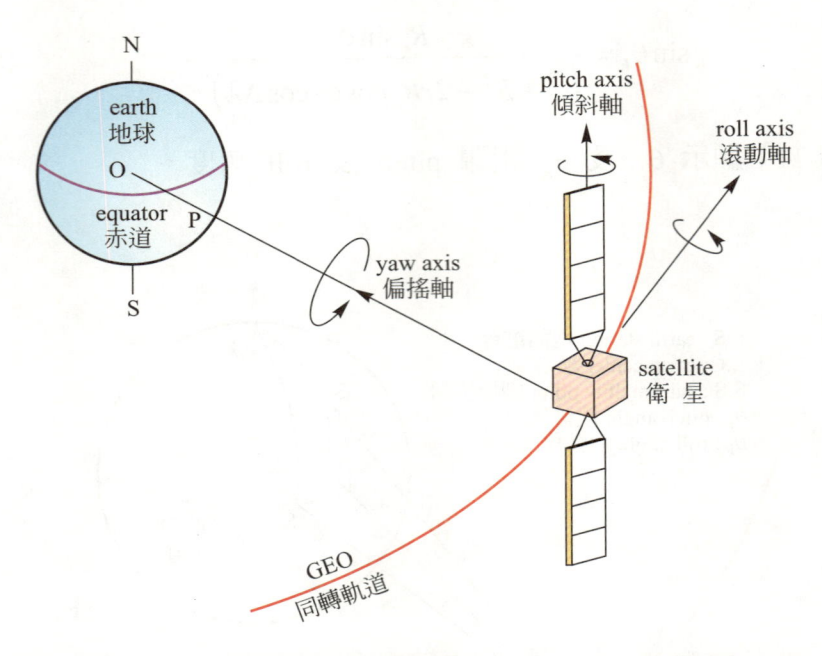

【圖 5-12】 地球靜止衛星之**傾斜軸** (pitch axis)、**滾動軸** (roll axis) **及偏搖軸** (yaw axis)。

為中心做一天 360 度迴轉，結果從觀測者 P 點看衛星時，好像三軸為穩定似的，故被稱為艙體穩定方式。

三軸姿勢穩定方式有**偏動量方式** (biased momentum type) 及**零動量方式** (zero momentum type) 之兩種。【圖 5-13】示採用一個大型動量慣性輪的偏動量方式。本系統被 INTELSAT 5 號衛星、RCA SATCOM、UTS/MARECS 等衛星採用。

查圖明示本方式動量飛輪經常向某一方向迴轉，故針對 Pitch 軸 (北方) 方向保持相當大量的角動量。然而所發生的**傾斜誤差** (pitch error) 可用 pitch 及 roll 察覺器探知，屆時加速或減速動量輪之速度能修正。因為旋轉輪之**迴轉穩定性** (gyroscopic stiffness) 故本系統對 Roll 及 Yaw 軸方向轉矩稍微差一點兒。

【圖 5-14】顯示零動量姿勢穩定方式。本型式採用 pitch、roll、yaw 三軸方向能控制動輪。如圖所示地球察覺器 (水平察覺器) 被採用以便對地球方向的 pitch 及 roll 之決定。另 Yaw 方向察覺器，有時**星球追蹤器** (star tracker) 或迴轉儀亦被應用。

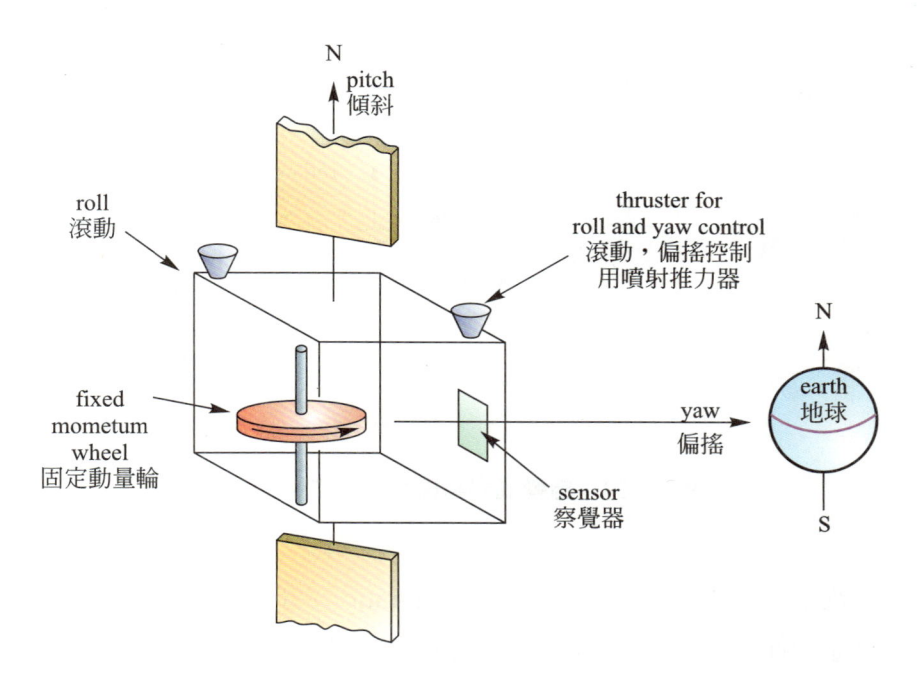

【圖 5-13】 應用一個固定飛輪的偏動量穩定方式 (fixed bias-momentum system)

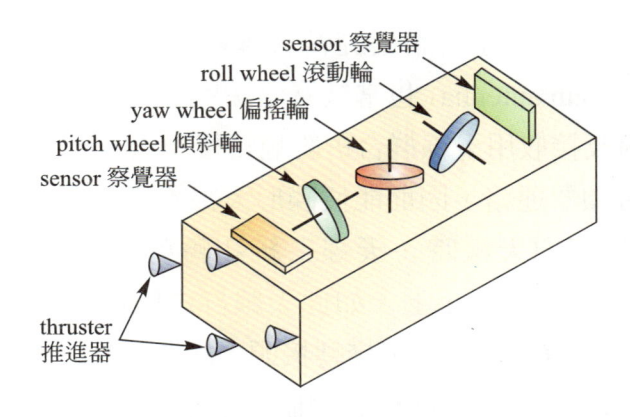

【圖 5-14】 應用三個飛輪的零動量系統 (zero momentum system)

[B] 自轉姿勢穩定方式 (Spin Stabilized System)

我們熟知當陀螺快速迴轉時它站得很穩定。但不久由於空氣的抵抗和摩擦漸漸減速逐漸發生章動，終於開始搖動，最後因擺動激烈停止運動而倒下。地球有自轉和公轉並且保持 23.45° 傾斜度。我們又知

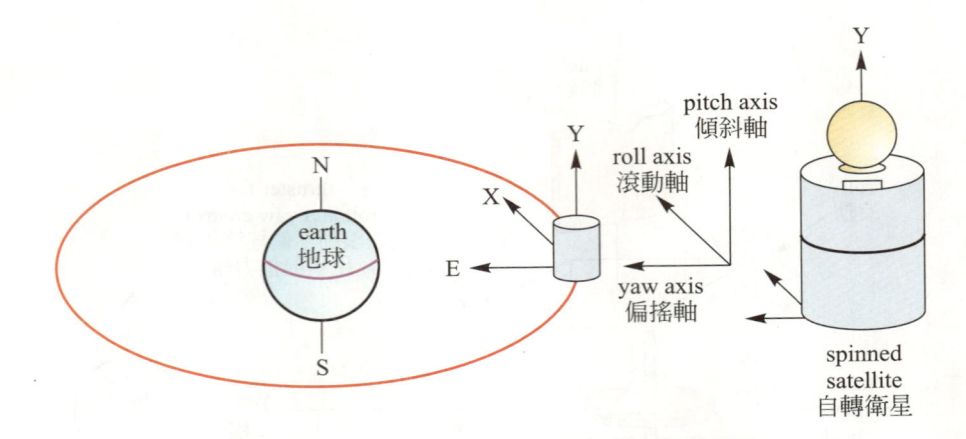

【圖 5-15】 自轉式姿勢穩定方式之慣性主軸

悉地球雖然有自轉，同時又有**章動** (nutation) 的事實。在無重力太空中每分鐘約作 30~100 次 (rpm) 以得**旋轉穩定** (gyroscopic stiffness)，因此衛星迴轉能使主軸穩定下來。【圖 5-15】示圓筒型衛星之自**轉軸** (spin axis) 也就是 Y 軸，是慣性主軸之一。

吾人已對討論過因姿勢穩定衛星需要自轉，同時通信用天線需指向地球。為解決本問題所謂反旋轉天線被考慮而**機械性反自轉天線** (mechanical despun antenna) 也常被廣泛採用。

通常發射及接收用天線群合併經**旋轉接頭** (rotary joint) 和設置於迴轉機構的轉頻器連絡，因而能使碟形天線不必迴轉便可定向地球。如果使用多數定向天線時，天線系統和轉頻器一併裝設於**固定板** (stator) 或**站台** (platform) 上。如此天線群之饋電直接連結於**轉頻器** (transponder)，換言之不再需用旋轉接頭。當然控制訊號及電源必須轉接到不旋轉部份，並附有機械性軸承方可。上述整個系統被稱為 **BAPTA** (Bearing and Power Transformer Assembly)。【圖 5-16】示典型的衛星自轉姿勢穩定方式。一些**雙自轉** (dual spin) 衛星獲得自轉穩定是應用**迴轉慣性輪** (spinning fly wheel) 而不直接旋轉衛星。這些慣性輪被稱為**動量慣性輪** (momentum wheel) 且其平均動量稱為**偏動量** (bias momentum)。

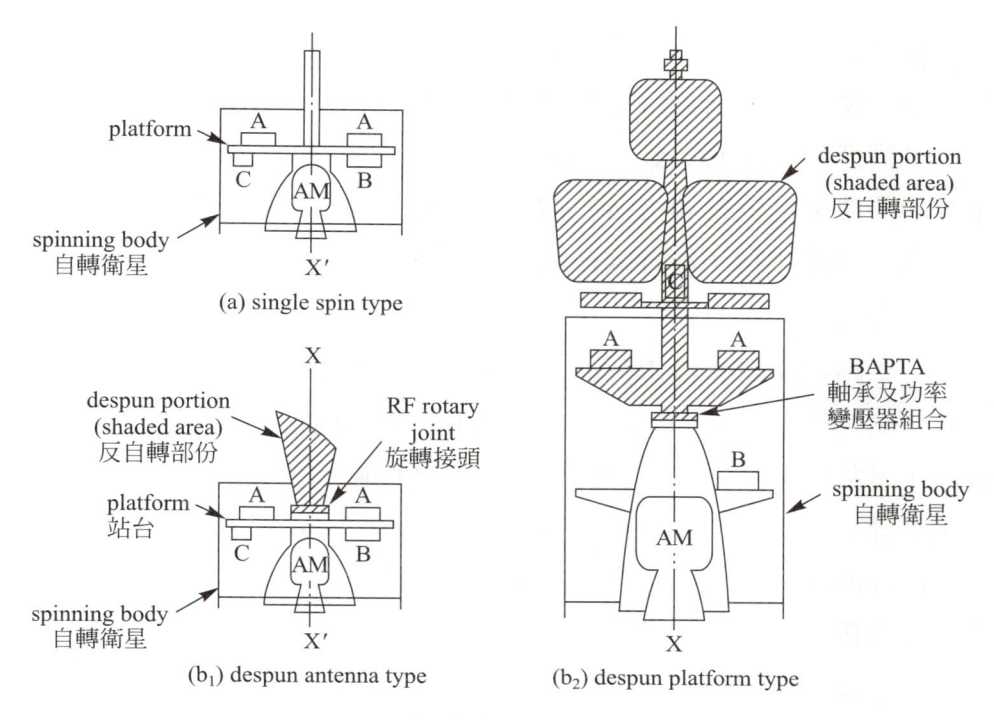

Reprinted with permission from K. MIYA Satellite Communication Technology 1982 Tokyo JAPAN.   【註】Dr. K. MIYA 原著英文書本圖內無中文翻譯

【圖 5-16】(a) 單旋轉姿勢穩定方式；(b) (b₁) 反旋轉姿勢穩定方式 (b₂) 雙旋轉姿勢穩定方式。

5-5 太空艙系統可靠度 (System Reliability of Spacecraft)

1. 外太空環境

我們熟知距地面 36,000 公里高的同轉軌道是外太空的環境而是在地面上絕對得不到的全真空。每平方公尺的面積可獲得陽光照射約 1.4 kw/m² 之功率密度。地球自轉一周 24 小時，在白天無論是陸地或海洋均受陽光照射因而日沒後夜間尚有一些緩和作用，能使地球表面溫度保持 $T_E = 290°K$ (20°C) 左右。地球有 23.5 度傾斜並隨著公轉有春分、夏至、秋分、冬至之四季，地球靜止衛星在地球赤道面上離地心 42,164 公里處與地球同轉做圓形軌道，這很顯然地衛星約 12 小時直接受陽光強烈照射，另 12 小時夜間是在浩瀚無際的外太空裏遇著嚴寒而接近絕對零度 (–273°C) 的環境，這事實告訴我們衛星在外太空裏遭遇到 –100°C 到 +100°C 左右的急劇外圍溫度之變化，以致衛星內部溫度至少有 0°C 到 +75°C 之變化。這是當設計通信衛星時應考慮的**熱能控制** (thermal control) 的環境問題。

2. 備份電路

太空艙或衛星常採用行波管放大器 (TWTA)。這些特殊構造眞空管應用高電壓、高輸出功率，因此 MTBF (Mean Time Before Failure) 比較短，是故應用並聯接法提高可靠度。通信衛星裏發射機、接收機常使用**低雜音放大器** (LNA)、**昇頻變換器** (up converter)、**降頻變換器** (down converter) 等，又採用並聯接法。此外太陽電池群亦常採用串聯、並聯接法以便延長壽命。

3. 電子零件之嚴選

衛星裏發射機、接收機或其他電子電路電晶體、電阻、電容器與其他如特殊眞空管等零件多。吾人已知外太空裏溫度之急烈變化、高眞空等苛酷條件，事前先嚴選電子零件尤爲重要。

▶ 可靠度 (Reliability)

一個副系統或一個零件之可靠度可規定如下：

$$R_{(t)} = \frac{N_{s(t)}}{N_0} = \frac{經過\ t\ 時間後尙無故障零件之數量}{開始測試時零件之總數量} \tag{5-38}$$

如果經時間 t 後零件故障之數量等於 $N_{f(t)}$ 時

$$N_{f(t)} = N_0 - N_{s(t)} \tag{5-39}$$

其次總共零件數量 N_0 中，某一個零件發生故障之機率與**平均故障時間** (MTBF：Mean Time Before Failure) 有關。假使我們繼續測試，等到所有零件發生故障。再設第 i 個零件經過時間 t 後發生故障者可得

$$MTBF = \frac{1}{N_0} \sum_{i=0}^{N} t_i \tag{5-40}$$

平均故障率 λ 是 MTBF $(= m)$ 之逆數，我們設定 λ 是定數者

$$\lambda = \frac{經過 t 時間後發生故障數量}{經過 t 時間後尚無發生故障數量} \qquad (5\text{-}41)$$

$$= \frac{1}{N_s} \cdot \frac{dN_f}{dt} = \frac{1}{N_s} \cdot \frac{\Delta N_f}{\Delta t} = \frac{1}{\text{MTBF}}$$

平均故障率 λ 常規定在 10^9 時間內，因此故障率 $\frac{dN_f}{dt}$ 是 $\frac{dN_s}{dt}$ 之負數，從而可導出

$$\lambda = \frac{-1}{N_s} \cdot \frac{dN_s}{dt} \qquad (5\text{-}42)$$

再從 (5-42) 式得

$$\lambda = \frac{-1}{N_0 R} \cdot \frac{d(N_0 R)}{dt} = \frac{-1}{R} \cdot \frac{dR}{dt} \qquad (5\text{-}43)$$

從 (5-43) 式再得

$$R = e^{-\lambda t} \qquad (5\text{-}44)$$

上式告訴我們當時間延長到無窮大 $(t = \infty)$ 時，可靠度就接近零 $(R \to 0)$。事實上，零件之壽命不會無窮大，約 7 年至 10 年之間。換言之，被限定的年限存在而這年限設等於 T_l 時，可靠率從開始約 $R = 1.0 \,(= 100\%)$ 逐漸降低到 $R = 0.37 \,(\frac{1}{e}) = 0.136$。此時發生故障而 $t = 0$ 至 $t = T$ 之間隔就是等於 MTBF $(= m)$。綜合上述可得：

$$T_l = \frac{1}{\lambda} = m = \text{MTBF} \qquad (5\text{-}45)$$

▶ 備份設施 (Redundancy)

假設吾人得知 MTBF 者，可算出零件之可靠率。事實上一顆衛星裏採用的零件繁多，且每一件零件之 MTBF 都不相同，有時某一零件之故障可能導致整個系統之停止至毀滅。為避免類似故障之發生，常採用串聯、並聯或串聯/並聯接法等。這些附加備份設施及開關等週邊設備被重視。

[A] 串聯接法 (Series Connection)

【圖 5-17】(a) 所示,將 N 個零件串聯接成,很顯然地其中有一個零件故障時,整個系統就發生故障。現設每一零件之可靠度等於 R_1、R_2、R_3…時,系統之總可靠度等於

$$R = \prod_{i=1}^{N} R_i = R_1 R_2 R_3 \cdots R_N \tag{5-46}$$

因本接法可靠度不高故很少採用。查 (5-46) 式得知,倘若每一零件之可靠度相同而等於 R_c 時,總可靠度等於

$$R = R_c^N \tag{5-47}$$

通常,故障之模式有兩種,一種是**短路** (short circuit),另一種是

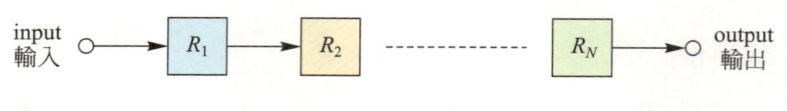

(a) series redundancy

(b) parallel redundancy

(c) switched redundancy

(d) series parallel redundancy

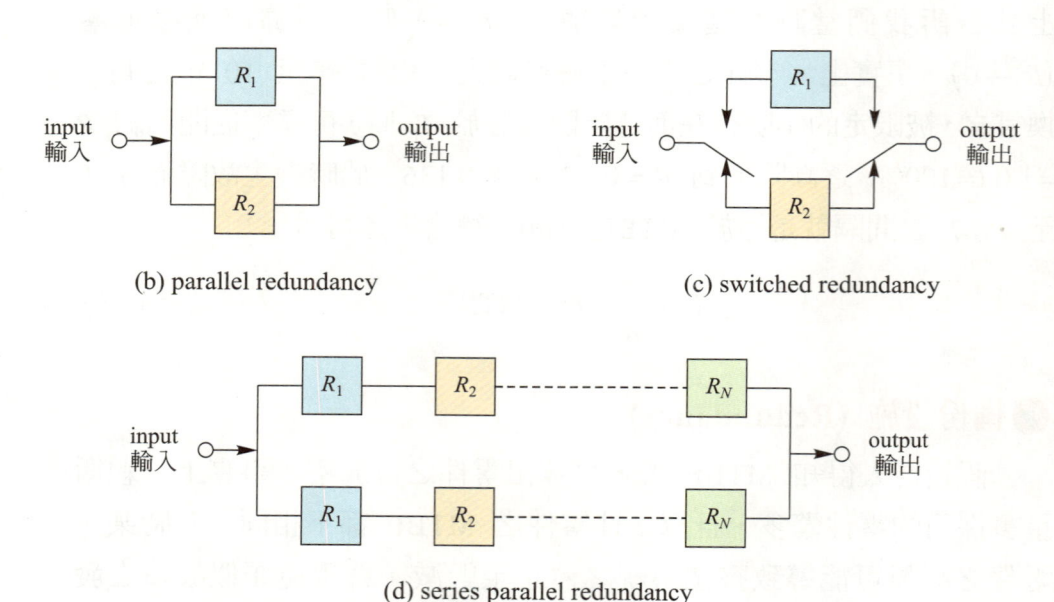

【圖 5-17】(a) N 個備份零件串聯接法;(b) N 個備份零件並聯接法;(c) 應用開關選取備份零件法;(d) N 個備份零件串聯/並聯接法。

開路 (open circuit)。現設 Q_{oi} 為第 i 個零件開路的機率，而 Q_{si} 為第 i 個零件短路的機率。若是系統內有一個零件開路或所有零件都短路時，整個系統之可靠度等於

$$R_s = \prod_{i=1}^{N}(1-Q_{oi}) - \prod_{i=1}^{N}Q_{si} \tag{5-48}$$

[B] 並聯接法 (Parallel Connection)

【圖 5-17】(b) 示並聯接法。如果所有零件都開路或其中有一個零件短路時，本系統發生故障，故並聯接法之可靠度 R_P 則等於

$$R_P = \prod_{i=1}^{N}(1-Q_{Si}) - \prod_{i=1}^{N}Q_{oi} \tag{5-49}$$

上式中，Q_{Si} 為短路的機率，且 Q_{oi} 為開路的機率。

假使我們應用開關將故障的零件除去時，如【圖 5-17】(c) 所示，系統之可靠度則等於

$$R = R_{sw}(1 - P_{fN}) \tag{5-50}$$

上式中 R_{sw} 是開關的可靠度，且 P_{fN} 為所有 N 個零件故障的機率。因為開關和零件是串聯接續，故

$$P_{fN} = (P_i)^N = (1-R_i)^N \tag{5-51}$$

假設每一零件有相同的可靠度 R_i，則得

$$R = R_{sw}(1-(P_i)^N) \tag{5-52}$$

【圖 5-17】(d) 之串聯/並聯接法，在通信衛星**高功率放大器** (TWTA) 常被採用。我們從 (5-44) 得知 $R = e^{-\lambda t}$，在此我們再設**平均無故障動作時間** (MTTF：Mean Time To Failure) 而用下式表示之：

$$\text{MTTF} = \int_0^{\infty} R(t)dt = \frac{1}{\lambda} \tag{5-53}$$

許多獨立副系統採用**串級接法** (cascade connection)，其中有一級故障

時全系統就發生故障。因此串級接法之可靠度用下式表示：

$$R_{i(t)} = \exp(-\lambda_i t) \tag{5-54}$$

且

$$R_c(t) = R_{1(t)} R_{2(t)} \cdots\cdots R_{N(t)} = \exp\left(-\sum_{i=1}^{N} \lambda t\right) \tag{5-55}$$

是故串級接法之平均無故障時間是

$$\text{MTTF}_c = \int_0^\infty -R_c(t)dt = \frac{1}{\sum_{i=1}^{N} \lambda_i} = \frac{1}{\sum_{i=1}^{N} (\text{MTTF})^{-1}} \tag{5-56}$$

在此 $\text{MTTF}_i = \frac{1}{\lambda}$，且相同平均故障率是：

$$\lambda_c = \sum_{i=1}^{N} \lambda_i \tag{5-57}$$

我們常見**低雜音放大器** (LNA)、**昇頻變換器** (up converter)、**降頻變換器** (down converter) 常採用串級接法。如果相同副系統作並聯接法時好像等於一個副系統，故

$$\begin{aligned}
R_p(t) &= 1 - \prod_{i=1}^{N}(1 - R_i(t)) = 1 - (R(t))^N = 1 - [1 - \exp(-\lambda(t))]^N \\
&= 1 - \sum_{i=0}^{N}(-1)\binom{n}{i}\exp(-i\lambda t) \\
&= \sum_{i=1}^{N}(-1)^{i+1}\binom{n}{i}\exp(-i\lambda t)
\end{aligned} \tag{5-58}$$

故

$$\begin{aligned}
\text{MTTF}_P &= \int_0^\infty -R_P(t)dt = \sum_{i=1}^{N}(-1)^{i+1}\binom{n}{i}\int_0^\infty e^{-i\lambda t}dt \\
&= \sum_{i=1}^{N}(-1)^{i+1}\binom{n}{i}\frac{1}{i\lambda}
\end{aligned} \tag{5-59}$$

而相關平均故障率則等於：

$$\lambda_P = \frac{1}{\sum_{i=1}^{N}(-1)^{i+1}\binom{n}{i}\frac{1}{i\lambda}} \qquad (5\text{-}60)$$

通常 1：1 或 1：2 備份機並聯接法之可靠度高於串級接法。衛星通信地面電台的有效**可利用率** (availability) 之平均機率，不只依平均**修復時間** (mean time to repair)。另 MTTF_{ER} 及 MTTR_{ER} 各為接收台之平均無故障時間及平均修復時間者，地面電台之有效可利用率可用下式表示。

$$P_{AE} = P_{AT} + P_{AR} \qquad (5\text{-}61)$$

在此

$$P_{AT} = \frac{\text{MTTF}_{ET}}{\text{MTTF}_{ET} + \text{MTTR}_{ET}} \qquad (5\text{-}62)$$

$$P_{AR} = \frac{\text{MTTF}_{ER}}{\text{MTTF}_{ER} + \text{MTTR}_{ER}} \qquad (5\text{-}63)$$

規模較大的衛星通信地面電台，需要相當高的可靠度。換言之，它的有效利用率之平均機率大約 0.999 到 0.9998。易言之 $A = 99.9\!\sim\!99.98\%$ 左右方可發揮功能。

【註一】MTBF = MTTF + MTTR。設某地面電台之平均無故障動作時間 MTTF = 45000 hr (大約 5 年)，且平均修理時間 MTTR = 3 hr，電台之可利用率 (availability) 則等於

$$P_A = \frac{\text{MTTF}}{\text{MTTF} + \text{MTTR}} = \frac{45000}{45000 + 3} = 0.999822$$

假設地面電台發生故障時，因各類備份器材和工具均俱全，故技術人員即時可修復。但靜止衛星發生故障時，技術人員事實上無法升天修理，因此，就靜止衛星而言，如果地面電台發射指揮訊號 (command signals) 又無法修復者，MTTR 就不可能存在。吾人知悉太空梭距地面高度 300~600 公里，太空人可上天修理，但離地面 36,000 公里的同轉衛星者無法修理。是故同轉衛星之燃料用盡時，或重大故障者，宣告壽命結束。衛星就漂流在太空中這就是太空中廢棄物 (debris)。

例題 5-7

某通信衛星應用 8 面太陽電池群且電池群之接法如【圖 5-18】所示，採用串聯/並聯接法。

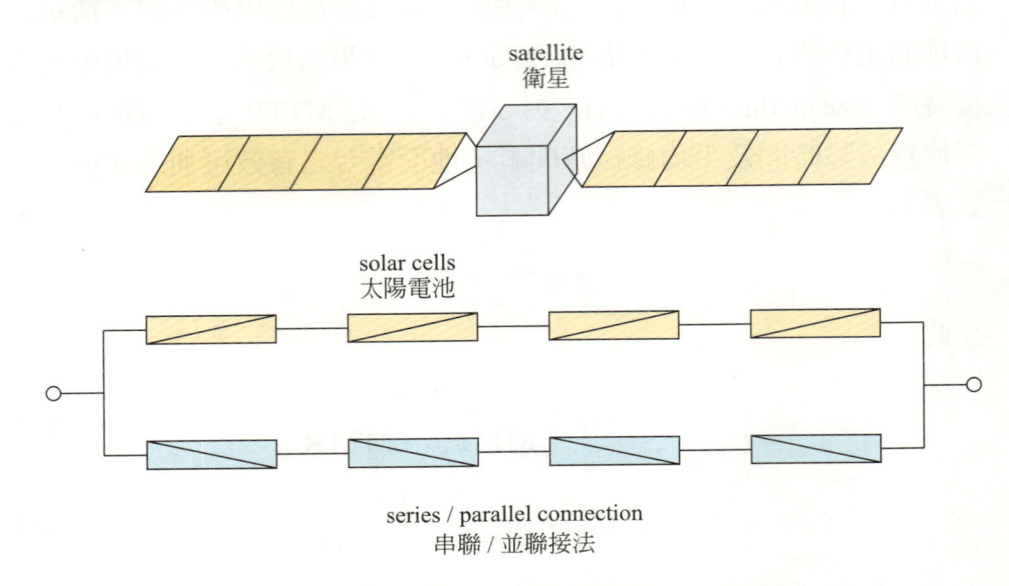

【圖 5-18】 衛星太陽電池群串聯/並聯接法

設每一面太陽電池群有 100 個電池，再假設 100 個電池之故障率如下：

1. 在 10^9 小時裏有 12 個電池發生開路。
2. 同樣在 10^9 小時裏有 10 個電池短路。

試求：

1. 一年之內有一個太陽電池 (a) 開路且 (b) 有一個電池是短路的機率。
2. 試算在一年之內每面 100 個電池群並聯接法時可靠度。但假定有一個電池短路或所有電池群都開路而引起全電池群之故障。
3. 試算在一年之內如【圖 5-18】所示，8 面全電池群串聯/並聯接法時之可靠度。

【註二】 零件之故障率可用 FIT (Failure In Time Per 10^9 Hours) 來表示。但是在 10^9 小時內發生故障的時間。因為時間 t 如用 "年" 表示時，FIT 規定故障率 (λ) 必須乘上 8760×10^{-9} 因數方可獲得年數之倒數。譬如地面電台之天線故障率等於 70 FIT 者，等於 $\lambda = \frac{8760}{10^9 \times 70} = 6.132 \times 10^{-4}$ 時/年。故在 10 年內這系統之可靠率等於

第五章 太空艙 195

$$R = \exp(-\lambda t)$$
$$= \exp(-6.132\times 10^{-4}\times 10) = 0.9938867$$

或用下式計算

$$R = \exp(-70\times 10^{-9}\times 10\times 365\times 24)$$
$$= \exp(-0.006132) = 0.9938867$$

解

1. 一個太陽電池之可靠度可用 $R = e^{-\lambda t}$ 表示，另平均故障率可用 $\lambda = \dfrac{1}{N_s}\cdot\dfrac{dN}{dt}$ 表示。按題意得

$$\lambda_{oc} = \frac{1}{N_s}\cdot\frac{dN_f}{dt} = \frac{1}{88}\cdot\frac{12}{10^9} = 1.364\times 10^{-10}$$

故

$$R_{oc} = \exp(-\lambda_{oc}t) = \exp\left(-\frac{1.364\times 8760}{10^{10}}\right)$$
$$= \exp\left(-\frac{1194.8}{10^9}\right) = 0.999988$$

(a) 一年之內，一個太陽電池開路的故障機率等於

$$1 - R_{oc}\ \ 或\ \ \frac{1194.8}{10^9}$$

(b) 一個電池短路的故障機率等於

$$R_{sc} = \exp(-\lambda_{sc}t) = \exp\left(\frac{-8760\times 10}{90\times 10^9}\right)$$
$$= \exp(-9.73\times 10) = 0.999999027$$

故一年內一個電池短路的機率等於 9.87×10^{-7}。

2. 在一年之內，100 個太陽電池全體開路的機會比一個電池短路的機會更少。故總電池群故障的機率大約等於

$$P_{array} = 100\times P_{sc} = 100\times 9.73\times 10^{-7} = 9.73\times 10^{-5}$$

故總電池群之可靠度約等於 $1 - P_{array}$ 或一年有 $\exp(-9.73\times 10^{-5}) = 0.9999027$

3. 【圖 5-18】所示，串聯/並聯接法在一年之內，如果衛星之右邊 (right arm) 或左邊 (left arm) 之某一面電池群同時開路，或兩邊 (8 面) 的電池群同時短路時，整個系統發生故障。因為兩邊電池群之短路機會比 100 個電池群開路的機會多，故總故障的機率大約等於

$$P_{system} = 2\times(P_{array})^2 = 2\times(9.73\times10^{-5})^2 = 2\times9.467\times10^{-9}$$

故一年內系統之可靠度等於

$$R_{system} = 1 - R_{system} = 1 - 2\times9.467\times10^{-9} = 1 - 1.8934\times10^{-8} = 0.99999998$$

5-6　衛星台址維護問題 (Station Keeping Maneuver of Satellite)

在浩瀚無際太空中飛翔的衛星常受轉矩擾亂，故它的姿勢和軌道均受一些變動。這些因素與太空艙高度及本身形態有些關係，但可要約有如下列原因：

1. 地球**重力梯度** (gravity gradient) 與衛星高度有密切關係。
2. 地球靜止衛星與地球磁場相互作用。
3. 衛星內部質量之偏移如液體燃料之搖動，天線或太陽電池板之搖晃等。
4. 熱量之急速移動如三軸姿勢穩定方式尤其明顯。

衛星如順利上軌道者，必須被指定的經度上**軌道槽**裏 (orbital slot) 停留才行。假使地球靜止衛星者因傾斜度 ($i=0$) 等於零故應停留在赤道上空為要，【圖 5-19】顯示軌道槽裏，台址維護原理圖。但由於太陽及月球之引力及地球本身扁平，太空艙很可能在赤道高空上東西或南北兩方向**漂流** (drift)。吾人知悉離地心半徑 $r = 42164$ km 的圓形軌道上如果每隔一度放置一顆靜止衛星時總共有 360 顆衛星。故每顆衛星之間隔等於 $\Delta C = \frac{42164\times2\times3.14}{360} = 735.5$ km (約二倍臺灣南北距離)。按照規定如果採用 C 頻帶 (6/4 GHZ)，衛星在赤道上空東西方向 ($\Delta\theta$) 之漂流不可超過 $\pm0.1° = (\pm73.55$ km) 且 ku 頻帶者更嚴重不可能超過 $\pm0.05°(\pm36.8$ km)。同樣南北方向 ($\Delta\phi$) 之漂流也相同規格。如果太空艙或衛星在赤道高空上之東西-南北兩方向之漂流超過規定值者地面上設置的遙測、追蹤、指揮台立即撥送**指揮訊號** (command signals) 追使衛星自備之噴射**推進器** (thruster) 噴射而追回原先指定的正確經緯度上。這就是**台址維護操蹤作業** (east west station keeping maneuver) 程序。同樣**南北方向操縱作業** (north south station keeping maneuver) 又被實施，如不這樣執行作業者在同一軌道上鄰接的衛星必定發生一些干擾現象。

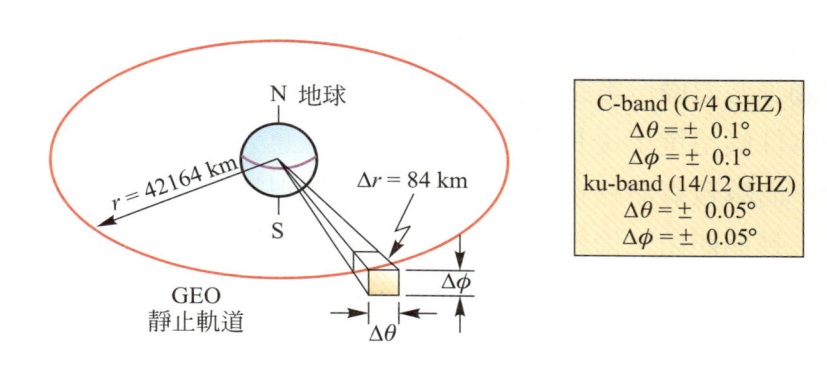

【圖 5-19】 GEO 軌道槽裏，台址維護原理

▶衛星之設計壽命 (Design Life of Satellite)

環繞地球且負有特殊使命的探測用太空艙或衛星之設計壽命，可能比較短期。由於科技上將來可能改良一些計劃或變更地方。但比較定性的譬如通信衛星，廣播衛星或氣象衛星已保有長年歷史性，徹底改革地方較少，故注重較長壽命之設計壽命被需求，前者大約 2-3 年，後者大約 7-10 年，可能有 15 年左右的設計壽命。透視衛星設計之動態就有極微小型衛星，另一將是超大型其重量可能 2 噸，甚至 2 噸半、3 噸的太空艙可能出現。設計衛星壽命相關因數要約如下：

1. 如前所述衛星之東西（經度）或南北（緯度）台址維護需要動用**推進器** (thruster)。因此最常用的單元**推進劑肼** (hydrazine) 之儲存量被重視，無論是液體或固態燃料用盡時，衛星無法動作，表示壽命終止。

2. 太空艙或衛星自備之太陽電池自開始 (BOL) 至終止 (EOL) 從無間斷使用，雖然受到正常陽光照射但 7 年後其特性漸漸開始劣化。如果電壓電流不易達到規定額值則表示壽命終止。我們在電視看過太空人為修復**哈伯太空望遠鏡** (Hubble space telescope) 太空艙的太陽電池板。

3. 太空艙，衛星常採用 Ni-Cd 或 Ni-H$_2$ 蓄電池，無論容量大小、使用日久、特性劣化大約 7-10 年後必須淘汰換新。

4. 吾人知悉為提高**可靠性** (reliability) 起見，例如發射機，接收機，開關等裝置備份電路、**備份零件** (redundancy) 設施，雖然許多電子零件嚴格選出優良品質，但有時發生意外毛病影響全系統之毀滅，而導致壽命終止。綜合上述，如燃料用盡，太陽電池或蓄電池之長期使用，備份電路，零件或其他硬體之變形、變態引起不可回復的衛星就成為**太空殘骸** (space debris)，而至今成千上萬大大小小的廢棄物漂流太空中而汙染太空環境。

▶ 衛星通信系統有效可利用率 (Effective Utility of Satellite Communication System)

衛星通信系統有效可利用率 P_A 可用下式表示

$$P_A = P_{AT} \cdot P_{AR} \cdot P_{AUL} \cdot P_{ADL} \cdot P_S \tag{5-64}$$

上式中　P_{AT} = 衛星通信地面發射台之可利用率
　　　　P_{AR} = 衛星通信地面接收台之可利用率
　　　　P_{AUL} = 衛星通信上鏈路之可利用率
　　　　P_{ADL} = 衛星通信下鏈路之可利用率
　　　　P_S = 通信衛星本身之可利用率

地面發射台至衛星之上鏈路和衛星至地面接收台之下鏈路（$P_{AUL} + P_{ADL}$），構成衛星上下鏈有效可利用率。我們知道上鏈或下鏈路程大約 37,000-38,000 公里左右，而地球對流層高度大約 10 公里。因此針對 $P_{AUL} + P_{ADL}$ 而言，衛星本身及地面電台之可靠度，其影響較小而大部份由對流層內之降雨衰減及交叉極化波影響較大。

1. 吾人熟知大氣層內氧氣及水蒸氣吸收電磁波之傳播能。若工作頻率 10 GHz 以上時，大氣層內瓦斯分子與電磁波互相作用而發生衰減作用。如果頻率 22.235 GHz 時水蒸氣發生諧振作用，而 60 GHz 及 118.8 GHz 時氧氣發生諧振而呈顯甚大衰減。衛星通信採用的 C 頻帶 (6/4) GHz 之降雨衰減不大，但 K_u 頻帶 (14/12 GHz) 就受其影響。假使升高到傳播路徑長 L km 時發生的總衰減等於

$$A_{dB} = 4.343 \int_0^L \left[N_0 \int Q_t e^{-\Delta r} dr \right] dt \qquad (5\text{-}65)$$

上式中 r =雨滴半徑，N_0 及 Δ 各為實驗導出來係數

$Q_t = Mie$ 的散射面積

2. 無可否認的衛星之上鏈或下鏈波必經過大氣層（對流層）才能達到地面電台天線。在對流層內若逢豪雨時容易發生**極化現象** (depolarization)，而由於去極化關係所謂交叉極化現象隨之發生。假使所謂交叉極化鑑別 $XPD_{(dB)} = 20\log\left|\frac{E_{11}}{E_{12}}\right|$ 不大時，通信品質則降低。

3. 接收站分集接收法。綜合上述吾人可知工作頻率超過 10 GHz 時，譬如 DBS 系統採用 K_u-band 頻帶，而逢豪雨時經常發生降雨衰減和交叉極化現象。為克服由降雨衰減起見，將在地面上設置兩處衛星接收台，間隔約為 5~30 公里，所謂接收站**分集接收法** (site diversity) 常被採用。

4. 地面發射台及接收台之有效利用率。有關地面電台（包括發射台及接收台）之有效可利用率與同轉衛星之情況迥然不同。如前所述 36,000 公里高空上之衛星，若發生嚴重故障時等於毀滅性天災一樣，只能靠 TT&C 系統外無法可救。但在地面電台零件多，備份設備多，工作技術人更多，必要時製造廠即時派員來搶修。特別留意的就是同轉衛星只能依賴系統之設計、零件及備份機之可靠度。但地面電台優於衛星另一件優點是能維護 (maintainability) 的功能。

▶ 遙測、追蹤及指揮系統 (Telemetry, Tracking & Command System)

一顆衛星被火箭發射順利升空，經過**停留軌道** (parking orbit)，**遷移軌道** (transfer orbit) 及**同轉軌道** (geosynchronous orbit) 為止在這期間內，INTELSAT 的 TT&C 機構在歐洲、北美洲、亞洲、夏威夷等設置下列遙測追蹤指揮電台，以策進國際通信業務之圓滿暢通。

1. Fucino, Italy
2. Germany
3. Clarksburg, Maryland. U.S.A.
4. Carnarvon, Australia
5. Hawaii. U.S.A
6. Beijing. China

遙　測 (Telemetry)

衛星各副系統有無不正常動作，譬如電子電路之電壓電流、溫度上升、瓦斯壓力、自轉數、肼燃料貯存量、各類開關活門等約上百點檢查項目。然後將這些零件取樣並使用 A/D 變換器，經 FSK 或 PSK 劃時作業，及使用低數據速率經遙測發射機及天線撥回地面 TT&C 電台。

追　蹤 (Tracking)

指標信號發射機 (beacon signal transmitter) 被安裝於衛星內部，以便當衛星被發射及在軌道上飛翔時撥回大地，使 TT&C 易於追蹤衛星。這發射機同時輸送遙測訊號及測距訊號，且屆時被應用於指揮工作之見證。通過常採用類似陸上雷達的**天線附單脈衝追蹤方式** (mono pulse tracking system)。

地面電台至衛星的**精確斜距** (slant range) 之測定，針對遷移軌道及同轉軌道上衛星是一項重要測量。從地面電台應用多數音頻來調相指揮載波傳送到衛星，經衛星內藏指揮接收機接收並解碼後，再經遙測發射波及接收波之兩相位差，然後用電腦可導出正確斜距。因為在遷移軌道上，衛星為修正姿勢關係需要旋轉，故天線必備**全方位輻射波型天線** (omni-directional antenna) 方可。【圖 5-20】示 TT&C 副系統方塊圖。

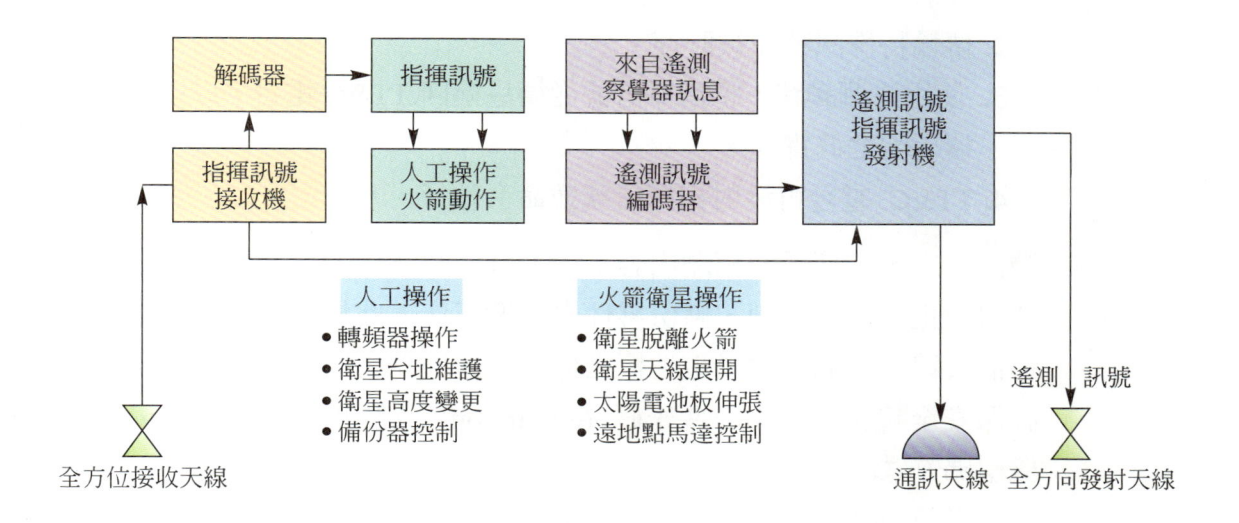

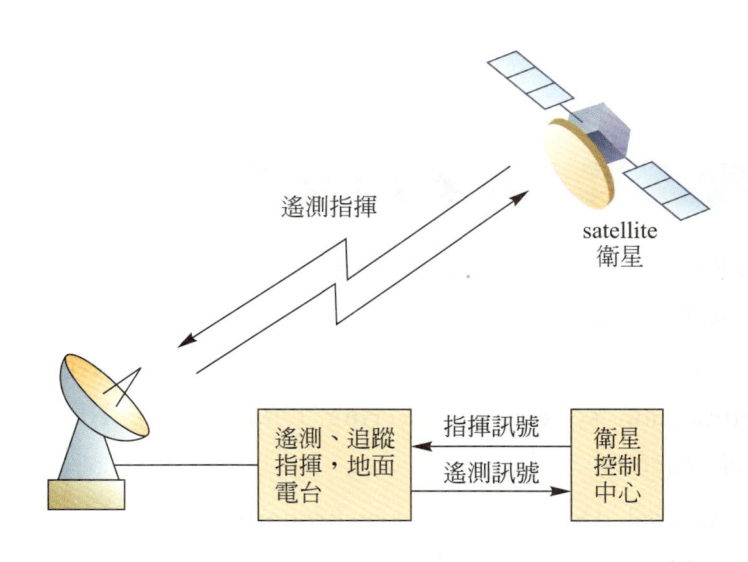

【圖 5-20】 **通信衛星上裝備的 TT&C 系統與地面電台設施簡略圖**

指 揮 (Command)

為了安全及保密，通常使用數位式訊號及低頻音調應用 PCM-RZ-PSK 的方式。指揮系統必須要預防未經授權、假冒或錯誤的信號來干擾。其步驟如下：

1. 發射恰當可行的指揮訊號，使指揮系統順利執行。
2. 傳輸特殊訊號並被貯存。
3. 使用遙測鏈路，將指揮信號從衛星撥回 TT&C 電台，以便確認指揮信號之真實性。
4. TT&C 電台再發射指揮信號並命令執行。

總而言之，指揮信號相關內容是變頻器之開關操作、台址維護、衛星姿勢變化、增益控制、備份零件之交換工作。此外在發射衛星期間內通信天線之展開，太陽電池板之伸張，遠地點馬達之噴射等作業。為確保安全起見，採用一些**密碼** (encription) 及散頻通信系統的擬似隨機編碼方式。

從前 TT&C 所用頻率限定 VHF 和 S 頻帶信號，但晚近改變採用 C 頻或 K_u 頻帶作業。

參考文獻

1. Bruno Pattan **Satellite Systems Principles and Technologies** 1993 Van. Nostrand Reinhold, New York.
2. W. L. Pritchard, H. G. suyderhoud, R. A. Nelson **Satellite communication systems engineering** 1993 Prentice Hall, Englewood cliffs, New Jersey.
3. B. N. Agrawal. **Design of Geosynchronous spacecraft** 1996 Prentice Hall Inc. Englewood cliffs. N.J.
4. Dennis Roddy. **Satellite Communication** 2nd edition 1995 Mc Graw-Hill Company.

5. M. Richharia **Satellite Communications systems** 1995 Mc Graw-Hill Inc.
6. G. D. Gordon and W. L. Morgan **Principle of communication satellites** 1993 John Wiley & Sons Inc.

習　題

5-1.　【習圖 5-1】顯示低雜音放大器 (LNA) 1：1 備份電路圖。(a) 圖示 3-Port 的 WGS 改爲 (b) 圖 2-Port 的開關等效電路。

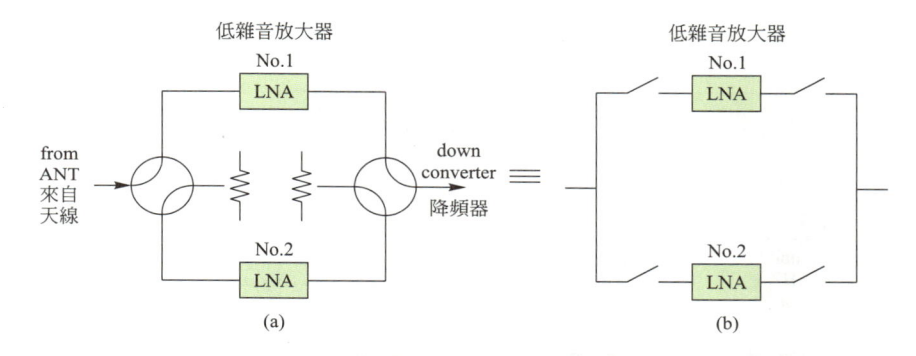

【習圖 5-1】　(a) 低雜音放大器 (LNA)，備份電路略圖；(b) 3-Port 的開關改 2-Port 開關，保持相同 MTTF。

設 LNA 的 MTTF = 32,000 小時，且 WGS 之 MTTF = 500,000 小時，假設本系統之 MTTR 等於 2 小時，試求這並聯接法之有效可利用率。

5-2.　【習圖 5-2】示兩個高功率放大器 (HPA) 1：1 備份電路簡略圖，設每

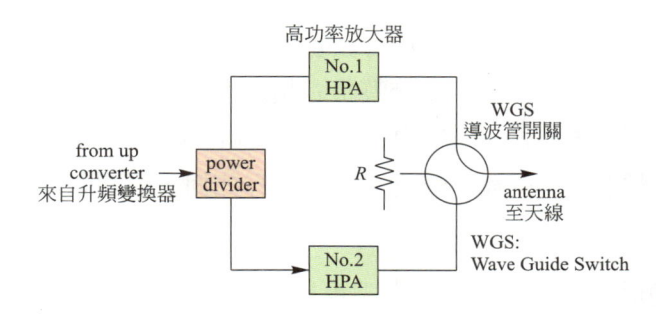

【習圖 5-2】　高功率放大器 (HPA) 1:1 備份電路圖

一零件平均故障率如下：

功率分配器 (平均值) 設故障率 $= 0$，

高功率放大器故障率 $= 10^{-4}$

導波管開關 (WGS) 故障率 $= 2\times 10^{-6}$

試求本系統之 MTTF。

5-3. 有一衛星**變頻器** (transponder) 內兩個行波管放大器並聯接法如【習圖 5-3】所示。

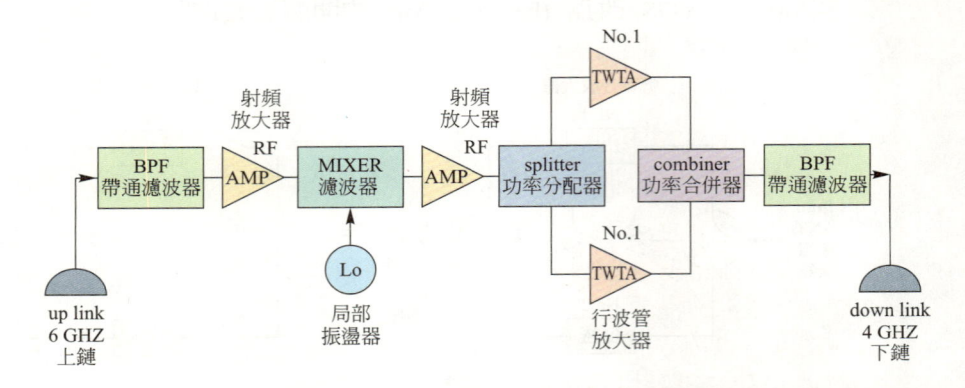

【習圖 5-3】 **C 頻帶 (6/4 GHZ) 變頻器，高功率放大器 (TWTA) 並聯備份電路略圖**。

設 TWTA 之 MTBF 等於 80,000 小時，並設故障型態是開路起因。再設變頻器內其他零件之 MTBF 如下：

天線 (ANT)：500,000 小時，帶通濾波器 (BPF) = 1500,000 小時
射頻放大器 (RF.Amp)：400,000 小時：局部振盪器及濾波器 (Lo & Mix)：250,000 小時試求

(a) 試算 2 年及 5 年後行波管放大器 (TWTA) 發生故障之機率。
(b) 試算 2 年及 5 年後整體變頻發生故障之機率。
(c) 假使 5 年後，衛星內有一個變頻器故障，所以應用開關切換其他變頻器時，總體系統之可靠率應為如何，但開關之 MTBF = 250,000 小時。

5-4. 某通信衛星起初在軌道上總重量等於 1130 kg，而內裝的蓄電池重量為 65 kg，設衛星各因數如下：

通信系統總重量：167 kg
台址維護燃料重量：189 kg
太陽電池群系統重量：77 kg

本衛星需求台址維護電功率：140 Watt，且通信系統電功率為 875 Watts。但逢 70 分鐘衛星蝕 (eclipse) 時，電池放電 50% 的容量，試求：

(a) 功率系統電壓為 50 Volt，求電池之容量有多少 Amp-Hours。
(b) 假使在衛星蝕期間內，將通信負載關閉者 (shut down)，電池重量可減多少。再則如果蝕期間內全通信系統關閉者，電池重量需多少。
(c) 在 (b) 問題內，以台址維護用燃料代替電池重量節省者，電台壽命可延長多久，但原先 189 kg 燃料是可使用 5 年。
(d) 鎳氫 (Ni-H$_2$) 電池可放電 70% 之容量不致損壞，如果蝕期間內負載滿載使用者，本電池可延長幾年壽命。

5-5. 有一行波管放大器 (TWTA) 的 MTBF 是 40,000 小時，這數值是包含真空管之電源供給在內，試求：

(a) 計算行波管放大器的一年及五年後之可靠度。
(b) 假使行波管真空管本身的 MTBF 有 100,000 小時，試算電源供給的 MTBF。

5-6. INTELSAT 4A 通信衛星之整體系統可靠度 R_{sys} 示於【習圖 5-4】。

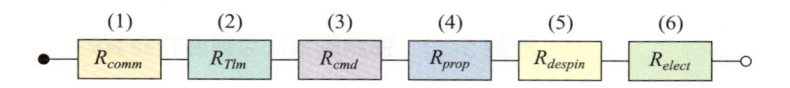

【習圖 5-4】 INTELSAT 4A 通信衛星整體可靠度由六個副系統串接成立簡略圖

$$R_{sys} = R_{comm} \cdot R_{Tlm} \cdot R_{cmd} \cdot R_{prop} \cdot R_{despin} \cdot R_{elect}$$

上式中　R_{comm}：通信副系統可靠度【習圖 5-5】內顯示詳細計算公式
　　　　R_{Tlm}：遙測副系統可靠度【習圖 5-6】內顯示詳細計算公式
　　　　R_{cmd}：指揮副系統可靠度【習圖 5-7】內顯示詳細計算公式
　　　　R_{prop}：噴射副系統可靠度【習圖 5-8】內顯示詳細計算公式

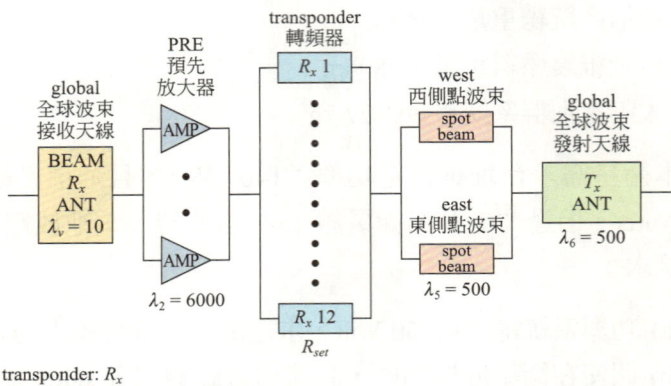

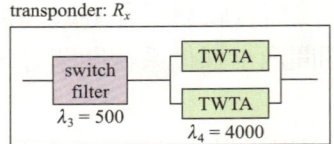

$$R_{comm} = R_1\left(1-(1-R_2)^4\right)\cdot R_{set}\cdot\left(1-(1-R_3)^2\right)\cdot R_6$$

【習圖 5-5】 通信副系統可靠度相關邏輯圖

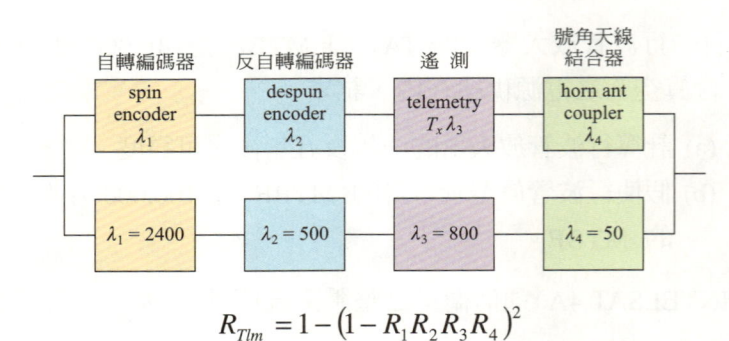

$$R_{Tlm} = 1-(1-R_1R_2R_3R_4)^2$$

【習圖 5-6】 遙測副系統可靠度相關邏輯圖

$$R_{cmd} = R_1\left(1-(1-R_2)^2\right)\cdot\left(1-(1-R_3)^2\right)\cdot\left(1-(1-R_4)^2\right)$$

【習圖 5-7】 指揮副系統可靠度相關邏輯圖

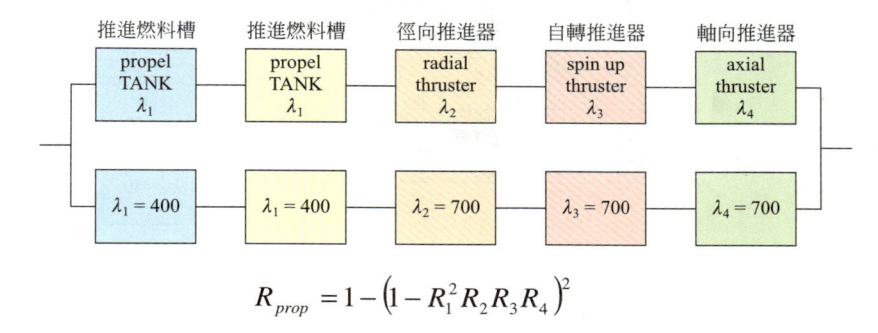

```
推進燃料槽         推進燃料槽         徑向推進器        自轉推進器        軸向推進器
  propel            propel           radial           spin up           axial
  TANK              TANK            thruster         thruster         thruster
   λ₁                λ₁               λ₂               λ₃               λ₄

 λ₁ = 400          λ₁ = 400         λ₂ = 700         λ₃ = 700         λ₄ = 700
```

$$R_{prop} = 1 - (1 - R_1^2 R_2 R_3 R_4)^2$$

【習圖 5-8】 噴射副系統可靠度相關邏輯圖

R_{despin} ：衛星姿勢及反旋轉副系統可靠度【習圖 5-9】內顯示詳細計算公式

R_{elect} ：衛星電源副系統可靠度【習圖 5-10】內顯示詳細計算公式

```
太陽察覺器        察覺器選擇        轉矩產生器       電源供給        復調濾波器
  sun            sensor           torque          power           demod
 sensor         selector            gen           supply          filter
λ₁ = 1000      phase lock       λ₄ = 2500       λ₅ = 700        λ₆ = 500
               λ₃ = 1500
 earth
 sensor
λ₂ = 1500
                                    R_chain

λ₁ = 1000
               λ₃ = 1500        λ₄ = 2500       λ₅ = 700        λ₆ = 500
λ₂ = 1500

                   功率放大       軸承功率
                                  放大器組合      滑環            滑環
                  power amp                      slip            slip
                  winding         BAPTA          ring            ring
                  λ₇ = 1500       λ₈ = 500      λ₉ = 200        λ₁₀ = 200

                  λ₇ = 1500                     λ₉ = 200        λ₁₀ = 200
```

$$R_{despin} = \{1-(1-R_{chain})^2\} \cdot [1-(1-R_7)^2] \cdot R_8 [1-(1-R_9)^2] \cdot [1-(1-R_{10})^2]$$

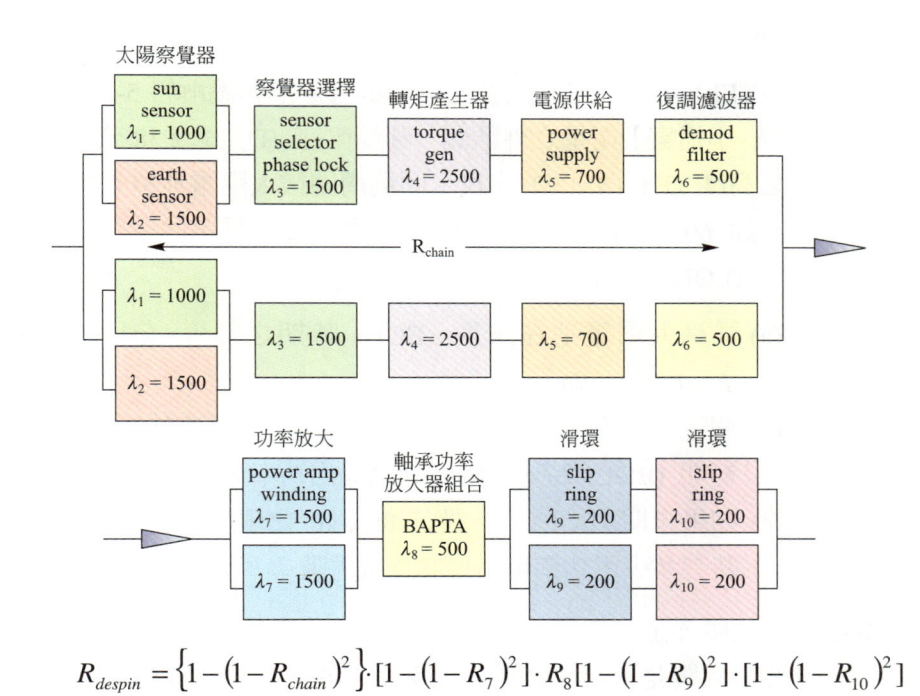

【習圖 5-9】 衛星姿勢及反旋轉控制副系統可靠度相關邏輯圖

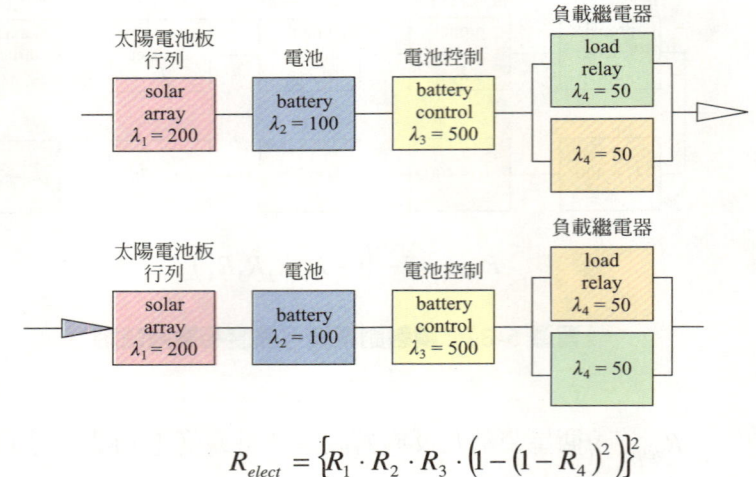

$$R_{elect} = \left\{ R_1 \cdot R_2 \cdot R_3 \cdot \left(1 - (1 - R_4)^2\right) \right\}^2$$

【習圖 5-10】 衛星電源供給副系統可靠度相關邏輯圖

試算本衛星被火箭發射升空而在軌道上順利工作 7 年後之整體可靠度 R_{sys}。

5-7. INTELSAT 4A 是圓筒型通信衛星。【參照習題解答 5-13 頁 INTELSAT 4A 小檔案】衛星之外觀圖,圓筒直徑 (D) 是 2.38 公尺,太陽電池板之高度 (H) 為 2.92 公尺。圓筒周圍被太陽電池捲疊起來,本衛星每分鐘 60 次旋轉 (60 RPM) 以得衛星姿勢穩定。設計期待衛星壽命末期 (EOL) 尚有 708 watts 之電功率。

(a) 試算太陽電池在末期 (EOL) 時期之效率 (η),但設太陽常數 $E = 1.39$ kw/m^2。

(b) 假定太陽電池之效率 (η),自開始到末期總有 15% 之退化。試求初期 (BOL) 時,太陽電池之輸出功率。

(c) 如果末期 (EOL) 時,設有 80 watt 之限度 (margin),在初期 (BOL) 時有多少電功率可消耗於負載電阻。

5-8. 設太陽赤道半徑等於 696,000 km,且表面之溫度等於 5,780°K,吾人知悉太陽是恆星是我們太陽系之主宰,如果我們應用面積一平方公尺的太陽電池直接受陽光則可獲得約 1,400 w/m^2 之功率,我們稱之為太陽常數 (solar constant) E。試求

(a) 太陽向四面八方輻射出去的熱功能。

【註】參考 Stefan Boltzmann law of radiation: $F = \sigma T^4$,$\sigma = 5.67 \times 10^{-8}$

w/m²k⁴。$T =$ 絕對溫度 °K。

(b) 太陽至地球的距離設等於一天文單位距離，1 A.U. $= 1.496 \times 10^8$ km，參考【習圖 5-11】。試算距太陽一個天文單位之地球附近的太陽輻射功率密度 E w/m²。

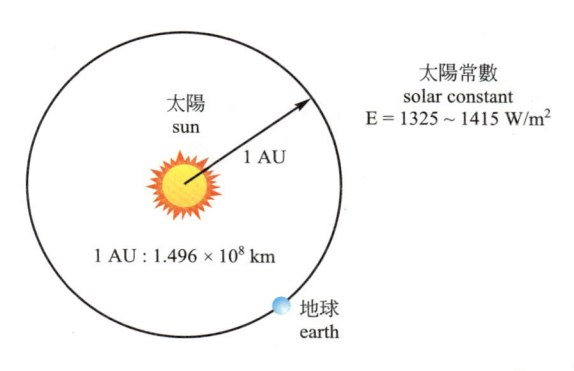

太陽 sun
1 AU
1 AU : 1.496×10^8 km
地球 earth
太陽常數 solar constant
E = 1325 ~ 1415 W/m²

【習圖 5-11】 距太陽一個天文單位地點假想巨大球體 (地球附近) 之太陽常數

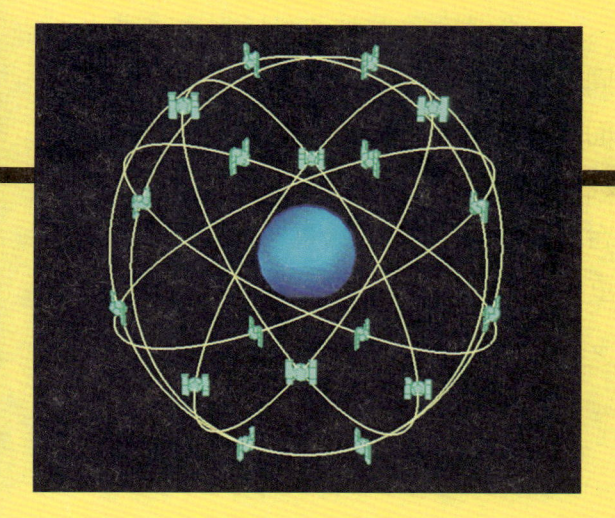

Coverage from Satellite Constellation

6 衛星星座之涵蓋

6-1 概說 (Introduction)
6-2 LEO 軌道上單一衛星涵蓋範圍
(Coverage Area from a Single LEO Satellite)
6-3 應用拉格朗乘數法搜求最佳分析
(Optimum Analysis using Lagrange Multipliers Method)
6-4 最佳星座適用的涵蓋街道概念 (Optimum Satellite Constellation using Street of Coverage Concept)
6-5 MEO 軌道上衛星涵蓋範圍 (Coverage Area from MEO Satellites)
6-6 衛星為基地的行動電話之誕生
(The Genesis of Satellite Based Mobile Communication)
6-7 美國行動電話公司衛星 (AMSC-1) 對北美大陸、阿拉斯加、夏威夷及墨西哥-加勒比海地域之涵蓋
參考文獻 (References)
習　題 (Problems)

6-1 概　說（Introduction）

　　當一顆衛星被火箭發射升空而在正常軌道中運行時，最主要目標就是這衛星在大地上涵蓋的面積和其形狀。有關這因素包含衛星距地面之高度、衛星姿勢、天線尺寸與其形態。因各類衛星之用途有差異，

故涵蓋面積、範圍大小顯然不相同。如國際商業通訊衛星、航海通信衛星、氣象衛星、廣播衛星等。面臨 21 世紀的現代世界，吾人居住的地球上沒有一片不需要被電波涵蓋的土地。爲達成現代人類之欲望，精製的衛星、太空艙陸續登台。衛星之高度、數量、涵蓋特徵、軌道種類等，綜合其特性必須愼重考慮。

1. 地面台至衛星電波傳播時間之長短。
2. 衛星環繞地球的週期。
3. 衛星涵蓋的地球上面積。
4. 杜卜勒效應之影響。
5. 衛星蝕的問題。
6. 凡亞倫輻射帶之影響。
7. 地面電台接收機、發射機、天線機構。

[A] 低高度軌道 (LEO: Low Earth Orbit)

代表性 LEO 各類星座示於【表 6-1】以供參考。

表 6-1　代表性 LEO 各類星座參數

星座名稱	衛星總數 (N)	軌道面數 (P)	每一軌道面上環繞衛星 (S)	衛星高度 (km)	傾斜度 i (deg)
IRIDIUM	66	6	11	765	86
ORBCOMM	24	4	6	785	45
GLOBALSTAR	48	8	6	1400	52
STARSYS	24	6	4	1300	60

環繞地球的低高度衛星頗多而針對環球通信貢獻甚大。但是高度降低到 200 km 附近者容易發生**大氣層拖曳** (atmospheric drag) 現象。相

反地升高到凡亞倫輻射帶的內帶附近者必遭帶電粒子之衝擊，衛星裏電子設備可能被損害。因此 LEO 最佳高度是 760~1500 km 之範圍。一般 LEO 衛星高度較低，傳播時間較短，地面電台之天線，發射機輸出功率不必高強之優點。

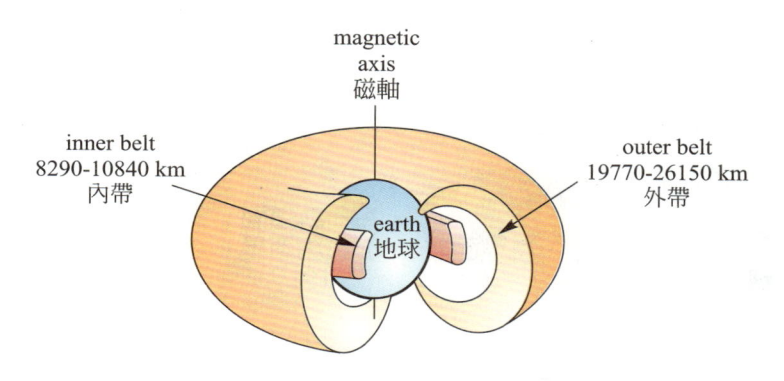

【圖 6-1】　凡亞倫輻射帶、內帶及外帶示意圖

【註一】　**凡亞倫輻射帶** (Van Allen radiation belt): 凡亞倫輻射帶是被地球磁場捕捉的帶電電子或質子的聚集區帶。因這些粒子可能由於地磁的偏轉不易脫離構成了複雜的螺旋運動。凡亞倫輻射帶由內帶 (inner belt) 及外帶 (outer belt) 構成。內帶包含高能質子粒帶散佈於離地表 8,290 km 至 10,840 km 高處。外帶由比較低能的電子及質子構成大約自 19,770 km 至 26,150 km 間散佈。外帶與地磁緯度 50 度至 70 度處與大氣層交叉形成**北極光** (aurora) 現象。因此低高度衛星或中高度衛星高度應該是內帶下面，換言之，高度 8,290 km 以下和內帶與外帶中間，即 10,840 km 至 19,770 km 中間或者外帶之上空也就是高於 26,150 km。實用衛星或星座最好避免內帶及外帶之衝擊。如果無適當遮蔽設備者衛星裏電子零件設施和太陽電池板 (solar panel) 會受害以致衛星壽命之縮短。

[B]　中高度軌道: (Medium Earth Orbit, MEO)

吾人知 LEO 之高度都在 1,500 km 以下而 GEO 之高度是 35,786

km。凡亞倫輻射帶的內帶與外帶之空間大約高度 10,000 km 至 20,000 km 的領域。中高度衛星當被應用於航海衛星通信或**全球衛星定位系統** GPS (Global Positioning System) 或者蘇俄發射的全球導航衛星系統 (Global Navigation Satellite System) 系統。【表 6-2】顯示代表性 MEO 星座參數表。

6-2 代表性 MEO 星座參數表

星座名稱	衛星總數 (N)	軌道面數 (P)	每一軌道面上環繞衛星 (S)	衛星高度 (km)	傾斜度 i (deg)
GPS	24	6	4	20200	55
ODYSSEY	12	3	4	10370	55
INMARSAT	10	2	5	10300	45
GLONASS	24	3	8	19132	64.8

[C] 高遠地點橢圓軌道 (Highly Elliptical Earth Orbit : HEO)

吾人知悉蘇俄為了偏北領土 (平均緯度 60°) 區域內實施電視、電話等資訊業務之發展特別設計而發射了高傾斜度，高遠地點橢圓軌道衛星 Molniya 衛星。軌道傾斜度 $i = 63.4°$、遠地點高度 39,863 km、近地點高度 504 km、週期 $p = 11.94$ 小時。根據 Kepler 第二定律可推導算出近地點速度 $V_p = 10.05$ km/s 而遠地點速度 $V_a = 1.44$ km/s 大約 12 小時的週期內。衛星南半球環繞地球時間約 2 小時，其餘 10 小時均在赤道以北的北半球用橢圓軌道環繞地球。這真合適衛星儘量長時間逗留在蘇俄領土上空以便傳播電視資訊。【表 6-3】示代表性 HEO 各類星座參數表。

【註二】 參考第 8 章 13 節 Molniya 通訊衛星特徵。

6-3 代表性 HEO 各類星座參數表

星座名稱	衛星總數 (N)	軌道面數 (P)	每一軌道面上環繞衛星 (S)	衛星高度 (km)	傾斜度 i (deg)
MOLNIYA	4	1	4	A: 39863 P: 504	63.4
ELLIPSO	24	4	6	A: 7800 P: 520	63.4
ARCHIMEDES	4	4	1	A: 39447 P: 926	63.4
GLONASS	24	3	8	19132	64.8

【註三】 表內 A: 遠地點（apogee） P: 近地點（perigee）

[D] 地球扁平影響 (Earth's Oblateness Effects)

地球軌道面附近的主要擾亂之影響是基於地球本身之扁平 (earth's oblateness) 和**三軸向因數** (triaxiality)。地球扁平影響是由南北軸附近軌道面之穩定的歲差 $\dot{\Omega}\left(=\frac{d\Omega}{dt}\right)$ 和與軌道面垂直方向之近日點或遠日點方向迴轉 $\dot{\omega}=\left(\frac{d\omega}{dt}\right)$ 兩項成立。上述地球扁平可能由地球重力位函數諧波係數 (J_2) 項連關發生的。【圖 6-2】顯示單一圓形軌道上衛星當環繞地球時，因地球本身自西向東自轉。因第一次與第二次環繞後在地表上軌跡有明顯的發生經度差 S。

$$S = P_n(\omega_e - \dot{\Omega}) \qquad (6\text{-}1)$$

上式 $\omega_e =$ **地球之自轉率** (rotational rate of earth)

$\qquad = 0.250684454$ deg/min

$\dot{\Omega}\left(=\frac{d\Omega}{dt}\right)$ 是地球扁平（$J_2 = 0.0010826$）起因軌道升交點經度的角度變化而可用下式表示：

$$S = P_n(\omega_e - \dot{\Omega})$$

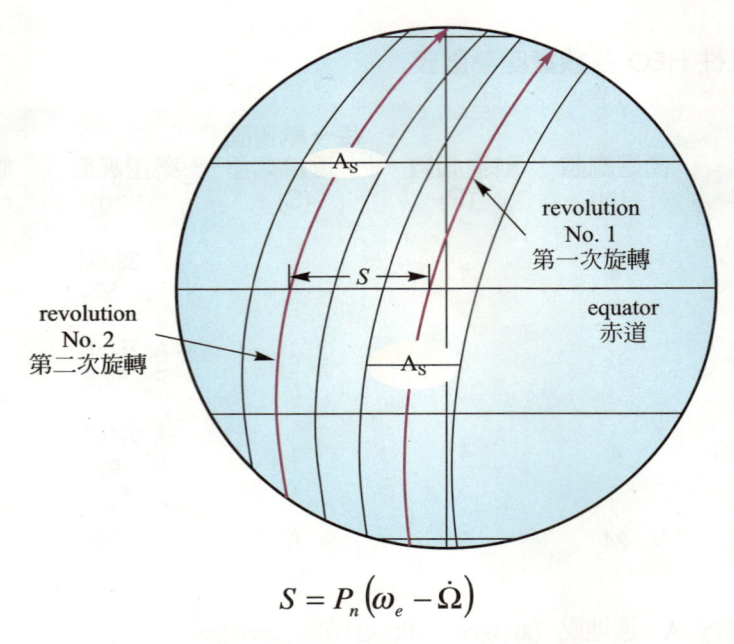

Street of Coverage by LEO Satellite

【圖 6-2】 單一顆衛星在地表上軌跡畫成刈幅宛如涵蓋街道

$$\dot{\Omega} = \frac{d\Omega}{dt} = -\frac{3}{2}\frac{J_2 R_e^2}{a_0^2(1-e_0^2)^2}\left(\frac{\mu}{a_0^2}\right)^{0.5} \cos i_0 \quad \text{(rad/s)} \quad (6\text{-}2)$$

或

$$\frac{d\Omega}{dt} = -\frac{9.9639}{(1-e^2)^2}\left(\frac{R_e}{R_e + h}\right)^{3.5} \cos i \quad \text{(deg/solar day)} \quad (6\text{-}3)$$

上式　R_e = 地球赤道半徑 = 6,378 km

$h = \dfrac{h_a + h_p}{2}$

h_a = apogee height

h_p = perigee height

i = 軌道傾斜度

e = 橢圓離心率

【註四】常數及變換因數

地球重力常數： $\mu = 398{,}600 \text{ km}^3/\text{s}^2$

地球赤道半徑： $R_e = 6{,}378 \text{ km}$

地球自轉率： $\omega_e = 0.250684454 \text{ deg/min}$

地球扁平：

$$f = \frac{\text{赤道半徑} - \text{極地半徑}}{\text{赤道半徑}}$$

$$= \frac{6378 - 6357}{6378} = 3.2928 \times 10^{-3}$$

地球扁平球帶諧波　　$J_2 = 1.08261577 \times 10^{-3}$

6-2　LEO 軌道上單一衛星涵蓋範圍 (Coverage Area from a Single LEO Satellite)

【圖 6-3】顯示離地面高度 h 的 LEO 衛星在地表上涵蓋面積。

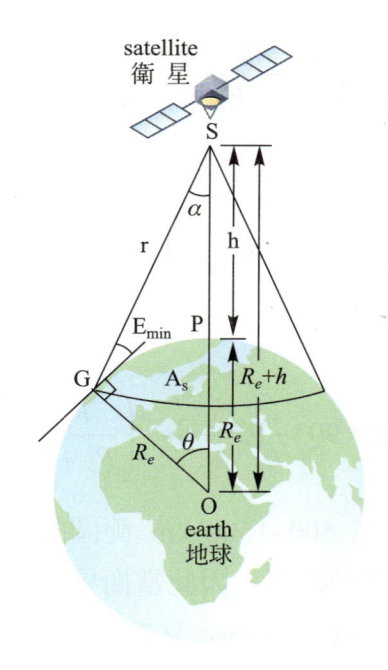

【圖 6-3】　距地面高度 h 的衛星在地面上涵蓋面積

設

R_e = 地球赤道半徑 = 6,378 km

h = 單一衛星離地面高度

θ = 衛星至地心之垂直線與地心至地面電台兩直線之夾角

α = 垂直線 SO 與直線 SG 之夾角 (衛星俯角)

E_{min} = 地面電台看衛星之最低仰角

p = 衛星之**副衛星點** (sub-satellite point)

從平面三角 SGO 得衛星至地面電台 G 之**斜距** (slant range)

$$r = \left[R_e^2 + (R_e + h)^2 - 2R_e(R_e + h)\cos\theta \right]^{1/2} \tag{6-4}$$

$$\cos(\theta + E_{min}) = \sin\alpha = \left(\frac{R_e}{R_e + h}\right)\cos E_{min} \tag{6-5}$$

吾人熟知地面電台天線之仰角等於零度時，必受大氣層之雜音被吸收而引起衰減量增加，訊號雜音比 $\left(\frac{S}{N}\right)$ 又降低不適合接收來自衛星之信號。根據一些實驗，天線仰角小於 5 度時實在不適應用，至少 10 以上方可實用，換言之 $E_{min} \geq 10°$。再從三角形 SGO 得

$$\frac{R_e}{\sin\alpha} = \frac{R_e + h}{\sin(90° + E_{min})} = \frac{R_e + h}{\cos E_{min}} \tag{6-6}$$

衛星俯角 α 等於

$$\alpha = \sin^{-1}\left(\frac{R_e}{R_e + h}\cos E_{min}\right) \quad \text{現設} \quad E_{min} = 10°$$

因 $\alpha + E_{min} + \theta = 90°$

$$\theta = 90° - E_{min} - \alpha = 90° - 10° - \sin^{-1}\left(\frac{R_e}{R_e + h}\cos E_{min}\right) \tag{6-7}$$

LEO 離地面高度大約在 500~1500 km 範圍內，故在地面上涵蓋面積不甚大。LEO 常採用圓形軌道，因此當衛星環繞地球時涵蓋面積之軌跡在大地上畫成為**刈幅** (swath) 又宛如一條**涵蓋街道** (street of coverage)。【圖 6-2】是衛星刈幅示意圖。LEO 在太空中的特徵是由複

數個衛星構成 P 軌道面，而每一軌道面上有 S 枚衛星環繞，結果形成一團星座 (constellation) 而這星座裏衛星的總數 N = PS 顆。現設每一衛星涵蓋面積 A_s 等於

$$A_s = \iint ds \qquad ds = R_e^2 \sin\theta \, d\theta \, d\phi$$

$$A_s = \int_0^{2\pi} \int_0^{\theta} R_e^2 \sin\theta \, d\theta \, d\phi$$

$$= 2\pi R_e^2 \int_0^{\theta} \sin\theta \, d\theta = 2\pi R_e^2 (1-\cos\theta) \tag{6-8}$$

例題 6-1

銥星座 (Iridium Constellation) 是美國 Motorola 公司開發的行動電話系統用極軌道 (polar orbit) 圓形軌道的星座。【圖 6-4】示銥衛星星座圖。本星座衛星離地面高度為 765 km。本星座由 6 個軌道面成立而每一軌道面擁有 11 顆衛星，故星座裏衛星總數為 66 顆衛星。現設最低仰角 $E_{min} \geq 10°$。試求：
1. 每一衛星之涵蓋面積？
2. 衛星環繞地球之週期？

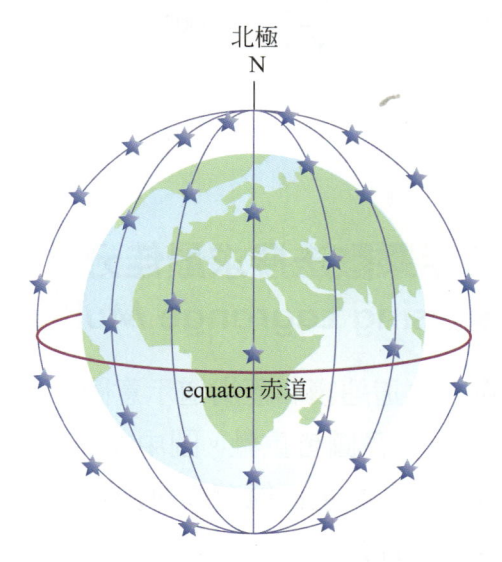

IRIDIUM Satellite Constellation

【圖 6-4】 66 顆低軌道銥星座衛星，擁有 6 個軌道面環繞地球供應全球行動電話用途。

解

1. 已知 $E_{min} = 10°$，故

$$\theta = 90° - E_{min} - \sin^{-1}\left(\frac{R_e}{R_e + h}\cos E_{min}\right)$$

$$= 90° - 10° - \sin^{-1}\left(\frac{6378}{6378 + 765}\cos 10°\right)$$

$$= 18.72° \quad 又因 \quad \theta + E_{min} + \alpha = 90°$$

$$\alpha = 90° - 18.72° - 10° = 61.28°$$

涵蓋面積：

$$A_s = 2\pi R_e^2(1 - \cos\theta)$$

$$= 6.28 \times 6378^2 (1 - \cos 18.72°)$$

$$= 13539559.7 \text{ km}^2$$

$$= 13.5 \times 10^6 \text{ km}^2$$

2. $R_e + h = 6378 + 765 = 7143$ km

$$\mu = GM = 398600 \text{ km}^3/\text{s}^2$$

衛星環繞地球速度 $\quad V = \sqrt{\dfrac{\mu}{r}} = \sqrt{\dfrac{398600}{7143}} = 7.47$ km/s

週期 $\quad P = 2\pi\sqrt{\dfrac{r^3}{\mu}} = 6.28\sqrt{\dfrac{(7143)^3}{398600}} = 6005 \text{ sec} \cong 1.67$ hr

6-3 應用拉格朗乘數法搜求最佳分析 (Optimum Analysis Using Lagrange Multipliers Method)

【圖 6-5】示單一軌道連續涵蓋街道示意圖。

本圖顯示每一圖形涵蓋圖皆重疊。圖中 $c =$ 涵蓋街道之半寬，$\theta =$ 涵蓋圓形之半徑，$s =$ 每一軌道面擁有衛星數量。

從圖中球面三角形可得

$$\cos c = \frac{\cos\theta}{\cos(\frac{\pi}{s})} \tag{6-9}$$

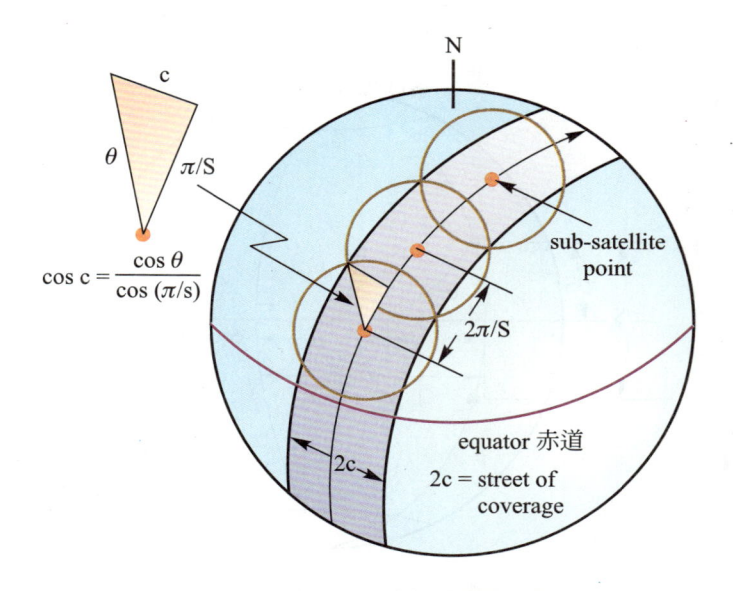

【圖 6-5】 顯示單一軌道連續涵蓋街道示意圖

依據 Adam 及 Rider 兩位 (1987) 應用拉格朗乘數法搜求星座裏軌道面數 (P) 及每一軌道面內衛星數量 (s) 之最佳數值。(6-9) 式仍為該論理之基本原理。

讓我們考慮全球涵蓋並且使 s 值大而 θ 值小的近似法並參考 (6-9) 式得知

$$\theta^2 = \left(\frac{j\pi}{s}\right)^2 + c^2 \tag{6-10}$$

其次查【圖 6-6】獲得

$$\alpha = c + \theta \geq \frac{k\pi}{P}$$

或

$$P(c + \theta) \cong k\pi \tag{6-11}$$

能使衛星總數 $T = R \times S$ 接近最小方法，擬先搜求 S、P 及 C 各獨立變數須服從於下列條件為要：

$$g_1 = \theta^2 - \left(j\frac{\pi}{s}\right)^2 - c^2 = 0 \tag{6-12}$$

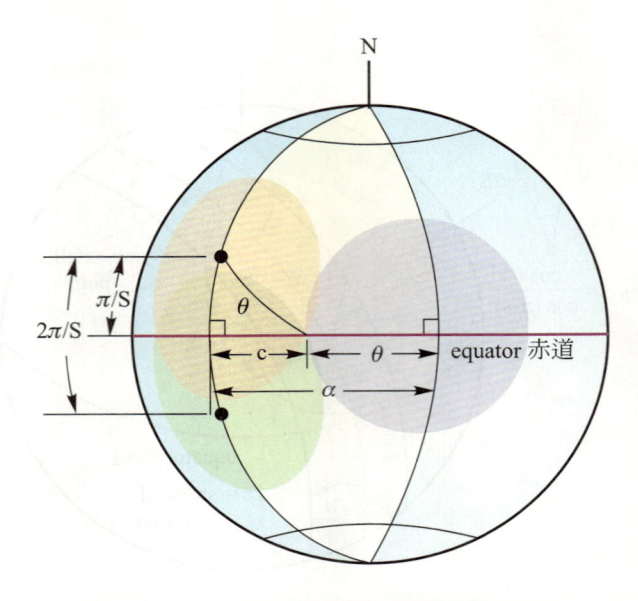

【圖 6-6】 單一全球最佳涵蓋相關幾何圖

$$g_2 = P(c+\theta) - k\pi = 0 \tag{6-13}$$

能使 T 值最小的條件則是

$$\frac{\partial T}{\partial P} + \lambda_1 \frac{\partial g_1}{\partial P} + \lambda_2 \frac{\partial g_2}{\partial P} = 0 \tag{6-14}$$

$$\frac{\partial T}{\partial s} + \lambda_1 \frac{\partial g_1}{\partial s} + \lambda_2 \frac{\partial g_2}{\partial s} = 0 \tag{6-15}$$

$$\frac{\partial T}{\partial c} + \lambda_1 \frac{\partial g_1}{\partial c} + \lambda_2 \frac{\partial g_2}{\partial c} = 0 \tag{6-16}$$

上式中 λ_1 及 λ_2 各為拉格朗未定乘數。現將上式微分，再消去 λ_1 及 λ_2 得下列方程式

$$c + \theta = \frac{1}{c}\left(\frac{j\pi}{s}\right)^2 \tag{6-17}$$

再就 (6-10)、(6-11) 及 (6-17) 三式解答可得 $c \approx \frac{\theta}{2}$，同時又能獲得最佳 s 及 P 值。

$$s \cong \frac{2}{\sqrt{3}} j\frac{\pi}{\theta} \tag{6-18}$$

$$P \cong \frac{2}{3}k\frac{\pi}{\theta} \tag{6-19}$$

故最少星座衛星總數 T 等於

$$T = P \cdot s = \frac{4\sqrt{3}}{9}n\left(\frac{\pi}{\theta}\right)^2 \tag{6-20}$$

在此 $n = jk$。如果設 $Z = n$，$k = 1$ 再用因子分解法可求出 T 最小值。

例題 6-2

銥星座是美國 Motorola 公司為行動電話開發的通信衛星網。衛星離地面高度為 765 km。現設 $E_{min} = 10°$

$$\theta = 90° - E_{min} - \sin^{-1}\left(\frac{R_e}{r}\cos E_{min}\right)$$

$$\theta = 90° - 10° - \sin^{-1}\left(\frac{6378}{6378+765}\cos 10°\right) = 18.53°$$

為獲得全球不間斷連續單一衛星之涵蓋。設 $n = 1$，$\phi = 0$，

$$s = \frac{2}{\sqrt{3}} \cdot \frac{180}{18.53} = 11.2 \approx 11$$

$$P = \frac{2}{3} \cdot \frac{180}{18.53} = 6.47 \approx 6$$

每一軌道面之衛星如果等間隔被放置者，$\frac{\pi}{s} = \frac{180°}{11} = 16.36°$

因

$$\cos c = \frac{\cos\theta}{\cos\left(\frac{\pi}{s}\right)} = \frac{\cos 18.53°}{\cos\left(\frac{180°}{11}\right)} = \frac{0.948}{0.959} = 0.988$$

故 $\qquad c = 8.88° \qquad\qquad 2c = 17.76°$

是故最佳相位，也就是相鄰軌道面的相位偏置 (phase offset) 是 17.76°，並且最佳軌道面之間隔 $c + \theta = 8.88° + 18.53° = 27.41°$，這數值比 $\frac{180°}{7} = 25.71°$ 大一些。

【註五】銥 (Iridium) 元素之號碼是第 77。是原子核周圍有 77 個電子環繞而命名這名字。

【註六】銥通信系統網再改為 6 個軌道面，每一個軌道面擁有 11 顆衛星總數 T = 66 顆衛星座環繞地球。

【註七】Iridium 星座裏每一顆衛星重量約 1,600 磅。兩附太陽電池板，另裝備 L 頻帶 (1.6/1.5/GHz) 及 K_a 頻帶 (20 GHz) 通信天線以便和星座裏其他衛星，地面上 Gateway 台，或手提式行動電話機通信。Iridium 採用劃時多向進接方式 (TDMA)。星座裏每一枚衛星發射鉛筆尖頭似的 48 個點波束 (spot beam) 而每一波束同時能處理 230 波道雙工電話。星座裏衛星與衛星間之轉接，交叉耦合使用 20 GHz 而衛星與地面的 Gateway 台或控制台間又採用 K_a 為電話通信。Iridium 採用 4,800 bits/s 傳輸率，另為數位數據傳輸使用 2,400 bits/s 之傳輸率。

6-4 最佳星座適用的涵蓋街道概念 (Optimum Satellite Constellation Using Street of Coverage Concept)

我們知悉 GEO 軌道上地球靜止衛星離地面高度 35,786 km 而單一衛星涵蓋大地面積約 1.741×10^8 km^2。這等於全球總表面積的 1/3，因此赤道上隔 120° 經度上空放置三顆 GEO 衛星即可供應國際商業通信衛星網。例如晚近登台的 INTELSAT 6 號或 7 號衛星皆屬於重量級 (1.5 噸~2 噸重量) 並擁有高功率發射機、多頻道、劃時多工/相移按鍵/劃時多向進接，長壽命 (10 年以上)、高可靠度的全球星座。【圖 6-7】顯示這三顆同轉衛星的全球涵蓋圖。本圖明示**雙重涵蓋** (double coverage) 的典型圖。【圖 6-8】示多重涵蓋街道之原理圖。

LEO、MEO 等衛星因離地面高度較低、衛星重量較輕、發射機輸出功率較小、傳播時間較短、涵蓋面積較小，並且衛星間訊號之轉接比較複雜。除上述諸問題外，**衛星蝕** (satellite eclipse) 及凡亞倫輻射帶

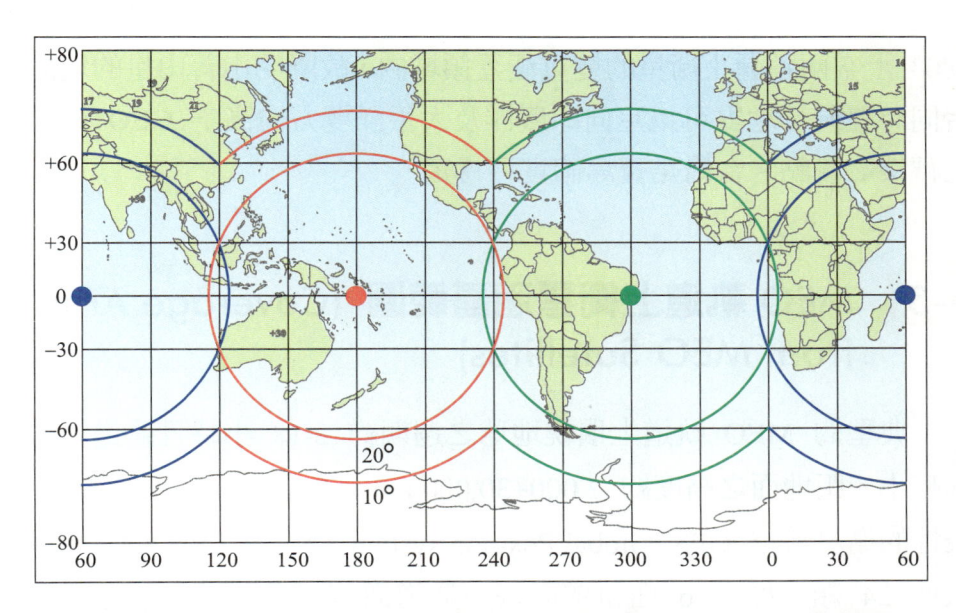

【圖 6-7】包圍地球的三顆 GEO 衛星轉播站互相間隔 120°，構成電視轉播或環球微波通信網之成立。

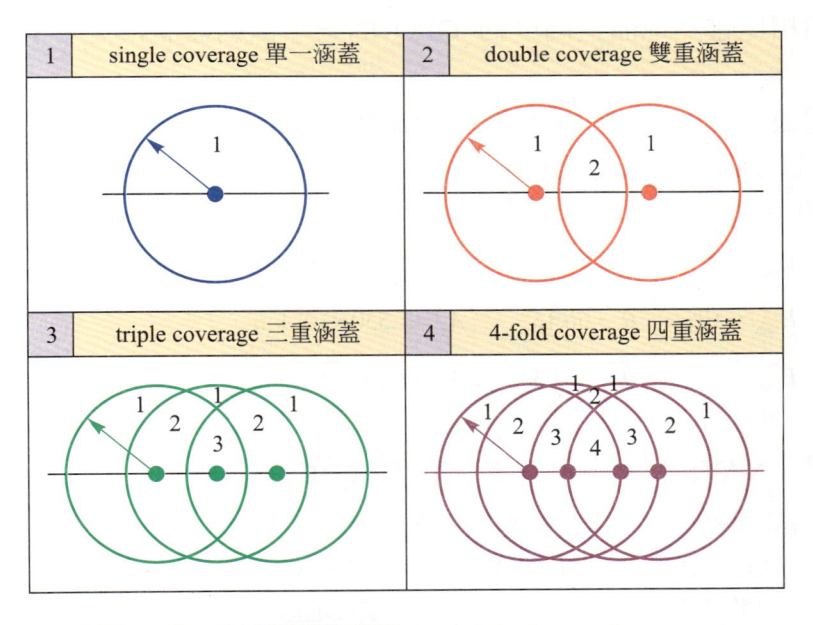

【圖 6-8】 多重涵蓋街道圖 (Multiple Street Coverage)

之存在又必須考慮方可。再查【圖 6-5】知悉，為獲得**連續** (continuous)、**重複** (multiple) 且**全球涵蓋** (global earth coverage)，至少需要三顆地球靜止衛星（$E_{min} \geq 10°$）則可。值得留意的是台灣位在東經 60° 及

180° 上空兩顆靜止衛星的雙重涵蓋領域內，故陽明山菁山星的地面電台同時在同一地點可以定向印度洋及太平洋雙方向高空 GEO 衛星多元轉接之優點。台灣是寶島確實可肯定。

6-5　MEO 軌道上衛星涵蓋範圍 (Coverage Area from MEO Satellites)

典型的 MEO 軌道上環繞地球之週期約 2-18 小時且軌道之離心率較小。距地面之高度約 2,000~30,000 km。查【表 6-2】知 MEO 代表性的衛星首推 GPS (Global Position system)。NAVSTAR 星座衛星總數為 24 顆，擁有 6 面軌道而每一軌道面有四顆，衛星離地面高度 20,200 km 環繞地球。【圖 6-9】顯示 NAVSTAR 星座環繞地球示意圖。查圖得知本星座每一衛星能涵蓋面積與地球靜止衛星 (GEO) 涵蓋面積相比雖然地面上高度約 GEO 的一半但涵蓋面積是差不多。

【註八】設 $E_{min}=10°$ 時，GEO 在地面上涵蓋面積 $A_{GEO}=1.741\times10^8$ km^2，LEO 在地面上涵蓋面積 $A_{GEO}=1.53\times10^8$ km^2，相比面積得 $\frac{A_{LEO}}{A_{GEO}}$ 0.878，根據 (6-7)、(6-8) 兩式得

1. $E_{min}=0°$　　$\theta=76.12°$　　$A_0=1.942\times10^8$ km^2
2. $E_{min}=10°$　　$\theta=66.15°$　　$A_0=1.530\times10^8$ km^2
3. $E_{min}=20°$　　$\theta=57.03°$　　$A_0=1.164\times10^8$ km^2

【註九】　NAVSTAR 全球衛星定位系統 (GPS) 簡介：

- 星座衛星總數：24 顆，擁有 6 顆軌道面。
- 每一軌道面在赤道上相隔 60°，並保持 55° 的傾斜度。
- 每一衛星離地面高度約 20,200 km，且環繞地球週期 $p=12$ 小時，並且環繞地球速度約 3.86 km/s。
- 每單一衛星在地面上涵蓋圓形面積之直徑 $D\cong13,070$ km。

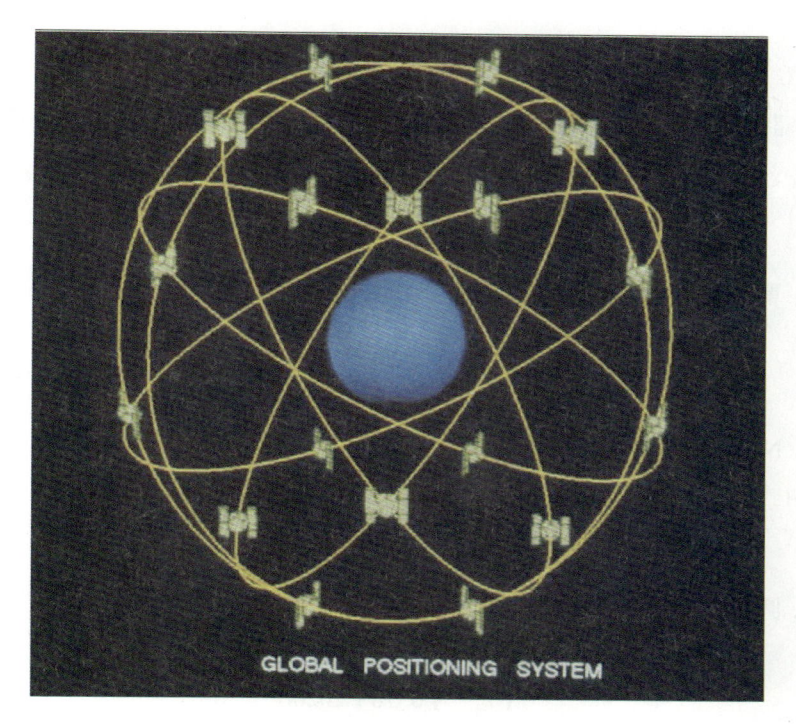

全球衛星定位系統

【圖 6-9】 NAVSTAR 星座示意圖

本圖承教台大電機資訊學院，資訊工程學系完成，NAVSTAR 星座擁有 6 個圓形軌道面，每一面有 4 顆衛星與地球赤道形成 55 度傾斜度，並以 12 小時環繞地球一圈。

例題 6-3

1. 設定地面台看 NAVSTAR 之 $E_{\min} \geq 15°$，並設 h = 20,200 km。
2. 計算地心的夾角 θ，

$$\theta = 90° - E_{\min} - \alpha = 90° - 15° - \sin^{-1}\left(\frac{R_e}{R_e + h}\cos E_{\min}\right),$$

$$R_e = 6378 \text{ km} \quad h = 20,200 \text{ km},$$

故 $\theta = 90° - 15° - \sin^{-1}\left(\frac{6378}{6378 + 20,200}\cos 15°\right) = 61.61°$

3. 地面高度 20,200 km 的 NAVSTAR 涵蓋地面之圓形面積

$$A_S = 2\pi R_e^2(1-\cos\theta) = 6.28 \times 6378^2 \times (1-\cos 61.61°) = 1.341 \times 10^8 \text{ km}^2$$

4. 計算單一 NAVSTAR 圓形涵蓋面積之直徑 D_0。因圓形面積 $A = \frac{\pi}{4}D^2$，

$$D = \sqrt{\frac{A}{\frac{\pi}{4}}} = \sqrt{\frac{1.341 \times 10^8}{\frac{3.14}{4}}} = 13070 \text{ km}$$

5. 單一 NAVSTAR 衛星涵蓋面積與地球表面全面積比：

$$\frac{A_S}{A_E} = \frac{1.341 \times 10^8}{5.109 \times 10^8} = 0.262 \cong \frac{1}{4}$$

6. NAVSTAR 衛星環繞地球一周週期 P：

$$P = 2\pi\sqrt{\frac{r^3}{\mu}} = \sqrt{\frac{(6378+20200)^3}{398600}} = 43099 \text{ sec} \cong 12 \text{ hr}$$

7. 圓形軌道上衛星環繞地球之速度：

$$V = \sqrt{\frac{\mu}{r}} = \sqrt{\frac{398600}{6378+20200}} = 3.87 \text{ km/s}$$

[A] 最佳星座 (Walker 氏符號法)

根據 Walker 氏衛星星座之符號法：

T/P/F 及 i。在此
T = 星座裏衛星之總數
P = 星座裏軌道面之總數
F = 相位參數關係
i = 全衛星共同傾斜度

為取得對稱的配置每一軌道面之衛星都排列等間隔並將各軌道面在 360° 赤道高空上維持相等間隔的升交點。相位參數 F 等於 $F = \frac{360}{T}$ deg 而相鄰軌道面衛星之位置互相有關聯。譬如 T/P/F = 12/3/2。這表示總數 12 顆衛星在 3 個軌道面上均勻的分佈四顆衛星。這三顆軌道面在赤道上構成升交點的赤經度 (right accension of ascending node: RAAN)。假設軌道面 (1) 裏某衛星正在升交點上，那麼相鄰軌道面 (2)

的衛星平均近點離角 (mean anomaly) 等於 $O + F \times \frac{360}{T} = 60°$ deg。Walker 氏 12/3/2 星座符號法衛星總數 =12，軌道面 =3，RAAN =240 deg，平均近點離角 =30 deg。

6-6 衛星為基地的行動電話之誕生 (The Genesis of Satellite Based Mobile Communication)

1980 年代是以衛星為基地的行動電話之誕生。從那黎明時代至今已歷二十多年。如今 LEO、MEO、GSO 及 HEO 等各類軌道特徵皆被利用。不可否認這些衛星都構成星座 (constellation)。【表 6-4】顯示代表性的星座相關表。

表 6-4 低高度軌道 (LEO)、中高度軌道 (MEO)、遠地點橢圓軌道 (HEO) 及地球同步軌道 (GSO) 相關各類衛星之規格。

星座名稱	衛星總數 (N)	軌道面數 (P)	每一軌道面上環繞衛星 (S)	衛星高度 (km)	傾斜度 i (deg)	
IRIDIUM	66	6	11	765	86	L E O
GLOBALSTAR	48	8	6	1400	52	
ORBCOMM	24	4	6	785	45	
STARSYS	24	6	4	1300	60	
GPS	24	6	4	20200	55	M E O
GLONASS	24	3	8	19132	64.8	
INMARSAT-P	10	2	5	10300	45	
ODYSSEY	12	3	4	10370	55	
MOLNIYA	4	1	4	A: 39863 P: 504	63.4	H E O
ARCHIMEDES	4	4	1	A: 39447 P: 926	63.4	
ELLIPSO	24	4	6	A: 7800 P: 520	63.4	

表 6-4 (續)

星座名稱	衛星總數 (N)	軌道面數 (P)	每一軌道面上環繞衛星 (S)	衛星高度 (km)	傾斜度 i (deg)	
INMARSAT-3	4	1	4	36000	0	GSO
ACeS (Asian geostationaty Satellite)	本衛星停留在東經 118° 赤道高空上與地球同轉衛星。在大地上腳印 (foot print) 共有 140 個，服務東南亞國家廣大地域。					
AMSC	本衛星涵蓋地域劃分為①美國本土 (conus)，②夏威夷、阿拉斯加及③墨西哥、波多黎哥等三區域。					

【註十】表中 A 是橢圓軌道之遠地點 (Apogee)，而 P 是近地點 (Perigee)
INMARSAT-3 是類似 GPS, GLONARS 的新型海事衛星
AMSC: American Mobile Satellite Service,
conus: Continental United States.

6-7 美國行動電話公司衛星 (AMSC-1) 對北美大陸、阿拉斯加、夏威夷及墨西哥、加勒比海地域之涵蓋

　　1989 年美國行動電話衛星公司 (American Mobile Satellite Corporation：AMSC) 獲得 FCC 之允許設置 AMSC 衛星實施全美行動電話相關聲音、數據、傳眞等業務 (skycell cellular service)。為加強服務起見，1995 年 4 月發射 AMSC-1 衛星，停留在 101° W 軌道高空同轉衛星位置，如【圖 6-10】所示，AMSC-1 衛星之服務範圍分下列三大地域：

- 第一地域：美國大陸 CONUS (Continental United Sates)
  ◆ P・TZ (Pacific Time Zone)
  ◆ M・TZ (Mountain Time Zone)
  ◆ C・TZ (Central Time Zone)
  ◆ E・TZ (Eastern Time Zone)

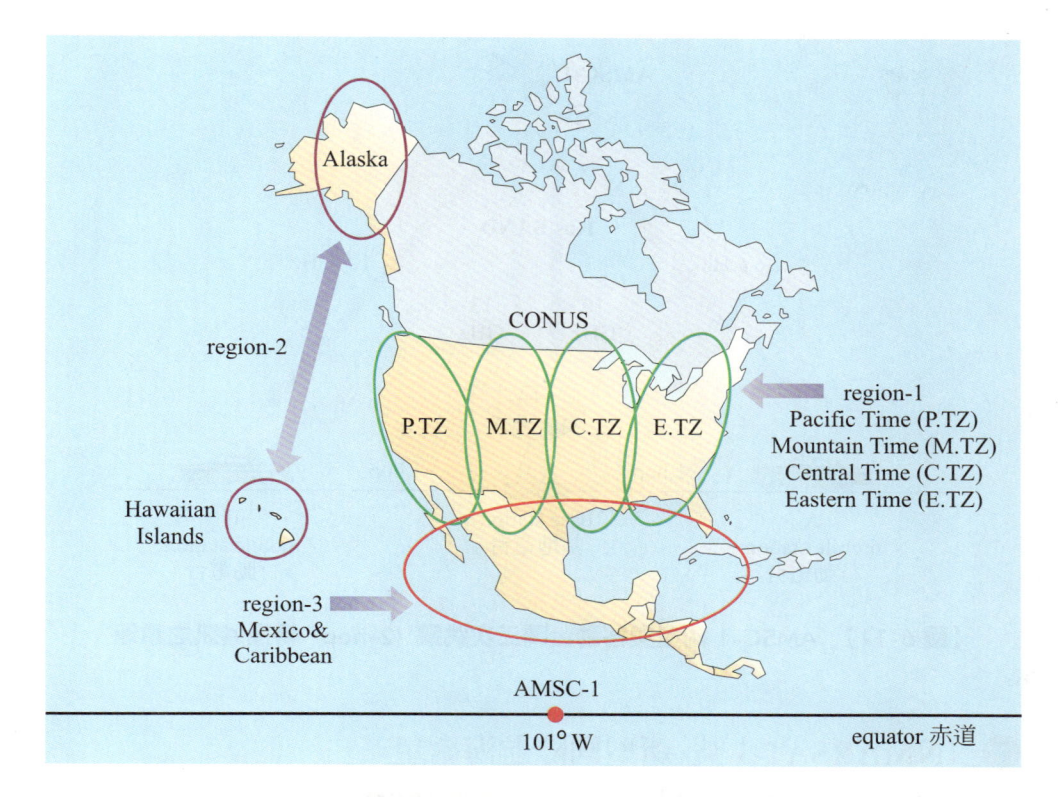

【圖 6-10】 AMSC-1 (美國行動電話衛星公司) 衛星對北美大陸 (CONUS)、阿拉斯加、夏威夷及墨西哥、加勒比海地域之涵蓋。

- 第二地域：阿拉斯加及夏威夷群島
- 第三地域：墨西哥及加勒比沿海

　　AMSC-1 停留在赤道西經 101° 高空地球同步軌道上。上述三個地域除了夏威夷群島利用衛星點波束 (spot beam) 外，其他均採用橢圓涵蓋波來實施、陸上行動電話、固定地域服務、海事衛星通信及航空通信衛星等業務。事實上，AMSC-1 是針對移動性通信衛星之 MSAT (mobile satellite)。

　　上鏈頻率是 1:6315~1.660 GHz，下鏈頻率是 1.530~1.559 GHz 的 L 頻帶，但衛星與基地台間必須經 10~13 GHz K_u 頻率之二次跳躍 (2-hop)，將 A 移動台訊號轉播到 B 移動台。

　　【圖 6-11】顯示 AMSC-1 衛星與移動台間二次跳躍 (2-hop) 通訊轉播之原理。

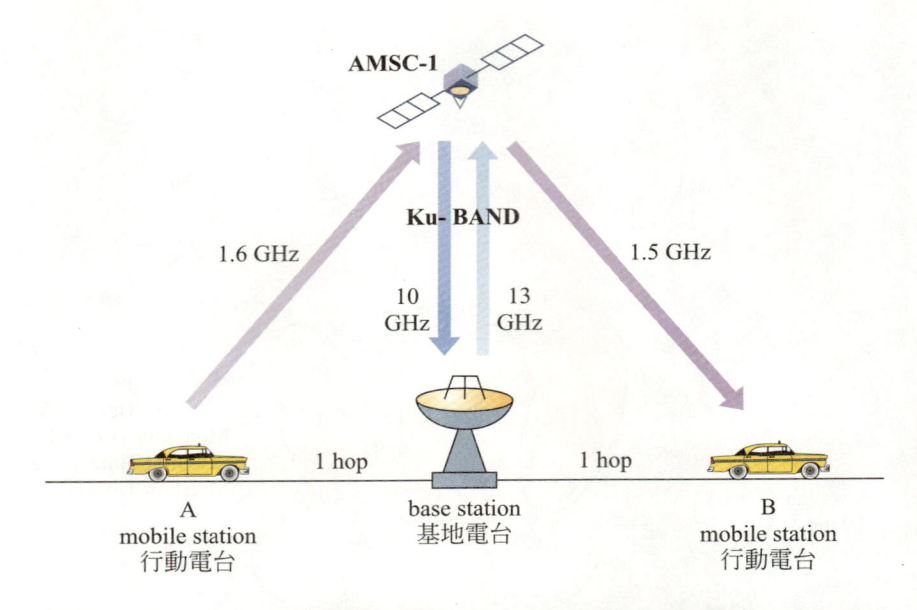

【圖6-11】 AMSC-1 衛星與移動台間二次跳躍 (2-hop) 轉播通訊之原理

▶ INMARSAT-3 號 新型國際航海衛星

總部設在英國倫敦的 INMARSAT-3 號衛星是環球海事衛星公司的最新型衛星。至 1995 年 6 月為止，已有 76 個國家參加這國際海事通訊機構大本營。同時對航空、航海及陸上通訊與 GPS 和 GLonass 又有密切關聯。事實上，INMARSAT-3 號衛星已覆蓋 (overlay) GPS 及 Glonass 衛星涵蓋地域。

[A]　INMARSAT-3 號涵蓋地域

已構成星座的 INMARSAT-3 號之總數有 4 顆，停留在赤道 36,000 公里高空上與地球同轉，停留的位置如下：

- 太平洋 (POR: Pacific Ocean Region 180°E)
- 印度洋 (IOR: Indian Ocean Region 64.5°E)
- 西大西洋 (AORW: Atlantic Ocean Region West 55.5°W)
- 東大西洋 (AORE: Atlantic Ocean Region East 15.5°W)
- INMARSAT-3 號第五顆衛星位置尚未確定。

[B] 衛星構造

　　INMARSAT-3 號衛星重量 1,100 公斤，採用三軸姿勢穩定方式，另裝置**肼推進器** (hydrazine thruster) 及鎳-氫 (nickel hydragen) 蓄電池，衛星壽命約 13 年。Inmarsat-3 號主要酬載的轉頻機之上、下鏈採用 L-頻帶及點波束涵蓋和四個上、下鏈環球涵蓋波束。另一特徵是服務地球擴大用轉頻器 (Wide Area Augmentation System: WAAS) 之能力。預備 L 頻帶 1.575 GHz 及 C 頻帶 3.60 GHz 以修正電離層起因的延遲。INMARSAT-3 號星座星群之控制中心設在英國倫敦。

參考文獻

1. W. L. Pritchard　H. G Suyderhoud.　R.A Nelson **Satellite Communication systems Engineering**　1993 Prentice Hall Englewood cliffs　New Jersey.

2. Leopold J. cantafro, Editor "**Space Based Radar Handbook**, 1989 Norwood. M. A.　Artech House.

3. Vladimir A, Chobotov, Editor "**Orbital Mechanics**　2nd edition 1996 AIAA, 1801 Alexander Bell drive virginia.

4. L. Rider **Analytic Design of Satellite Constellations for Zonal Earth Coverage Using Inclined Circular Orbits** The Junrnal of the Astronautical science, Vol. 34, No. 1, Jan-March 1966.

5. W. S. Adams & L. Rider **Circular Polar Constellations Providing Continuous Single or Multiple Coverage Above a Specified Latitude** The Journal of the Astronautical Sciences Vol. 35, No. 2, April-June 1987.

習題

6-1. 有一低高度軌道 (LEO) 和有一地球靜止軌道 (GEO) 衛星距地面高度

各為 $h_L = 1000$ km 及 $h_G = 35,786$ km。

(a) 試算各衛星之俯角 α，但設 $E_{min} = 10°$。
(b) 試求各衛星之地心夾角 θ。
(c) 試算各衛星至地面電台之斜距 (slant range) r_L 及 r_G。

6-2. 某地球靜止軌道 (GEO) 應用 Walker 氏之軌道符號法 T/P/F。換言之，星座裏衛星之總數 T 星座內軌道面數等於 P，每一軌道面上衛星之數等於 F，也就是，T = 5，P = 5，F = 1，5/5/1。但每一軌道面傾斜度 $i = 44°$。試求：

(a) 每一軌道面之赤經升交點 (right accension of ascending node: RAAN)？
(b) 試求當衛星在軌道面之第一升交點時，第二軌道面上衛星距升交點有多遠？

6-3. 有一星座有兩極軌道面 ($i = 90°$) 成立，每一軌道面包含 3 顆衛星。設兩軌道面隔開 90° 之 RAAN。試求：

(a) 由 3 顆衛星構成單一軌道面上所涵蓋街道之半寬度？
(b) 街道涵蓋法為何不容許每軌道面由 2 顆衛星涵蓋？

6-4. 有一 LEO 星座衛星之地面高度等於 h = 1,000 km。設 $E_{min} = 10°$ 試算衛星之俯角 α

(a) 試求地面高度 1000 km，LEO 衛星涵蓋面下在地心夾角 θ。
(b) 試算衛星至電台之斜距 (slant range)。
(c) 有一高度 1000 km 星座擁有 8 個軌道面，試算街道涵蓋 (street of coverage) 之半刈幅值 (half-width size of street coverage)。

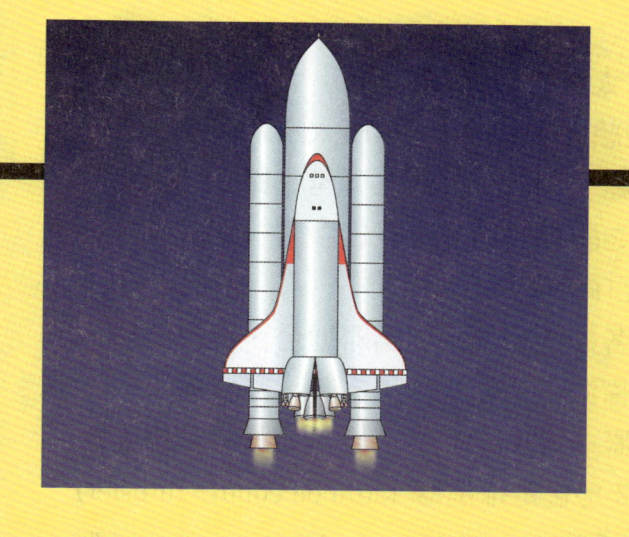

火箭噴射推進

Rocket Propulsion

7

7-1	概說 (Introduction)
7-2	推進器噴射系統 (Thruster Propulsion System)
7-3	國際商業通信衛星發射用火箭 (Launch Vehicle for Intelsat Satellites)
7-4	推力及排氣速度 (Thrust and Exhaust Velocity)
7-5	混合燃料火箭 (Hybrid Propellant Rocket)
7-6	火箭機要方程式 (Key Equations for Rockets)
7-7	多節火箭 (Multistage Vehicles)
7-8	航太電子工程系統 (Avionics System)
7-9	世界著名衛星、太空艙發射基地 (World Famous Rocket Launch Base)
7-10	蘇俄、美國及中國載人用太空艙發展歷程簡表 (Historic Memory Relates to Manned Spacecraft of Russia, U.S.A and China)
7-11	中華民國華衛二號遙測衛星發射成功 (Successful Launch of Rocsat 2 Telemetry Satellite) 簡介日本研發H-IIA火箭(H-IIA Launch Vehicle Developed by JAXA)
7-12	參考文獻 (References)
	習　題 (Problems)

7-1　概　說 (Introduction)

今日從地球表面發射**低高度軌道** (LEO)、**中高度軌道** (MEO)，**地**

球同轉軌道 (GEO) 衛星，發射**太空梭** (space shuttle) 或**太空站** (space station) 環繞地球，或發射**太空艙** (spacecraft) 飛航太陽系深太空中行星如木星、土星、天王星等千篇一律依靠火箭方可達成探測目的。衛星、太空梭、太空艙皆是火箭之酬載。隨著酬載之型態、總重量、尺寸大小、火箭之構造、性能、自備燃料有所不同。

事實上衛星在太空中執行各類任務，例如國際通信、電視廣播、氣象報告、軍事衛星或深太空探測衛星等，衛星本身另需裝備小型火箭，易言之，各類大小之**推進器** (thruster)。衛星**台址維護操縱推進器** (station keeping thruster)，衛星**姿勢穩定推進器** (attitude control thruster) 等皆是。目前世界各國採用的火箭 (expendable launch vehicle: ELV) 被發射升空，當第一、第二或第三節依次序燃燒完畢後，屆時裝備於火箭尖端之**減阻裝置** (fairing) 被向外拋棄，衛星就此脫離火箭。然後等待來自地面電台之指揮訊號啓開衛星自備之推進系統。若是應用太空梭發射衛星者，須在近地點附近噴射**近地點馬達** (perigee kick motor)，然後在遠地點噴射**遠地點馬達** (apogee motor) 將遷移軌道轉換圓形同轉軌道。當衛星在同轉軌道上飛行時，衛星姿勢之修正，東西南北兩方向之台址維護等仍然依賴推進器來維護。因此我們應有認識為升太空必需要火箭，而順利在軌道飛翔時尚要大小各類小型火箭，換言之各類推進器。更重要的觀念就是燃料用完，則太空艙活動被停止。因為浩渺太空裏，找不到加油站的關係。

無論是使用固態或液體燃料，火箭皆是化學火箭。這是將**氧化劑** (oxidizer) 及燃料混合於燃料槽內然產生高溫瓦斯，經遇收歛且發散機構的噴嘴以超音速度將瓦斯排出。此時相反方向就能發生火箭之**推力** (thrust)。【圖 7-1】示催化肼推進器構造略圖。

無水肼 (anhydrous hydrazine) 是無色、有毒腐蝕液體氨（NH_3）之臭味，肼（N_2H_4）對震動或摩擦無感覺而對化學作用相當安定，可長期貯藏的化學物品。無水肼之沸點是 112°C 而冰點是 2°C，如【圖 7-1】所示從氨（N_2）瓦斯和肼（N_2H_4）混合之貯藏槽流出的燃料經**濾清器** (filter) 及**活門** (valve) 後注入的流量在**催化床** (catalystic bed)

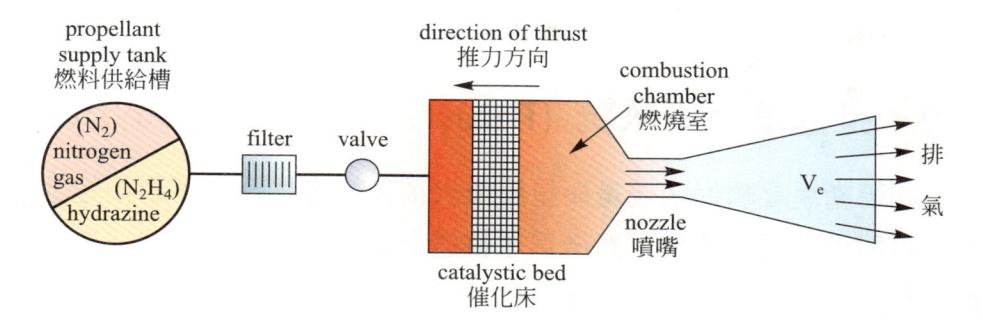

【圖 7-1】 催化肼推進器構造略圖

會變換較大的瓦斯體積，然後經**噴嘴** (nozzle) 以超音速度被排出。這高速瓦斯之排出就產生反作用之火箭推力。

衛星自備噴射系統可分下列三大類：

1. **固態燃料推進系統** (solid propellant thrusters)
2. **催化肼** catalystic hydrazine (N_2H_4)
3. **液體燃料推進系統** (liquid propellant thrusters)
   (a) **單元燃料推進器** (mono-propellant thrusters)
   (b) **液體肼** (liquid hydrazine propellant)
   (c) **雙元燃料推進器** (bipropellant thrusters)

$$\left.\begin{array}{l}\text{氧化劑 }(N_2O_4)\text{ nitrogen tetroxide}\\ \text{燃料 }(MMH)\text{ mono-methyl hydrazine}\end{array}\right\} N_2O_4 - MMH$$

4. **電氣噴射系統** (electric propulsion system)
   (a) **熱電推進** (electro-thermal thrusters)
   (b) **靜電推進** (electro static thruster)
   (c) **電磁推進** (electro magnetic thrusters)

【註一】美國航空暨太空總署曾經發射航海家 (Voyager) 1 號及 2 號太空艙，針對木星、土星、天王星、海王星等深太空探測 (deep space exploration) 留下輝煌且寶貴的記錄。從地球到達這些深太空的行星、單行道就需 12 年的歲月，讓吾人深思"軌道"及"燃料"二大問題。

7-2 推進器噴射系統 (Thruster Propulsion System)

　　同轉衛星之噴射系統是衛星脫離火箭後經遷移軌道，再由遠地點馬達噴射而得同轉軌道。然後為了軌道上衛星的南北和東西方向台址維護和三軸姿勢穩定目的，時常動用噴射推進器得正常工作。

　　衛星之噴射系統如前所述有固態、液體及電氣之三種型態。應用固態燃料馬達一旦被點火立刻會順利燃燒故噴射器之構造可簡化。譬如國際通信衛星 (INTELSAT 5 號) 之遠地點馬達採用固態燃料噴射系統。

　　液體燃料推進器被分單元燃料及雙元燃料兩種。單元燃料系統肼是最常用。雙元燃料推進器是通常以**單甲基肼** (MMH) 為燃料且以四氧化氮 (N_2O_4) 做觸媒。

[A] 推進器基本方程式

　　【圖 7-1】告訴我們當單元燃料肼在燃燒床裏被加溫然後經噴嘴以超音速被排出時相反方向產生推進力。

推進力方程式：

$$m\frac{dv}{dt} = F - F_a - mg \tag{7-1}$$

上式　m = 火箭之質量
　　　v = 火箭速度
　　　g = 地球重力加速度
　　　F = 噴射推進力
　　　F_a = 空氣流動力

通常衛星在遷移軌道或同轉軌道上空氣流動力 $F_a = 0$ 同時 $g \cong 0$ 的環境，故 (7-1) 式可改為 $m\frac{dv}{dt} = F$。因此噴射器之推力等於：

$$F = -V_e \frac{dm}{dt} \tag{7-2}$$

從 (7-1) 及 (7-2) 兩式得：$m\frac{dv}{dt} = -V_e\frac{dm}{dt}$，故得

$$mdv = -V_e dm \tag{7-3}$$

推進器功能之判斷標準是用**脈衝比** (specific impulse) I_{SP} 來表示。通常單位重量之衝擊力是以燃料之單位重量與燃燒時間之乘積得來的推力來定義之。

$$I_{SP} = \int_o^t F dt = -\int_o^t V_e \frac{dm}{dt} dt = -\int_{\frac{1}{g}}^0 V_e dm = \frac{V_e}{g} \tag{7-4}$$

將 (7-4) 式代入 (7-3) 式得：

$$mdv = -I_{SP} g dm \tag{7-5}$$

(7-5) 式是噴射系統之基本方程式，再從 (7-5) 式可導出

$$\Delta V = -I_{SP} g \log \frac{m_f}{m_i} \tag{7-6}$$

$$m_f = m_i e^{-\Delta v/I_{SP} \cdot g} \tag{7-7}$$

$$m_p = m_i\left(1 - e^{-\Delta v/I_{SP} \cdot g}\right) = m_f\left(e^{\Delta v/I_{SP} \cdot g} - 1\right) \tag{7-8}$$

上式中 ΔV 是傳授火箭的速度之變化，m_i 是火箭**燃燒前** (pre-burn) 之質量，m_f 是火箭**燃燒後** (post-burn) 之質量且 $m_p = m_i - m_f$。假設推進器之效率等於 η 時 (7-8) 式應改為：

$$m_p = m_i\left(1 - e^{-\Delta V/\eta \cdot I_{SP} \cdot g}\right) \tag{7-9}$$

[B] 脈衝比 (Specific Impulse)

脈衝比定義為火箭燃料被排出速度與地球重力加速度 g 之比。

$$I_{SP} = \frac{V_e}{g} \tag{7-10}$$

脈衝比另可定義為推進力 $\frac{F}{g}$ 與火箭燃料質量之消耗率 $\frac{dm}{dt}$ 之比，換言之

$$I_{SP} = \frac{\frac{F}{g}}{\frac{dm}{dt}} = \frac{Fdt}{gdm} \tag{7-11}$$

事實上，當燃料被燒期間脈衝比保持不變定數。因此當設計火箭馬達時 I_{SP} 成為火箭效率基準。常用火箭脈衝比示於【表 7-1】。

表 7-1　典型火箭燃料脈衝比

燃　　料 (propellant)	脈衝比 I_{sp} (sec)
固態燃料 (solid propellant)	290
四氧化氮 (MMH + N$_2$O$_4$) (nitrogen tetroxide)	310
單元肼燃料 (monopropellant hydrazine)	220
液體氧/液體氫 (liquid oxygen / liquid hydrogen)	460
離子推進劑 (ion thruster)	3000

【註二】　推進力 (F) 之單位及 Newton 關係 (10 N ≅ 2.2 lbs force)

$\frac{dm}{dt}$ 是燃料之流量率：kg/s

1 N = 1 kg m/s^2

$I_{SP} = \frac{V_e}{g}$

V_e = 燃料排出速度

g = 重力加速度 9.8 m/s^2

例題 7-1

某同轉衛星為南北方向台址之維護貯藏推進燃料。設初期燃料之質量等於 2,300 kg。台址維護需噴射速度 460 m/s，工作期限定為 10 年。

解

為南北方向台址維護，下列目標推進系統被採用。

1. 單元肼燃料
2. 四氧化氮 (N_2O_4)
3. 離子推進劑

現設 η 為推進系統之效率可用 (7-9) 式計算。

設前三種系統之效率皆等於 $\eta = 0.9$ 而離子推進器之 $\eta = 0.85$。按題意知：

$m_i = 2,300$ kg 且 $\Delta V = 460$ m/s。查【表 7-1】知單元肼燃料，四氧化氮離子推進器之脈衝比等於 220、285 及 3,000。再設地球之重力加速度 $g = 9.8$ m/s^2

(a) Mono propellant hydrazine (N_2H_4)

$$m_p = 2,300\left(1 - e^{-\frac{460}{0.9 \times 9.8 \times 220}}\right) = 487.6 \text{ kg}$$

(b) Bipropellant (N_2O_4-MMH)

$$m_p = 2,300\left(1 - e^{-\frac{460}{0.9 \times 9.8 \times 310}}\right) = 356.5 \text{ kg}$$

(c) Ion thruster

$$m_p = 2,300\left(1 - e^{-\frac{460}{0.85 \times 9.8 \times 3,000}}\right) = 43.7 \text{ kg}$$

從上述計算結果可推知若使用離子推進系統所載燃料約前二者之 $\frac{1}{10}$ 就可夠用。

[C] 推進器速度之增加與攜帶燃料質量之變化

推進器需要燃料之質量可用下式表示：

$$Mdv = wdM \tag{7-12}$$

上式告訴我們從時刻 t 到 $t + dt$ 之間，衛星從最初質量 M，速度 v 到用掉質量 $-dM$ 因而增加速度 dv。所排出質量 dM 對衛星之速度有 ΔV 之增加。

$$\Delta V = w \log_e \frac{M + m}{M} \tag{7-13}$$

上式 m 是消耗燃料之質量且 M 是燃燒後之質量或

$$m = M\left(\exp\frac{\Delta V}{w} - 1\right)$$

$$m = M\left(\exp\frac{\Delta V}{I_{SP}g} - 1\right) \tag{7-14}$$

因此衛星發射前之總質量 $M_s = M + m$

$$m = M_s\left(1 - \exp\left(\frac{-\Delta V}{I_{SP}g}\right)\right) \tag{7-15}$$

7-3 國際商業通信衛星發射用火箭 (Launch Vehicle for Intelsat Satellites)

　　國際電話、電子郵件、網際網路、傳真、數位資料等國際間之高速度傳輸大都依靠國際通信衛星，這些人造衛星之發射一概由火箭擔任。現代衛星發射用火箭有二種系統，其一是傳統性火箭發射系統，也就是所謂**消耗性發射火箭** (expendable launch vehicle：ELV)。這是當火箭升空時火箭核心部份的第一節、第二節 (或第三節) 裝滿的燃料附屬零件，以及固態或液體燃料的**推升器** (rocket booster) 之燃料等全部燒盡而衛星被送上預期的軌道環繞地球外，火箭本身沒有一件東西可回收再利用。這就是所謂消耗性火箭由來。另一種是應用太空梭的**太空運輸系統** (space transportation system: STS) 系統。如果從地上發射只一顆通信衛星觀點來說，應用 ELV 型火箭者，一切操作比較捷徑、快速、簡便。

　　相反地應用太空梭發射一枚衛星當然可以。但太空梭是多目標、多功能的太空實驗室及最多可容七位太空人。事實上除**外部燃料槽** (external tank) 外、全部可回收。因此如果只發射衛星觀點來說，自然被限定 ELV 系統火箭。譬如歐洲 ESA、阿利安一系列火箭 ARIANE ROCKET，蘇俄的 PROTON，ZENIT 等火箭、日本的 H_1、H_2-2A 火箭、中華人民共和國 (PRC) 的長征 CZ-3A，CZ-4L 等火箭、美國的 TITAN，DELTA，ATLAS 等一系列火箭皆屬於 ELV 型火箭。

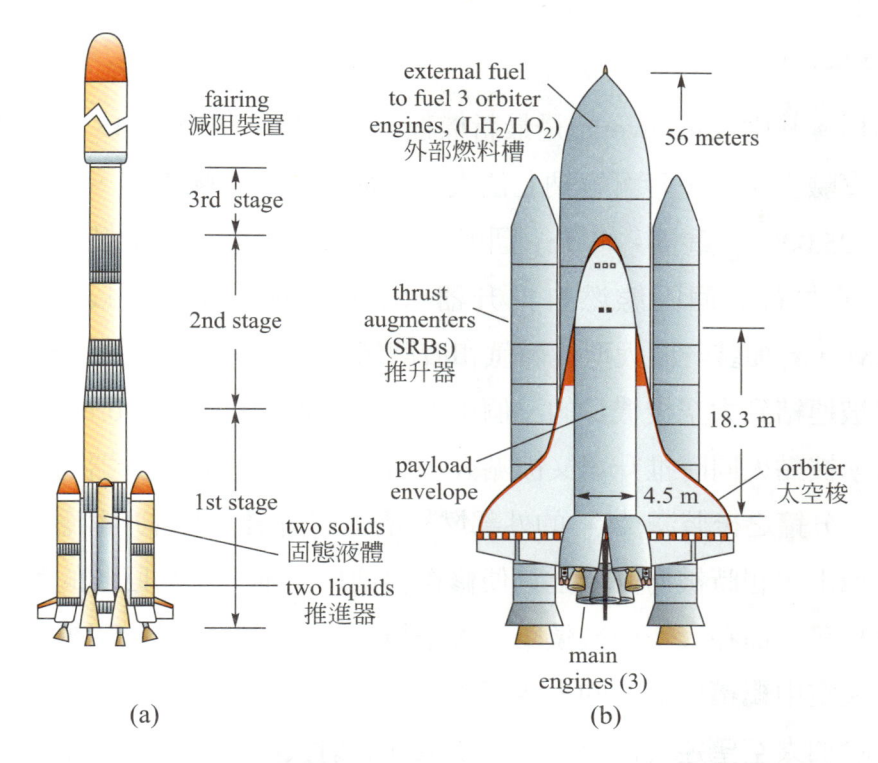

【圖 7-2】 (a) 典型火箭 ARIANE AR-44LP；(b) STS 典型 US SPACE SHUTTLE (ORBITER) 構造外觀圖

【圖 7-2】示 (a) ELV 典型火箭 ARIANE，AR-44LP 及 (b) STS 典型 US，SPACE SHUTTLE (ORBITER) 之構造外觀圖。

【圖 7-2】(a) 顯示阿利安四號的三節火箭構造略圖。本箭應用二個**固態燃料推升器** (solid booster) 及二個**液體推升器** (liquid booster) 共四個被綑綁與火箭核心本體。換言之，3 core + 2 SRB，2 LRBS 型態並將重量 2,700 kg 酬載可送 GTO 軌道上的功能。

【圖 7-2】(b) 典型 STS 系統。美國太空梭 (U.S. SPACE SHUTTLE) 被火箭發射升空後，在高度 290 km 太空中做比較低高度圓形軌道而其週期約 1.5 小時環繞地球。美國太空總署 (NASA) 現用的太空梭是

- Columbia
- Discovery
- Atlantis

● Endeavour

四機種。其中 Endeavour 是最新機種。太空梭酬載是長 18.3 公尺之太空實驗室。最多時可容納七位太空人從事太空實驗工作，最大酬載是約 25,000 kg 重量。如 (b) 圖所示太空梭本身 (orbiter) 裝備三個主引擎，左右二個固態燃料推升器 (redesigned solid rocket motors: RSRM)，另加裝一個大型液體氫和液體氧（$\frac{LH_2}{LO_2}$）的外部燃料槽。這些燃料被連結到太空梭機身的三個主引擎。當垂直起飛時，orbiter 三個主引擎被點火同時推升器又被點火，如此約 2 分鐘後推升器向外被投棄，8 分鐘之後裝滿 $\frac{LH_2}{LO_2}$ 的外部燃料槽又被捨棄，但推升器應用降落傘在海上，屆時被撈回船上以便修復再使用。唯一不易回收的就是外部燃料箱，而在太空中被燒棄。太空梭本身在預定軌道上環繞地球，而在太空中繼續做珍貴的太空實驗工作。有必要時可發射攜帶的衛星有如哈伯太空望遠鏡修復工作，或撿回發射失敗的其他浮游太空中的衛星等實際是多功能的機種。吾人知悉自 2001 年以後太空梭又參加國際太空站 (international space station) 需要的一切實驗儀器、實驗器材、燃料等包括太空人員在內之切實重要工作。

【註三】【圖 7-3】中 GTO (geo-synchronous transfer orbit) 是橢圓衛星軌道。近地點是 150~300 km，遠地點地面高度是約 35,800 km。通常使用近地點馬達 (perigee kick motor: PKM) 將停留軌道 (parking orbit) 可變換到 GTO。GEO (geo-stationary orbit) 是圓形衛星軌道。通常在遠地點動用遠地點馬達將 GTO 改變 GEO。這是週期 24 小時，傾斜度 0°，地面上 35,786 km 之高度。亦可稱為地球靜止軌道，一箭兩衛是阿利安四號的另一特徵。

【圖 7-4】顯示日本 JAXA, HII-A 火箭頂部減阻裝置這是一箭雙衛裝置法之簡略圖。

第七章　火箭噴射推進　245

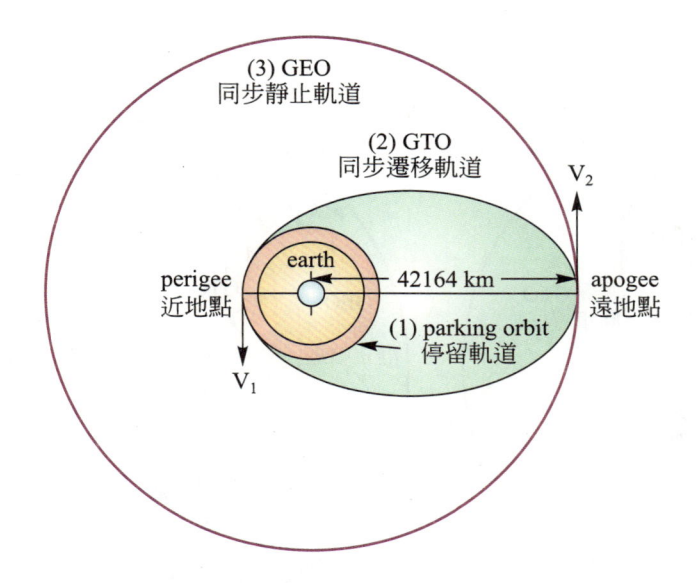

【圖 7-3】 (1) 停留軌道 (Parking Orbit)；(2) 地球同步遷移軌道 (GTO)；(3) 地球靜止軌道 (GEO) 三步驟。

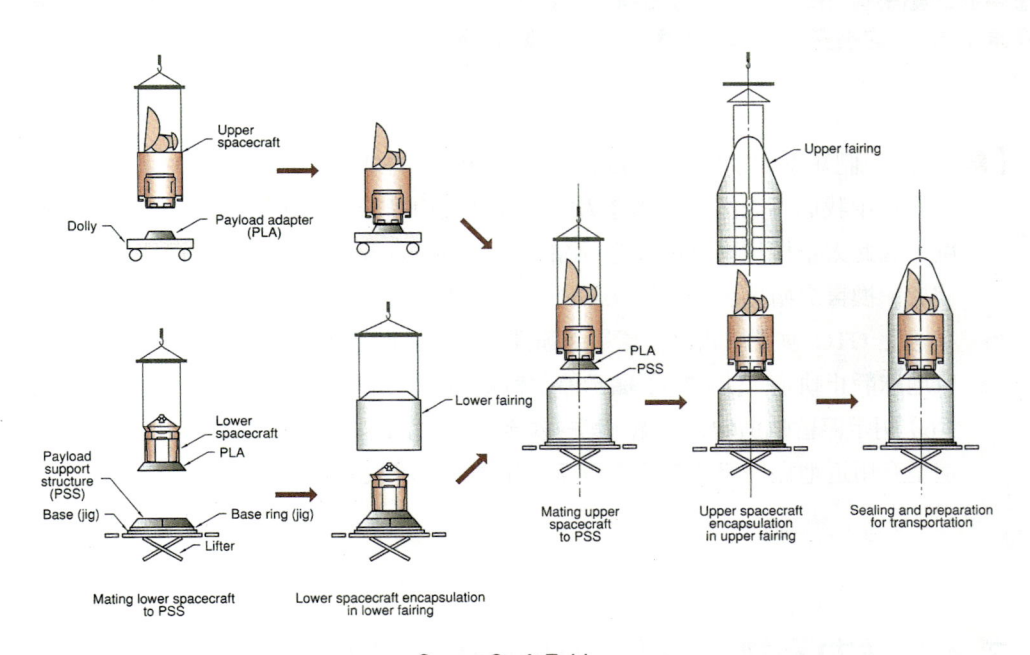

Space Craft Fairing
Reprinted with permission of JAXA, JAPAN

【圖 7-4】 日本 JAXA, HII-A 火箭，一箭雙衛之尖端機構及減阻裝置簡略圖

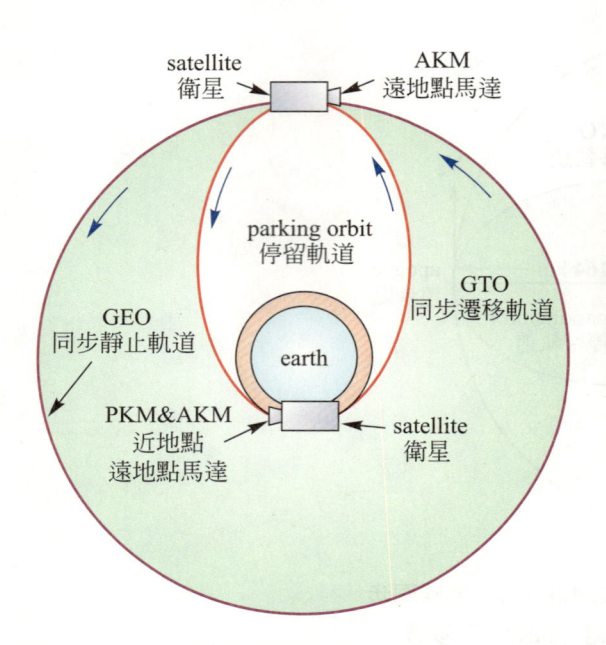

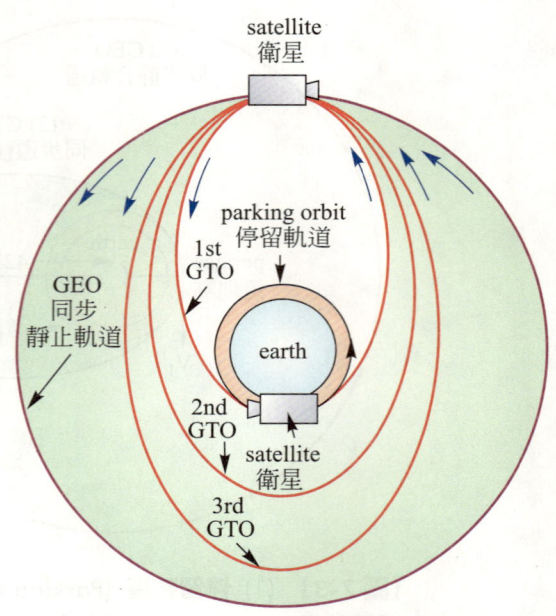

【圖 7-5】停留軌道經 GTO 到 GEO 軌道之變遷過程。應用近地點馬達 (PKM) 及固態燃料的遠地點馬達 (AKM) 之後獲得 GEO 軌道。

【圖 7-6】停留軌道轉移多重的 GTO，最後達到 GEO 過程。應用近地點馬達及液體燃料遠地點馬達之例。

【註四】我們知悉太空梭升空後約在高度 290 km 的低高度軌道 (LEO) 環繞地球。第八章中我們可查出太空梭在太空中高度大約等於停留軌道 (parking orbit) 高度。因此太空梭貨物室可裝置 ASE (airborne support equipment) 而從此衛星被釋放。換言之衛星被加旋轉 (spin) 垂直升空之後，近地點馬達立刻被點火將衛星送上 GTO 軌道。如此當衛星到達遠地點時屆時遠地點馬達被點火使 GTO 改航地球靜止軌道。【圖 7-5】顯示停留軌道經 GTO 到 GEO 軌道之變遷過程。【圖 7-6】明示停留軌道轉移多重 (第一次至第三次) 的 GTO，最後回到 GEO 過程。這是應用近地點馬達及液體燃料遠地點馬達之緣故。

7-4 推力及排氣速度 (Thrust and Exhaust Velocity)

總推力 I_t 是在燃燒時間內推力之積分。換言之 $I_t = \int_0^t F dt$，如果忽視燃燒開始及終止時刻時，可用 $I_t = Ft$ 表示之。脈衝比 I_{SP} 是燃料之每單位重量的總脈衝。若是燃料之總質量流動率等於 $\dot{m}$ 而在海面標高之重力標準加速度等於 9.8 m/sec^2 時

$$I_{SP} = \frac{\int_0^t F dt}{g_0 \int \dot{m} dt} \tag{7-16}$$

若是燃燒和推力是固定不變時上式可簡化為

$$I_{SP} = \frac{I_t}{m_p g_0} \tag{7-17}$$

上式 m_p 是總有效燃燒質量。

【註五】在 Metric Standard International (SI) System 系統，I_{SP} 之單位可用 $\frac{\text{N-sec}^3}{\text{kg-m}}$ 或用秒 (sec) 表示。

設不變的燃料流動率 $\dot{m}$ 及推力 F 並忽視起動及終止時短暫變化者：

$$I_{SP} = \frac{F}{\dot{m} g_0} = \frac{F}{\dot{w}} \qquad I_t (m_p g_c) = \frac{I_t}{W} \tag{7-18}$$

上式中 $\dot{w}$ 是**重量流動率** (weight flow rate)，且 $\frac{\dot{w}}{g_0}$ 等於質量流動率 $\frac{\dot{w}}{g_0} = \dot{m}$ 故 $F = \frac{dm}{dt} V_2 = \dot{m} V_2 = \frac{\dot{w}}{g_0} V_2$ 表示推力是比例燃料流動率及排氣速度。

火箭之**質量比** (mass ratio) 可用下式表示：

$$MR = \frac{m_f}{m_0} \tag{7-19}$$

m_f 是火箭燃料燒完最後的質量而 m_0 是燃燒前火箭最初之質量。另設火箭之有效消耗燃料質量為 m_p 則得

$$m_p = m_0 + m_f \tag{7-20}$$

$$\xi = \frac{m_p}{m_0} = \frac{m_0 - m_f}{m_0} = \frac{m_p}{m_p + m_f} \tag{7-21}$$

針對火箭飛行而言，不變的 $\dot{m}$ 及 I_{SP} 條件下可得：

$$\frac{I_t}{w_0} = \frac{I_{SP}t}{(m_f + m_p)g_0} = \frac{I_{SP}}{m_f g_0/t + \dot{m}_p g_0} \tag{7-22}$$

例題 7-2

有一火箭發射機構有下列特徵：

- 火箭發射前質量：360 kg
- 火箭發射後質量：220 kg
- 火箭酬載或與推進無關機件：180 kg
- 燃料之平均脈衝比：260 sec
- 火箭工作時間：5.5 sec

試求：

1. 質量比 (mass ratio)
2. 燃料質量部份 (propellant mass fraction)
3. 燃料流動率 (flow rate)
4. 推力
5. 推力重量比
6. 火箭加速度
7. 有效排氣速度
8. 總脈衝比
9. 脈衝比與重量比

解

1. 質量比：$MR = \frac{m_f}{m_0} = \frac{220}{360} = 0.61$

   火箭系統質量比 $\frac{220-180}{360-180} = 0.22$

   設火箭之空殼及最初推進質量各等於 40 kg 及 150 kg

2. 燃料質量部份：$\xi = \frac{m_0 - m_f}{m_0} = \frac{150-40}{150} = 0.73$

3. 燃料流量率，因燃料質量 = 360 − 220 = 140 kg，故燃料流動比

   $$\dot{m} = \frac{140}{5.5} = 25.4 \text{ kg/sec}$$

4. 推力：$F = I_s \dot{w} = I_s \dot{m} g_0 = 260 \times 25.4 \times 9.8 = 64{,}719 \text{ N}$

5. 推力重量比：最初數量 $\frac{F}{w_0} = \frac{64719}{360 \times 9.8} = 18.3$

$$最後數量 = \frac{64719}{220 \times 9.8} = 30$$

6. 火箭加速度：火箭最大加速度 $30 \times 9.8 = 294$ m/sec^2
7. 有效排氣速度 $= 260 \times 9.8 = 2548$ m/sec
8. 總脈衝比：$I_t = I_s w = 260 \times 140 \times 9.8 = 356{,}720$ N-sec
9. 脈衝比與重量比 $= \dfrac{I_t}{w_0} = \dfrac{356720}{360-180} \times 9.8 = 202$

[A] 推　力

火箭之推力是受高速度排氣之反作用而產生的推動力。所謂火箭的**動量** (momentum) 是質量與速度之乘積。在火箭推進系統裏，只因有較小瓦斯質量在火箭機身內以非常高的速度被噴出。從火箭機身流出的高溫瓦斯可視為較小質量如 Δm 以高速度 v_2 被逐出。易言之機身質量 m_v 以高速度 u 飛行的狀態。

如此機身所得到的動量則等於逐出瓦斯之動量。換言之

$$m_v \Delta u = \Delta m (u - v_2) \tag{7-23}$$

上式就時間微分得 $\dfrac{dM}{dt} = 0$，因為外部沒有加上動量之變化，是故 $\dfrac{d(\Delta m)}{dt}$ 針對不變的瓦斯流動情況下接近 $-\dfrac{dm}{dt}$。由於 Δm 及 Δu 變化較小可能接近零。吾人可得

$$m_v \frac{du}{dt} = -\frac{dm}{dt} v_2 \tag{7-24}$$

上式左邊是牛頓第二定律並且等於推力 F 故

$$F = \frac{dm}{dt} v_2 = \dot{m} v_2 = \frac{\dot{w}}{g_0} v_2 \tag{7-25}$$

吾人知悉火箭外圍流體 (大氣) 之壓力對推力有些影響。【圖 7-7】顯示火箭燃燒室受外圍均勻外部壓力另又受火箭引擎內部之瓦斯壓力。圖中箭頭長短表示壓力之大小。查圖可知

$$F = \dot{m} v_2 + (p_2 - p_3) A_2 \tag{7-26}$$

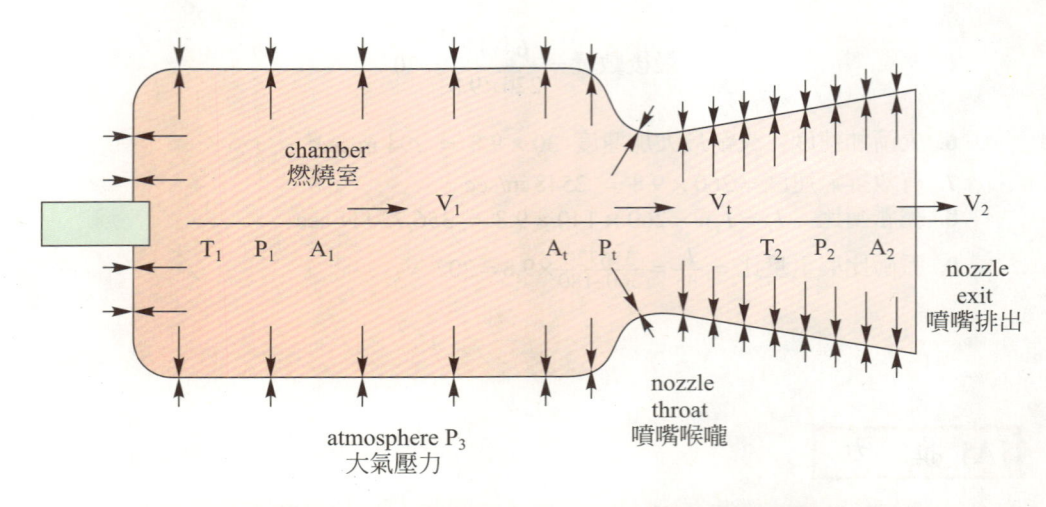

【圖 7-7】 火箭燃燒室與噴嘴之壓力平衡。燃燒室內部壓力最高，然逐漸到噴嘴，但外部大氣壓力是一律相同。

P_1：燃燒室壓力　　　　　　　A_1：燃燒室面積
P_2：噴嘴輸出口壓力　　　　　A_2：噴嘴出口面積
P_3：大氣壓力　　　　　　　　A_t：噴嘴喉嚨面積
P_t：噴嘴喉嚨壓力　　　　　　V_1：燃燒室瓦斯速度
T_1：燃燒室絕對溫度　　　　　V_2：噴嘴出口瓦斯速度
T_2：噴嘴出口溫度　　　　　　V_t：噴嘴喉嚨瓦斯速度

(7-26) 式告訴我們，火箭之推力由二個部份成立，右邊第一項是**動量推力** (momentum thrust)，這是燃料質量流量率 ($\dot{m}$) 與排氣速度 (v_2) 之乘積。第二項是壓力的推力 (pressure thrust)，這是噴嘴輸出口斷面積 A_2 與排氣壓力和外圍流體（大氣）壓力之差 ($p_2 - p_3$) 的乘積。

如果瓦斯流動壓力等於排氣壓力者，壓力的推力項則等於零，故得

$$F = \dot{m}v_2 = \left(\frac{\dot{w}}{g_0}\right)v_2 = \dot{w}I_{SP} \tag{7-27}$$

[B] 排氣速度

有效排氣速度 (effective exhaust velocity) 之定義是如 (7-28) 式所示

$$C_e = I_S g_0 = \frac{F}{\dot{m}} \tag{7-28}$$

換言之所有火箭是歸納高溫瓦斯以超音速度從噴嘴向外排出的熱力學理論。如 (7-26) 式所示

$$F = \dot{m}v_2 + (p_2 - p_3)A_2$$

再改變得

$$C_v = \frac{F}{\dot{m}} = v_2 + (p_2 - p_3)\frac{A_2}{\dot{m}} \tag{7-29}$$

如果 $p_2 = p_3$ 時 $C_v = \frac{F}{\dot{m}} = v_2$，換言之有效排氣速度 C_v 等於燃料瓦斯 v_2 之平均排氣速度。假如 $p_2 \neq p_3$，則 $C_v \neq v_2$。如果 $C_v = v_2$ 時，

$$F = \left(\frac{\dot{w}}{g_0}\right)v_2 = \dot{m}C_v \tag{7-30}$$

特有排氣速度

$$C_v = \frac{P_1 A_t}{\dot{m}} \tag{7-31}$$

上述特有排氣速度 C_v 常被應用比較不同化學火箭推進系統。

例題 7-3

有一固態燃料火箭在海面標高測試得下列相關因數，
在海面上標準大氣壓力：

$$1 \text{ atm} = 0.101325 \text{ Mpa} = 0.101325 \times 10^{-6} \text{ pa}$$
$$1 \text{ Pa} = 1 \text{ N/m}^2$$
$$1 \text{ Mpa} = 10^6 \text{ pa(pascal)}$$

- 測試前火箭質量 (m_i)：2000 kg
- 測試後火箭質量 (m_f)：350 kg
- 火箭燃燒時間 (t)：60 sec
- 火箭平均推力 (F)：68,480 N
- 火箭燃燒室壓力 (P_1)：9.2×10⁶ Pa
- 火箭噴嘴出口壓力 (P_2)：0.09×10⁶ pa

- 海面標高大氣壓力（P_3）：0.1013×10^6 pa
- 噴嘴出口直徑（D_e）：0.293 m
- 噴嘴喉嚨直徑（D_t）：0.093 m

試求下列各項目：

1. $\dot{m}(=\frac{dm}{dt})$
2. V_2
3. 特有排氣速度（characteristic exhaust velocity）$c_v = \frac{P_1 A_t}{\dot{m}}$
4. 有效排氣速度（effective exhaust velocity）$c_e = V_2 + (P_2 - P_3)\frac{A_2}{\dot{m}}$
5. 脈衝比 I_{sp}
6. 在地面上，10 km 及 300 km 高空大氣中，脈衝比 I_{sp}

解

1. 質量流動率 $\dot{m} = \frac{dm}{dt}$ 可從火箭燃燒前與燃燒後質量比及時間求出。

$$\dot{m} = \frac{m_i - m_f}{dt} = \frac{dm}{dt} = \frac{2000-350}{60} = 27.5 \text{ kg/sec}$$

2. 噴嘴之出口及喉嚨之面積

出口面積：$A_2 = \frac{\pi \times D_e^2}{4} = \frac{3.14\times 0.293^2}{4} = 0.0673 \text{ m}^2$

噴嘴喉嚨面積：$A_t = \frac{\pi \times D_t^2}{4} = \frac{3.14\times 0.093^2}{4} = 0.00678 \text{ m}^2$

故

$$v_2 = \frac{F}{\dot{m}} - (P_2 - P_3)\frac{A_2}{\dot{m}}$$

$$= \frac{68480}{27.5} - (0.09 - 0.1013)\times 10^6 \times \frac{0.0673}{27.5}$$

$$= 2517 \text{ m/sec}$$

3. $c_v = \frac{p_1 A_t}{\dot{m}} = \frac{9.2\times 10^6 \times 0.00678}{27.5} = 2268$ m/sec

4. 有效排氣速度 $c_e = v_2 + (p_2 - p_3)\frac{A_2}{\dot{m}}$

$$= 2517 + (0.09 - 0.1013)10^6 \times \frac{0.0673}{27.5}$$

$$= 2489 \text{ m/sec}$$

5. 脈衝比 $I_{sp} = \frac{F}{\dot{m}g_0} = \frac{68480}{27.5\times 9.8} = 254$ sec

$$c_e = I_{sp}g_0 = 254\times 9.8 = 2489 \text{ m/sec}$$

6. 高度 10 km 及 300 km 脈衝比（查美國 NOAA 發表的地球大氣層高度與

氣壓得知 0.0265 Mpa (高度 10 km) 及 0.877×10^{-11} Mpa (高度 300 km)

$$c = v_2 + (p_2 - p_3)\frac{A_2}{\dot{m}}$$
$$= 2517 + (0.09 - 0.0265) \times 10^6 \times 0.0673/27.5$$
$$= 2672 \text{ m/sec}$$

$I_{sp} = \frac{2672}{9.8} = 273$ sec 高壓 10 km 時

$$c = v_2 + (p_2 - p_3)\frac{A_2}{\dot{m}}$$
$$= 2517 + (0.09 - 0.877 \times 10^{-11}) \times 10^6 \times \frac{0.0673}{27.5}$$
$$\cong 2737 \text{ m/sec}$$

$I_{sp} = \frac{2737}{9.8} = 279$ sec

【註六】 NOAA: National Oceanic and Atmospheric Administration (美國海洋暨大氣總署)。

7-5 混合燃料火箭 (Hybrid Propellant Rocket)

在火箭推進系統裏，若有一燃料以液體狀態被貯藏而另一燃料以固態狀態分別被貯藏者，這火箭可稱為混合燃料火箭。最常用的形態是液體氧化劑配合固態燃料之情況。【圖 7-8】示典型混合燃料火箭引擎簡略圖。

▶ 混合燃料推進火箭系統之優點

1. 無論在製造、貯藏或者火箭工作期間內爆炸之危險性少。
2. 火箭之停止或開啟等反覆作用比較容易。
3. 許多燃料之混合使用其排氣特性相當穩定。
4. 與固態或雙元液體燃料相比其可靠性較高。
5. 系統成本比較低。
6. 混合燃料系統之脈衝比 (I_{SP}) 比固態燃料和雙元液體推進系統高。

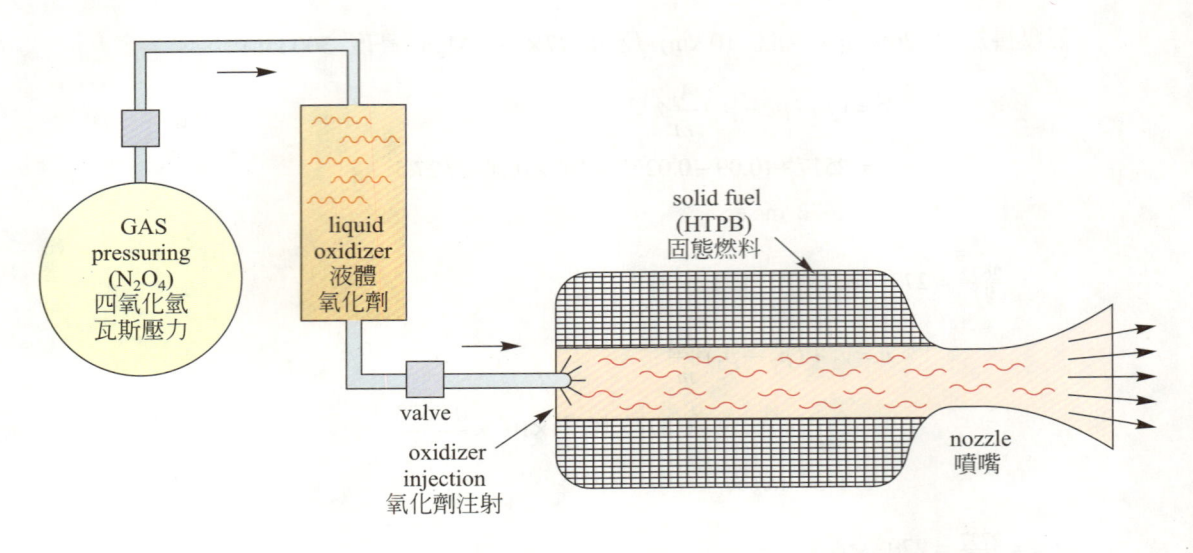

【圖 7-8】 典型混合燃料火箭引擎簡略圖

▶混合燃料推進火箭系統之缺點

1. 在穩定工作及節流活門期間內，脈衝比和混合比會少許變動。
2. 標稱上 93~97% 的燃燒效率事實上比固態或液體燃料少許低一些。
3. 系統脈衝密度較低因此比固態燃料之體積大些。
4. 燃燒完畢後燃燒室內會殘留一些疏鬆纖維素，因此減少馬達部份質量。

[A] 火箭用液體燃料 (Liquid Fuels For Rocket)

至今不少化學燃料提供研發、測試，但如下列少數燃料被實用：

1. **碳氫化合物燃料** (hydrocarbon fuel)
    - 噴射燃料 (jet fuel)
    - 煤油 (kerosene)
    - 航空汽油 (aviation gasoline)
    - 柴油燃料 (diesel fuel)

2. **肼** (hydrazine) N_2H_4：肼是有毒、無色、高冰點 (274.3 °K) 液體。

肼與硝酸 (nitric acid) 或四氧化氮 (N_2O_4) 混合時自然發火。它的蒸氣與空氣混合時形成爆發，若肼灑在布上時自然可發火。

3. 不勻稱雙甲基肼 unsymmetrical dimethyl hydrazine [$(CH_3)_2NNH_2$]
肼的衍生物就是不勻稱甲基肼 (UDMH) 而比肼更穩定。它的冰點是 215.96 °K 而沸點是 336.5°K。當 UDMH 與氧化物燃燒時 I_{SP} 少許低些，UDMH 時常用 30~50% 的肼混合使用。

4. 單甲基肼 (monomethyl hydrazine CH_3NHNH_2：MMH)
單甲基肼在衛星火箭引擎燃料常被採用，譬如衛星姿勢穩定之操作用小引擎而用 N_2O_4 作氧化劑。它對烈風波抵抗力良好，並且熱能轉移特性優良。

5. **液體氫** (liquid hydrogen) LH_2
6. **液體氧** (liquid oxygen) LOx

▶ 火箭用液體氧化劑 (Liquid Oxidizers for Rocket)

許多可儲存而低溫的氧化推進劑被使用。

1. 液體氧 (liquid oxygen：O_2)
2. 液體氟 (liquid fluorine)
3. 液體過氧化氫 (hydrogen peroxide：H_2O_2)
4. 液體硝酸 (nitric acid：HNO_3)
5. 液體四氧化氮 (nitrogen tetroxide：N_2O_4)

[B] 火箭用固態燃料 (Solid Propellants for Rocket)

現代的火箭用固態推進劑大約分類下列幾種：

1. 近代的固態推進劑大都為適應特別用途譬如為太空探測用火箭**推升器** (booster) 或戰略用飛彈推進用被製造。因此特製化學成分，不同燃燒分量或特異功能等而被分類。火箭之馬達若使用的推進劑擁有熱瓦斯 (2,400 °K 以上) 能者，以產生推力之目的而採用之。但推進劑產生比較低溫瓦斯 (800~1200 °K) 者，視為專用產生**功率** (power) 而不是為**推力** (thrust) 用途。從歷史性觀點論火箭馬達專用推進劑有二種，首先製造雙基座性推進劑，然後發展以聚合體當做綴合物的複合推進劑。

2. 雙基座推進劑形成均勻推進顆粒，通常用硝化纖維 (NC) 固態成分在硝化甘油 (NG) 中溶解再加少量附加物。這兩種主要成分都是爆炸性且以混合燃料、氧化劑或綴合物作用。雙基座推進劑如果被變更而改良，再加上結晶狀氧化劑如**氨塩基過氯化物** (ammonium perchlorate: AP) 及鋁燃料者這些被稱為**混合變更雙基座** (composite modified double base: CMDB) 推進劑。

3. 複合推進劑形成異類的推進顆粒附氧化晶體及粉末燃料且保持母體綜合橡皮綴合物，例如：Polybutadiene 等。【表 7-2】顯示比較常用固態推進劑規格簡表。

表 7-2　比較常用固態推進劑規格簡表

type of propellant	I_{SP} (sec)	flame temperature (°f)	density (lb/in^2)	metal content (wt %)	burning rate (in/sec)
DB	220~230	4100	0.058	0	0.45
DB/AP/AL	260~265	6500	0.065	20~21	0.78
PVC/AP/AL	260~265	5600	0.064	21	0.45
PBAN/AP/AL	260~263	5800	0.064	16	0.55
HTPB/AP/AL	260~265	5600~5800	0.067	4~17	0.40
AN/Polymer	180~190	2300	0.053	0	0.3

【註七】

- AL：aluminium：鋁
- AP：ammonium perchlorate：氨塩基過氧化物
- DB：double base：雙基
- HTPB：hydroxyl terminated polybutadiene：端羥基聚丁二烯
- PBAN：polybutadiene-acrylic acid-acrylonitrile：聚丁二烯-丙烯酸-丙烯
- PVC：polyvinyl chloride：聚氯乙烯

7-6 火箭機要方程式 (Key Equations for Rockets)

外太空是無空氣又無**曳力** (drag) 的空間，除此外地球引力又是**微小** (micro gravity) 甚至**零重力** (zero gravity) 狀態。在真空中設火箭推進劑（燃料）的燃燒時間為 t_p，而在這時間內消耗推進劑的質量為 m_p 者，$\frac{m_p}{t_p}$ 比等於質量流動率。如果這流動率不變時，吾人從牛頓第二定律可導出

$$F = ma = m\frac{dv}{dt} \tag{7-32}$$

現設 m_0 為火箭燃燒前之全總質量，而在某時刻 t 的質量 m 則等於

$$m = m_0 - \frac{m_p}{t_p}t = m_0\left(1 - \frac{m_p}{m_0}\frac{t}{t_p}\right) = m_0\left(1 - \xi\frac{t}{t_p}\right)$$
$$= m_0\left(1 - (1-MR)\frac{t}{t_p}\right) \tag{7-33}$$

(7-33) 式中火箭質量比 MR 與推進劑部份質量 ξ 被定義為

$$MR = \frac{m_f}{m_0}$$

且

$$\xi = 1 - MR = 1 - \frac{m_f}{m_0} = \frac{m_0 - m_f}{m_0} = \frac{m_p}{m_p + m_f} \tag{7-34}$$

$$m_0 = m_f + m_p \tag{7-35}$$

故如果推進劑流動率 $\dot{m}$ 固定者，燃燒時間 t_p 內總燃燒量 $m_p = \dot{m}t_p$，故 $m = m_0 - \dot{m}t$ 而從 (7-32) 式得

$$dv = \left(\frac{F}{m}\right)dt = \left(\frac{c\dot{m}}{m}\right)dt = \frac{(c\dot{m})\,dt}{m_0 - \frac{m_p t}{t_p}}$$

$$= \frac{c\left(\frac{m_p}{t_p}\right)dt}{m_0\left(\frac{1 - m_p t}{m_0 t_p}\right)} = \frac{c\,\xi\,t_p}{1 - \xi\,\frac{t}{t_p}}dt \tag{7-36}$$

將上式積分得推進劑燃燒完後的最大速度 V_p 而這是無引力的真空中速度

$$V_p = -c\ln(1-\xi) + V_0 = c\ln\left(\frac{m_0}{m_f}\right) + V_0 \tag{7-37}$$

假設最初速度 $V_0 = 0$ 得

$$V_p = \Delta v = -c\ln(1-\xi) = -c\ln\left(\frac{m_0}{m_0 - m_p}\right)$$

$$= -c\ln MR = c\ln\left(\frac{1}{MR}\right) = c\ln\left(\frac{m_0}{m_f}\right) \tag{7-38}$$

上式是真空中 $V_2 = 0$ 且無重力狀態中火箭獲得最大速度。(7-38) 式尚可用下式表示。

$$e^{\frac{\Delta v}{c}} = \frac{1}{MR} = \frac{m_0}{m_f} \tag{7-39}$$

地球重力之加速度 g 是地心至該點的距離之平方有關。設地球之半徑等於 R_0 且 h 為地上之高度則得該點之引力等於

$$g = g_0\left(\frac{R_0}{R}\right)^2 = g_0\left(\frac{R_0}{R+h}\right)^2 \tag{7-40}$$

但 $R_0 = 6378$ km, $g_0 =$ 地面之重力加速度 $= 9.8$ m/sec^2。
理想火箭之機要方程式示於【表 7-3】以供參考。

表 7-3　火箭機要方程式

平均排氣速度 V_2 m/sec (average exhaust velocity)	$V_2 = V_{eff} - (p_2 - p_3)\frac{A_2}{\dot{m}}$ when $p_2 = p_3$　$V_2 = V_{eff}$
有效排氣速度 V_{eff} m/sec (effective exhaust velocity)	$V_{eff} = C^* C_F = \frac{F}{\dot{m}} = I_{SP} g_0$ $V_{eff} = V_2 + (p_2 - p_3)\frac{A_2}{\dot{m}}$
特有排氣速度 C^* m/sec (characteristic exhaust velocity) ft/sec	$C^* = \frac{V_{eff}}{C_F}$　$C^* = \frac{I_{SP} g_0}{C_F}$
推力 F Newton (thrust) lb-ft	$F = V_{eff}\dot{m} = V_{eff}\frac{m_p}{t_p}$　$F = C_F p_1 A_t$ $F = \dot{m}V_2 + (p_2 - p_3)A_2$　$F = \dot{m}\frac{I_{SP}}{g_0}$
推力係數 C_F (thrust coefficient)	$C_F = \frac{V_{eff}}{C^*} = \frac{F}{p_1 A_t}$
脈衝比 I_{SP} sec (specific impulse)	$I_{SP} = \frac{V_{eff}}{g_0} = C^* \frac{C_F}{g_0}$ $I_{SP} = \frac{F}{\dot{m}g_0} = \frac{F}{\dot{w}}$ $I_{SP} = \frac{V_2}{g_0} + \frac{p_2 - p_3}{\dot{m}g_0}$ $I_{SP} = \frac{I_t}{m_p g_0} = \frac{I_t}{w}$
質量流動率 $\dot{m}$ kg/sec (mass flow rate)	$\dot{m} = \frac{p_1 A_t}{C^*}$
火箭質量比 MR (mass ratio of vehicle)	$MR = \frac{m_f}{m_0} = \frac{m_0 - m_p}{m_0} = \frac{m_f}{m_f + m_p}$ $m_0 = m_f + m_p$
推進劑部份質量 ξ	$\xi = \frac{m_p}{m_0} = \frac{m_0 - m_f}{m_0}$ $\xi = 1 - MR$
無重力真空中增加火箭速度 Δv (vehicle velocity increase in gravity) free vaccum　ft/sec 　　　　　　　　m/sec	$\Delta v = -V_{eff} \ln MR = V_{eff} \ln \frac{m_0}{m_f}$ $= V_{eff} \ln \frac{m_0}{m_0 - m_p} = V_{eff} \ln \frac{m_p + m_f}{m_f}$
噴嘴面積比　ε	$\varepsilon = \frac{A_z}{A_t}$

7-7 多節火箭 (Multistage Vehicles)

　　多節火箭容易獲得更高火箭速度，又能改善飛彈或太空艙的長距離航行功能。當多節火箭第一節燃料燒盡之後第二節就馬上開始動作。當燃料消耗後的那一節就從火箭本身拋脫。如不脫離者，可能阻礙其他節之加速作用。不但如此，有時可能影響火箭之軌道方向而招致毀滅惡果，重複的說當第一節燃燒完畢，第二節就開始工作，如此第二、第三節亦相同。但事實上火箭節數不能增加太多。這是因物理機械構造不但愈複雜，重量又增加關係。

　　酬載 (pay load) 是火箭起升時總質量之一極小部份。如此第一節燃料燒盡而推力停止時，第二節立刻開始。因此多節火箭之實際速度是等於 n 節火箭之串聯排列總速度。

$$V_f = \sum_{1}^{n} v = v_1 + v_2 + v_3 + \cdots \tag{7-41}$$

然每一節速度之增加量是

$$V_p = \Delta v = -c \ln(1-\varsigma) = -c \ln\left(\frac{m_0}{m_0 - m_p}\right)$$

$$= -c \ln MR = c \ln\left(\frac{1}{MR}\right) = c \ln\left(\frac{m_0}{m_f}\right) \tag{7-42}$$

假設火箭在真空中且無重力 (引力) 場內飛行者，

$$V_f = c_1 \ln\left(\frac{1}{MR_1}\right) + c_2 \ln\left(\frac{1}{MR_2}\right) + c_3 \ln\left(\frac{1}{MR_3}\right) + \cdots \tag{7-43}$$

如果平均有效火箭排出速度等於 $\bar{c}$，換言之每節都是同一型式且使用相同推進劑者

$$V_f = \bar{c} \ln\left(\left(\frac{1}{MR_1}\right) \cdot \ln\left(\frac{1}{MR_2}\right) \cdot \ln\left(\frac{1}{MR_3}\right) \cdots \right)$$

$$= \bar{c} \ln\left(\left(\frac{m_0}{m_f}\right)_1 \cdot \left(\frac{m_0}{m_f}\right)_2 \cdot \left(\frac{m_0}{m_f}\right)_3 \cdots \right) \quad (7\text{-}44)$$

$$= \bar{c} \ln\left(\frac{(m_0)_1}{(m_f)_n}\right)$$

如上所述，多節火箭每一節瓦斯有效排出速度是相同的，全面質量比是等於起升時火箭最初質量除末節之空質量。如果 n 節的質量比和脈衝比，每節均相等者

$$V_f = -nc \ln MR \quad (7\text{-}45)$$

實際上單節火箭之最高質量比 $\frac{1}{MR}$ 大約 10 以上。最高數值換言之無酬載時 $\frac{1}{MR}$ 值接近 20 左右，而 $\varsigma = \frac{m_p}{m_0}$ 大約接近 0.9~0.95。是故二節或三節火箭，總質量比可達到 100 (相當 $\varsigma = 0.99$) 而高脈衝比引擎 (應用液體氧及液體氫) 通常被用在上節部份。這是高脈衝比推進劑應

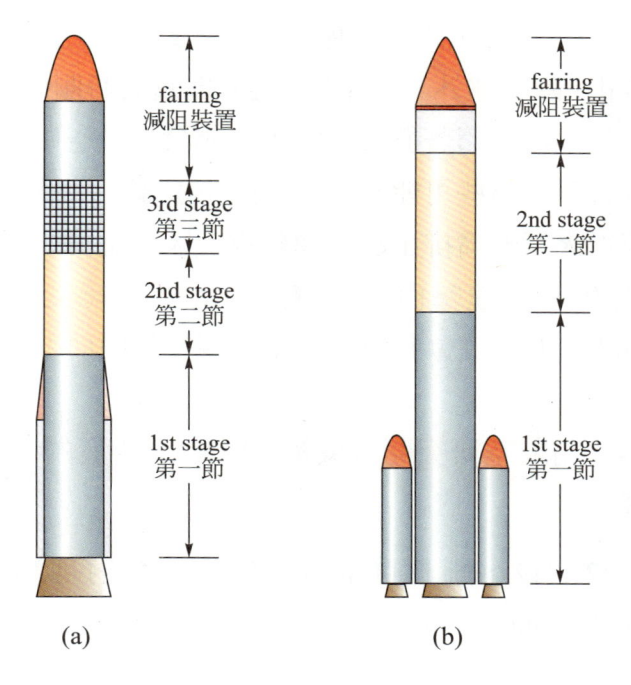

(a) (b)

【圖 7-9】 火箭各節連接法

用在末節時比較有效關係。【圖 7-9】顯示火箭各節連接法。

1. 串聯節法 (series staging: tandem)
2. 並聯節法 (parallel staging)

7-8 航太電子工程系統 (Avionics System)

　　前面幾節敘述過無論是採用 ELV 或 STS 系統，必定依靠火箭才能將衛星、太空梭或太空艙推升到太空裏。為簡化起見火箭之酬載限定衛星。我們知悉任何一顆衛星都有它的任務存在。譬如氣象衛星、廣播衛星、國際商業通信衛星或地球探測衛星等。此外衛星距地面高度可分類 LEO、MEO、HEO 及太陽同步軌道等，如果衛星軌道面與地球赤道之傾斜度之差異就有低傾斜軌道、中度傾斜軌道、高度傾斜軌道及極軌道之分別。通常火箭是從地球引力最強且空氣分子密度最大的地面被發射升空。然隨著高度之升高，環境就開始變化，酬載 (衛星) 亦隨著火箭所受靜態及動態的一切變動。

　　總而言之，引力、氣溫、氣壓、空氣密度、火箭速度、加速度等一連串不斷變化。除上述外，火箭主軸縱方向及火箭側面方向之震動，比較高頻率不規則振動隨著發生。當火箭起飛，升空中途受到環境影響，另發生音響等。這些可能來自第一節主引擎、液體推升器、或固態推升器、或從火箭噴嘴排出超音速熱氣起因。當第一節或第二節脫離火箭本身時免不了撞擊而發生震動。此外火箭尖端的**減阻裝置** (fairing) 內酬載在上升時會發洩或吐露一些空氣因而引起減阻裝置內之壓力變化。

　　現就日本宇宙航空研究開發機構 (JAXA) 研發的 H2A212 火箭介紹一些內容。

火箭 JAXA H2A212，酬載重量 7,500 kg，發射地點為種子島：Yoshinobu, H-2A, Launch complex.

- 任務 (mission)：GTO 軌道

第七章　火箭噴射推進　263

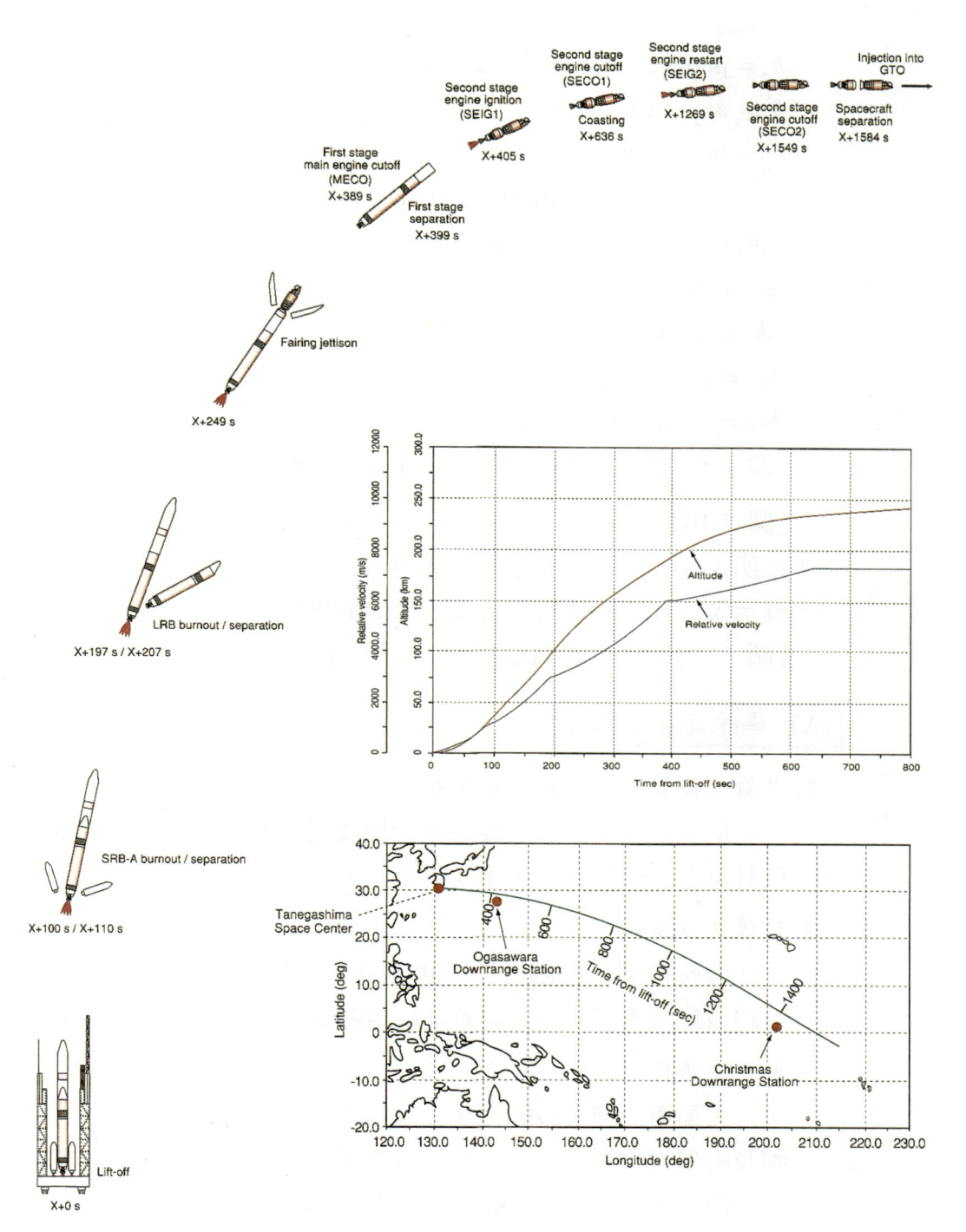

Typical flight profile (GTO mission, H2A212)
(Reprinted with permission of JAXA, JAPAN)

【圖 7-10】 JAXA H2A212 火箭發射升天輪廓圖

h_p = perigee altitude　　　　250 km
h_a = apogee altitude　　　　36226 km
i 　= inclination　　　　　　28.5 deg
ω = argument of perigee　179.0 deg

- 發射正確性 (injection accuracy)

$\Delta h_p = \pm 4$ km

$\Delta h_a = \pm 180$ km

$\Delta i\ =\ \pm 0.02$ deg

$\Delta \omega = \pm \Delta \omega = \pm 0.4$ deg

$\Delta \Omega = \pm \Delta \Omega = \pm 0.4$ deg (longitudinal of ascend node)

【圖 7-10】顯示 JAXA H2A212 火箭之典型飛行順序圖。本圖內一小框明示從升空開始經過的時間與火箭相對速度及高度相關圖。另一小框示火箭升空的時間與軌道經緯度相關圖。

【圖 7-11】示 JAXA H2A212 火箭，航太電子工程設備簡略圖。

[A] 導航及控制系統

1. 火箭之位置、速度及姿勢探查：

第二節火箭內導航控制電腦接收慣性測試單位，經數據輸送帶計算實際火箭位置、速度及姿勢。

2. 目標軌跡導航：

導航控制用電腦立即將實際飛航中的火箭位置/速度與目標軌跡做比較後再計算並調整飛航相關姿勢及引擎之切斷時間。

3. 火箭姿勢控制：

火箭第二節裝設的電腦記錄實際飛航中姿勢，火箭本體之迴轉及引擎推力之方向。飛航中設在第一節電腦經數據輸送帶發出第一節主引擎、LRB、SRB、噴嘴旋迴訊號。

4. 順序控制：

順序控制是分別信號譬如引擎點火/切斷或各節火箭之脫離等按照飛航計劃處理。

第七章　火箭噴射推進　265

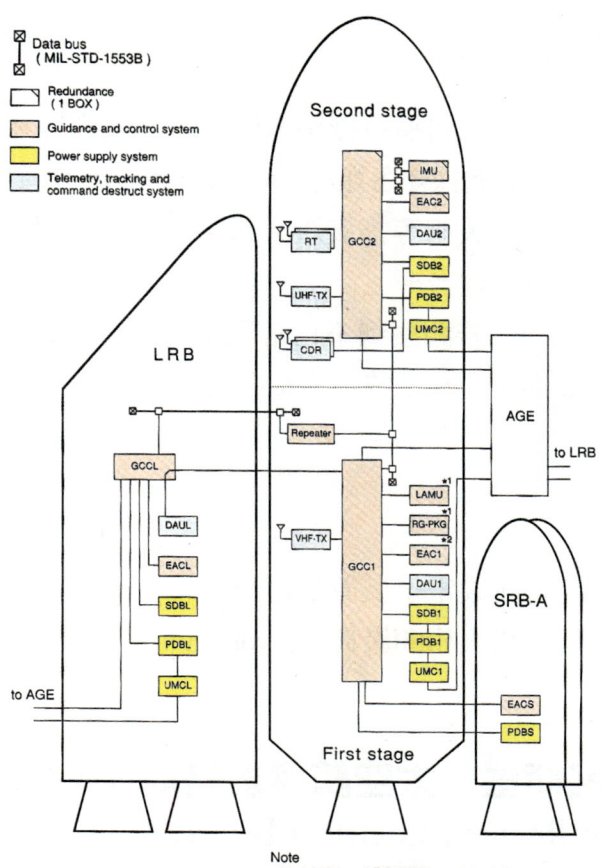

【圖 7-11】 JAXA H2A212 火箭航太電子工程設備簡略圖

5. 主要特徵：

　　火箭第一節、第二節及液體火箭推升器等，裝備各獨立導航用電腦。然各電腦應用數據輸送帶連結起來。此外第二節火箭特設三套備份導航電腦以期完善結果。就慣性特徵、設置慣性儀器以使探測姿勢、加速度外，對傾斜軸另加三個直角軸均有備份設施。

[B] 遙測及通訊系統

1. 火箭有關數據之獲得並向導航控制電腦發射必要數據資料。
2. 火箭上裝設的察覺器能探知各類遙測數據信號然後發射到基地台。
3. 為追蹤火箭變頻器、天線等被裝設。當雷達詢答機接收來自基地台之訊號後再回答基地台。
4. 當火箭之上升期間內若觀察到不正常現象者，所謂毀壞指揮訊號 (destructive command) 或毀滅司令從基地台發射到毀滅司令接收機。

[C] 電源供給

1. 火箭上裝備的所有航太電子裝置之電源供給。
2. 火箭上裝備的所有煙火**相關裝置** (pyrotechnics) 之電源供給。

7-9 世界著名衛星、太空艙發射基地 (World Famous Rocket Launch Base)

1991 年，美國 AIAA (American Institute of Aeroautics and Astronautics) 出版一本 "International Reference Guide to Space Launch System" 由 S. J. Isakowitz 主編。序文中強調：

『如今太空已不再是蘇俄和美國轄區的空間，可由許多國家參與比較嚴格且被限制的太空科技俱樂部。』我們應該認識太空艙對環球無線電通訊、地球探測、太陽系各行星探險等。這高科技與宇宙開發事業有密切關聯，同時引起國際性商業投機、國家之聲望及安全等問題。

為達成高超目標，必先將人造衛星、有 (無) 載人太空艙、太空梭等送上太空裏規畫的軌道方可。吾人知悉太空是無重力且無大氣層空間。至目前為止依靠「火箭」外，別無其他良策，【表 7-4】顯示世界著名衛星太空艙發射基地供參考。

表 7-4　世界著名衛星發射基地

國　家	發射基地名	代表火箭名稱	基地經度	基地緯度
蘇俄 (Soviet Russia) (獨立國協)	● Plesetsk	Energia, Kosmos, Proton	40°24′ E	62°48′ N
	● Tyratum (Bajkonur)	Tsyklon, Vostok, Soyuz	63°18′ E	45°54′ N
	● Kapstin Yar	Molnia, Zenit	45°48′ E	48°24′ N
中華人民共和國 (PRC)	● 山西省，太原發射中心 Taiyuan (TSLC)	長征火箭 (Long March)	112°30′ E	37°46′ N
	● 四川省，西昌發射中心 Xichang (XSLC)	CZ-3、CZ-3A、CZ-4	102°18′ E	28°06′ N
	● 甘肅省，酒泉發射中心 Jiuquan (JSLC)	CZ-2C、CZ-2E、CZ-2E/HO CZ-2F	99°50′ E	40°25′ N
美國 (U. S. A)	● 佛羅里達州，甘迺迪太空中心 (Kennedy Space Center: KSC) 或稱 (Eastern Test Range: ETR)	Atlas, Delta, Scout, Pegasus/Tanrus, Titan Space Shuttle	80°33′ W	28°30′ N
	● 加州，龍伯 Lompoc C. A. 范登堡空軍基地 (Vandenberg Air Force Base: VAFB) 或稱 (Western Test Range: WTR)	Enterprise, Columbia Discovery Challenger Atlantis Endevour	120°36′ W	34°36′ N
日本 (JAPAN)	● 種子島發射中心 (Tanegashima JAXA Space Center)	N-1、N-2、H-1、H-2、H2A202、H2A222	130°58′ E	30°24′ N
	● 鹿兒島發射中心 (Kagoshima JAXA Space Center)	M-33-II、M-V	131°05′ E	31°15′ N
歐洲 (European Space Agency: ESA)	● 南美洲，法屬圭亞那 (French Guiana) 庫魯太空中心 Kourou	Ariane (阿利安) Ariane 40, 44P, 44L Ariane 5, Ariane 5/Hermes	52°46′ W	5°32′ N

7-10 蘇俄、美國及中國載人太空艙發展歷程簡表
(Historic Memory Relates to Manned Spacecraft of Russia, U.S.A and China)

　　1903 年蘇俄火箭之父，崔歐路可夫斯基 (Konstantin Tsiokonsky) 提倡使用火箭以開發太空並且液體推進劑對發展太空是最合適的燃料。

> The earth is the cradle of humanity, but mankind will not stay the cradle forever.
>
> — *Konstantin Tsiokonsky* —

　　1961 年 4 月 12 日，蘇俄空軍飛行員，尤里迦加林塔乘 Vostox 1 (東方一號)，載人太空艙成功的環繞地球一周，完成史上第一次太空人員。

> Nothing will stop us. The road to the stars is steep and dangerous. But we're not afraid.
>
> — *Yuri gagarin* —

- 1963 年 6 月 6 日，蘇俄第一位女性太空人瓦蓮姬娜 V. 德蕾西克瓦，駕著佛斯土克 6 號 (Vostok-6) 太空艙環繞地球 48 圈。
- 1957 年 10 月 4 日，蘇俄發射世界第一顆人造衛星「史普特尼克」1 號 (Sputnik-1) 環繞地球。

- 1966 年 3 月 31 日,蘇俄發射月球 10 號衛星,成為第一個環繞月球的衛星。
- 1969 年 7 月 16 日,美國發射阿波羅 11 號 (Apollo-11)。阿姆斯壯與艾德林兩位太空人登月小艇老鷹號,做了人類第一次登陸月球成功。
- 1987 年 4 月 12 日,美國發哥倫比亞太空梭 Colombia STS-1 Orbiter (UV-102) 環繞地球,二天後返回地球對太空運送創立輝煌歷史。
- 2003 年 10 月 15 日,中華人民共和國,空軍飛行員楊立偉駕駛長征二號 E 型改良新型 CZ-2F 火箭發射的神舟 5 號太空艙。火箭從長城終點嘉峪關附近的酒泉太空中心 (JSLC: 99°50' E, 40°25' N) 發射台順利升空。神舟 5 號軌道近地點是 200 km 遠地點 350 km 的橢圓軌道。太空艙升空後不久軌道被改正為高度 343 km,傾斜度 (i) = 42.5° 的圓形軌道。據報導火箭發射時刻是上午九點整,經環繞地球 14 圈後,點燃反推火箭並應用降落傘安然返回內蒙古草原上而完滿結束壯舉。從火箭發射太空艙環繞地球 14 圈後,返回地球所費時間共 21 小時 30 分,故飛行員在蒙古草原上著陸時刻,大約 10 月 16 日早晨 6 點 30 分左右。這是繼俄羅斯和美國之後中國成為全世界第三國實現載人太空艙 (Manned Spacecraft) 的國家。

【註八】地球半徑 R_e = 6378 km　　h = 343 km　　r = 6378 + 343 = 6721 km

太空艙速度:$V_s = \sqrt{\dfrac{\mu}{r}} = \sqrt{\dfrac{398600}{6721}} = 7.70$ km/sec

環繞地球一圈:$p = 2\pi\sqrt{\dfrac{r^3}{\mu}} = 2\pi\sqrt{\dfrac{(6721)^3}{398600}} = 5480.7$ sec = 1.522 hr

故　　繞 14 圈飛航時間:$T = 14 \times 1.522 = 21.30$ hr

7-11 中華民國華衛二號遙測衛星發射成功
(Successful Launch of Rocsat-2 Telemetry Satellite)

2004 年 5 月 21 日,中華民國華衛二號 (ROCSAT-2) 從美國加州范登堡空軍基地成功的發射升空。據報導這顆衛星用**金牛座** (TAURUS) 四節火箭,以**太陽同步軌道** (sun synchronous orbit) 環境地球。

- 衛星軌道:傾斜度 81° 極軌道,暫駐軌道高度 723 km。任務軌道 891km,衛星軌道速度:$V_s = 7.4$ km/s 每日繞地球 14 匝,環繞地球一匝週期:1.712 hr $= 102.72$ min
- 華衛二號酬載:
  1. 遙測照相儀:國科會太空計劃室和法國艾斯特爾恩 (Astrium) 公司共同發展。
  2. 高空閃電觀測科學儀:國科會太空計劃室、成功大學、美國柏克萊加州大學日本東北大學合作研發。
- 火箭承造公司:美國軌道科技公司,Orbital Science Corporation (OSC),Virginia, U.S.A.。

【註九】軌道上衛星速度 $V_s = \sqrt{\dfrac{\mu}{r}} = \sqrt{\dfrac{398600}{6378+891}} = 7.405$ km/s

環繞地球一匝週期 $T_p = 2\pi\sqrt{\dfrac{(R_e+h)^3}{\mu}} = 6.28\sqrt{\dfrac{(6378+891)^3}{398600}}$

$= 6164.57$ sec $= 102.72$ min $= 1.712$ hr

每日環繞地球圈數 $N_E = \dfrac{24 \times 60}{102.72} = 14.01 \cong 14$

7-12 簡介日本研發 H-IIA 火箭 (H-IIA Launch Vehicle Developed by JAXA)

1990 年以後日本宇宙航空研究開發機構 (JAXA) 研發比較重量級太空探測衛星暨太空運輸系的液體燃料火箭 N-1、N-I、H-I 及 H-II 等一系列火箭。從 1975 年到 1990 年 3 月為止，成功發射約 30 多個火箭，留下輝煌成果記錄。

【圖 7-12】顯示 H-IIA，代表性典型 H-IIA (H2A 202) 火箭之形狀 【表 7-5】示 JAXA 研發的 H-IIA 一系列新型火箭之特性表。

表 7-5　JAXA 研發的 H2A 一系列新型火箭之特性表

Reprint with Permission from JAXA, JAPAN

Item \ H-IIA family	H2A202	H2A2022	H2A2024	H2A212	H2A222[*1]	Remarks (Discrimination code)
Overall length (m)	52.5	52.5	52.5	52.5	52.5	with 4S or 5S fairing
Diameter (m) : Core	4.0	4.0	4.0	4.0	4.0	
: Payload fairing	4.07 / 5.1	4.07 / 5.1	4.07 / 5.1	4.07 / 5.1	4.07 / 5.1	4S / 5S fairing
Total weight (ton)	about 290	about 320	about 350	about 410	about 530	Not include the payload
Payload weight (ton)	4.1	4.5	5.0	7.5	9.5 (T.B.D.)	GTO in case of PCS[*2] 99.7%
The first stage Propellant : LH_2 / LOX	1	1	1	1	1	LE-7A x 1
LRB Propellant : LH_2 / LOX	—	—	—	1	2	LE-7A x 2
SRB-A Propellant : HTPB composite	2	2	2	2	2	CFRP, one segment
SSB Propellant : HTPB composite	0	2	4	—	—	
The second stage Propellant : LH_2 / LOX	1	1	1	1	1	LE-5B x 1

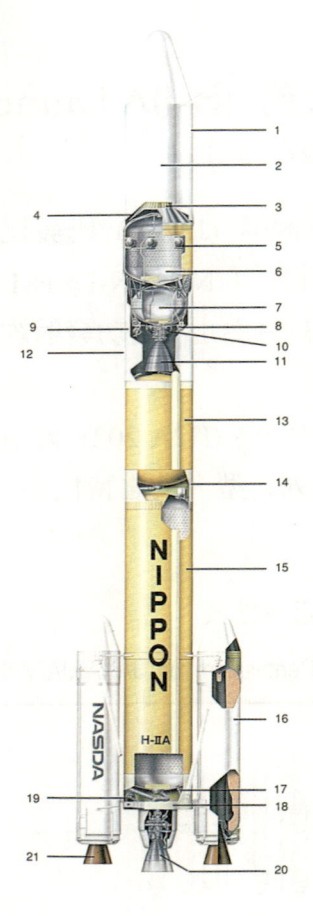

1. Paylaod flring
2. Spacecraft
3. Payload adapter
4. Payload support structure
5. Cryogenic He bootles
6. Second stage LHs tank
7. Second stage LOX tank
8. Equipment panel
9. Reaction control system
10. Ambient He bottles
11. Second stage engine (LE-5B engine)
12. Interstage section
13. First stage LOX tank
14. Center body section
15. First stage LH$_2$ tank
16. Solid rocket booster (SRB-A)
17. First stage engine section
18. Auxiliary engine
19. Ambient He bootles
20. First stage engine section
21. SRB-A movabble nozzle

H-IIA (H2A202) configuration
Reprint with permission from JAXA, JAPAN

【圖 7-12】　H-IIA (H2A202) 新型火箭之形狀

- H-IIA 一系列火箭

　　H-IIA 一系列火箭，如【表 7-5】所示共有五種新型火箭而可供應各種用途，其中最基本而典型的就是 H2A202 型態。

　　如【表 7-5】所示本火箭使用 2 個或 4 個綑綁式**固態燃料推升器** (strap-on booster: SSB)。如果 H2A202 再加一個液體燃燒推升器者會成為 H2A212 並且在 **GTO** (geostationary transfer orbit) 上有能力可增加 3.5 噸。

▶ H-IIA 火箭之主要特性

1. 適合各種用途之需求 (滿足下列各種軌道用途)
- 地球靜止軌道的遷移軌道
- 太陽同步軌道
- 低高度地球圓形軌道 (LEO)
- 中高度地球圓形軌道 (MEO)
- 國際太空站用物質、器材運輸軌道
- 地球-月球遷移軌道
- H-2A 各類火箭保持廣泛酬載能力。

如【表 7-5】所示共有五種 H-2A 一系列火箭，其中

表 7-6　H-IIA 火箭主要規格表

參數名稱	主要規格		
火箭總長	50 公尺		
火箭直徑	4 公尺		
火箭總重量	260 公噸 (不包含酬載重量)		
	第一節	推升器 (SRB)	第二節
火箭推進劑	LOX /LH_2	HTPB, AL, AP…	LOX / LH_2
推進劑重量	86 公噸	118 公噸 (左右二個)	124 公噸
推　力	86 公噸	118 公噸	124 公噸
燃燒時間	346 秒	94 秒	609 秒
脈衝比 (真空)	445 秒	273 秒	452 秒
總重量	98 公噸	141 公噸 (左右二個)	20 公噸
酬　載 減阻裝置	外部尺寸	ϕ 4.1 m × 12 m	
	可利用體積	ϕ 3.7 m × 10 m	

Reprinted with permission from JAXA, JAPAN

H2A202、H2A2022、H2A2024：	GTO mission	4-4.5 ton
H2A212：	GTO mission	7.5 ton
H2A222（in planning）：	GTO mission	9.5 ton

- 為太空艙之各類需求，火箭具有適應性。火箭共有五種酬載之減阻裝置，並持有九種酬載調節器。

2. 高可靠度

　　H2A202 火箭： 　　　　　　　　　可靠度 > 0.97

　　H2A212 火箭： 　　　　　　　　　可靠度 > 0.96

3. 火箭發射時機之融通。運用自動化作業及有效操作可以縮短火箭發射作業期間，典型發射作業期間大約 20 工作天。

4. 經濟性：有能力參加國際性市場的活潑競爭

[A] 火箭第一節推進系統

- 推進劑重量：86 公噸（LOX / LH$_2$）
- 第一節引擎：LE-7 主引擎：燃燒時間 346 秒
- 附加引擎：自主引擎流出 GH$_2$ 混合瓦斯系統

LE-7 主引擎特性：

(1) 推進劑：LOX / LH$_2$

(2) 推力：　 86 ton's（海面水準）

　　　　　　110 ton's（眞空）

(3) 混合比：6.0

(4) 引擎週期：staged combustion cycle

(5) 燃燒壓力：130 kg/cm^2

(6) 脈衝比：445 秒（眞空）

(7) 冷卻系統：再生式

(8) 膨漲比：52：1

[B] 火箭第二節推進系統

- 推進劑重量（LOX / LH$_2$）：17 tons
- 火箭第二節引擎：LE-5 引擎
- 燃燒時間：609 sec max

LE-5 引擎特性：

(1) 推進劑：LOX / LH$_2$

(2) 推力：12.4 tons (Vaccum)

(3) 引擎週期：Hydrogen bleed cycle

(4) 混合比：5.0

(5) 燃燒壓力：40 kg/cm^2

(6) 脈衝比：452 sec (Vaccum)

(7) 膨漲比：130：1

[C] 固態燃料推升器

- H-2 火箭第一節下面左右綑綁二個固態燃料推升器，每一推升器分四段燃料供應用。
- 推進劑重量：每支推升器 50 tons
- 推進材料：14% HTPB　18% Al　68% Ap
- 推力：支推升器 159 tons (海面水準)
- 脈衝比：273 秒
- 燃燒時間：94 秒
- 推力方向控制：

▶火箭第一節主引擎 (LE-7A) 推進系統

(1) 燃料供給及排出系統

- 燃料填塞管及排出管
- 火箭第一節引擎之填滿燃料

(2) 燃料箱氣壓系統

- 保持第一節液體氫及液體氧油箱正常氣壓

- 瓦斯壓力之正常化

  氦瓦斯 (點火前)

  液體氫用氫瓦斯 (點火後)

  液體氧用液體氧瓦斯 (點火後)

(3) 預備 (輔助) 引擎：為火箭滾動控制、經噴嘴、主引擎預先燃燒室、氫瓦斯等低混合比率的混合瓦斯之排出。

(4) 平衡圈環激勵系統：

- LE-7A 主引擎平衡圈環的水壓力之供給
- 應用氦瓦斯壓力向下吹降式系統之採用

【圖 7-13】顯示 HII-A 火箭第一節推進系統概略圖而【圖 7-14】示第一節引擎 (LE-7A) 系統概略圖。【圖 7-15】明示 LE-7A 引擎實際外觀圖。

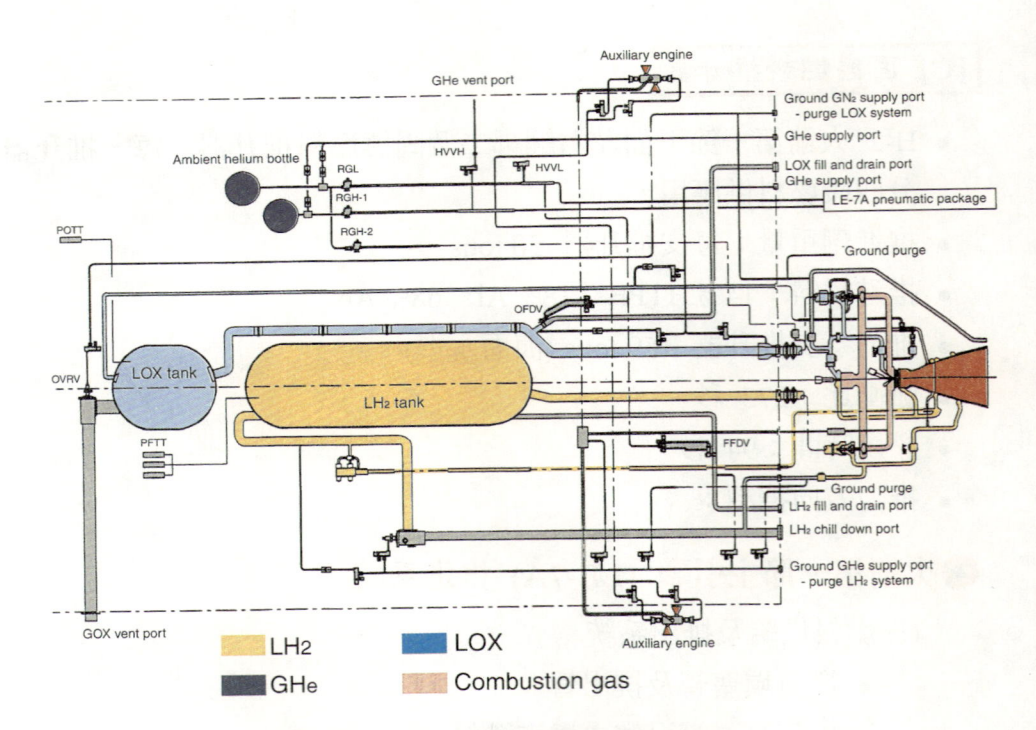

First stage propulsion system schematic
Reprint with Permission from JAXA, JAPAN

【圖 7-13】 JAXA HII-A 火箭第一節推進系統概略圖

First stage engine (LE-7A)

Propellant	LOX/LH$_2$
Thrust	112.0 tonf (for rated thrust, in vacuum)
Specific impluse	440.0 sec (in vacuum)
Mixure ratio	5.9
Engine cycle	staged combustion cycle
Turbo pump rotatin speed	
LOX: 41,600 rpm, LH$_2$: 18,300 rpm	
Combustion pressure	123 kgf/cm^{2}A
Throttling	72±5% of rated thrust

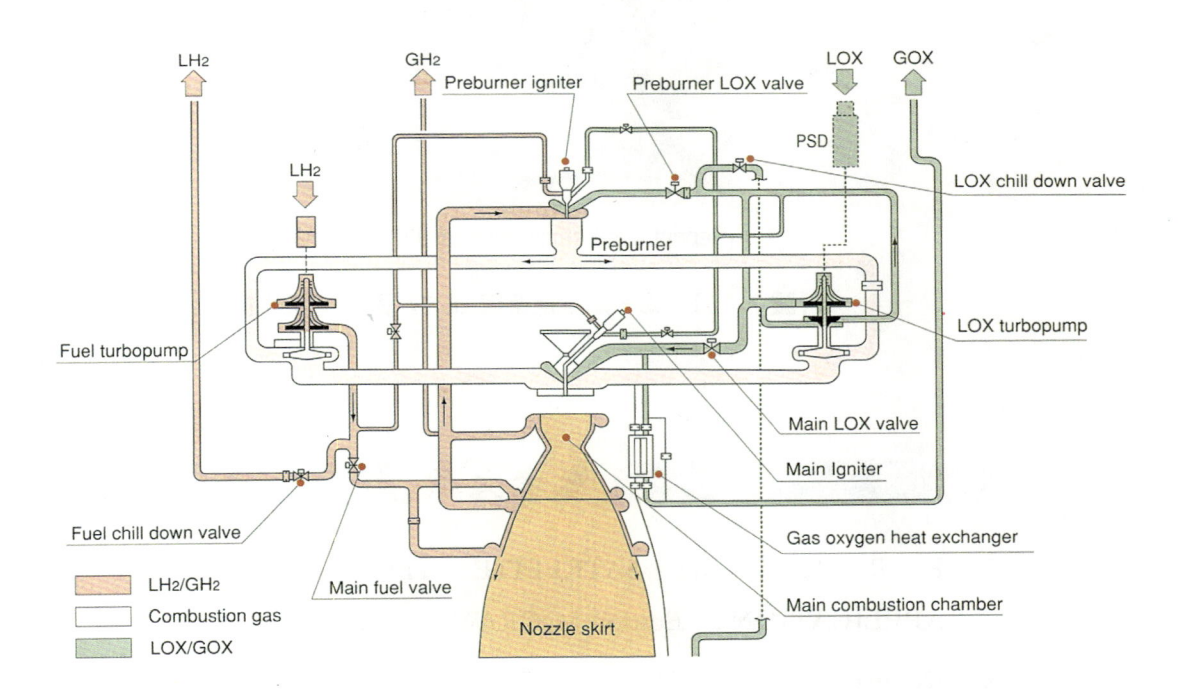

First stage engine (LE-7A) system schematic

Reprint with Permission from JAXA, JAPAN

【圖 7-14】 JAXA H-IIA 火箭第一節引擎系統概略圖

(Reprint with Permission from JAXA, JAPAN)

【圖 7-15】 第一節推進系統 LE-7A 引擎實際外觀圖

參考文獻

1. P. R. K. Chetty **SATELLITE TECHNOLOGY AND ITS APPLICATION** 2nd Edition McGRAW-Hill BOOK Inc. 1991.

2. Dennis Roddy：**SATELLITE COMMUNICATION** 2nd Edition McGRAW-Hill BOOK Inc. 1996.

3. Bruno Pattan：**SATELLITE SYSTEM PRINCIPLES AND TECHNOLOGIES** VAN NOSTRAND REINHOLD 1994.

4. G. MARAL & M. BOUSQUET **SATELLITE COMMUNICATION SYSTEMS** JOHN WILEY & SONS 1986.

5. B. N. Agrawal：**DESIGN OF GEOSYNCHRONOUS SPACECRAFT** 1986. PRENTICE HALL INC ENGLEWOOD NJ.

6. GEORGE P SUTTON **ROCKET PROPULSION ELEMENTS AN INTRODUCTION TO THE ENGINEERING OF ROCKET** 1992 JOHN WILEY 7 SONS INC.

7. HOWARD S. Seifert. **SPACE TECHNOLOGY** 1959 JOHN WILEY & SONS INC.

8. R. X. MEYER: **ELEMENTS OF SPACE TECHNOLOGY** 1979. ACADEMIC PRESS.

9. H-IIA. **Brief Description** March, 1999. NASDA 2-4-1, Hamamatsu-cho, Minato-Ku, TOKYO, JAPAN.

10. **SPACE SHUTTLE**, BILL YENNE Smith MARK PUBLISHERS INC 16 EAST 32nd street, NY. NY 10016.

習 題

7-1. 有一理想火箭 (ideal rocket) 燃燒室設海面高度。使用比熱比例 (specific heat ratio) $k = 1.3$ 的燃料，設火箭排出口的 MACH 數值等於 2.6。試求

(a) 燃燒室內之總壓力。

(b) 噴嘴出口面積 A_2 與噴嘴喉嚨面積 A_t 之比。

7-2. 某火箭在海面標高度工作。設燃燒室壓力 $P_1 = 2.20 \times 10^6 \, \text{N/m}^2 = 2.20 \, \text{MN/m}^2$，燃燒室溫度 $T_1 = 2300°\text{K}$ 但燃料消費率 $\dot{m} = \frac{dm}{dt} = 1.2 \, \text{kg/sec}$ 再設 $k = 1.2$，$R = 350 \, \text{J/kg-k}$。試算火箭之推力脈衝比，但海面標高壓力 $P_2 = 0.1013 \, \text{Mpa}$。

Orbital Dynamics 8

軌道動力學

8-1	概說 (Introduction)
8-2	典型軌道 (Typical Orbit)
8-3	軌道面轉換法 (Orbital Plane Change)
8-4	圓錐形軌道補綴近似法 (Patched Conic Approximation)
8-5	圓形軌道補綴近似法實例 (Example of Patched Conic Procedure)
8-6	會合週期 (Synodic Period)
8-7	逃脫地球引力影響球體 (Escape from Earth's SOI)
8-8	行星的重力協助航行策略 (Gravity Assist Maneuver)
8-9	地球逃脫速度 (Earth's Escape Velocity)
8-10	VIS VIVA 方程式之研討 (Discussion of VIS VIVA Equation)
8-11	軌道六要素 (Six Orbital Elements)
8-12	地球靜止軌道 (Geostationary Orbit)
8-13	高傾斜度、長橢圓軌道 (Molniya Orbit)
8-14	月球之探查 (Exploration of the Moon)
8-15	從地球發射太空艙與月球會合之簡化軌跡略圖 (Simplified Trajectory of Spacecraft from Launch to Landing on the Moon)
8-16	火星姊妹探測車 (Mars Twin Exploration Rover)
	參考文獻 (References)
	習　　題 (Problems)

8-1 概　說 (Introduction)

　　我們熟知希臘建築美，採用乳白色大理石加工後，使古雅典——羅馬時代的優雅雕刻令人陶醉其曲線美。西曆紀元 300 年前希臘數學家已創見錐體幾何學 (conics geometry)，在亞歷山大時代初期 Apollonium (262-190 B.C.) 已充分了解錐體相關理論而發表著作，而後由 Hypatia (370-415 A.D.) 在她的著作 "On the Conics of Apollonium" 發表其精華。在 17 世紀初期，錐體曲線之理論廣泛應用被注目而後對微積分學之進展其貢獻甚大。

　　【圖 8-1A】顯示圓錐的切斷面。其中有：(a) 圓形；(b) 橢圓形；(c) 拋物線形及 (d) 雙曲線形四種曲線。【圖 8-1B】將這些曲線排列比較軌跡型態或速度等，若參照【表 8-1】橢圓軌道及【表 8-2】雙曲線軌道敘述後更明顯。

　　上述四種基本型態錐體曲線在最尖端科學，換言之，太空艙 (或衛星) 環繞太陽系各行星之軌道常被採用。更奇妙的就是深太空通訊用巨型天線，譬如美國加州摩哈比沙漠 (Mojave desert) 裏由加州理工學院，噴射推進研究實驗所 (JPL) 建立的直徑 64 公尺雙反射板天

(a) circle 圓周
(b) ellipse 橢圓形
(c) parabola 拋物線
(d) hyperbola 雙曲線

(A)

$V = \sqrt{2} V_c$
$V > \sqrt{2} V_c$
V_p
V_c　Δ_v

(1) hyperbola 雙曲線
(2) parabola 拋物線
(3) ellipse 橢圓形
(4) circle 圓形

(B)

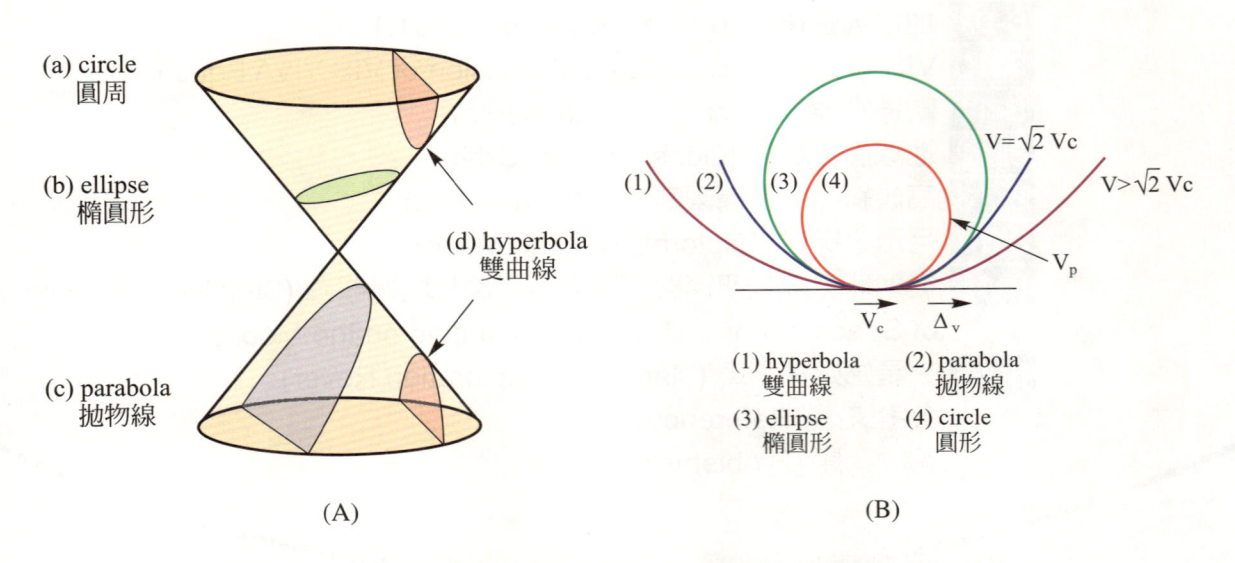

【圖 8-1】 (A) 圓錐切斷面；(B) 相切速度 V_c 加上 ΔV 後之軌道速度變化。

表 8-1　橢圓軌道相關重要方程式

離　心　率 e：	$e = \dfrac{r_a - r_p}{r_a + r_p}$　　$e = \dfrac{r_a}{a} - 1$　　$e = 1 - \dfrac{r_p}{a}$
航　路　角　度 ϕ：	$\tan\phi = \dfrac{e\sin\theta}{1 + e\cos\theta}$
週　　期 P：	$P = 2\pi\sqrt{\dfrac{a^3}{\mu}}$
動　　徑 r：	$r = \dfrac{a(1 - e^2)}{1 + e\cos\theta}$　　$r = \dfrac{r_p(1 + e)}{1 + e\cos\theta}$
遠地(日)點半徑 r_a：	$r_a = a(1 + e)$　　$r_a = r_p\dfrac{(1 + e)}{(1 - e)}$
近地(日)點半徑 r_p：	$r_p = a(1 - e)$　　$r_p = r_a\dfrac{(1 - e)}{(1 + e)}$
橢圓長半徑 a：	$a = \dfrac{r_a + r_p}{2}$　　$a = \dfrac{r_p}{1 - e}$　　$a = \dfrac{r_a}{1 + e}$
離近地點時間 t：	$t = \dfrac{E - e\sin E}{n}$　　n: mean time (平均時間) $\cos E = \dfrac{e + \cos\theta}{1 + e\cos\theta}$
真近點距 θ：	$\cos\theta = \dfrac{r_p(1 + e)}{r \cdot e} - \dfrac{1}{e}$　　$\cos\theta = \dfrac{a(1 - e^2)}{r \cdot e} - \dfrac{1}{e}$
速　　度 v：	$v = \sqrt{\dfrac{2\mu}{r} - \dfrac{\mu}{a}}$　　VIS　VIVA　equation $r_p v_p = r_a v_a$
平　均　運　動 n：	$n = \sqrt{\dfrac{\mu}{a^3}}$

線。這巨型**凱氏天線** (Cassegrain antenna) 主反射板使用**拋物線反射板** (paraboloia) 而副反射板應用**雙曲線反射板** (hyperbola) 以便獲得高增益 (72 dB)，低雜音溫度並且天線**溢波** (spill over) 最小的超級天線。太空艙之雙曲線軌道和深太空通訊系統之巨型天線採用雙曲線反射板是不謀而合意的科學之巧合。古希臘數學家，若知現代太空科技，仍然依靠錐體曲線之奧妙，必定會微笑呢？

　　本章裡討論一些典型太空艙軌道。換言之，圓形軌道、軌道型態

表 8-2　雙曲線軌道相關方程式

速度 (velocity)	V	$V = \sqrt{\dfrac{2\mu}{r} + \dfrac{\mu}{a}}$ $V_{HE} = V_\infty = \sqrt{\dfrac{\mu}{a}}$	$V = \sqrt{\dfrac{2\mu}{r} + V_{HE}^2}$
漸近線真近點距 (true anomaly of asymptote)	θ_a	$\theta_a = 180° \pm \beta$	$\cos\theta_a = -\dfrac{1}{e}$
真近點距 (true anomaly)	θ	$\cos\theta = \dfrac{a(e^2-1)}{r\cdot e} - \dfrac{1}{e}$	
離近日點時間 (time since perigee)	t	$t = \dfrac{e\cdot\sinh F - F}{n}$ $F = \ln\left(\cosh F + \sqrt{\cosh^2 F - 1}\right)$	$\cosh F = \dfrac{e+\cos\theta}{1+e\cos\theta}$ $\sinh F = \dfrac{1}{2}[\exp(F) - \exp(-F)]$
短半徑軸 (semi-minor axis)	b	$b = r_p\sqrt{\dfrac{e+1}{e-1}}$ $b = r_p\sqrt{\dfrac{2\mu}{r_p V_{HE}^2} + 1}$	$b = a\sqrt{e^2-1}$
長半徑軸 (semi-major axis)	a	$a = \dfrac{b}{\sqrt{e^2-1}}$ $a = \dfrac{\mu}{V_{HE}^2}$	$a = \dfrac{r_p}{e-1}$ $a = \dfrac{b^2 - r_p^2}{2\cdot r_p}$
近日點半徑 (radius of perigee)	r_p	$r_p = b\sqrt{\dfrac{e-1}{e+1}}$ $r_p = c - a$ $r_p = -\dfrac{\mu}{V_{HE}^2} + \sqrt{\left(\dfrac{\mu}{V_{HE}^2}\right)^2 + b^2}$	$r_p = a(e-1)$ $r_p = b\tan\left(\dfrac{\beta}{2}\right)$
軌道半徑 (radius, general)	r	$r = \dfrac{a(e^2-1)}{1+e\cos\theta}$	
平均運動 (mean motion)	n	$n = \sqrt{\dfrac{\mu}{a^3}}$	
航路角度 (flight path-angle)	ϕ	$\tan\phi = \dfrac{e\sin\theta}{1+e\cos\theta}$	
離心率 (eccentricity)	e	$e = \dfrac{1}{\cos\beta}$ $e = \sqrt{1 + \dfrac{b^2}{a^2}}$	$e = 1 + \dfrac{r_p}{a}$
漸近線角度 (angle of asymptote)	β	$\tan\beta = \dfrac{b}{a}$ $\tan\beta = \dfrac{2br_p}{b^2 - r_p^2}$	$\tan\beta = \dfrac{bV_{HE}^2}{\mu}$ $\cos\beta = \dfrac{1}{e}$

之變換、霍曼遷移軌道、橢圓軌道速度及週期。接著敘述拋物線形軌道、雙曲線軌道、軌道面轉換、並附適當例題做參考。

太陽系行星間軌跡 (inter planetary trajectories) 晚近均採用**圓錐形軌道補綴近似法** (patched conic approximation) 而獲得相當高水準計算結果。本章 8-4、8-5、8-6 節中詳述，然就會合週期，無窮遠太空艙速度後研討行星重力協助航行策略，並敘述地球逃脫速度等。本章【表8-1】及【表 8-2】中各列示橢圓軌道及雙曲線軌道相關重要方程式以供參考。

8-2 典型軌道 (Typical Orbit)

[A] 圓形軌道 (Circular Orbit)

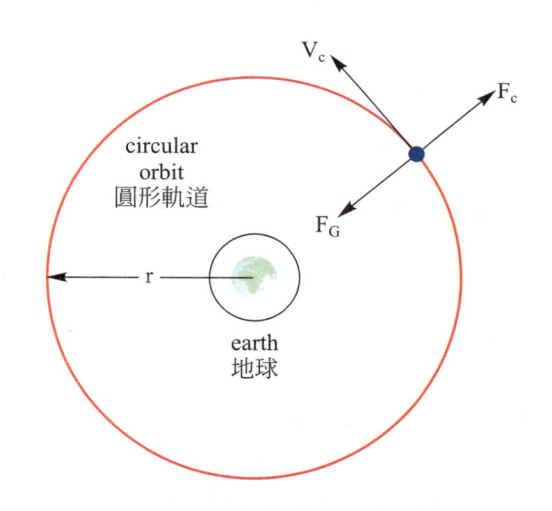

【圖 8-2】 圓形軌道上太空艙環繞地球構想圖

【圖 8-2】示太空艙在圓形軌道上環繞地球構想圖。這是在太空中只考慮地球和太空艙二個物體而排除太陽及月球之影響。太空艙在圓形軌道上任何點的**遠心力** (centrifugal force) 是 $F_c = \frac{mv^2}{r}$，而地球對**太空艙之引力** (gravitational force) 是 $F_g = \frac{mGM}{r^2}$。在穩定的環繞運動時遠心力必等於引力。

故
$$\frac{mv^2}{r} = \frac{mGM}{r^2}$$

$$V_c = \sqrt{\frac{GM}{r}} = \sqrt{\frac{\mu}{r}} \tag{8-1}$$

上式中　m = 太空艙（衛星）質量
　　　　M = 地球質量　5.98×10^{24}　kg
　　　　r = 圓形軌道半徑
　　　　G = 通用重力常數　6.67×10^{-11}　$m^3/kg \cdot s^2$
　　　　$\mu = GM$ = 地球重力常數　$398,600$　km^3/s^2

太空艙在圓形軌道之週期可用下式求出：

$$P = \frac{2\pi r}{V_c} = \frac{2\pi r}{\sqrt{\frac{\mu}{r}}} = 2\pi \sqrt{\frac{r^3}{\mu}} \tag{8-2}$$

例題 8-1

太空梭（space shuttle）距地面 280 km 高度以圓形軌道環繞地球。試求太空梭航行速度及環繞地球一匝週期。

解

地球半徑　$R_e = 6378$ km
太空梭高度　$h = 280$ km
故圓形軌道半徑　$r = 6378 + 280 = 6658$ km

$$V_c = \sqrt{\frac{\mu}{r}} = \sqrt{\frac{398600}{6658}} = 7.74 \quad km/sec$$

週期
$$P = 2\pi \sqrt{\frac{r^3}{\mu}} = 6.28 \sqrt{\frac{6658^3}{398600}} = 5403 \quad sec$$

$$\frac{5403}{3600} = 1.5 \quad hr$$

[B] 軌道型態之變換 (Orbit Changes)

圓形軌道是在空間內二個物體相關運動的最基本型態。如果以圓形軌道環繞地球的衛星在任意時刻被加速者，立即獲得新速度。易言之，

$$V_c(圓形速度) + \Delta V_1 = V_E(橢圓速度)$$

假如所加速度改爲 ΔV_2 者可能變爲 $(\Delta V_2 > \Delta V_1)$

$$V_c(圓形速度) + \Delta V_2 = V_H(雙曲線速度)$$

加速度後的軌道與加速度前的軌道如果在同一軌道面者稱爲**共平面軌道** (coplanar orbit)。假如不在同一平面上者，兩個軌道面之傾斜度 (inclination i) 必定不相同。

例題 8-2

有一衛星離地面 280 公里高度以圓形軌道環繞地球。現保持近地點高度 280 公里但遠地點爲 2800 公里高度的橢圓形軌道。試求將圓形軌道改爲橢圓軌道應加速度 ΔV 和加速度的最佳地點。

解

地面高度 280 km 的圓形軌道之速度等於

$$V_c = \sqrt{\frac{\mu}{R_e + h}} = \sqrt{\frac{398600}{6378 + 280}} = 7.74 \text{ km/s}$$

近地點高度 280 km，遠地點高度 2800 km 的橢圓形軌道之長半徑 a 等於

$$a = \frac{r_p + r_a}{2} = \frac{(280 + 6378) + (2800 + 6378)}{2} = 7918 \text{ km}$$

橢圓軌道近地點速度 V_p 等於

$$V_p = \sqrt{\frac{2\mu}{r_p} - \frac{\mu}{a}} = \sqrt{\frac{2 \times 398600}{6658} - \frac{398600}{7918}} = 8.33 \text{ km/s}$$

欲獲得橢圓軌道，應增加速度等於 $\Delta V = 8.33 - 7.74 = 0.59$ km/s 而當衛星航行到近地點時刻是應加速度最佳地點。

[C] 霍曼遷移軌道 (Hohmann Transfer Orbit)

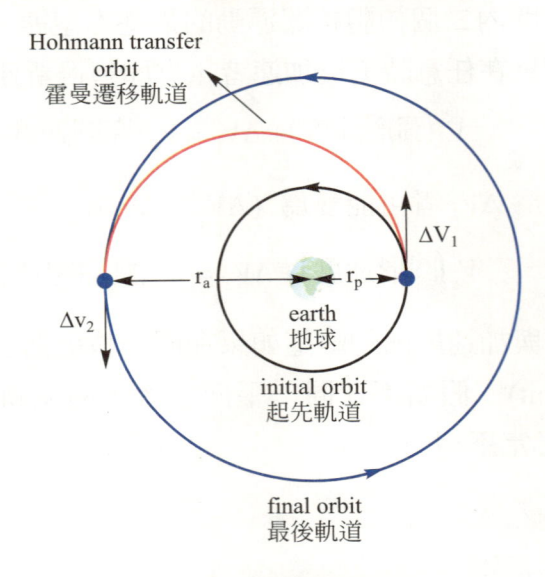

【圖 8-3】 霍曼遷移軌道

1925 年，德國太空科學家 Walter Hohmann 創見的橢圓遷移軌道如【圖 8-3】所示。查圖知，本遷移軌道與內圓 (半徑 r_p) 和外圓 (半徑 r_a) 在共同平面內 (coplanar) 相切。霍曼遷移軌道需要二次加速度方可完成。第一次加速 (ΔV_1) 是當圓軌道的內圈轉換橢圓形遷移軌道時需要，第二次加速 (ΔV_2) 是最後橢圓軌道再轉換外圍的圓形軌道需要。

霍曼遷移軌道當實行二次加速度時，其航行軌跡均與內圈及外圈相切，而只改變軌道速度沒有能量損失，故效率最佳。但軌道週期 P 最長之缺點。

例題 8-3

在【圖 8-3】內，行星設定為火星 (Mars) 而霍曼遷移軌道之內接圓及外接圓之半徑各為 $r_p = 8500$ km 及 $r_a = 16000$ km. 設計遷移軌道大綱。

解

查太陽系各行星重要常數表 (查考本書附錄 D)，得知

火星赤道半徑 $R_M = 3,397$ km，火星重力常數 $\mu = 42828$ km^3/s^2
半徑 8500 km 之圓形軌道（內圓）環繞火星速度：

$$V_{MI} = \sqrt{\frac{\mu}{r}} = \sqrt{\frac{42828}{8500}} = 2.24 \text{ km/s}$$

同樣以半徑 16000 km 環繞火星之圓形軌道速度：

$$V_{MO} = \sqrt{\frac{\mu}{r}} = \sqrt{\frac{42828}{16000}} = 1.636 \text{ km/s}$$

橢圓遷移軌道，長半徑 a 等於：

$$a = \frac{r_p + r_a}{2} = \frac{8500 + 16000}{2} = 12250 \text{ km}$$

遷移軌道近地點速度（velocity of periapsis）等於：

$$V_p = \sqrt{\frac{2 \times 42828}{8500} - \frac{42828}{12250}} = 2.56 \text{ km/s}$$

遷移軌道遠地點速度（velocity of apoapsis）等於：

$$V_a = \sqrt{\frac{2 \times 42828}{16000} - \frac{42828}{12250}} = 1.36 \text{ km/s}$$

故

第一次加速度：$\Delta V_1 = 2.56 - 2.24 = 0.32$ km/s

第二次加速度：$\Delta V_2 = 1.636 - 1.36 = 0.276$ km/s

總加速度：$\Delta V_T = \Delta V_1 + \Delta V_2 = 0.32 + 0.276 = 0.596$ km/s

霍曼遷移軌道週期：$P = 2\pi\sqrt{\frac{a^3}{\mu}} = 6.28\sqrt{\frac{12250^3}{42828}}$

$$= 41143 \text{ sec} = 11.42 \text{ hr}$$

故遷移軌道週期：$\frac{P}{2} = 5.71$ hr

[D] 橢圓軌道 (Elliptical Orbits)

我們知道太陽系的行星和一些環繞地球的人造衛星常採用橢圓軌道。【圖 8-4】示典型橢圓軌道。圖中軌道幾個參數意義如下：

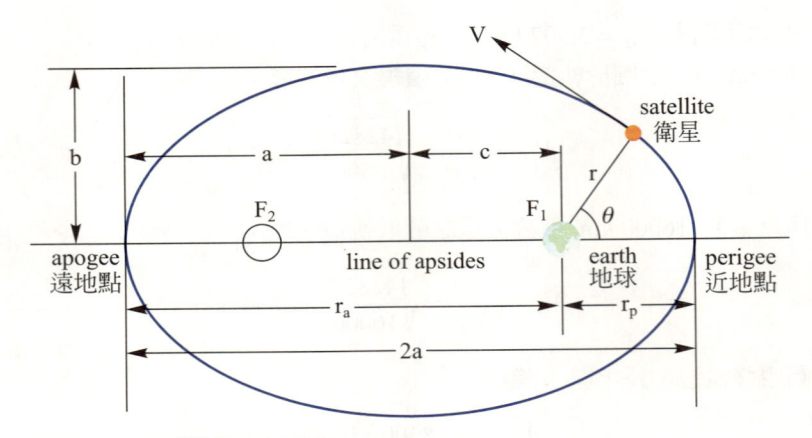

【圖 8-4】 橢圓軌道上衛星環繞地球構想圖

a = 橢圓長半徑 (semimajor axis)
b = 橢圓短半徑 (semiminor axis)
e = 離心率 (eccentricity)
r_a = 地心至橢圓遠地點 (apogee) 的距離
r_p = 地心至橢圓近地點 (perigee) 的距離

查圖知：
$$a = \frac{r_a + r_p}{2}$$

圖中兩個焦點為 F_1 及 F_2。如果地球中心設在 F_1，我們就獲得

$$c = \frac{r_a - r_p}{2} \text{，}$$

另橢圓離心率 $e = \dfrac{c}{a} = \dfrac{r_a - r_p}{r_a + r_p}$，橢圓短半徑與 a、c 得有下列關係：

$$a^2 = b^2 + c^2$$

橢圓軌道內衛星之位置如【圖 8-5】所示，可用向徑 r 及**位置角度** (position angle) θ 來決定。這角度 θ 稱為**真近點距** (true anomaly)，是以近地點為基準線與地心和衛星的連結線之夾角，地心與衛星之距離 r 可用下式表示：

$$r = \frac{a(1-e^2)}{1+e\cos\theta} \quad \text{或} \quad r = \frac{r_p(1+e)}{1+e\cos\theta} \tag{8-3}$$

local vertical 當地垂直線
local horizontal 當地水平線
satellite 衛星
apogee 遠地點
line of apsides 遠(近)地點線
earth 地球
perigee 近地點

ϕ : flight path angle
$h = rv\sin\gamma = rv\sin(90° - \phi)$
$\quad = rv\cos\phi$

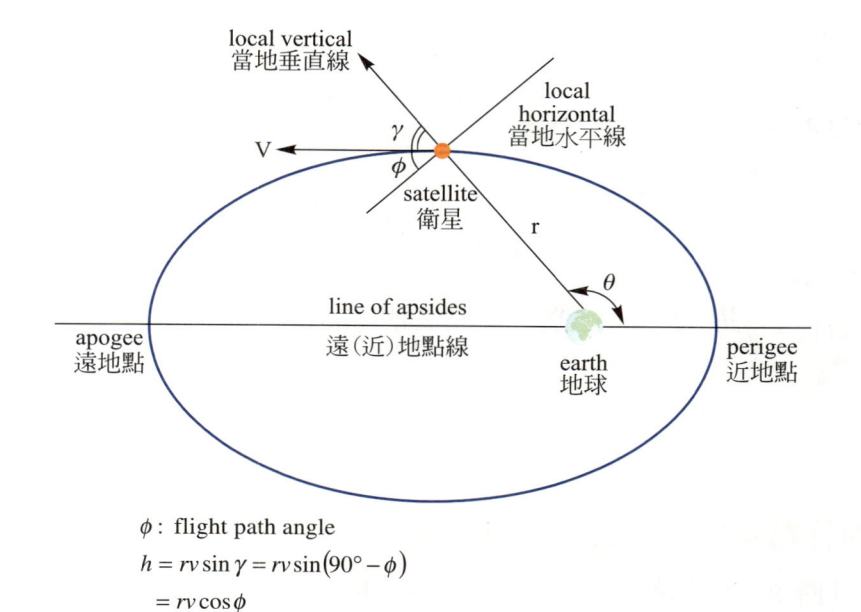

【圖 8-5】 橢圓軌道上太空艙 (衛星) 之位置

眞近點距 θ 另可用下式表示之：

$$\cos\theta = \left[\frac{r_p(1+e)}{re}\right] - \frac{1}{e} \tag{8-4}$$

或

$$\cos\theta = \left[\frac{a(1-e^2)}{re}\right] - \frac{1}{e} \tag{8-5}$$

例題 8-4

陸地衛星 (landsat-C) 是顆準極軌道 (polar orbit) 又準圓型軌道的地球資源探測衛星。軌道的近地點高度為 917 km，離心率 $e = 0.00132$ 且軌道傾斜度 $i = 89.1°$。試求：(a) 遠地點高度 (apogee height)；(b) 軌道週期；(c) 近地點軌道速度。

解

(a) $r_p = 917$ km $\quad e = 0.00132$

$$e = \frac{r_a - r_p}{r_a + r_p} \quad\quad 0.00132 = \frac{r_a - 917}{r_a + 917}$$

故 $r_a = \dfrac{918.21044}{0.99868} = 918.422$ km

(b) $p = 2\pi \sqrt{\dfrac{a^3}{\mu}}$ $a = \dfrac{r_a + r_p}{2} = \dfrac{918 + 917}{2} = 917.5$

$$p = 6.28\sqrt{\dfrac{(917.5)^3}{398600}} = 276.439 \text{ sec} = 4.6 \text{ min}$$

(c) $V_p = \sqrt{\dfrac{2\mu}{r_p} - \dfrac{\mu}{a}} = \sqrt{\dfrac{2 \times 398600}{917} - \dfrac{398600}{917.5}} = 20.85$ km/s

▶ 航行路角度：(Flight Path Angle)

【圖 8-6】示航路角度 (ϕ)。這是衛星速度 V 方向和水平線 H (水

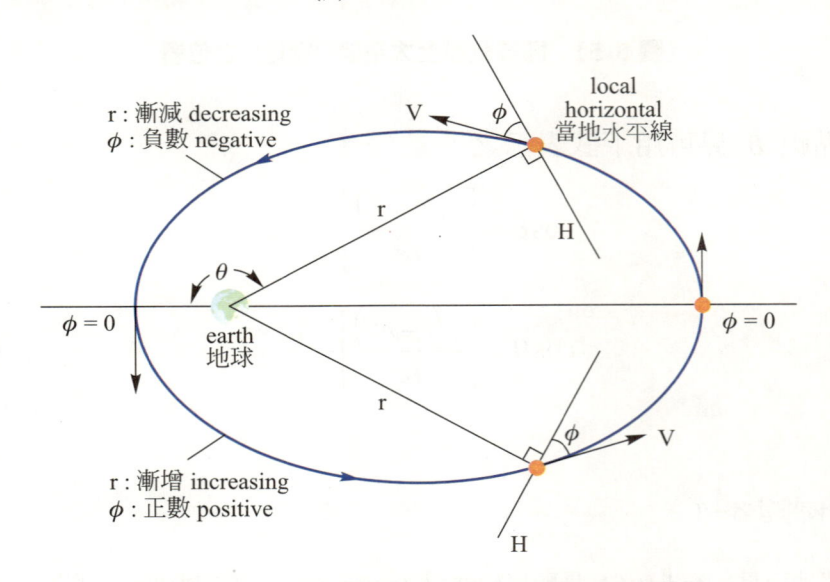

【圖 8-6】 飛行航路夾角是軌道上位置之函數

平線與向徑 r 成直角) 之夾角。如圖所示飛行路角 ϕ 與半徑之關係可由下式導出：

$$\tan \phi = \dfrac{dr}{rd\theta}$$

將上式微分再整理後得：

$$\tan\phi = \frac{e\sin\theta}{1+e\cos\theta} \tag{8-6}$$

【圖 8-6】顯示，角度 ϕ 之大小隨軌道上之位置而變動。當太空艙在橢圓軌道上環繞時，角度 ϕ 在近地點時等於零，然太空艙漸接近遠地點 r 增大，ϕ 為正數，但正在遠地點時恰好 ϕ 又等於零。過 180° 以後半徑 r 漸減但 ϕ 為負數。當回到原近地點時 ϕ 又等於零。

▶ 速度 (Velocity)

軌道上任意位置的太空艙速度 V 可由 VIS VIVA 方程式算出：

$$V = \sqrt{\frac{2\mu}{r} - \frac{\mu}{a}} \tag{8-7}$$

上式中，μ 為重力因數而 a 為橢圓長半徑。因此太空艙在軌道上速度是 r 之函數。如果 $r = r_p$ 時，$V = V_p$ 而 $r = r_a$ 時 $V = V_a$。V_p 及 V_a 各為近地點和遠地點速度。

另外速度有關係的**角動量** (angular momentum) 可用下式求出。

$$h = r \times V \tag{8-8}$$

由定義知動量之大小等於：

$$h = rv\sin(90° - \phi) \tag{8-9}$$

或
$$h = rv\cos\phi$$

上式 $v\cos\phi = V_t$，也就是等於正切分量。換言之，軌道速度之正切分量

$$h = rV_t$$

因軌道上任意點之角動量為常數，故

$$r_1 V_{t1} = r_2 V_{t2}$$

也因航行路角度在近地點，遠地點均等於零，故

$$r_p v_p = r_a v_a \tag{8-10}$$

▶ 經過近地點時間 (Time Since Periapsis)
(離近地點時間)

太空艙離近地點時間，換言之，脫離真近點距之時間從刻卜勒方程式可算出：

$$t = \frac{E - e\sin E}{n} \text{ rad,} \qquad (8\text{-}11)$$

上式　t：離近地點的時間
　　　E：偏近點角 (rad)
　　　e：軌道離心率
　　　n：平均運動

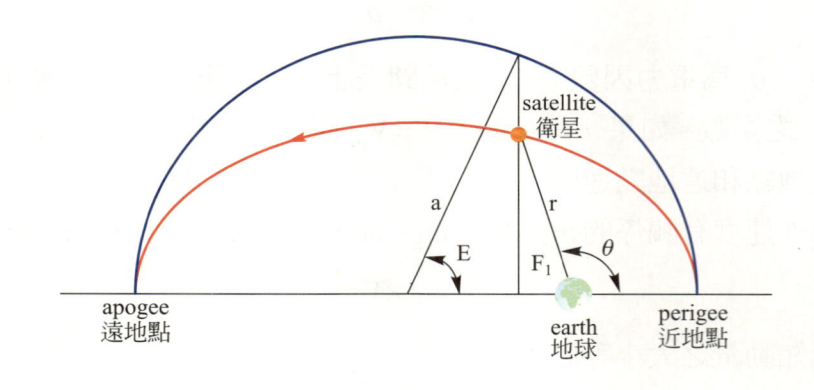

eccentric anomaly and true anomaly

【圖 8-7】 偏近點角 (E) 與真近點距 (θ) 相關圖

【圖 8-7】顯示偏近點角 (eccentric anomaly) 與真近點距 (true anomaly) 相關圖。

今查【圖 8-7】知偏近點角以半徑 a 追蹤圓形，並且與橢圓之外接圖形。如果離心率接近零，偏近點角與真近點距就合併。因此偏近點角與真近點距之關係成為

$$\cos E = \frac{e + \cos\theta}{1 + e\cos\theta} \text{ rad,} \qquad (8\text{-}12)$$

如果太空艙在【圖 8-7】外接圓上飛行者，它的角速度等於平均運動

$$n = \sqrt{\frac{\mu}{a^3}} \qquad (8\text{-}13)$$

▶ 軌道週期 (Period of Orbit)

假如 $E = 2\pi$ 時，刻卜勒方程式可簡化為

刻卜勒第三定律

$$P = \frac{2\pi}{n}$$

$$P = 2\pi \sqrt{\frac{a^3}{\mu}}$$

上式 $P =$ 軌道之週期 (sec)

例題 8-5

設有一衛星環繞地球的高度 $h = 400\,\text{km}$ 且軌道離心率 $e = 0.6$。試求：
(a) 衛星遠地點半徑：r_a
(b) 衛星近地點速度：V_p
(c) 軌道週期：P
(d) 衛星離地面高度 $h = 3622\,\text{km}$ 時速度：V_s
(e) 衛星離地面高度 $h = 3622\,\text{km}$ 時真近點距：θ
(f) 衛星離地面高度 $h = 3622\,\text{km}$ 時航路角度：ϕ

解

查太陽系各行星重要常數表得知：
地球半徑 $R_e = 6378\,\text{km}$,
地球重力常數 $\mu = 398600\,\text{km}^3/\text{s}^2$

(a) $r_p = R_e + h = 6378 + 400 = 6778\,\text{km}$

已知離心率 $e = 0.6$

$$e = \frac{r_a - r_p}{r_a + r_p}$$

故 $0.6 = \dfrac{r_a - 6778}{r_a + 6778}$ $\quad r_a = 27112$ km

(b) $a = \dfrac{r_a + r_p}{2} = \dfrac{27112 + 6778}{2} = 16945$ km

(c) $V_p = \sqrt{\dfrac{2\mu}{r_p} - \dfrac{\mu}{a}} = \sqrt{\dfrac{2 \times 398600}{6778} - \dfrac{398600}{16945}} = 9.7$ km/s

因 $r_p V_p = r_a V_a$

$$V_a = \dfrac{r_p V_p}{r_a} = \dfrac{6778 \times 9.7}{27112} = 2.43 \text{ km/s}$$

(d) 週期 $P = 2\pi \sqrt{\dfrac{a^3}{\mu}} = 6.28 \sqrt{\dfrac{16945^3}{398600}} = 21940$ sec $= 6.09$ hr

(e) 衛星高度 $h = 3622$ km 時，$r_s = 6378 + 3622 = 10000$ km

衛星在軌道上速度 V_s：

$$V_s = \sqrt{\dfrac{2\mu}{r_s} - \dfrac{\mu}{a}} = \sqrt{\dfrac{2 \times 398600}{10000} - \dfrac{398600}{16945}} = 7.50 \text{ km/s}$$

(f) 真近點距：θ (true anomaly)

$$\cos\theta = \dfrac{r_p(1+e)}{r \cdot e} - \dfrac{1}{e} = \dfrac{6778(1+0.6)}{10000 \cdot 0.6} - \dfrac{1}{0.6} = 0.147$$
$$\theta = 81.54°$$

(g) 航行路角度：ϕ (flight path angle)

$$\tan\phi = \dfrac{e \cdot \sin\theta}{1 + e\cos\theta} = \dfrac{0.6 \times \sin 81.54°}{1 + 0.6\cos 81.54°} = 0.545$$
$$\phi = 28.6°$$

【圖 8-8】顯示【例題 8-5】衛星軌道週期 P，真近點距 θ 及航路角度 ψ 相關圖。

橢圓軌道相關重要方程式蒐集於【表 8-1】。

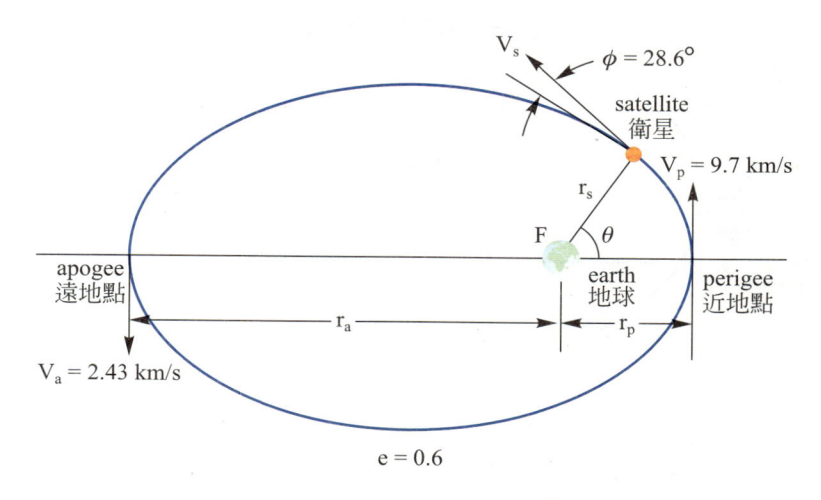

【圖 8-8】 例題 8-5 軌道示意圖

[E] 拋物線形軌道 (Parabolic Orbit)

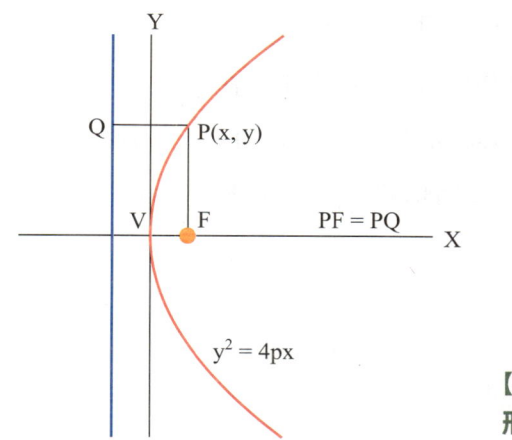

【圖 8-9】拋物線形軌道幾何學

　　太陽系行星群中很少有拋物線形軌道，但有些彗星就是特有拋物線軌道。通常沿著拋物線形航行的太空艙速度等於

$$V = \sqrt{\frac{2\mu}{r}} \tag{8-14}$$

上式速度就是太空艙逃脫行星之最低速度。拋物線是長半徑 "a" 等於無限大的橢圓形，又可以說一種**開路軌道** (open orbit) 的軌跡。

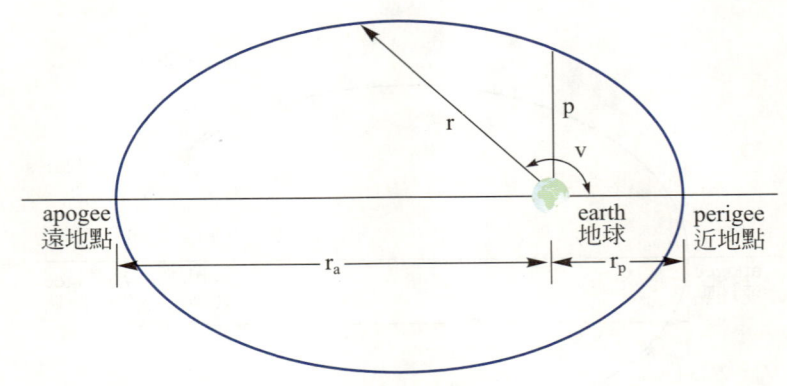

圓形：$e = 0$
橢圓形：$0 < e < 1$
拋物線形：$e = 1$
雙曲線：$e > 1$

【圖 8-10】 極座標圓錐形曲線通用方程式示意圖

$$r = \frac{P}{1 + e \cdot \cos v} \tag{8-15}$$

【圖 8-10】 示極座標圓錐曲線通用方程式示意圖。圖中 $r_p = \frac{P}{2}$，r_p 為半徑，P 為**半正焦弦** (semi latus rectum)，e 為**離心率**，而 v 為**真近點距**。主焦點 F 至**近地點**距離 r_p 及至**遠地點**距離 r_a，將 $v = 0°$ 及 $v = 180°$ 代入

$$r = \frac{P}{1 + e \cdot \cos v} \tag{8-16}$$

則得

$$r_p = \frac{P}{1 + e \cdot \cos 0°} \tag{8-17}$$

$$r_a = \frac{P}{1 + e \cdot \cos 180°} \tag{8-18}$$

[F] 雙曲線軌道 (Hyperbolic Orbit)

雙曲線軌道常被太陽系各行星間**任務連繫** (interplanetary missions)

的太空艙採用。吾人知悉行星間之距離是天文數字的長途。譬如太陽地球間距離等於 1.496×10^8 km (= 1 A.U.) 而地球土星間之距離等於 9.516 A.U. = $9.516 \times 1.496 \times 10^8$ = 14.23×10^8 km (約 14 億公里)。現以光速度往返地球土星需要 2.60 小時之遠程。我們又知圓形、橢圓形、拋物線形和雙曲線四種軌道中速度最快的就是雙曲線航行，此外美國加州理工學院噴射推進實驗所 (Jet Propulsion Laboratory JPL) 研發的所謂重力協助航行策略 (Gravity Assist Maneuver)。換言之，應用雙曲線航路當太空艙接近目標行星近旁軌道飛翔 (fly-by orbit) 時，能獲得目標行星之重力協助易於改變航行方向的同時不消耗太空艙自備燃料。通常雙曲線軌道是速度最快的航行並且能保持**逃脫速度** (escape velocity) 的特殊軌跡。

【圖 8-11】示雙曲線軌道幾何圖。圖中顯示各參數如下：

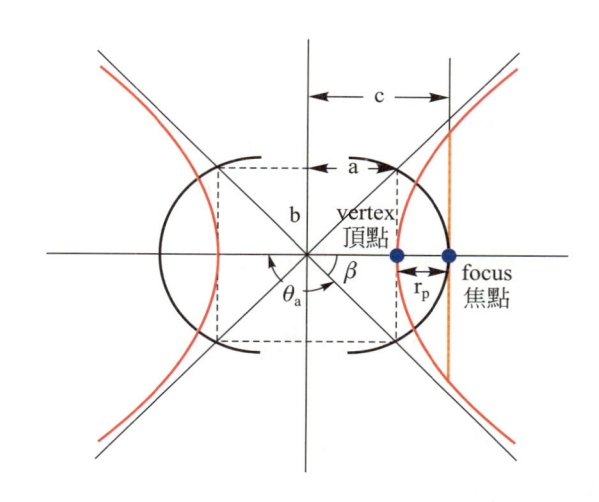

【圖 8-11】 雙曲線軌道幾何學

r_p = 焦點 F 與**頂點** (vertex) 間之距離
a = 長半徑
b = 短半徑
e = 離心率 = $\dfrac{c}{a}$
β = 漸近線角度

θ = 漸近線之真近點距

正如橢圓軌道、雙曲線軌道顯示：

$$c^2 = a^2 + b^2 \qquad e = \frac{c}{a}$$

漸近線之角度為：
$$\cos\beta = \frac{1}{e} \tag{8-19}$$

雙曲線軌道上太空艙之位置，軌道半徑和真近點距各為：

$$r = \frac{a(e^2-1)}{1+e\cos\theta}, \qquad \cos\theta = \frac{a(e^2-1)}{r \cdot e} - \frac{1}{e} \tag{8-20}$$

$$\theta_a = 180° \pm \beta \tag{8-21}$$

當 θ_a 等於 $\theta_{a\min}$ 或 $\theta_{a\max}$ 時雙曲線半徑 (r) 為無窮大。再從 $\cos\beta = \frac{1}{e}$，漸近線的真近點距成為 $\cos\theta_a = -\frac{1}{e}$，這與橢圓軌道相同。此刻**航行路角**等於

$$\tan\phi = \frac{e\sin\theta}{1+e\cos\theta} \tag{8-22}$$

在雙曲軌道上，任何點太空艙之速度等於：

$$V = \sqrt{\frac{2\mu}{r} + \frac{\mu}{a}} \tag{8-23}$$

上式告訴我們：雙曲線軌道上太空艙速度比拋物線軌道速度更快。因此在無窮遠的速度等於：

$$V_\infty = \sqrt{\frac{\mu}{a}} \tag{8-24}$$

這速度稱為逃脫速度，也就是所謂**雙曲線超速度** (hyperbolic excess velocity) V_{HF}。總而言之，

$$V_\infty = V_{HF} = \sqrt{\frac{\mu}{a}} \tag{8-25}$$

第八章　軌道動力學

假如太空艙受逃脫速度時，距行星無窮遠地點的速度就接近於零。相反地太空艙接受比逃脫速度更快速度時，在無窮遠地點可能不是零而有一定的速度。這**剩餘速度** (residual speed) 雖然在無窮的地點我們稱**雙曲線超速度** (hyperbolic excess velocity)。

我們從能量方程式可導出它的速度。其一為在地球附近可稱為**燒毀點** (burn-out point：V_{bo}) 速度。另一離地球無窮遠地點速度稱為雙曲線超速 V_∞。前面已討論過，軌道上太空艙總能是固定而保守不變的，換言之，在地球相近的 ε 和在無窮遠地點的 ε 的總和等於：

$$\varepsilon_T = \frac{V^2}{2} - \frac{\mu}{r} = \frac{V_{bo}^2}{2} - \frac{\mu}{r_{bo}} = \frac{V_\infty^2}{2} \tag{8-26}$$

故

$$V_\infty^2 = V_{bo}^2 - \frac{2\mu}{r_{bo}} \tag{8-27}$$

【圖 8-12】示雙曲線超速構想圖

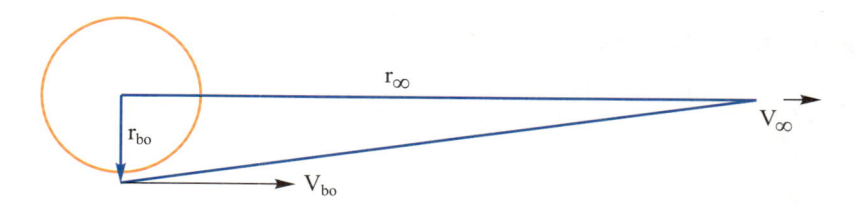

【圖 8-12】　雙曲線超速構想圖

雙曲線軌道相關方程式於【表 8-2】。

例題 8-6

美國加州噴射推進實驗所研發的航海家 2 號 (Voyager 2) 是深太空探測用太空艙。航海家 2 號自地球被發射後以雙曲線軌道向木星、土星飛航而於 1989 年 8 月 24 日飛翔過海王星 (Neptune) 之北極。有關航海家雙曲線資料中，a 及 e 各為 $a = 19{,}985$ km 且 $e = 2.45859$，途中航海家 2 號飛越過它的衛星 Triton，而此時之軌道半徑 (r) 為 $r = 354{,}600$ km。試求航海家 2 號離軌道的近地點後與衛星 Triton 遭遇的時間應經多久？

解

查太陽系各行星重要常數表知：

海王星重力參數：$\mu = 6,871,307\ km^3/s^2$

先計算航海家 2 號之平均運動：

$$n = \sqrt{\frac{\mu}{a^3}} = \sqrt{\frac{6871307}{(19985)^3}} = 0.0009278\ 1/s$$

再算軌道之真近點距：

$$\cos\theta = \frac{a(e^2-1)}{r\cdot e} - \frac{1}{e} = \frac{19985(2.45859^2-1)}{354600\times 2.45859} - \frac{1}{2.45859} = -0.2911$$

再算

$$\cosh F = \frac{e+\cos\theta}{1+e\cos\theta} = \frac{2.45859-0.2911}{1+2.45859(-0.2911)} = 7.6186$$

$$F = \ln\left[\cosh F + \sqrt{(\cosh F)^2-1}\right] = \ln\left[7.6186+\sqrt{(7.6186)^2-1}\right] = 2.720$$

$$\sinh F = \frac{1}{2}[\exp(F)-\exp(-F)] = \frac{1}{2}[\exp(2.720)-\exp(-2.720)] = 7.5577$$

最後計算離近地點 (periapsis) 時間：

$$t = \frac{e\sinh F - F}{n} = \frac{(2.45859)(7.5577)-2.720}{0.0009278} = 17095\ \text{sec} = 4.75\ hr$$

【註一】 為決定離近地點時間 t 下面相關雙曲線偏近點角 (hyperbolic eccentric anomaly) 被採用

$$t = \frac{e\sinh F - F}{n} \tag{8-28}$$

$$\cosh F = \frac{e+\cos\theta}{1+e\cos\theta} \tag{8-29}$$

上式中　t = 飛過近地點時間 (sec)
　　　　F = 雙曲線偏近點角
　　　　e = 離心率
　　　　θ = 真近點距
　　　　n = 平均運動

下面有關雙曲線方程式常被採用

$$F = \ln\left(\cosh F + \sqrt{\cosh^2 F - 1}\right) \qquad (8\text{-}30)$$

$$\sinh F = \frac{1}{2}[\exp(F) - \exp(-F)] \qquad (8\text{-}31)$$

【註二】海王星 (Neptune) 之二個天然衛星介紹於下列表，以供參考。

Natural Satellite of the Planets

PLANET	SATEL-LITE	ORBIT SEMI MAJOR AXIS (10^3KM)	SIDEREAL PERIOD (DAYS)	ORBIT ECCENTRICITY	ORBIT INCLINATION (DEG)	RADIUS (KM)
Neptune	1. TRITON	355	5.786	0.00	160	1900
	2. NEREID	5562	359.88	0.75	28	120

8-3 軌道面轉換法 (Orbital Plane Change)

[A] 簡單軌道面轉換法

【圖 8-13】示軌道面轉換的簡單例子。設原先軌道面 (initial orbit) 內太空艙之速度等於 V_1，而轉換後新軌道之速度為 V_2，則得

$$\Delta V = 2V_1 \sin\frac{\theta}{2} \qquad (8\text{-}32)$$

在此　ΔV = 為軌道面轉換需要速度之變化
　　　V_1 = 原先軌道面內太空艙速度
　　　θ = 軌道面之轉換角度

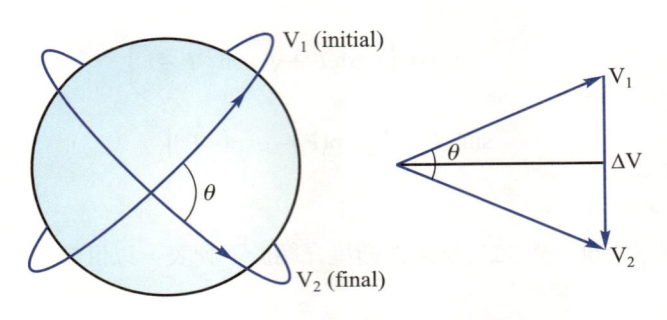

【圖 8-13】 簡單軌道面轉換

因為軌道面內太空艙之速度不變，故

$$|V_1| = |V_2|$$

又因為軌道形態不變，離心率、短半徑等均不變。

[B] 通用軌道面轉換

設以圓形軌道環繞地球的某衛星保持離地面高度 (h)，但需轉換軌道面傾斜度及**升交點** (ascending node)。檢討軌道面之內容，起先查軌道參數如下：(查【圖 8-14】)

原軌道參數：

　圓形軌道　　$h = 280$ km
　軌道傾斜度　$i_1 = 30°$
　升交點經度　$\Omega_1 = 60°$ west

新軌道參數：

　圓形軌道　　$h = 280$ km
　軌道傾斜度　$i_2 = 10°$
　升交點經度　$\Omega_2 = 100°$ west

【步驟】：

(a)【圖 8-14】顯示，軌道面轉換相關參數：

　$\Delta\Omega$：軌道面轉換發生的升交點經度之變化

第八章　軌道動力學　**305**

【圖 8-14】 通用軌道面轉換機構

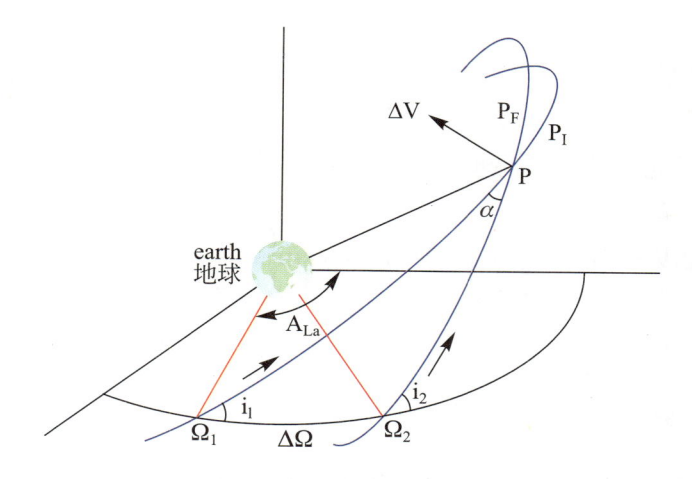

P_F：final orbit　P_I：initial orbit

$\Delta\Omega = (\Omega_2 - \Omega_1)$

α：二個軌道面又產生之角度

A_{La}：緯度輻角 $= \theta_i + \omega_i$

θ_i：原先軌道之**真近點距** (true anomaly)

ω_i：原先軌道近地點輻角

(b) 軌道面轉換角度 α 就球面三角形 $P\Omega_1\Omega_2$ 應用餘弦定理得：

$$\cos\alpha = \cos i_1 \cos i_2 + \sin i_1 \sin i_2 \cos(\Delta\Omega)$$
$$= \cos(30)\cos(10) + \sin(30)\sin(10)\cos(40) = 0.918$$
$$\alpha = 23.36°$$

就原先軌道面緯度輻角，應用正弦定律得

$$\sin A_{La} = \frac{\sin i_2 \sin(\Delta\Omega)}{\sin\alpha} = \frac{\sin(10)\sin(40)}{\sin(23.36)} = 0.281$$
$$A_{La} = 16.31°$$

因原先軌道新軌道離地面高度均等於 $h = 280$ km

故環繞地球速度均等於　$V_c = \sqrt{\dfrac{\mu}{r}} = \sqrt{\dfrac{398600}{6378+280}} = 7.74$ km/s

故軌道面轉換所需速度變化 ΔV 等於：

$$\Delta V = 2V_1 \sin\left(\dfrac{\alpha}{2}\right) = 2 \times 7.74 \times \sin\left(\dfrac{23.30}{2}\right) = 3.125 \text{ km/s}$$

例題 8-7

某火箭基地位於北緯 28.1°，為**發射地球靜止衛星** (geostationary satellite)，首先設定**停留軌道** (parking orbit) 而離地面 200 km 高度環繞地球。現檢討軌道之進展步驟如下：

(a) 停留軌道半徑：$r_p = 6378 + 200 = 6578$ km

　　遠地點半徑：$r_a = 6378 + 35786 = 42164$ km

　　橢圓長半徑：$a = \dfrac{r_p + r_a}{2} = \dfrac{6578 + 42164}{2} = 24371$ km

　　停留軌道上衛星速度：$V_p = \sqrt{\dfrac{\mu}{r_p}} = \sqrt{\dfrac{398600}{6578}} = 7.78$ km/s＝(暫設 ΔV_1)

　　停留軌道週期：$P_p = 2\pi\sqrt{\dfrac{r_p^3}{\mu}} = 6.28\sqrt{\dfrac{(6578)^3}{398600}} = 5306$ sec＝1.47 hr

(b) 遷移軌道近地點速度：$V_{TP} = \sqrt{\dfrac{2\mu}{r_p} - \dfrac{\mu}{a}} = \sqrt{\dfrac{2 \times 398600}{6578} - \dfrac{398600}{24371}} = 10.23$ km/s

　　從停留軌道轉換遷移軌道需要的加速度 ΔV_{TP} 等於：

$$\Delta V_{TP} = 10.23 - 7.78 = 2.45 \text{ km/s} = (\text{暫設 } \Delta V_2)$$

　　遷移軌道週期：$P_p = 2\pi\sqrt{\dfrac{a^3}{\mu}} = 6.28\sqrt{\dfrac{(24371)^3}{398600}} = 37844$ sec＝10.51 hr

　　遷移軌道遠地點速度 V_{Ta} 等於：

$$V_{Ta} = \dfrac{V_{TP} r_p}{r_a} = 10.23 \times \dfrac{6578}{42164} = 1.596 \text{ km/sec}$$

　　為靜止軌道需要速度（目標軌道速度）：

$$V_s = \sqrt{\dfrac{\mu}{r}} = \sqrt{\dfrac{398600}{42164}} = 3.075 \text{ km/sec}$$

(c) 【圖 8-15】示有關遷移軌道與同轉軌道間之相關速度向量圖。因遷移軌道的遠地點速度等於 1.596 km/s 而這速度與地球赤道間之傾斜度為 28.1°，因此衛星裝置**遠地點踢跳馬達** (apogee kick motor) 使衛星及時獲得 3.075 km/s 之**同轉飛航** (linear circularization maneuver) 速度而上述所需增加速度 ΔV_s 等於：

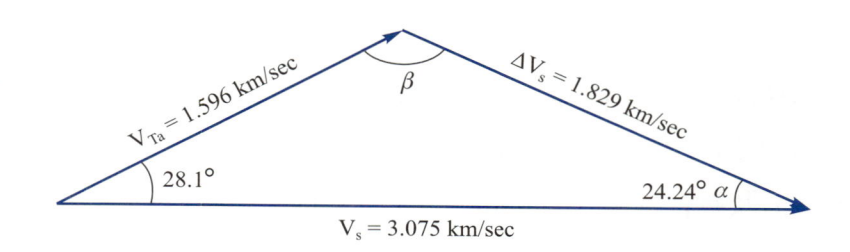

【圖 8-15】 遠地點馬達噴射後獲得 $\Delta V_s = 1.829$ km/sec 加速度轉換軌道面向量圖

$$\Delta V_s = \sqrt{(1.596)^2 + (3.075)^2 - 2 \times 1.596 \times 3.075 \times \cos 28.1°}$$
$$= 1.829 \text{ km/s} \tag{8-33}$$

查圖可知：

$$\alpha = \tan^{-1}\left(\frac{1.596 \sin 28.1°}{3.075 - 1.596 \cos 28.1°}\right) = 24.24°$$
$$\beta = 180° - (28.1° + 24.24°) = 127.66° \tag{8-34}$$

綜合上述，遠地點馬達應準備 $\Delta V_s = 1.829$ km/sec 之應變速度，而與赤道傾斜 24.24° 方向噴射遠地點馬達燃料就可。

【註三】從火箭基地發射衛星至地球靜止衛星，共有四種明晰的加速度變化。

(a) 為低高度地球圓形環繞軌道 (LEO)，換言之，為發射停留軌道 (parking orbit) 衛星、火箭推升器需要加速度 ΔV_1。

(b) 將停留軌道轉換為 r_a =42,164 km 的橢圓軌道。所謂霍曼遷移軌道所需要加速度 ΔV_2。

(c) 傾斜度 $i = 28.1°$ 的橢圓軌道改變傾斜度零度（$i = 0°$）的橢圓軌道加速度 ΔV_3 =1.479 km/s。

(d) 傾斜度零度（$i = 0°$）的橢圓軌道改變圖形軌道（半徑 $r = 42,164$ km）加速度 $\Delta V_4 = 0.775$ km/sec。

上述四種總合加速度 ΔV_T 等於

$$\Delta V_1 = 7.78 \text{ km/s}$$
$$\Delta V_2 = 2.45 \text{ km/s}$$
$$\Delta V_3 = 1.479 \text{ km/s}$$
$$\underline{\Delta V_4 = 0.775 \text{ km/s}}$$
$$\Delta V_T = 12.484 \text{ km/s}$$

由於**地球靜止衛星** (geostationary satellite) 特別適合於實用衛星而常被採用。但為節省衛星自備燃料起見，有**分別飛航** (separate maneuver) 及**聯合飛航** (combined maneuver) 之兩類。

(a) **分別飛航法**：首先設定**停留圓形軌道** (parking orbit)，再行**遷移橢圓軌道** (transfer elliptical orbit)，最後採用**地球靜止圓形軌道** (circularization maneuver)。

$$\Delta V_3 = 3.075 - 1.596 = 1.479 \text{ km/s}$$

(b) **軌道面轉換法** (plane change maneuver)：確認衛星保持 $V_s = 3.075$ km/sec 的同轉速度後將傾斜度 $i = 28.1°$ 的圓形軌道改變為與地球赤道平行的 $i = 0°$ 靜止圓形軌道。

$$\Delta V_4 = 2V_1 \sin\left(\frac{28.1°}{2}\right) = 2 \times 1.596 \times \sin\left(\frac{28.1°}{2}\right) = 0.775 \text{ km/s}$$

(c) **合成飛航法** (combined maneuver)：如【圖 8-15】所示：$\alpha = 24.24°$ 之方向噴射推進獲得 $\Delta V_s = 1.829$ km/s 加速度。這是圓形飛航與軌道轉換飛航同時實行的聯合飛航法。

$$\Delta V_{CM} = \Delta V_3 + \Delta V_4 = 1.479 + 0.775 = 2.254 \text{ km/s}$$

兩種加速度相差 (ΔV_{diff}) = 合成飛航 (combined maneuver) ΔV_{CM}
－ 分別飛航 (separate maneuver) ΔV_{SM}
= 2.254 － 1.829 = 0.425 km/sec

綜合上述結果，為獲得地球靜止軌道，合成飛航法優越於分別飛航法，而可節約 0.425 km/s 之加速度。換言之，遠地點踢跳馬達 (apogee kick motor) 可節省約 160 公斤左右固態燃料。

第八章 軌道動力學 309

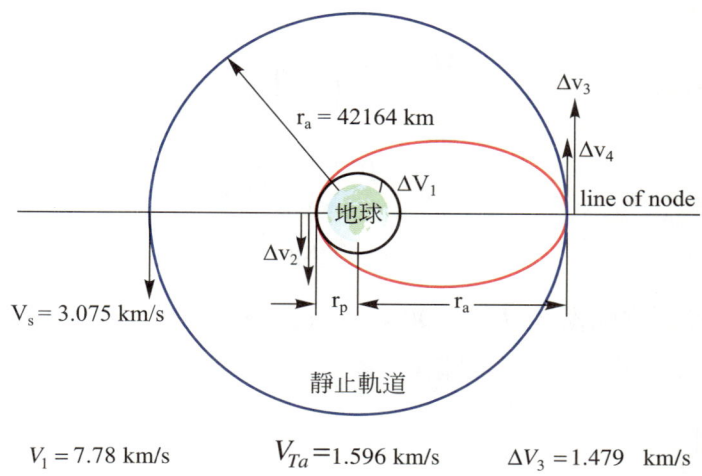

【圖 8-16】 地球同轉軌道相關各項速度示意圖

$V_1 = 7.78$ km/s　　$V_{Ta} = 1.596$ km/s　　$\Delta V_3 = 1.479$ km/s
$\Delta V_{TP} = 2.45$ km/s　　$\Delta V_{CM} = 2.254$ km/s　　$\Delta V_4 = 0.775$ km/s

【圖 8-16】示地球同轉軌道相關各項速度之示意圖。

【註四】 節省 0.425 km/s 加速度就可減省 160 kg 左右固態燃料，速度之變化與消費燃料質量相關方程式可用下式表示：

$$\Delta V = g_c I_{sp} \ln\left(\frac{m_1}{m_2}\right)$$

上式　ΔV = 速度變化，換言之是加速度
　　　g_c = 地球重力加速度 9.8 m/s² = 32.17 ft/s²
　　　I_{sp} = 火箭燃料之**脈衝比** (specific impulse)
　　　m_1 = 燃料**燃燒前** (pre-burn) 之質量
　　　m_2 = 燃料**燃燒後** (post-burn) 之質量

上式再改變為下列式以利實用：

$$M_p = m_1\left(\exp\left(\frac{\Delta V}{g_c I_{sp}}\right) - 1\right)$$

M_p = 為獲得速度變化 ΔV 而消耗燃料質量

現將 $\Delta V = 0.425$ km/s $= 0.425 \times 3280 = 1394$ ft/s 將此數值代入上式得

$$M_p = m_2\left(\exp\left(\frac{\Delta V}{g_c I_{sp}}\right)-1\right)$$
$$= 1025\left(\exp\left(\frac{1394}{32.17\times 290}\right)-1\right)$$
$$= 165 \text{ kg}$$

但固態燃料之脈衝比 $I_{sp} = 290$ sec. 且設 $m_2 = 1025$ kg。
加速度 ΔV 與燃料質量間關係，參考第七章 7-2 節更詳悉。

換算法

- km/s × 3280.84 = ft/s
- km × 0.5396 = n‧mile
- miles × 5280 = ft
- km × 0.6214 = miles
- n‧mile × 1.852 = km
- rad × 57.295 = deg

8-4 圓錐形軌道補綴近似法 (Patched Conic Approximation)

應用三個圓錐形航行軌道湊成所謂補綴圓錐航程 (patched conic trajectories) 去解析太陽系行星間太空旅程問題。

本題可分段下列三個階段研討航程。

(a) **雙曲線地球逃脫航法** (hyperbolic earth departure trajectory)：太空艙被發射的階段只考慮地球與太空艙二物體間相對關係，此時太陽影響暫不考慮。

(b) **太陽為中心的橢圓形霍曼遷移軌道** (elliptical heliocentric Hohmann transfer trajectory)：注意太陽為焦點，太陽與太空艙二個物體間橢圓軌道問題，此時地球和目標行星之影響不考慮。

(c) **雙曲線到達目標行星航行軌道** (arrival hyperbolic trajectory)：這是太空艙和目標行星二個物體間關係，太陽及地球之影響不考慮。

瞥見上列三項要點得知：在各階段只考慮二個物體間之運動而已。這是儘量簡化而避免多數個物體（譬如四個或更多物體）同時互相影響運動而引起的繁雜計算問題。根據學者專家之結論，本方法獲得驚人正確性之記錄結果而被實用化。

【註五】 patch：補綴之布片　　　　patch work：雜色布片之補綴物
patch conic technique 或 patch conic approximation 之觀念：
patch conic approximation 可分下列階段說明：

(a) 出發階段：太空艙與基地台、地球二個物體間運動。
(b) 在橢圓遷移軌道中間只考慮太空艙與太陽二個物體。
(c) 到達目標行星最後階段只考慮太空艙、目標行星二個物體間運動。

8-5 圓形軌道補綴近似法實例 (Example of Patched Conic Procedure)

譬如從地球基地台被發射的太空艙首先 (a) 經**地球停留軌道** (earth parking orbit)，接著**地球逃脫雙曲線** (earth escape trajectory)，從轉換 (b) 太陽中心霍曼遷移軌道 (heliocentric Hohmann transfer orbit) 經長程太空航行後漸漸接近 (c) 如到達火星雙曲線軌道 (arrival hyperbolic trajectory)，最後再轉回到達停留軌道 (arrival parking orbit) 才能實行軟著陸 (soft landing) 於火星表面完成全部航程工作。上述 (a)、(b)、(c) 三種航道必定非常順利轉換才能獲得圓滿成功。

[A] 太空艙逃脫地球後執行雙曲線飛航階段

我們在 (b) 階段實行霍曼遷移軌道並知近日點的速度 (逃脫地球) 需 32.73 km/sec，而遠日點速度 (到達火星速度) 需 21.5 km/sec。太空艙被發射後接著逃脫地球和到達並能軟著陸於火星表面是整個航程中重大事件。要確保如此高速度 (大約洲際飛彈系統，ICBM 的四倍速度) 必需強力火箭才可。幸好地球本身保持太陽公轉速度為 29.77 km/sec，故太空艙針對地球以逃脫速度僅等於 32.73 − 29.77 = 2.96 km/sec 則可。另我們需要考慮地球的重力 (引力)，因此，讓我們考慮地心為中心設定一個地球引力影響有關係的球體 (sphere of influence: SOI)。換言之，在 SOI 球裏面只能考慮地球引力，不考慮太陽引力而在 SOI 外面只考慮太陽引力。【表 8-3】顯示太陽系各行星的 SOI 下列計算之 SOI_{planet} 以供參考

$$SOI_{planet} = R_{planet} \left| \frac{m_{planet}}{M_{sun}} \right|^{2/5} \tag{8-35}$$

上式中　R_{planet}：行星公轉太陽之半徑 (km)
　　　　m_{planet}：行星之質量 (kg)
　　　　M_{sun}：太陽之質量 (kg)

表 8-3　太陽系各行星之 SOI

行　星 (Planet)	SOI 半徑 ×10^6 km
水　星 (Mercury)	0.1
金　星 (Venus)	0.6
地　球 (Earth)	0.9
火　星 (Mars)	0.6
木　星 (Jupiter)	48.2
土　星 (Saturn)	54.5
天王星 (Uranus)	51.7
海王星 (Neptune)	86.7
冥王星 (Pluto)	15.2
月　球 (Moon)	0.07

例題 8-8

試求地球和火星之 SOI

第八章　軌道動力學

$$SOI_{Earth} = R_{Earth} \left| \frac{m_{Earth}}{M_{sun}} \right|^{2/5}$$

$$= 1.496 \times 10^8 \left| \frac{5.99 \times 10^{24}}{1.99 \times 10^{30}} \right|^{2/5}$$

$$= 924,230 \text{ km} = 0.924230 \times 10^6 \text{ km} \cong 1.0 \times 10^6 \text{ km}$$

$$SOI_{Mars} = R_{Mars} \left| \frac{m_{Mars}}{M_{sun}} \right|^{2/5}$$

$$= 1.496 \times 10^8 \times 1.524 \left| \frac{6.42 \times 10^{23}}{1.99 \times 10^{30}} \right|^{2/5}$$

$$= 577,645 \text{ km} = 0.577 \times 10^6 \text{ km}$$

設太空艙從地球基地台被發射然以 300 公里高度的停留軌道 (parking orbit) 環繞地球後再加速度向火星飛翔，這速度就是所謂雙曲線地球逃脫速度。

$$V_{hyperbolic} = \sqrt{2 \left[\frac{\mu_e}{R_e + h} + E_e \right]} = \sqrt{2 \left[\frac{398600}{6378 + 300} + 4.35 \right]} \quad (8\text{-}36)$$

$$= 11.32 \text{ km/sec}$$

上式中　μ_e = 地球重力常數 = 398,600 km^3/s^2
　　　　R_e = 地球半徑 = 6378 km
　　　　h = 停留軌道地面高度 = 300 km
　　　　E_e = 4.35 km

【註六】　　　　$32.73 - 29.77 = 2.96$ km/s

$$\frac{(V_{SOI})^2}{2} = \frac{(V_{earth\ departure})^2}{2} = \frac{(2.96)^2}{2} = 4.38$$

發射火箭推升速度 (booster velocity of rocket) ΔV_{boot} 為

$$\Delta V_{boot} = V_{hyperbolic} - V_{planet}$$

$$= 11.32 - \sqrt{\frac{398600}{6678}} = 3.59 \quad \text{km/s} \quad (8\text{-}37a)$$

上式 3.59 km/s 是為獲得雙曲線速度的火箭最後一節推升速度。

[B] 霍曼遷移軌道 (Hohmann Transfer Trajectory)

【圖 8-17】表示太陽為焦點的**霍曼遷移軌道** (Hohmann transfer trajectory) 相關圖，發射基地為地球而到達目標行星是火星。查太陽系行星參數表得知：

太陽地球間距離：1 A.U. = 1.496×10^8 km

地球公轉速度：$V_E = 29.77$ km/s

太陽至火星距離：1.524 A.U. = $1.524 \times 1.496 \times 10^8 = 2.2799 \times 10^8$ km

查【圖 8-17】知：$r_p = 1.496 \times 10^8$ km　$r_a = 2.2799 \times 10^8$ km

霍曼橢圓遷移軌道相關長半徑 a 等於：

$$a = \frac{r_a + r_p}{2} = 1.88795 \times 10^8 \text{ km} \qquad 2a = 3.7759 \times 10^8 \text{ km}$$

遷移軌道週期 (period) P 等於：

$$P = 2\pi \sqrt{\frac{a^3}{\mu_s}} = 6.28 \sqrt{\frac{(1.88795 \times 10^8)^3}{1.327 \times 10^{11}}}$$

$$= 44{,}719{,}880 \text{ sec} \cong 518 \text{ days}$$

上式 μ_s =太陽的重力常數 = 1.327×10^{11} km^3/s^2

從地球航行到火星的週期為 $\frac{P}{2} = \frac{518}{2} = 259$ days

再查霍曼橢圓軌道得知：**近日點速度** (periapsis velocity) V_p

$$V_p = \left[2\mu \left(\frac{1}{r_p} - \frac{1}{2a} \right) \right]^{1/2}$$

$$= \left[2 \times 1.327 \times 10^{11} \left(\frac{1}{1.496 \times 10^8} - \frac{1}{3.7759 \times 10^8} \right) \right]^{1/2}$$

$$= \sqrt{1070.889} = 32.73 \text{ km/s}$$

遠日點速度 (apoapsis velocity) V_a 等於

$$V_a = \left[2\mu\left(\frac{1}{r_a} - \frac{1}{2a}\right)\right]^{1/2}$$

$$= \left[2 \times 1.327 \times 10^{11}\left(\frac{1}{2.2799 \times 10^8} - \frac{1}{3.7759 \times 10^8}\right)\right]^{1/2}$$

$$= \sqrt{461.9} = 21.5 \text{ km/s}$$

因此，**逃脫地球速度** (escape velocity) 等於

$$V_\infty = V_p - V_e = 32.73 - 29.77 = 2.96 \text{ km/s}$$

$C_3 = V_\infty^2 = 8.76 \text{ km}^2/\text{s}^2$　且能量　$E_c = \frac{(V_\infty)^2}{2} = 4.38 \text{ km}^2/\text{s}^2$

軌道**離心率** (eccentricity)：$e = \frac{r_a - r_p}{r_a + r_p} = \frac{2.2799 - 1.496}{2.2799 + 1.496} = 0.207$

[C] 到達目標行星的雙曲線軌道 (Arrival Hyperbolic Trajectory)

從地球基地被火箭發射的太空艙經上述 (a)、(b) 兩段過程的航行後接近目標行星火星。我們知悉霍曼遷移軌道遠日點速度為 21.5 km/sec，在此處留意火星之太陽公轉速度：

$$V_M = \sqrt{\frac{1.327 \times 10^{11}}{1.496 \times 10^8 \times 1.524}} = 24.13 \text{ km/sec}$$

火星重力影響地球速度：

$$V_{SOI,m} = 24.13 - 21.5 = 2.63 \text{ km/sec}$$

讓我們設定 $r_{SOI,m} = \infty$，即太空艙對火星之能 (energy) 而言

$$E_{SOI,m} = \frac{(V_{SOI,m})^2}{2} - \frac{\mu_{sun}}{r_{SOI,m}}$$

$$= \frac{(2.63)^2}{2} = 3.46 \text{ km}^2/\text{sec}^2$$

上述結果表示，火星附近的雙曲線軌道之狀況。

當太空艙接近火星時，我們需要以火星為中心的停留軌道 (parking

orbit) 易於軟著陸於火星表面。因火星半徑 $R_m = 3397$ km 且 $R_{e,m} = 3397 + 300 = 3697$ km，火星重力常數 $\mu_m = 42,828$ km^3/sec^2。

故
$$V_{retro} = \sqrt{2\left(\frac{42828}{3697} + E_m\right)} = \sqrt{2\left(\frac{42828}{3697} + 3.46\right)}$$
$$= 5.48 \quad \text{km/sec}$$
(8-37b)

$$V_{Park} = \sqrt{\frac{\mu_m}{r_{Park}}} = \sqrt{\frac{42828}{3697}} = 3.40 \quad \text{km/sec}$$

故　　$\Delta V_{retro} = 5.48 - 3.46 = 2.02$ km/sec

總而言之，從基地被發射的太空艙，應經過上述三種航行並順利轉換路線方能獲得圓滿成功。上述航路中需要總速度等於逃脫地球時需要速度 11.32 km/sec 及到達火星時需要減速度 5.48 km/sec，總共 11.32 + 5.48 = 16.8 km/sec。

$$\mu_s = 1.327 \times 10^{11} \quad \text{km}^3/\text{s}^2 \qquad r_e = 6378 \quad \text{km}$$
$$\mu_e = 398,600 \quad \text{km}^3/\text{s}^2 \qquad r_m = 3397 \quad \text{km}$$
$$\mu_m = 42,828 \quad \text{km}^3/\text{s}^2 \qquad V_e = 29.77 \quad \text{km/s}$$
$$\qquad\qquad\qquad\qquad\qquad\qquad V_m = 24.13 \quad \text{km/s}$$

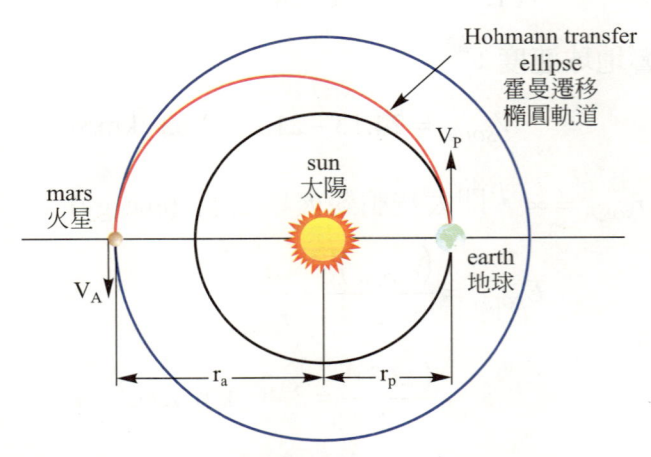

Simplified Earth to Mars Trajectory

$r_p = 33.73$ km/s　　$r_a = 21.49$ km/s

【圖 8-17】　從地球發射太空艙航行火星的霍曼遷移軌道簡略圖

8-6 會合週期 (Synodic Period)

兩個行星針對太陽之相對位置，能再出顯的週期稱為會合週期。通常行星對地球之會合週期可用下列表示：

$$S = \frac{2\pi}{\omega_E - \omega_P} = \frac{1}{1 - \frac{1}{P_p}} \tag{8-38}$$

上式中　S：地球與行星會合週期 (yr)

　　　　ω_E, ω_P：地球或行星之角速度 (rad/yr)

　　　　P_p：行星之週期 (yr)

表 8-4　太陽系各行星及月球對地球之會合週期表

行　星 (Planet)	S (日數)
水　星 (Mercury)	116
金　星 (Venus)	584
火　星 (Mars)	780
木　星 (Jupiter)	399
土　星 (Saturn)	378
天王星 (Uranus)	370
海王星 (Neptune)	367
冥王星 (Pluto)	367
月　球 (Moon)	30

例題 8-9

吾人知悉地球、火星之公轉日期各為 365 日及 687 日，因此火星之 P_p 等於 $\frac{687}{365} = 1.882$

故
$$S = \frac{1}{1-\frac{1}{1.882}} = \frac{1}{1-0.531} = 2.132 \text{ yr}$$

$$2.132 \times 365 = 778 \cong 780 \text{ days}$$

【註七】地球及火星對太陽公轉日期各為：

$$P_E = 2\pi\sqrt{\frac{r^3}{\mu}} = 6.28\sqrt{\frac{(1.496\times10^8)^3}{1.327\times10^{11}}}$$

$$= 31.4625\times10^6 \text{ sec}$$

$$= 364.153 \text{ days} \cong 365 \text{ days}$$

$$P_M = 6.28\sqrt{\frac{(1.496\times10^8\times1.524)^3}{1.327\times10^{11}}}$$

$$= 59.344744\times10^6 \text{ sec} = 687 \text{ days}$$

【圖 8-18】顯示從地球發射太空艙到達火星需要：(a) 雙曲線逃脫地球航法；(b) 霍曼遷移軌道；(c) 雙曲線火星到達航法三步驟方法相關圖。

B：hyperbolic mars arrival　　　A：hyperbolic earth departure
SOI_M：sphere of influence, mars　　SOI_E：sphere of influence, earth
C：Hohmann transfer orbit

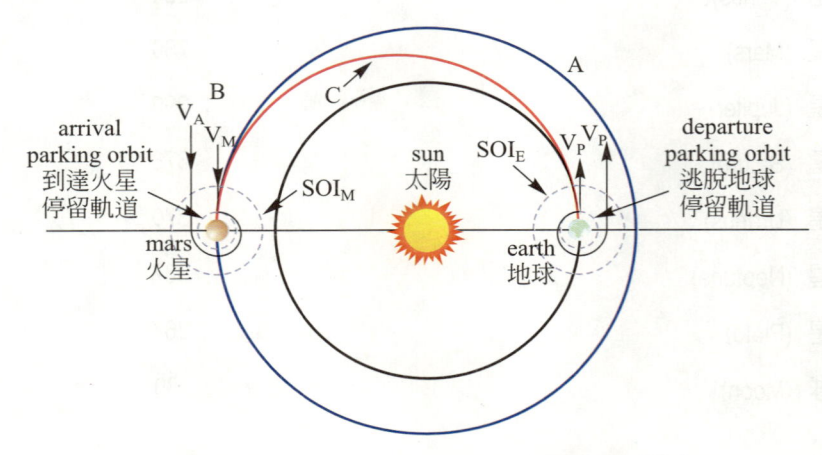

V_A：21.5 km/sec　　　　V_P：32.73 km/sec
V_M：24.13 km/sec　　　V_E：29.77 km/sec

【圖 8-18】 (a) 雙曲線地球逃脫航法；(b) 霍曼遷移軌道及；(c) 雙曲線火星到達航行法與行星引力影響球體相關圖。

8-7 逃脫地球引力影響球體 (Escape from Earth's SOI)

無窮遠的速度 (V_∞) 就是當太空艙航行到行星相關引力影響球體時本身之速度。【圖 8-19】示太空艙逃脫地球雙曲線相關圖，圖中 V_{b0} 及 r_{b0} 各為火箭引擎熄火時太空艙速度和離地心之半徑。此時 η 表示地球旋轉太陽速度 V_p 至 V_{b_0} 間的相位角。因為太空艙的能量 "ε" 沿著逃脫雙曲線一直保持不變，故

$$\varepsilon = \frac{b_0^2}{2} - \frac{\mu}{r_{b_0}} = \frac{V_\infty^2}{2} - \frac{\mu}{r_\infty} \cong \frac{V_\infty^2}{2} \tag{8-39}$$

則得

$$V_{b_0}^2 = V_\infty^2 + \frac{2\mu}{r_{b_0}} \quad \text{或} \quad V_{b_0} = \sqrt{V_\infty^2 + \frac{2\mu}{r_{b_0}}} \tag{8-40}$$

上式 r_∞ 是地球引力影響球體半徑而 μ 是引力常數。
相位角 η 可從 $\cos\eta = -\frac{1}{e}$ 找出且 e 是逃脫雙曲線之離心率

$$e = \sqrt{1 + 2\varepsilon \frac{h^2}{\mu^2}} \qquad h = r_{b_0}V_{b_0} = \text{特定角動量} \tag{8-41}$$

向量速度 V_∞ 加上行星速度則等於太空艙針對太陽速度。過分雙曲線速度對射入速度小些誤差則特別敏感。

因

$$\varepsilon = \frac{V_0^2}{2} - \frac{\mu}{r_0} = \frac{V_\infty^2}{2} \qquad \text{故} \quad V_\infty^2 = V_0^2 - \frac{2\mu}{r_0} \tag{8-42}$$

兩邊取微分得 $\qquad 2V_\infty dr_\infty = 2V_0 dV_0$

V_∞ 相對誤差可用下式表示：

$$\frac{dV_\infty}{V_\infty} = \left(\frac{V_0}{V_\infty}\right)^2 \frac{dV_0}{V_0} \tag{8-43}$$

就火星之霍曼遷移軌道而言，$V_\infty = 2.98$ km/sec 且 $V_0 = 11.6$ km/sec 故上式可改寫為：

$$\frac{dV_\infty}{V_\infty} = \left(\frac{11.6}{2.98}\right)^2 \frac{dV_0}{V_0} = 15.2 \frac{dV_0}{V_0} \tag{8-44}$$

上式告訴我們射入速度若有 1% 誤差，結果可能引起 15.2% 的雙曲線過多速度。在太陽系裏太空中航行的霍曼遷移軌道而言，過分雙曲線速度方向應與地球的公轉速度方向平行。

V_E 和 r_{b_0} 夾角 (相位角) η 可用下式求出：

$$\cos\eta = -\frac{a}{c} \tag{8-45}$$

因離心率 $\quad e = \frac{c}{a}$，故 $\quad \cos\eta = -\frac{1}{e} \tag{8-46}$

吾人從太空艙射入狀態得到能量 ε，

$$\varepsilon = \frac{V_0^2}{2} - \frac{\mu}{r_0} \quad \text{而} \quad h = r_0 V_0 \quad \text{(在近地點射入)}$$

$$e = \sqrt{1 + 2\varepsilon \frac{h^2}{\mu^2}} \tag{8-47}$$

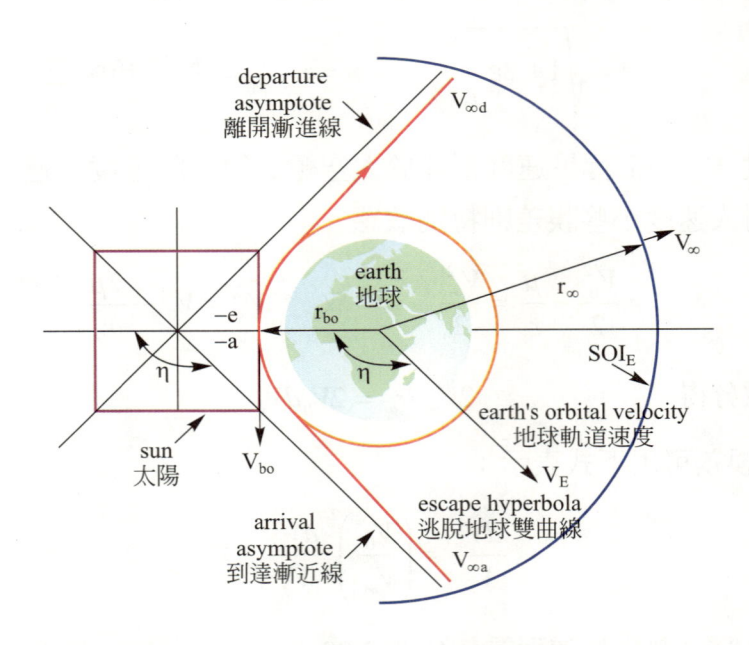

【圖 8-19】太空艙逃脫地球的雙曲線軌道狀況

8-8 行星的重力協助航行策略 (Gravity Assist Maneuver)

當太空艙進入行星的重力影響球體內徑時，可能獲得一些增益或損失。這是因太空艙衝入行星的重力場影響球體內時，**向量速度**(velocity vector) 發生迴轉，結果當太空艙邂逅行星時速度可能增加或減小現象。這是非常有用的航行策略，因為太空艙不消耗燃料而能增加太空中飛翔速度。美國國家航空暨太空總署經過多年討論，推想及分析結果終於 1974 年，水手 10 號太空艙成功的表現重力協助航行策略。Voyager, Galileo 及 Ulysses 等太空艙完全靠這種航行法獲得成功。【圖 8-20】顯示太空艙邂逅地球重力協助狀況。查圖知：

δ = 太空艙向量速度被 $(180° - 2\beta)$ 旋轉

β = 雙曲線漸近線角度

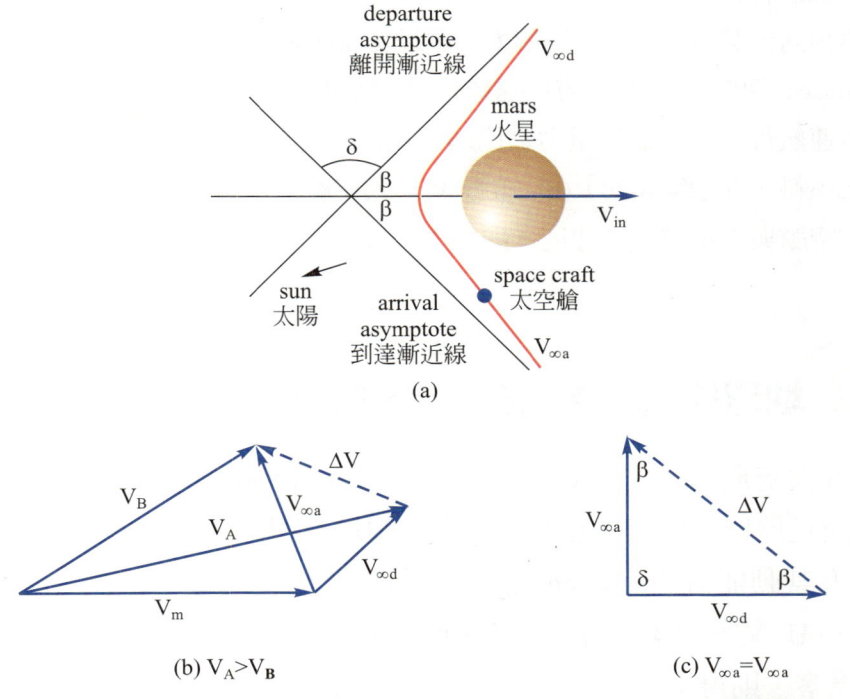

【圖 8-20】 (a) 太空艙邂逅行星獲得 (b) 及 (c) 重力協助增加速度情況

$V_{\infty a}$ = 太空艙到達漸近線無窮遠速度

$V_{\infty d}$ = 太空艙離開漸近線無窮遠速度

如【圖 8-20】(b) 所示，太空艙邂逅行星時，將到達無窮遠速度 $V_{\infty a}$ 再加上 ΔV 則得 $V_{\infty d}$。ΔV 向量之大小等於：

$$\Delta V = 2V_{\infty} \cos \beta \tag{8-48}$$

$$\Delta V = \frac{2V_{\infty}}{e} \tag{8-49}$$

太空艙向量速度 V_{∞}，因火箭引力影響發生 δ 的旋轉角度。這裡特別要留意的就是向量速度 V_{∞} 大小不變，但太空艙對太陽之速度會變動。V_{∞} 是太空艙對火星之速度，現爲獲得太空艙對太陽之速度，火星對太陽之速度應加於 V_{∞}。太空艙邂逅火星之前後針對太陽之速度示於【圖 8-20】(b) 及 (c)。

【註八】 重力協助航行，當太空艙在行星之近旁飛翔 (flyby trajectories) 時其軌跡會轉換。特別是雙曲線航行時當太空艙接近和離開行星之速度雖然相同但其方向不同。譬如太空艙以 6 km/sec 速度接近行星，然又以 6 km/sec 速度被轉 90° 方向遠離行星。結果得到 $\sqrt{6^2 + 6^2} = 8.48$ km/sec 的新速航行。由於行星重力之協助，獲得速度之增加而且節省太空艙自備之燃料。查【圖 8-20】(b) 知悉 V_B = 太空艙未邂逅火星前速度，而 V_B = 太空艙與火星邂逅後速度。顯然 $V_A > V_B$。

8-9 地球逃脫速度 (Earth's Escape Velocity)

外太空飛翔的太空艙或衛星必有它的動能和位能存在。航行的位置無論是地球近傍或遠離的深太空中的均有相同趨勢。如果在無窮遠的地方其**動能** (kinetic energy) K 必等於零，同樣其**位能** (potential energy) U 又等於零。易言之，在無窮遠的地方它的**總能** (total energy) ε_T 爲零，則得：

$$\varepsilon_T = K + U = \frac{1}{2}mV^2 + \left(\frac{-GMm}{R}\right) = 0 \qquad (8\text{-}50)$$

故
$$V = \sqrt{\frac{2GM}{R}} = \sqrt{\frac{2\mu}{R}} \qquad (8\text{-}51)$$

上式

V = 地球逃脫速度　km/sec

G = 通用重力常數 = 6.672×10^{-11}　$m^3/kg \cdot s^2$

M = 地球質量 = 5.98×10^{24}　kg

m = 太空艙（衛星）重量　$m \ll M$

μ = GM = 重力因數 = $398{,}600$　km^3/sec^2

例題 8-10

試求地球及火星之逃脫速度：

$$V_E = \sqrt{\frac{2\mu}{R_e}} = \sqrt{\frac{2 \times 398600}{6378}} = 11.2 \text{ km/sec}$$

火星逃脫速度：

$$V_M = \sqrt{\frac{2 \times 42828}{3397}} = 5.02 \text{ km/sec}$$

火星之　$\mu_M = 42{,}828$　km^3/sec^2　　火星半徑 = 3397 km

【註九】(8-50) 式總能方程式可改寫為：

$$\frac{\varepsilon_T}{m} = \frac{V^2}{2} + \left(\frac{-GM}{2}\right) \qquad 或 \qquad \frac{\varepsilon_T}{m} = \frac{V^2}{2} + \left(\frac{-\mu}{R}\right)$$

上式之意義為：

$$\frac{總能}{衛星質量} = \frac{動能}{衛星質量} + \frac{位能}{衛星質量}$$

方程式內有關因素顯示於【圖 8-21】。查圖知有關因素是　r（衛星離地球動徑距離），V（軌道上衛星之速度）及　a（橢圓形軌道長半徑）。

如果　$a = r$　時，VIS VIA 方程式改變為：

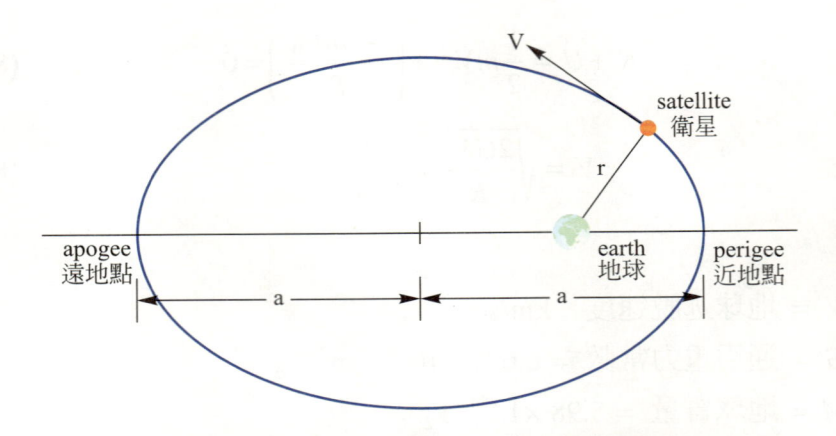

【圖 8-21】 橢圓軌道三因素與能量保存定律相關圖

$$V^2 = \frac{2\mu}{r} - \frac{\mu}{a} = \frac{\mu}{r} \tag{8-52}$$

故得
$$V_c = \sqrt{\frac{\mu}{r}} \quad \text{本式為圓軌道方程式之速度。}$$

8-10 VIS VIVA 方程式之研討 (Discussion of VIS VIVA Equation)

　　研討衛星之軌道運動力學時，如果考慮地球和衛星二物體者，可能獲得 Kepler 簡單定律。以地心為橢圓軌道之焦點飛航的衛星總機械能（E_t）可用動能 (kinetic energy) 和位能 (potential energy) 之和表示。換言之，

$$E_t = K \cdot E + P \cdot E = \frac{1}{2}mv^2 + (\text{weight} \times \text{height}) \tag{8-53}$$

從上式直接可理解的是方程式右邊的 weight 是地球重力（g）作用於衛星質量 m，故

$$\text{weight} = mg = -m\frac{GM}{r^2} = -m\frac{\mu}{r^2} \tag{8-54}$$

再則右邊 height 是自地心至軌道上任何點衛星的動徑 r，故

$$P \cdot E = \text{weight} \times \text{height} = \left(-m\frac{\mu}{r^2}\right) \cdot r = -m\frac{\mu}{r} \qquad (8\text{-}55)$$

因此**總能** (total energy)

$$E_t = \frac{1}{2}mv^2 - m\frac{\mu}{r} \qquad (8\text{-}56)$$

現設每單位質量之總能等於 E_m，則得

$$E_m = \frac{E}{m} = \frac{V^2}{2} - \frac{\mu}{r} = \text{constant} \qquad (8\text{-}57)$$

其次以橢圓軌道飛翔衛星的每單位質量的能 (energy)，如果在地球重力範圍內者，必及橢圓長半徑 a 兩個參數之影響，所以

$$E_m = -\frac{\mu}{2a} \qquad (8\text{-}58)$$

上式 E_m 在軌道上任何地點都一律相同而遵守能量不滅定律，但在無窮遠地點者 $(a=\infty)$ 等於零 (0)。是故從上二式得：

$$E_m = -\frac{\mu}{2a} = \frac{V^2}{2} - \frac{\mu}{2} \qquad (8\text{-}59)$$

或

$$V = \sqrt{\frac{2\mu}{r} - \frac{\mu}{a}}$$

上式是 VIS VIVA 方程式而拉丁文意味是**活力** (living force)。
其次再研討每單位質量相關之總能 $\left(\frac{TE}{m}\right)$：

1. $\frac{TE}{m}\left(=-\frac{\mu}{2a}\right)<0$，就 VIS VIVA 方程式，設 $r=a$，換言之，橢圓長半徑 a 等於外接圓半徑 r 時，$V_c = \sqrt{\frac{\mu}{r}}$，這 V_c 且離心率是圓形軌道之速度時，離心率 $e=0$。

2. $\frac{TE}{m}\left(=-\frac{\mu}{2a}\right)<0$，這是完整的 VIS VIVA 方程式，是橢圓軌道速度 $V_e = \sqrt{\frac{2\mu}{r} - \frac{\mu}{r}}$，且離心率是 $0<e<1$。

表 8-5　VIS VIVA 方程式相關特性表

單位質量中總能量 $\left(\dfrac{TE}{m}\right)$	軌道別	軌道速度	軌道週期	偏心率及實用衛星名
$T \cdot E\left(=-\dfrac{\mu}{2a}\right)<0$	圓形軌道 $(a=r)$	$V_c=\sqrt{\dfrac{\mu}{r}}$	$T=2\pi\sqrt{\dfrac{r^3}{\mu}}$	$e=0$,　GMS　ETS-5
$T \cdot E\left(=-\dfrac{\mu}{2a}\right)<0$	橢圓軌道 $(a>1)$	$V_e=\sqrt{\dfrac{2\mu}{r}-\dfrac{\mu}{a}}$	$T=2\pi\sqrt{\dfrac{a^3}{\mu}}$	$0<e<1$,　Molniya
$T \cdot E=0$	拋物線軌道 $(a=\infty)$	$V_p=\sqrt{\dfrac{2\mu}{r}}=\sqrt{2}V_c$	$T=\infty$	$e=1$,　Halleys Comet
$T \cdot E\left(=-\dfrac{\mu}{2a}\right)>0$	雙曲線軌道 $(a<0)$	$V_h=\sqrt{\dfrac{2\mu}{r}+\dfrac{\mu}{a}}$	$T=\infty$	$e>1$,　Pioneer, VIKING

$V_h>V_p>V_e>V_c$

地球重力：$g=\dfrac{GM}{Re^2}=\dfrac{(6.67\times10^{-11})(5.98\times10^{24})}{(6378\times10^3)^2}=9.8$ m/s^2

3. $\dfrac{TE}{m}\left(=-\dfrac{\mu}{2a}\right)=0$，橢圓軌道長半徑 $a=\infty$，離心率 $e=1$ 的情況，VIS VIVA 方程式變成拋物線軌道，而速度 $V=\sqrt{\dfrac{2\mu}{r}}=\sqrt{2}\,V_c$ 是逃脫地球重力的**拋物線速度** (escape velocity)。

4. $\dfrac{TE}{m}\left(=-\dfrac{\mu}{2a}\right)>0$，這是雙曲線軌道而速度成為 $V_H=\sqrt{\dfrac{2\mu}{r}+\dfrac{\mu}{a}}$，離心率 $e>1$。

表 8-5 顯示 VIS VIVA 方程式相關特性表。

【註十】VIS VIVA：根據牛津英文辭典有下列解釋

The Operative force of moving or active body, reckoned as equal the mass of the body multiplying by the square of the velocity.

8-11 軌道六要素 (Six Orbital Elements)

太空艙或衛星在空間內位置、大小、或型態有所不同，其中特別選出六個獨立故而被稱爲軌道六要素。【圖 8-22】顯示這些要素相關圖。

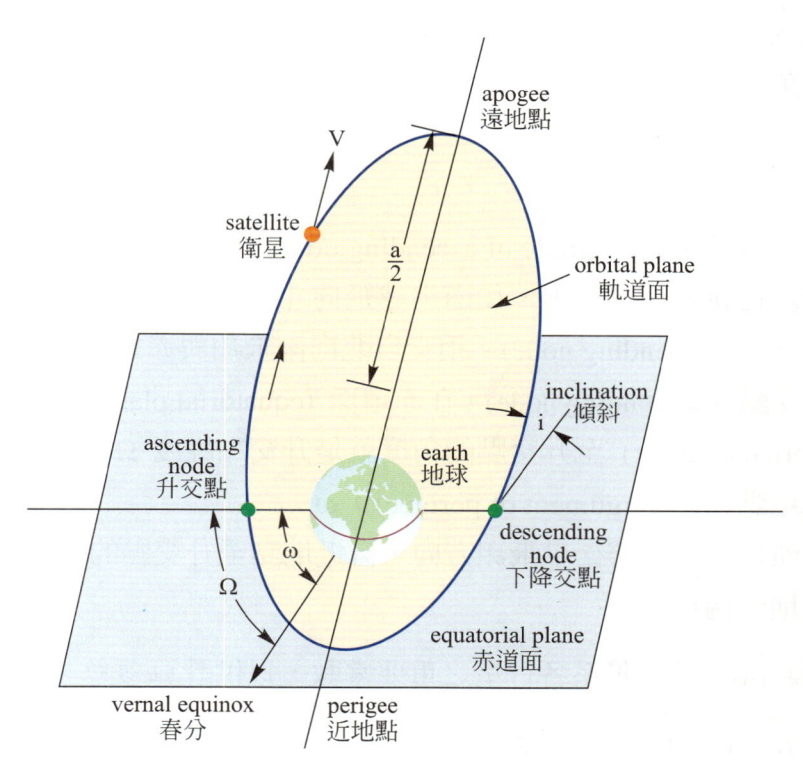

【圖 8-22】 軌道六要素相關圖

圖中：

1. 橢圓長半徑 (semi-major axis)：a

$$a = \frac{r_a + r_p}{2}$$

r_a ＝地球中心至遠地點距離；r_p ＝地球中心至近地點距離

2. **軌道偏心率** (orbital eccentricity)：e

$$e = \frac{r_a - r_p}{r_a + r_p}$$

3. **軌道面傾斜角** (orbital inclination)：i
   地球赤道面與衛星軌道面的傾斜角度。

4. **眞近點距**："θ"
   地球中心與軌道近地點連絡線和地球中心及衛星連絡線兩直線之夾角：

$$\cos\theta = \frac{r_p(1+e)}{r \cdot e} - \frac{1}{e} \qquad \cos\theta = \frac{a(1-e^2)}{r \cdot e} - \frac{1}{e}$$

5. **升交點經度** (longitude of ascending node)：Ω
   衛星在軌道面飛航中，從南半球飛向北半球時與赤道交叉點稱為**升交點** (ascending node)。相交自北向南飛翔與赤道交叉點稱為**下降交點** (descending node)，在**赤道面** (equatorial plane) 上，自**春分** (vernal equinox) 至升交點的角度就是升交點經度 Ω。

6. **近地點偏角** (argument of perigee)：ω
   在軌道面上沿著衛星飛翔方向，自近地點至升交點的角度 ω 稱為近地點偏角。

【表 8-6】示太陽系各行星之重要常數，以供計算參考。

μ：gravitational (重力常數)

R_0：mean equatorial radius (平均赤道半徑)

A_r：axial rotation rate (軸旋轉率)

a, AU：astronomical unit (天文單位)

e：eccentricity (離心率)

i：inclination (傾斜率)

1 astronomical unit = 149,597,870 km $\cong 1.496 \times 10^8$ km

表 8-6　太陽系各行星軌道重要常數 orbital parameters of the planets (solar system)

Planet	μ, km³/s²	R_0, km	A_r, deg/s	a, A.U.	e	i, deg	velocity km/s
Mercury	22032	2439	0.0000711	0.387	0.2056	7.005	47.89
Venus	324858	6052	−0.0000171	0.723	0.0068	3.395	35.05
Earth	398600	6378	0.0041781	1.000	0.1067	0.001	29.77
Mars	42828	3397	0.0040613	1.524	0.0933	1.850	24.13
Jupiter	126711995	71492	0.0100756	5.203	0.0482	1.305	13.05
Saturn	37939519	60268	0.0095238	9.516	0.0552	2.487	9.64
Uranus	5780158	25559	−0.0064103	19.166	0.0481	0.772	6.80
Neptune	6871307	25269	0.0054253	30.011	0.0093	1.772	5.43
Pluto	1020	1500	−0.0006524	39.557	0.2503	17.150	4.73
Moon	4902	1738	0.0001525				
Sun	132712439935	696000					

8-12　地球靜止軌道 (Geostationary Orbit)

今日對我們日常生活最密切關係的衛星可指望國際商業通信衛星、廣播衛星及氣象衛星之三種。這些衛星在太空中之軌道都是地球靜止軌道，靜止衛星軌道有下列顯著特徵。

1. 軌道之週期 P 必等於一**恆星日** (sidereal day)。

$$23 \text{ hr } 56 \text{ min } 4.09 \text{ sec} = 86{,}164 \text{ sec}$$

易言之，這圓形軌道環繞地球一匝週期等於

$$P = 2\pi\sqrt{\frac{a^3}{\mu}} \qquad (8\text{-}60)$$

上式　a = 圓形軌道半徑，$a = R_e + h$，$R_e = 6378$ km
　　　h = 靜止衛星離地面高度，μ = 地球重力參數 = 398,600 km³/s²

從 (8-6) 式求半徑 a 得

$$a = \left(\frac{P^2\mu}{4\pi^2}\right)^{\frac{1}{3}} \tag{8-61}$$

或

$$a = \left(\frac{(96164)^2 \times 398600}{4\pi^2}\right)^{\frac{1}{3}} = 42,164 \text{ km}$$

的衛星離地面高度 h 等於

$$h = 42,164 - 6,378 = 35,786 \text{ km}$$

2. 靜止衛星軌道之**傾斜度** (inclination) 需要零度，換言之，$i = 0°$。

3. 靜止軌道屬於圓形軌道，故**離心率** $e = 0$

以上三個條件是理論上必需要的。此外，為獲得地球自轉速度之協助，當火箭升空時，應要向東方發射。

【圖 8-23】示三顆靜止衛星環繞地球構想圖。

地球靜止軌道之傾斜度與火箭發射基地緯度有密切關係而可用下式表示：

$$\cos i = \sin Az \cdot \cos \lambda \tag{8-62}$$

上式　i ＝ 軌道面之傾斜度

　　　Az ＝ 火箭發射之方向

　　　λ ＝ 火箭發射基地之緯度

P = 23 hr 56 min 4.09 sec
eccentricity : $e = 0$
inclination : $i = 0°$

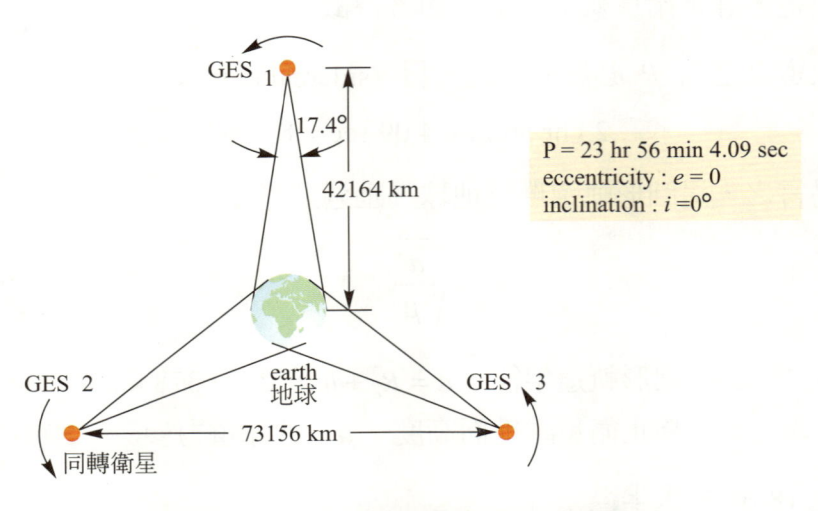

【圖 8-23】　三顆靜止衛星環繞地球構想圖

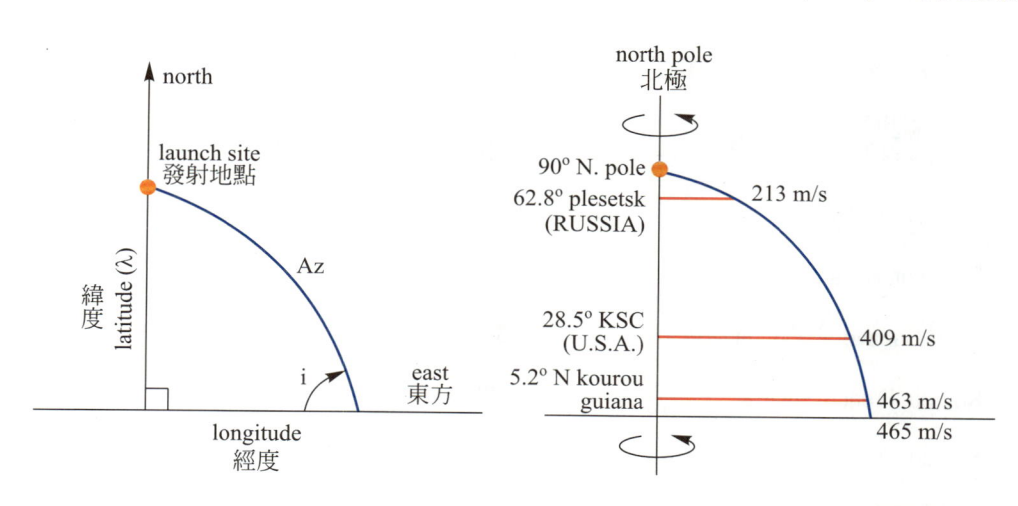

【圖 8-24】 火箭發射基地緯度 (λ) 與軌道傾斜度 (i) 關連圖

【圖 8-25】火箭發射基地緯度與地球自轉速度相助關係圖

如果火箭發射之方向是正東方，也就是 $Az = 90°$ 時，$\sin 90° = 1$，故從 (8-62) 式得 $\cos i = \cos \lambda$。換言之，軌道傾斜度等於發射基地之緯度 $(i = \lambda)$，吾人知悉甘迺迪太空中心 (KSC) 之緯度是 $28.5°$，如果從 KSC 向正東方發射某衛星者，該衛星環繞地球的軌道傾斜度 (i) 必定等於 $28.5°$。【圖 8-24】顯示火箭發射基地緯度與軌道傾斜度 (i) 之相關圖。

【註十一】 地球公轉速度是 29.77 km/s 而地球赤道自轉速度為 $\frac{4 \times 10^7}{24 \times 3600} \cong 463$ m/s，如果某太空艙逃脫地球往木星、土星飛航時，29.77 km/s 的公轉速度之協助甚大。同樣地，我們發射火箭使衛星環繞地球時，必須採用自西向東的**順向發射** (prograde) 而容易獲得自轉速度之協助。吾人皆知世界各國火箭發射基地緯度不相同，故所受的地球自轉速度及軌道傾斜度又不相同，【表 8-7】顯示緯度相異的著名火箭基地名、緯度差、地球自轉速度相關表以供參考。

太空通訊科技原理

表 8-7　火箭發射地點緯度與地球自轉速度影響

火箭發射基地（國家）	緯 度 (deg)	地球自轉速度 (m/s)
Plesetsk, Russia	62.8	213
Baikonur, Kazakhstan	45.6	325
Cape Canaveral, Florida USA	28.5	409
Kourou, French Guiana	5.23	463
Equator	0	465

▶ 衛星發射用火箭 (Launch Vehicle)

太空艙或衛星發射系統有下列二種：

1. **消耗性發射火箭** (expendable vehicle: ELV) 系統

　　消耗性發射火箭之意義是當火箭**推升器** (booster)、第一節、第二節 (或第三節) 裏裝滿的燃料、零件等燒盡後不可回收。今日美國、蘇俄、日本、歐洲及中共所採用的火箭皆是 ELV 型火箭。

2. **太空運輸系統** (space transportation system: STS)

　　美國太空梭 (space shuttle) 是由國家航空暨太空總署開發成功的。可回收再利用並可回航地球的運輸機。它的外觀如【圖 8-26】顯示。自備三個主要引擎三角翼形狀的 orbiter，二個可回收多次使用的固體火箭推升燃料器，及一個不可回收的外部液體燃料槽構成。orbiter 是太空梭之主角，它離地面高度約 300 公里，每 90 分鐘環繞地球一匝，速度 7.75 km/sec。太空梭裏有長 18.3 公尺、直徑 4.5 公尺空間可載衛星升空或從太空中尋找失去功能衛星載回基地。紀元 2008 年左右可望國際太空站 (International Space Station) 圓滿成功。這靠太空梭之協助甚多。

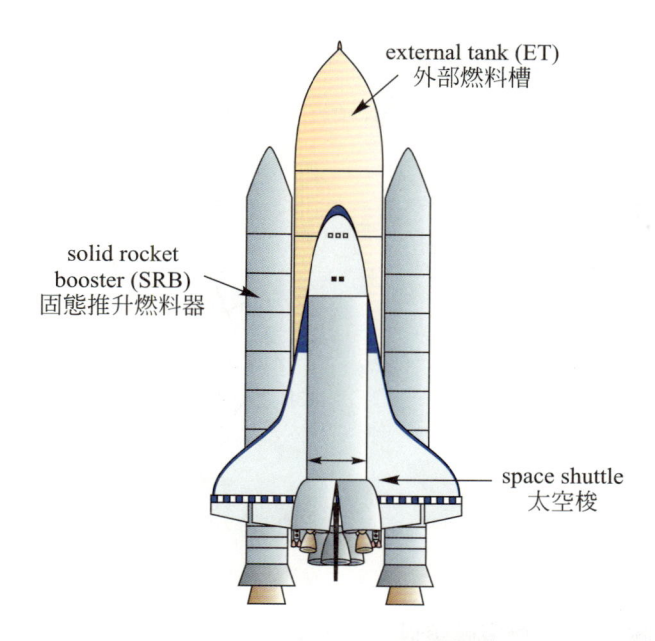

【圖 8-26】 太空梭構造外觀圖

8-13 高傾斜度、長橢圓軌道 (Molniya Orbit)

　　蘇俄領土大部份偏在北緯 55° 左右高緯度地域。居住這緯度人民接收地球靜止衛星廣播電視節目時，由於天線仰角過低可能引起外來雜音干擾或大氣層吸收衰減不少。為避免這些缺點蘇俄太空科學家研發如【圖 8-27】所示高傾斜度、長橢圓軌道 Molniya 衛星。

　　如【圖 8-27】所示，該星座 (constellation) 由三顆 Molniya 衛星以等間隔排列在軌道上以利準靜止衛星之作用。查圖又知在北美大陸上空及蘇俄大陸上空暫停留約 8 小時以供通訊及電視等用途。

【註十二】Molniya (Meaning: lightening 閃電)
- 軌道傾斜度：63.4°
- 軌道週期：43,038 sec = 11.96 hr ≅ 12 hr
- 橢圓長半徑：$a = 46{,}241$ km

太空通訊科技原理

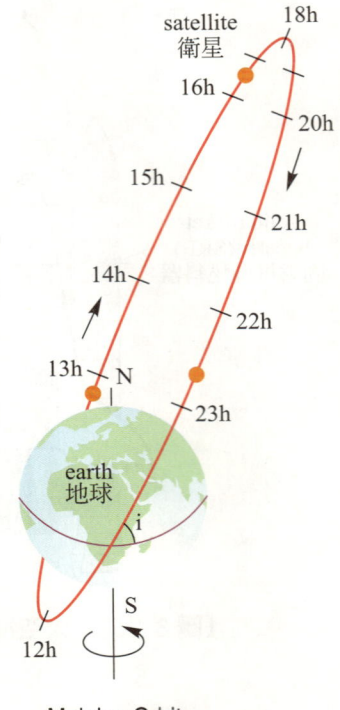

【圖 8-27】蘇俄高傾斜度、長橢圓軌道三顆 Molniya 星座環繞地球構想圖

例題 8-11

設 Molniya 衛星軌道傾斜度 $i = 63.4°$，近地點離地面高度 $h_p = 504$ km，遠地點地面高度 $h_a = 39863$ km。試求近地點速度、高地點速度及週期 P。

解

軌道遠地點離地心高度：

$$r_a = R_e + h_a = 6378 + 39863 = 46241 \text{ km}$$

軌道近地點離地面高度：

$$r_p = R_e + h_p = 6378 + 504 = 6882 \text{ km}$$

平均距離：

$$a = \frac{r_a + r_p}{2} = 26562 \text{ km}$$

衛星遠地點速度：

$$V_a = \sqrt{\frac{2\mu}{r_a} - \frac{\mu}{a}} = \sqrt{\frac{2 \times 398600}{46241} - \frac{398600}{26562}} = 1.496 \text{ km/s}$$

衛星之近地點速度：

$$V_p = \frac{r_a}{r_p} \times V_a = \frac{46241}{6882} \times 1.494 = 10.05 \text{ km/s}$$

$$P = 2\pi\sqrt{\frac{a^3}{\mu}} = 6.28\sqrt{\frac{26562^3}{398600}} = 43060 \text{ sec} = 11.96 \text{ hr}$$

【註十三】本例題告訴我們 Molniya 衛星之週期是 12 小時。易言之，自橢圓軌道近地點（環繞速度最快 $V_p = 10.05$ km/s）開始進過遠地點（環繞速度最慢 $V_a = 1.49$ km/s）然逐漸加速度再接近近地點高空。地球自轉一匝 24 小時，故 Molniya 衛星一天環繞二次，Molniya 衛星是蘇俄研發衛星，當然環繞速度最慢的遠地點設在東經 60°，北緯 60° 高空附近。查【圖 8-28】獲知三顆 Molniya 星座 (constellation) 中，一顆從 14 點開始至 22 點共 8 小時能夠使居住高緯度地域的蘇俄獨立國協用戶接收該衛星廣播電視節目。

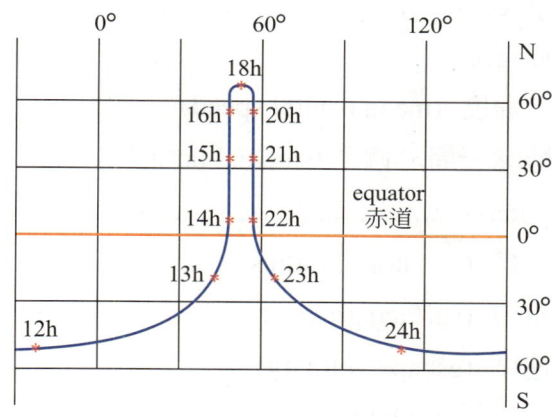

Ground Track of Molniya Satellite
蘇俄 Molniya 衛星地面追蹤軌跡

【圖 8-28】 三顆 Molniya 星座中第一顆衛星從 14 點開始至 22 點，共 8 小時為蘇俄聯邦高緯度地域居住用戶廣播服務，爾後依次序第二、第三個衛星逐次輪流服務。

8-14 月球之探查 (Exploration of the Moon)

遙望中秋的月亮，點線香想著嫦娥和月兔，坐在桂花樹旁吃著月餅，沉醉於寧靜的桂花香及老阿媽細說月娘的故事…。

Which is more useful, the Sun or the Moon? The Moon is the more useful, Since it gives us light during the night, when it is dark, whereas the Sun shines only in the daytime, when it is light anyway

—by George Gamow—

▶ 月球重要常數

- 月球公轉軌道之長半徑 (orbital semi-major axis) … 384000 km
- 軌道之離心率 (orbital eccentricity) … 0.055
- 遠地點 (apogee) … 40600 km
- 近地點 (perigee) … 36300 km
- 軌道上平均速度 (mean orbital speed) … 1.02 km/sec
- 月球旋轉地球一周之週期 (sidereal orbital period) .. 27.3 solar days
- 月球質量 (mass) … 7.35×10^{22} kg
- 月球赤道半徑 (equatorial radius) … 1738 km
- 月球表面重力 (surface gravity) … 1.62 m/s^2
- 月球逃脫速度 (escape velocity) … 2.38 km/s
- 月球南北軸傾斜 (axial tilt) … 6.7 deg
- 月球表面溫度 (surface temperature) … 100~400 °K
- 月球自轉週期 (sidereal rotation period) … 27.3 solar days
- 月球重力常數 (gravitational constant) … 4902.78 km^3/s^2

【註十四】月球旋轉地球週期等於月球自轉週期 27.3 天，這意味從地球遙望月球表面時永遠同一面，換言之，月球之背面無法觀察。1966 年 3 月 31 日蘇俄發射月球 10 號衛星，環繞月球方可拍攝月球背面。

例題 8-12

從地球發射月球探險太空艙簡略例題。

- 地球半徑 Re = 6378 km
- 設定月球環繞地球軌跡是圓形，其離心率 $e = 0.055$ 且月球距地球是 384000 km。
- 設地面上適宜地點，向月球飛航的**出發點** (injection point) A (圖 8-29)。通常其**高度** (injection height) $r_0 = 0.05\,\text{Re} = 0.05 \times 6378 = 318.9$ km 約 $r_0 = 320$ km。
- 出發點 (a) 的太空艙**投注速度** (injection speed) 與地球至月球之**飛航時間** (time of flight) 有密切關連。投注速度愈快飛航時間就愈短。據資料顯示，登陸月球的載人太空艙的飛航時間大約 3 天 (74 小時) 至 4 天 (96 小時) 左右最佳。
- 因太空艙是從地球被發射，必先選取地球相關 r_0, v_0, ϕ_0 及 γ_0 的出發點之四個因素。

$$r_0 = 1.05\,\text{Re} = 1.05 \times 6378 = 6697 \text{ km}$$

$$v_0 = 1.372 \times \frac{6378}{806.8} = 10.85 \text{ km/sec}$$

$$\phi_0 = 0°$$

$\gamma_0 =$ 太空艙出發地點時相位角

$\lambda_1 = 30° =$ 太空艙遷移軌道與月球重力影響圓之交點 B 之角度，然後我們可計算相當遠地點的 B 有關 r_1, v_1, ϕ_1 及 γ_1。

1. 首先計算軌道線路之能 (energy) 及角動量 (momentum)

energy: $\varepsilon = \dfrac{v_0^2}{2} - \dfrac{\mu_e}{r_0} = \dfrac{(10.85)^2}{2} - \dfrac{398600}{6697} = 58.86 - 59.51 = -0.65$

momentum: $h = r_0 v_0 \cos\phi_0 = 6697 \times 10.85 \times \cos 0° = 72662.4$

吾人知悉 $D = 384000$ km，且

$$R_S = 384000 \times \left(\frac{7.35 \times 10^{22}}{5.97 \times 10^{24}}\right)^{2/5} = 66135 \text{ km} \quad (R_s = R_{SOI})$$

應用餘弦定律得

$$r_1 = \sqrt{D^2 + R_S^2 - 2DR_S \cos\lambda_1}$$

$$= \sqrt{(384000)^2 + (66135)^2 - 2 \times 384000 \times 66135 \times \cos 30°} = 328395 \text{ km}$$

$$v_1 = \sqrt{2\left(\varepsilon + \frac{\mu_e}{r_1}\right)} = \sqrt{2\left(-0.65 + \frac{398600}{328395}\right)} = 1.06$$

$$\cos\phi_1 = \frac{h}{r_1 v_1}$$

故

$$\phi_1 = \cos^{-1}\left(\frac{h}{r_1 v_1}\right) = \cos^{-1}\left(\frac{72662}{328395 \times 1.06}\right)$$
$$= \cos^{-1}(0.2085) = 77.95°$$

2. 其次計算 γ_1 角度

$$\sin\gamma_1 = \frac{R_s}{r_1}\sin\lambda_1$$

故

$$\gamma_1 = \sin^{-1}\left(\frac{R_s}{r_1}\sin\lambda_1\right) = \sin^{-1}\left(\frac{66135}{328395}\cdot\sin 30°\right)$$
$$= \sin^{-1}(0.2013 \times 0.5) = 5.77°$$

$$P = \frac{h^2}{\mu_e} = \frac{(72662)^2}{398600} = 13245.7$$

$$a = \frac{-\mu_e}{2\varepsilon} = \frac{-398600}{2(-0.65)} = 306615$$

$$e = \sqrt{1 - \frac{P}{a}} = \sqrt{1 - \frac{13245.7}{306615}} = 0.978$$

$$\cos v_0 = \frac{P - r_0}{r_0 \times e} = \frac{13245.7 - 6697}{6697 \times 0.978} \cong 1.0$$

故

$$v_0 = 0°$$

$$\cos v_1 = \frac{P - r_1}{r_1 \times e} = \frac{13245.7 - 328395}{328395 \times 0.978} = -0.981$$

故

$$v_1 = \cos^{-1}(-0.981) = 168.8°$$

$$\cos E_0 = \frac{e + \cos v_0}{1 + e \cdot \cos v_0} = \frac{0.978 + \cos 0°}{1 + 0.978 \times \cos 0°} = \frac{1.978}{1.978} = 1$$

第八章　軌道動力學　339

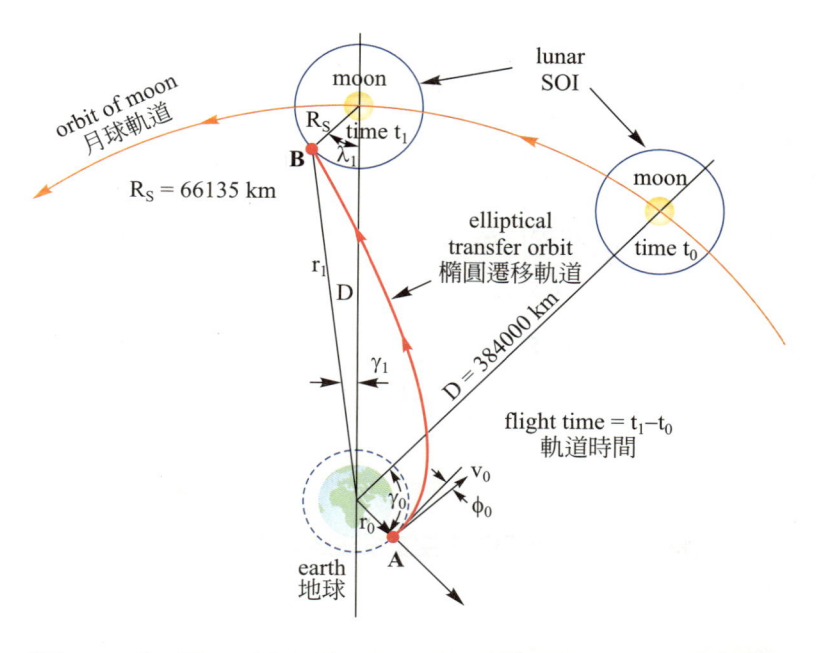

【圖 8-29】 顯示月球探險太空艙從地球投射點：(a) 經遷移軌道到達月球影響圖形軌道 (lunar SOI) 路線上；(b) 點之簡略圖。

故

$$E_0 = 0°$$

$$\cos E_1 = \frac{e + \cos v_1}{1 + e \cdot \cos v_1} = \frac{0.978 + \cos 168.8°}{1 + 0.978 \times \cos 168.8°} = -0.0731$$

故　$E_1 = 94.19° = 1.643$ radian

查【圖 8-29】中，從地球上 A 點至月球 SOI 上 B 點之月球太空艙之飛航時間 $t_1 - t_0$。

3. 最後計算飛航時間 $t_1 - t_0$

$$\begin{aligned}
t_1 - t_0 &= \sqrt{\frac{a^3}{\mu_e}}\left[(E_1 - e\sin E_1) - (E_0 - e\cdot\sin E_0)\right] \\
&= \sqrt{\frac{(306615)^3}{398600}}\left[(94.19°) - 0.978\times\sin 94.19°\right] - \left(0° - 0.978\times\sin 0°\right) \\
&= 268918\times(1.643 - 0.978\times 0.997) \\
&= 268918\times(1.643 - 0.975) \\
&= 179637\,\text{sec} = 49.89\,\text{hours} = 2.08\,\text{days}
\end{aligned}$$

登陸月球用太空艙之飛航日數與投注速度相關圖示於【圖 8-30】。

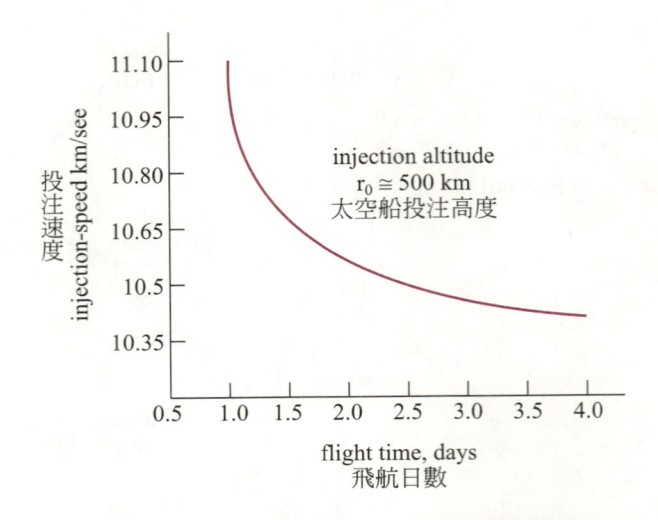

【圖 8-30】登陸月球太空艙投注速度與飛航日數相關圖

8-15 地球發射太空艙與月球會合之簡化軌跡略圖 (Simplified Trajectory of Spacecraft from Launch to Landing on the Moon)

查【月球重要常數】得知

- 月球環繞地球略圓形軌道之速度等於 1.02 km/sec 且週期為 27.3 solar days。我們又知道軌道之長半徑等於 384,000 km，換言之，不變半徑、恆定角速度。
- 從地球至月球的**飛航時間** (flight time)，視**載人太空艙** (manned spacecraft) 或**無載人太空艙** (unmanned spacecraft) 而定。3 天半至 4 天的飛航時間，對載人太空艙者，最佳的日程。
- 如前所述，飛航時間與**投注速度** (injection speed)、**投注高度** (injection altitude) 及**拂掠角** (sweep angle) ϕ 有密切的關係。

【圖 8-31a】明示中途攔截月球的太空艙軌跡圖。

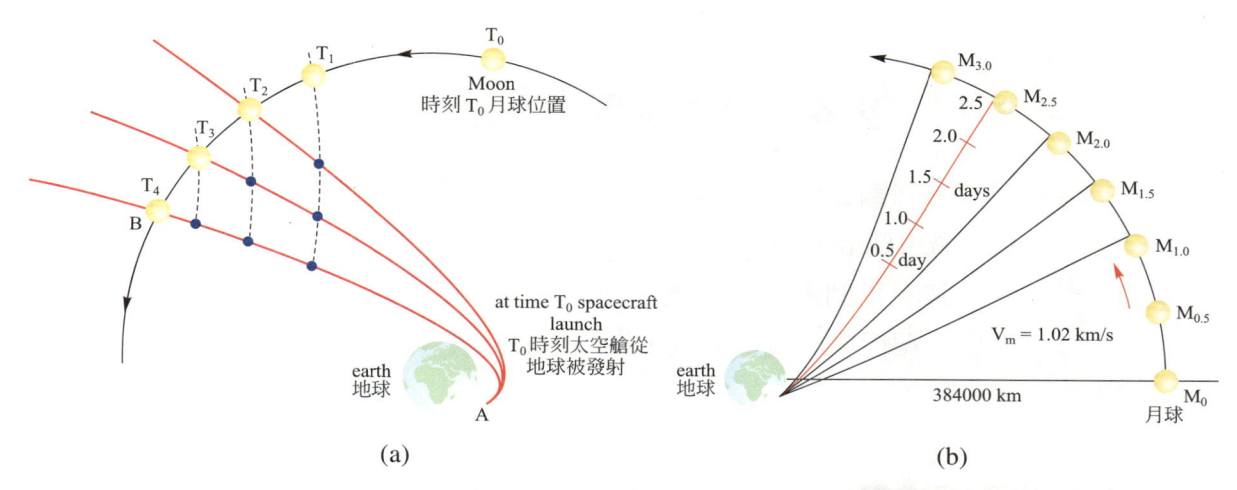

【圖 8-31】 (a) 太空艙之投射速度（Injection Speed）和發射時刻在太空裏與月球會合簡略圖；(b) 慣性空間內登陸月球火箭軌跡

表 8-8　精神號，機會號火星探測車相關數據

	精神號	機會號
火箭發射日期	6/10/2003	7/7/2003
登陸火星日期	1/4/2004	1/25/2004
探測車飛航太空時間	208 天	202 天
火星登陸地點	古賽夫湧泉坑 (GUSEV CRATER)	子午高原 (TERRA MERIDIANI)
探測車與火星會合時飛航總距離	487×10^6 km	456×10^6 km
地球、火星間距離 (火箭發射時)	103×10^6 km	78×10^6 km
地球、火星間距離 (登陸火星時)	170.2×10^6 km	198.7×10^6 km
火星地面溫度	$-100°C \sim 0°C$	$-100°C \sim 0°C$
探測車在火星上探測日期	90 天	90 天
火箭發射地點	美國佛羅里達州甘迺迪發射中心 KSC 17A	同左
發射火箭	DELTA II 7925	DELTA II 7925 H

經費：總共 USD 820×10^6 (8 億 2 仟萬美金)、探測車 645×10^6、科學儀器 100×10^6、其他 75×10^6。

8-16 火星姊妹探測車 (Mars Twin Exploration Rover)

美國國家航空暨太空總署於 2004 年正月發表精神號 (Spirit) 及機會號 (Opportunity) 姊妹太空探測車陸續登陸火星之快報。

其次我們需要了解火星本身一些重要常數，另針對金星、地球、火星三顆行星之軌道因數，這些示於【表 8-9】及【表 8-10】供參考。

表 8-9 火星重要常數

太陽公轉軌道長半徑 (orbital semi-major axis)	2.279304×10^8 km (1.524 A.U.)
軌道離心率 (orbital eccentricity)	0.093377
遠日點 (aphelion)	249.2×10^6 km (1.67 A.U.)
近日點 (perihelion)	206.6×10^6 km (1.38 A.U.)
平均軌道速度 (mean orbital speed)	24.13 km/s
太陽環繞軌道週期 (sidereal orbital period)	686.98 days
地球會合週期 (syndic orbital period)	780 days
質量 (mass)	6.42×10^{23} kg
火星赤道半徑 (equatorial radius)	3397 km
平均密度 (mean density)	3930 kg/m^3
火星表面重力 (surface gravity)	3.72 m/s^2
火星逃脫速度	5.0 km/s
火星自轉週期 (sidereal rotation period)	24 hr 37min
火星平均表面溫度 (mean surface temperature)	210°K
火星之月亮 (number of moon)	2 個 Phobos, Deimos

表 8-10　金星、地球、火星三行星之軌道因數

行星	橢圓軌道長半徑 10^8 km	A.U.	恒星週期 恒星年	恒星日	會合週期 (day)	軌道面上每日平均移動 (deg)	軌道上每秒平均速度 (km/s)	橢圓軌道離心率 (e)
金星 (VENUS)	1.082	0.723332	0.61521	224.701	583.92	1.602131	35.03	0.006787
地球 (EARTH)	1.496	1.000000	1.00004	365.256		0.985609	29.79	0.016722
火星 (MARS)	1.5236	1.523691	1.88089	686.980	779.94	0.524033	24.13	0.093377

【註十五】我們在 8-4 節 (b) 已討論過，從地球到火星如果按霍曼遷移軌道飛行者，259 天就可以登陸火星。霍曼遷移軌道有二個特點。(1) 從地球出發到達火星所需能量最少；(2) 地球到達火箭需要的飛行日數最長【圖 8-32】顯示標準霍曼遷移軌道。

太空艙：
　從地球起飛，經 259 天飛航後登陸火星
地球：
　$0.985609° \times 259 = 255°$
火星：
　$0.524033° \times 259 = 136°$

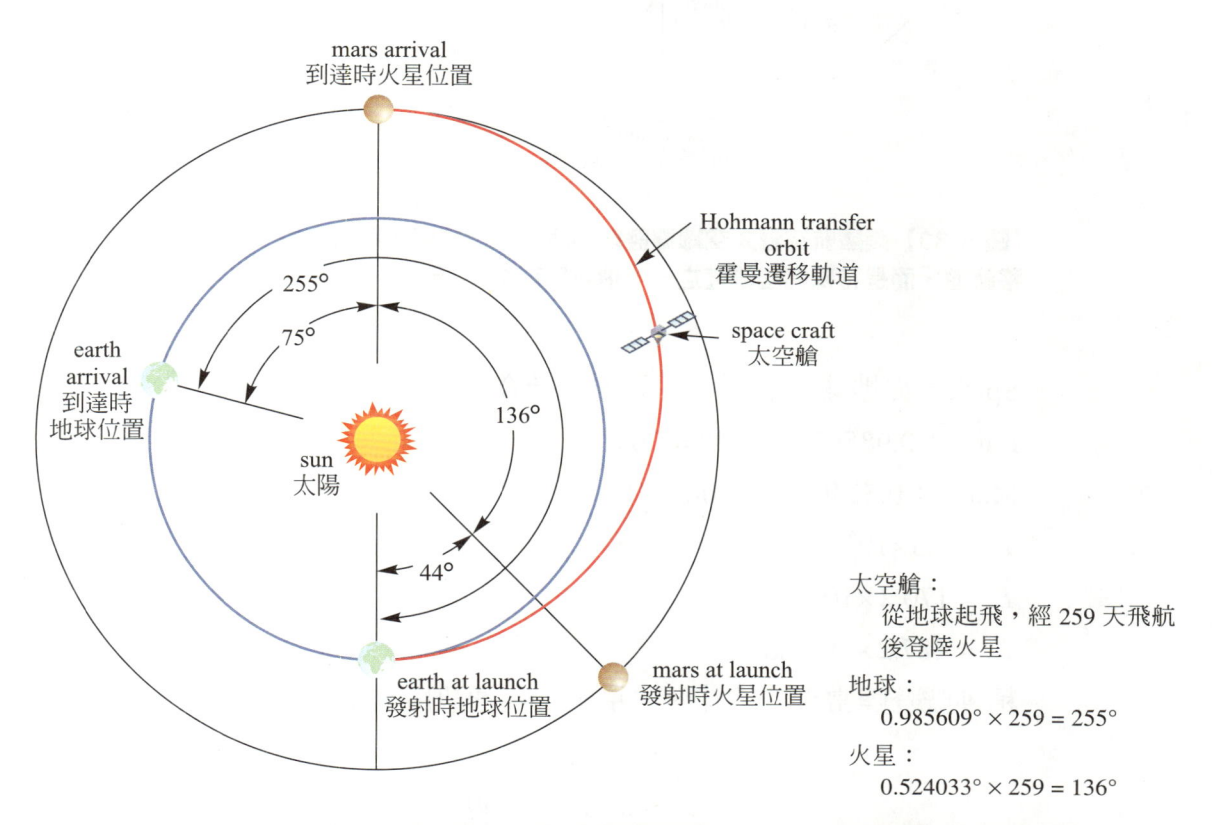

【圖 8-32】從地球用火箭發射太空艙，按霍曼遷移軌道飛航 259 天後登陸火星。如圖所示出發時，地球落後火星 44 度，但登陸火星時，地球領先火星 75 度。

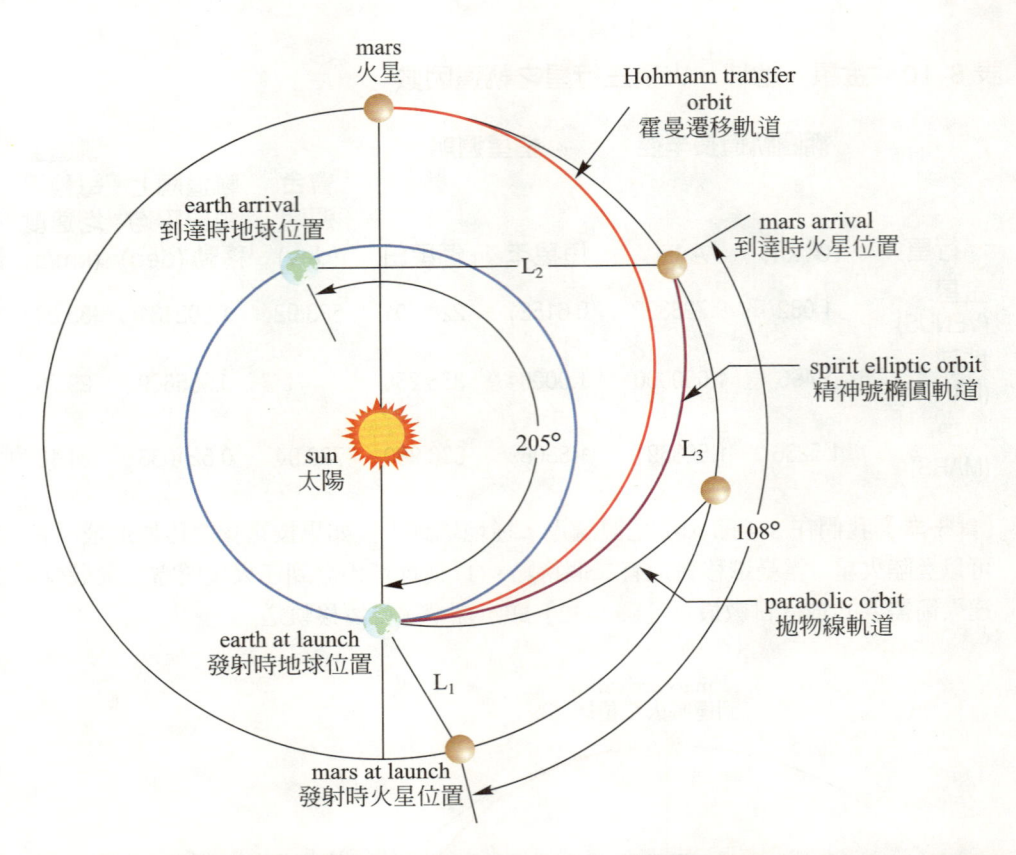

【圖 8-33】美國航空暨太空總署發射的精神號探測車採取的軌道，不是標準的霍曼遷移軌道，而是特殊橢圓軌道之一。飛航日期 208 天。

Spirit：從地球發射經 208 天飛航後登陸火星

Earth：$0.985609° \times 208 = 205°$

Mars ：$0.524033° \times 208 = 108°$

$L_1 = 103 \times 10^6$ km

$L_2 = 170.2 \times 10^6$ km

$L_3 = 487.2 \times 10^6$ km

精神號登陸當天，地球、火星兩行星通訊所需單行方向時間

$$T_{EM} = \frac{170.2 \times 10^6}{3 \times 10^5} \cdot \frac{1}{60} \cong 9.46 \quad \text{min}$$

精神號在太空中飛航的平均速度 $v_s = \dfrac{487 \times 10^6}{208 \times 24 \times 3600} = 27.09$ km/s

【註十六】

1. 刻卜勒定律明示太陽系各行星的軌道皆以橢圓環繞太陽。地球的軌道離心率 $e = 0.0167$ 但火星之 $e = 0.0933$。因此火星之**遠日點** (aphelion) 是 1.66 A.U. 而**近日點** (perihelion) 是 0.38 A.U.。【圖 8-34】顯示 1997 年 3 月遠日點及 1988 年 9 月的近日點位置。大家知悉內環的地球速度快 (29.77 km/s) 而外環的火星速度較慢 (24.13 km/s) 但總有會合的機會。這就是太陽-地球-火星排列在一邊 (如圖 8-34 所示) 而被稱為「對照」opposition 場合，相反的如果太陽的兩邊排列者稱「合」conjunction。地球和火星**會合週期** (synodic period) 是 780 天 (約 26 個月)，故從 1988 年 9 月算起至 2007 年 10 月的會合週期表如 (表 8-11)，當火星接近了近日點時地球火星間距離縮短 0.38 A.U. (= 56.8×10^6 km)。故從地球觀察火星時更大而更明亮。

2. NASA 曾於 1977 年 8 月及 9 月間發射航海家太空艙 (VOYAGER) 姊妹 1 號及 2 號並經 12 年歲月才完成木星、土星、天王星及海王星旁飛 (fly by) 的壯大旅途 (Grand Journey) 而皆利用各行星之重力協助 (Gravity Assist) 完成。約 30 年後的 2004 年 NASA 又發射精神號及機會號兩太空艙登陸火星，獲得雙贏壯舉令世人讚佩。同時天文學在太空科學領域中佔重要的地位被重新領悟。

3. 我們已知精神號是 6/10/2003 發射的而 1/4/2004 登陸火星，從發射到登陸的 208 天飛航途中執行共六次航跡修正 (trajectory correction maneuver)。為保持精密而正確航路起見，採用三角測量法，應用**杜卜勒效應** (Doppler effect) 測試太空艙航行速度並採用三角差異單行路距離測量新法(delta difference one-way range maneuver)。環球有三座的**深太空觀測網站** (DSN) 中，選二座觀測站同時接收來自太空艙的訊號，另有接收已知天體參考訊號源例如**準星** (quasar) 等。這樣的測試法可能得到數個英哩範圍內的

太空通訊科技原理

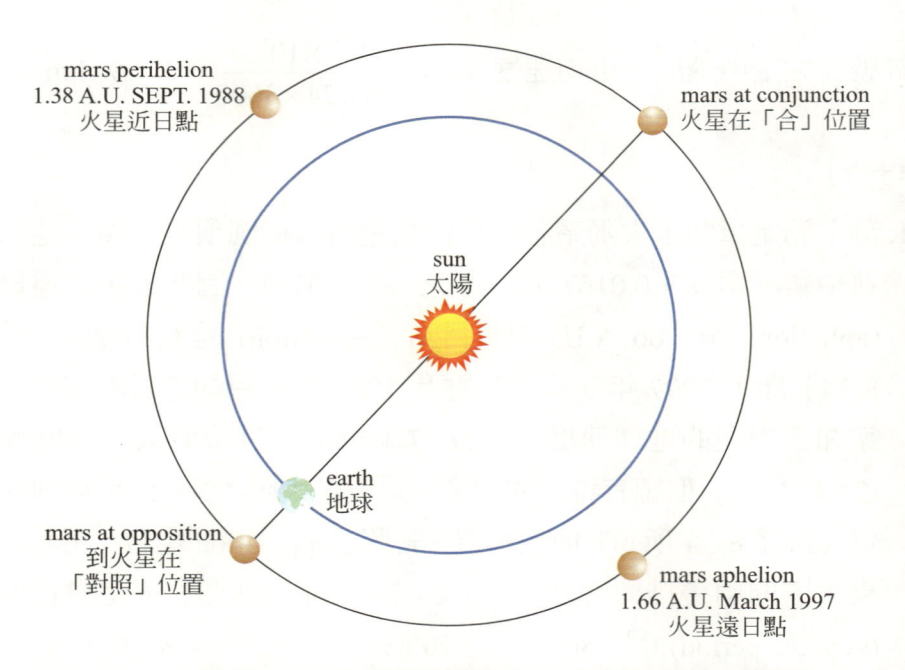

```
mars perihelion
1.38 A.U. SEPT. 1988
火星近日點

mars at conjunction
火星在「合」位置

sun
太陽

earth
地球

mars at opposition
到火星在
「對照」位置

mars aphelion
1.66 A.U. March 1997
火星遠日點
```

【圖 8-34】 內環的地球和外環的火星環繞太陽的速度差，發生「對照」(opposition) 及「合」conjunction 之現象。

表 8-11　地球-火星會合週期表

(Mars at opposition)

September 1988	April 1999
November 1990	May 2001
January 1993	June 2003
February 1995	August 2005
March 1997	October 2007

誤差容易判斷火星登陸正確地點。

4. 探測車之火星安全登陸：為了精神號探測車之安全登陸，特別裝備**降落傘** (parachute)，**隔熱板** (heat shield) 與降落傘分離器此外有**氣囊** (air-bag)，**反推進火箭點火器** (retro-rocket firing)，**登陸艙滾動**

(bounce rolls up)，**氣囊萎縮** (airbag retract) 等被考慮以策安全。

5. 探測車除了重要的基本設施例如高增益天線，低增益天線，UHF 天線、太陽電池板和 140 Watts 輸出電功率的鋰離子電池 (lithium-ion battery) 外，為了火星之探測特別按裝下列科學儀器 (science instruments)。

   - **彩色立體全景攝影機** (panoramic high-resolution color stereo camera)
   - **小型熱能紅外線放射分光機** (mini-thermal emission spectrometer)
   - **顯微照相機** (microscopic imager)
   - **辨識含鐵分光儀** (Mössbauer spectrometer) 德國提供
   - **阿爾法 (α) 粒子 X-分光機** (Alpha particle X-ray spectrometer) 德國提供
   - **機械手臂操作岩石磨碎工具** (arm-mounted rock abrason tool)

   除了上述主要科學儀器外附帶 Magnet Array, calibration Targets, Hazard Identification camera 及 Navigation camera 等。

6. 美國航空暨太空總署過去發射水手號 (MARINER) 及海盜號 (VIKING) 登陸火星。探測結果證實了火星之大氣層是相當稀薄。火星之氣壓約地球的 1/150 並且充滿二氧化碳。海盜號之登陸測試證明火星之大氣由 95.3% 之**二氧化碳** (carbon dioxide)、2.7% **氮** (nitrogen)、1.6% **氬** (argon)、0.13% 的**氧** (oxygen)、0.07% **一氧化碳** (monoxide carbon) 及 0.03% 的水蒸氣。

   在夏天中午大氣溫度達到 300 °K，大氣的對流強烈，夜間的溫度低到 100 °K 對流則消失，地表平均溫度約 50 °K。火星有巨大火山，深長峽谷，廣大沙丘，呈現地質學上奇觀。地形學上，火星北半球與南半球有顯著差異。北半球有起伏不平的熔岩原野，這些現象在地球上是罕見光景。尤其赤道地帶長到 5,000 公里長，高度有 10 公里的 Tharsis 凸出地帶，太陽系行星中最大死火山 Olympas Mons，其高度有地球的聖母峰三倍的高度。總而言之，火星北半球與南半球地形的顯著差異，其根源是火星地表之重力只有 3.72 m/s^2。這數值是地球的 38% (9.8 × 0.38 = 3.72) 而已。

參考資料：

1. 網際網路：NASA Exploration Rover Landings. Jan.2004 Press kit. NASA FACTS JPL.
2. Paul. Raeburu, Matt Golombek Uncovering The Secrets of The Red Planet 1998 National Geographic Society.
3. National Geographic Magazine, Jan. 2004.
4. Chaisson Mcmillan: Astronomy Today 1999 Prentice Hall Inc.
5. Spacecraft Attitude Determination and control Editor: James, R Wartq 1990 Kluwer Academic Publishers, Netherland.

參考文獻

1. Richard H. Battin **An Introduction to the Mathematics Method of Astrodynamics,** Revised Edition: American Institute of Aeronautics and Astronautics Inc. 1801 Aexander Bell Drive VA20191 1999.

2. Margaret G. kivelson & Christopher T, Russell **INTRODUCTION TO SPACE PHYSICS** University of California, Los Angeles Cambridge University Press 1975.

3. Willim Tyrrell Thomson **Introduction to Space dynamics** 1986, Dover Publication Inc. New York.

4. Charles D. Brown **Spacecraft Mission Design** 1992, American Institute of Aeronautics and Astronautics Inc. 370 L'Enfant Promenade. EW Washington DC 20024-2518.

5. Edited by Vladimir A. Chovotov **Orbital Mechanics**, Second Edition, American Institute of Aeronautics and Astronautics Inc. 1801 Alexander Bell Drive, Reston Virginia 20191-4344.

6. Chaission & McMillan 3rd edition. **Astronomy Today**. 1999. Prentice Hall, Upper Saddle River, New Jersey 07458.

7. R. R. Bate, D. D. Mueller, J. E. White, **Fundamentals of Astrodynamics** 1971, Dover Publication Inc. New York.

8. Rudolf X Meyer **Elements of Space Technology for Aerospace Engineers**, 1999. Academic Press 24-28 St Suite 1900 San Diego C.A.

9. M. RICHHARIA **Satellite Communication Systems Design Principle** 1995 Mc Graw-Hill Inc. Washington DC.

10. Dennis Roddy Second Edition **Satellite Communications** 1996 McGraw-Hill Inc. Washington DC.

習 題

8-1. 有一衛星以橢圓軌道環繞地球。設橢圓之長半徑 $a = 12000$ km 且離心率 $e = 0.42$

(a) 衛星離地球近地點後，當**真近點距** $\theta = 170°$ 時，衛星距地面高度有多少公里？

(b) 試求衛星之**航行路角度** ϕ ？

但 $$\tan\phi = \frac{e\sin\theta}{1+e\sin\theta}$$

(c) 試求衛星之**平均運動** (mean motion)？

但 $$n = \sqrt{\frac{\mu}{a^3}}$$

(d) 試求橢圓軌道之**偏近點角** (Eccentric anomaly) E ？

但 $$\cos E = \frac{e+\cos\theta}{1+e\cos\theta}$$

(e) 試算衛星通過近地點後到達 $\theta = 170°$ 的時間 t ？

但 $$t = \frac{E - e\sin E}{n}$$

(f) 試求橢圓軌道之週期 P ？

8-2. 月球之重力常數 $\mu_M = 4902.78$ km^3/s^2，赤道半徑 $R_M = 1738$ km，月球**自轉週期** (rotational period) $T_M = 2360592$ sec $= 27.32$ days。試求：

(a) 在月球上空保持 $h = 60$ km 高度且維持圓形軌道的 Lunar Orbiter

之速度和週期？

(b) 試求月球同轉衛星（靜止衛星）之高度？

8-3. 有一太空艙距地面 300 km 高度，以 15 km/s 速度離近地點軌跡逃脫地球。

(a) 試求雙曲線超速度 (hyperbolic excess velocity)？
(b) 試求眞近點距 $\theta = 120°$ 時軌道半徑？
(c) 試求眞近點距 $\theta = 120°$ 時軌道速度？
(d) 試求眞近點距 $\theta = 120°$ 時離近地點時間 t？

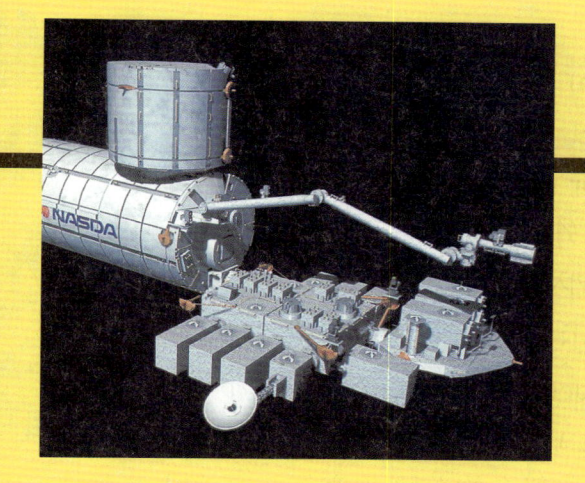

Deep Space Communication System

9 深太空通信系統

9-1 概說 (Introduction)
9-2 太空艙與地球基地台鏈路系統
(Deep Space Spacecraft to Ground Station Link System)
9-3 天線概觀 (Overview of Antennas)
9-4 低雜音放大器 (Low Noise Amplifier)
9-5 微波行波梅射放大器 (Traveling Wave Maser Amplifier)
9-6 深太空通訊接收機系統 (Deep Space Receiving System)
9-7 國際太空站 (International Space Station)
9-8 軌道太空飛行系統之研發
(Development of Reusable Space Transportation System)
參考文獻 (References)

9-1 概 說 (Introduction)

據天文學者專家們預言太陽迄今仍是年青恆星尚有五十億年壽命。以太陽為中心在浩瀚的宇宙裏旋轉而形成**太陽中心型態** (Helio-centric model) 的太陽系中唯一水晶地球上約在三萬年前人類的祖先就開始居住了。大約費五萬光年歲月方能橫越圓板形的巨大銀河系內佔一微小點的太陽，率領 9 顆**行星** (planets) 和 61 顆**月亮群**

(satellites)。

太陽系最外圍的**冥王星** (Pluto) 至太陽距離約 60 億公里。因為距離龐大，故學者將太陽系裏水星、金星、地球及火星四顆行星稱為**內環行星** (inner planet or inner solar system) 且木星、土星、天王星、海王星及冥王星五顆行星一併稱為**外環行星** (outer planet or outer solar system)。另火星與木星間一大領域內環繞的大小石頭、岩塊等被稱為**小行星** (asteroid) 群。【圖 9-1】顯示太陽系內、外環行星群機構。

美國加州、巴沙迪那市 (Pasadena, California) 的噴射推進研究所 (Jet Propulsion Laboratory, J. P. L.) 是屬於加州理工學院 (California Institute of Technology, C.I.T.) 和著名的美國國家航空暨太空總署 (NASA) 的太空研究機關。JPL 曾於 1977 年 8 月至 9 月間為探測太陽系外環太空裏木星、土星、天王星及海王星之動態發射了航海家

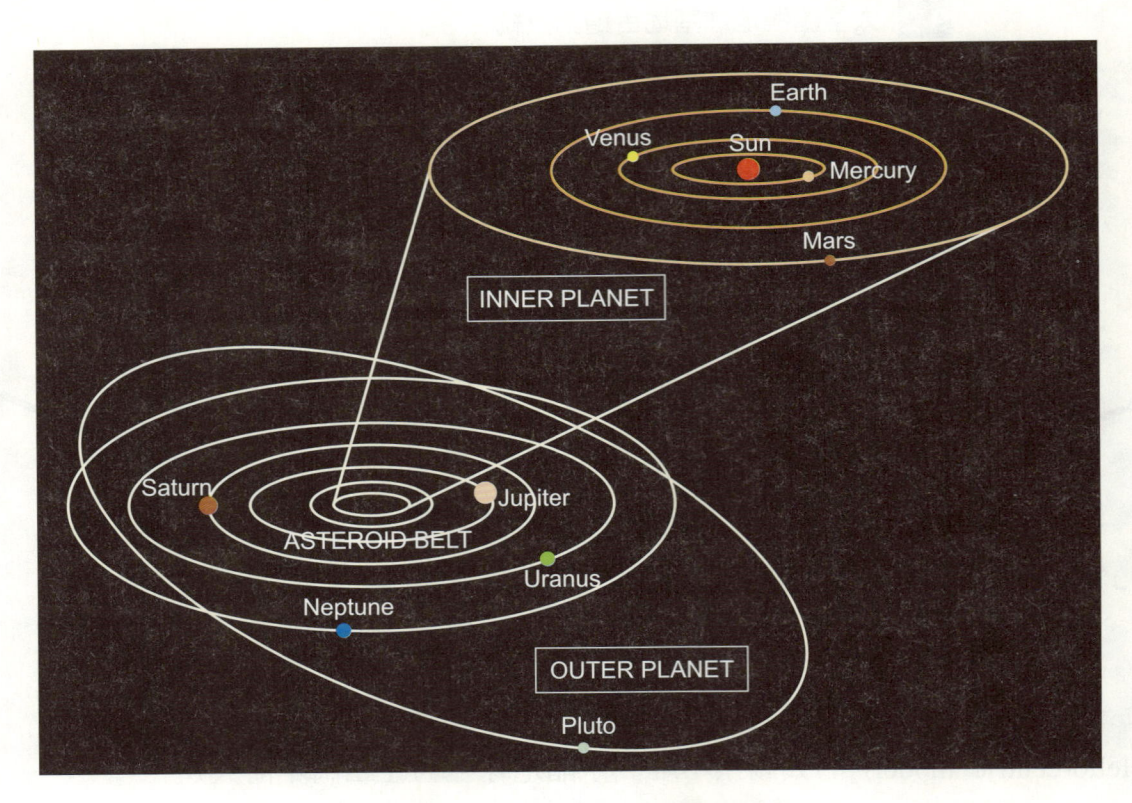

【圖 9-1】 太陽系內、外環行星群機構

第九章 深太空通訊系統 353

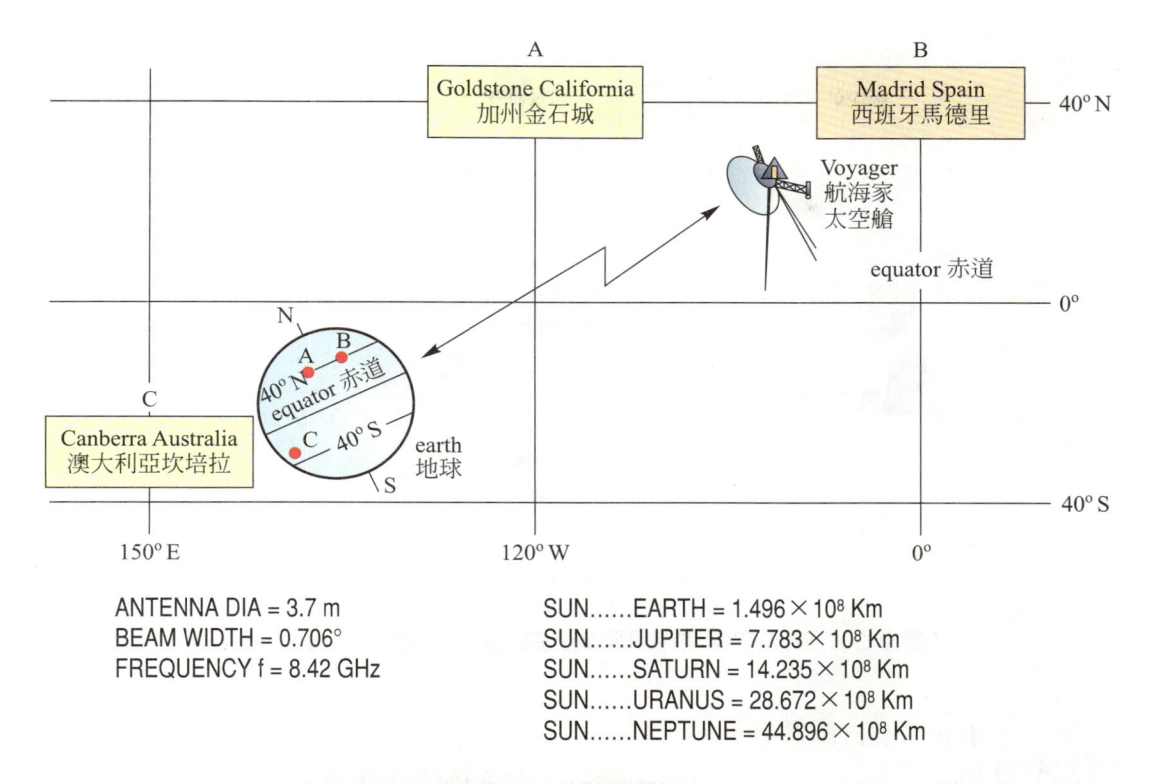

```
A                          B
Goldstone California    Madrid Spain
加州金石城              西班牙馬德里          40°N

                                    Voyager
                                    航海家
                                    太空艙
                                              equator 赤道
                                                            0°
         N
        A B
      40°N 赤道
      equator
        C  40°S   earth
C              S  地球
Canberra Australia
澳大利亞坎培拉                                              40°S

150°E          120°W                0°

ANTENNA DIA = 3.7 m       SUN......EARTH = 1.496 × 10⁸ Km
BEAM WIDTH = 0.706°       SUN......JUPITER = 7.783 × 10⁸ Km
FREQUENCY f = 8.42 GHz    SUN......SATURN = 14.235 × 10⁸ Km
                          SUN......URANUS = 28.672 × 10⁸ Km
                          SUN......NEPTUNE = 44.896 × 10⁸ Km
```

【圖 9-2】 環球深太空通訊網機構

太空艙 1 及 2 號 (Voyager 1 & 2)。另為配合深太空通訊系統之圓滿成功，在加州摩哈比沙漠內 (Mojave desert) 金石城 (Goldstone)、西班牙馬德里 (Madrid, Spain)、澳大利亞坎培拉 (Canberra, Australia) 建立三所深太空觀測站以利完成環球深太空通訊網 (Deep Space Network, DSN)。【圖 9-2】示環球深太空通訊網機構。

為深太空探測必須完整太空艙本身和地面基地台設施。【圖 9-3】顯示深太空探測通訊系統上鏈 (指揮訊號) 及下鏈 (遙測訊號) 兩路程序。圖中右側表示航海家太空艙 (Voyager) 外觀，而裏面裝設共達 12 項目的儀器設備，其詳細名稱如下表。

1. High Gain Antenna 3.7 公尺 (高增益天線)
2. Low Energy Charged Particle (低電能帶電粒子)
3. Cosmic ray (宇宙射線)

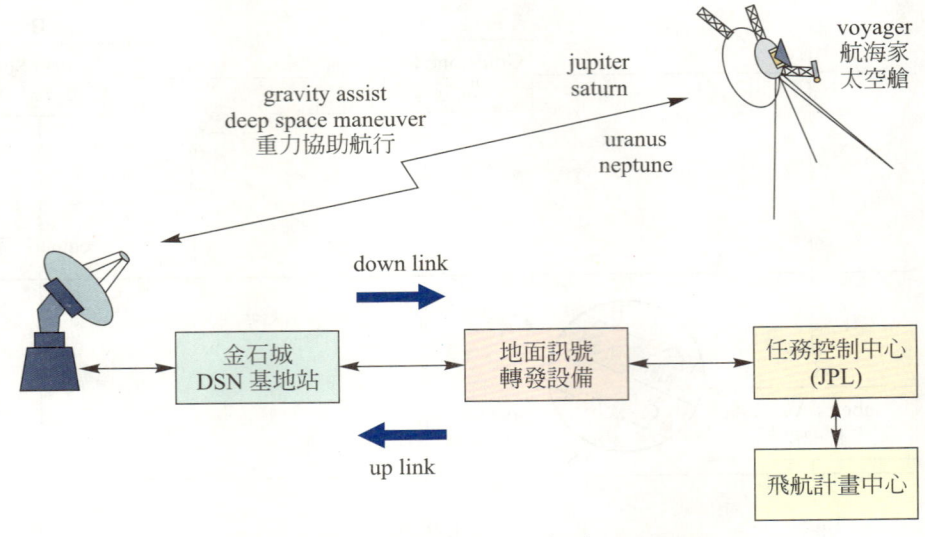

【圖 9-3】 深太空探測通訊系統上鏈（指揮訊號）、下鏈（遙測訊號）兩路程序

4. plasma (電漿)
5. narrow & wide angle imaging (狹角及廣角電像)
6. ultraviolet spectrometer (紫外線分光儀)
7. photo polarimeter (光偏振計)
8. infrared interferometer spectrometer (紅外線干涉儀)
9. optical calibration target (光校準目標器)
10. planetary radio astronomy and plasma wave antenna (行星無線天文及漿波天線)
11. radio isotope thermo electric generator (無線電同位素熱電發電機)
12. magnetmeter boom (測磁力計桁桿)

當太空艙航行浩瀚宇宙中遭遇到的大自然界各行星現象及其影像盡力測試，經記錄後用**遙測** (telemetry) 訊號撥回地球基地台。這就是所謂下鏈路訊號。當基地台向宇宙航行中太空艙發射**指揮（或命令）訊號** (command signals)，換言之，要太空艙改變航路 (導航)、測試、記錄、數據傳遞、搜集太空科學或其他要太空艙應做的事項，易言之，所謂上鏈訊號由金石台深太空基地經直徑 70 公尺巨型高增益天線用

S 頻帶 (8.45 GHZ) 微波訊號發射上去。Voyager 太空艙從 KSC 基地發射台被發射後經木星、土星、天王星後繼續飛往海王星。中途利用各行星之**重力協助航行** (gravity assist maneuver)，不但縮短飛航時間還能節省太空艙自備燃料，以保持長期推進力。

【圖 9-4】示太陽至各行星的距離 (公里) 以及美國過去發射太空探測各類人造衛星的年代，查圖略知譬如地球飛航土星約高 14 億公里，而航行天王星需要 27 億公里超長距離。

【註一】SCIENCE 雜誌 Vol. 204, 1979. 刊載下列二篇 Voyager 科技報告。

1. Voyager Telecommunications: The Broadcast from Jupiter. P913~p921
2. Reports: Voyage 1 Encounter with the Jovian System. P945~P1008

再查【圖 9-2】知悉，地球本身呈 23.5° 傾斜並自轉一次費 24 小時，因此深太空通訊網訊號接收站在地球上必需設置三所以上，不但

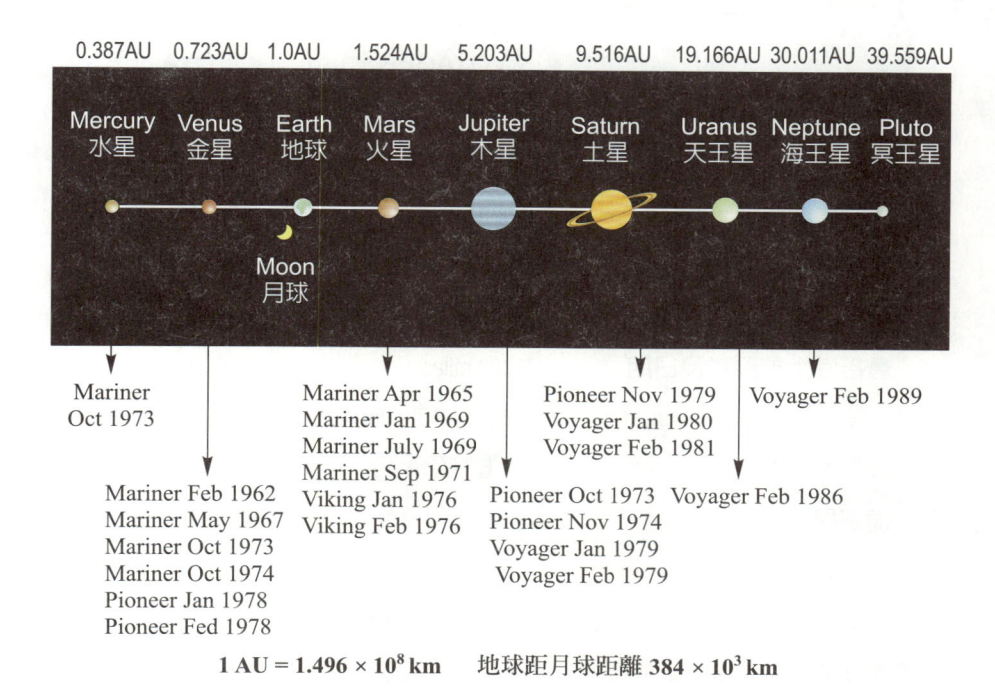

0.387AU	0.723AU	1.0AU	1.524AU	5.203AU	9.516AU	19.166AU	30.011AU	39.559AU
Mercury 水星	Venus 金星	Earth 地球	Mars 火星	Jupiter 木星	Saturn 土星	Uranus 天王星	Neptune 海王星	Pluto 冥王星

Moon 月球

Mariner Oct 1973		Mariner Apr 1965 Mariner Jan 1969 Mariner July 1969 Mariner Sep 1971 Viking Jan 1976 Viking Feb 1976	Pioneer Nov 1979 Voyager Jan 1980 Voyager Feb 1981	Voyager Feb 1989
	Mariner Feb 1962 Mariner May 1967 Mariner Oct 1973 Mariner Oct 1974 Pioneer Jan 1978 Pioneer Fed 1978		Pioneer Oct 1973 Pioneer Nov 1974 Voyager Jan 1979 Voyager Feb 1979	Voyager Feb 1986

$1\ AU = 1.496 \times 10^8\ km$　　地球距月球距離 $384 \times 10^3\ km$

【圖 9-4】太陽至各行星的距離及美國過去為探測太陽系各行星發射人造衛星的年代。

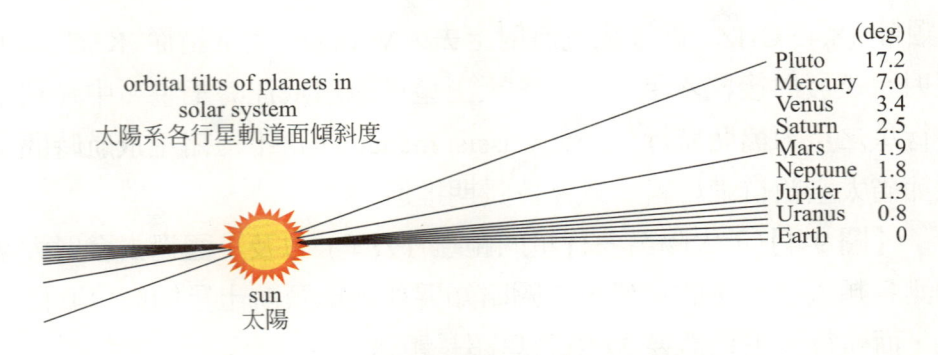

```
                                                        (deg)
                                              Pluto     17.2
    orbital tilts of planets in                Mercury   7.0
         solar system                          Venus     3.4
     太陽系各行星軌道面傾斜度                    Saturn    2.5
                                              Mars      1.9
                                              Neptune   1.8
                                              Jupiter   1.3
                                              Uranus    0.8
                                              Earth     0
              sun
              太陽
```

【圖 9-5】 太陽系九顆行星軌道面傾斜度

互相隔離 120° 經度外，尚需分開北半球及南半球，設立以利來自外太空微弱，方向不常定的微波訊號。

【圖 9-5】示以地球軌道面為基準 (0°) 和太陽系各行星軌道面角度之相差稱為軌道面之**黃道** (plane of ecliptic)。查圖知太陽系最外圍的冥王星相差最大 (17.2°)，這與【圖 9-1】之狀態相似。

【註二】航海家太空艙小檔案

	VOYAGER－1	VOYAGER－2
發射日期：	1977. 09. 05.	1977. 08. 22.
發射用火箭：	TITAN　3/Centaur	TITAN　3/Centaur
太空艙總重量：	46000 Pounds	46000 Pounds
最接近木星距離及日期：	177720 miles	399560 miles
	1979. 03. 05.	1979. 07. 09
最接近土星距離及日期：	71000 miles	63000 miles
	1980. 11. 12.	1981. 08. 25.
天王星邂逅：	遠離太陽系	1986. 01. 30
海王星邂逅：		1989. 09.

1977 年 8 月 22 日，美國加州噴射推進實驗所 (JPL) 研發的深太空太空艙『航海家』(Voyager) 2 號被發射順利升空。根據一些資料報告太陽系九個行星中在外環的木星、土星、天王星及海王星四大行星每 175 年才發生一次排成略為直線的太空奇景。JPL 的太空科學者察知這千載一時好機會陸續發射 1

號及 2 號兩艘太空艙。屆時利用**旁飛** (fly by) 及**行星重力協助航行** (gravity assist maneuver) 獲得加速度並縮短飛航時間，同時又能節省自備的燃料。1 號太空艙邂逅木星後則離開太陽系，但 2 號太空艙繼續航行經土星、天王星而終於 1989 年 8 月與海王星會合。自地球出發共費 12 年歲月的 2 號現已遠離太陽系而向浩瀚大宇宙航行。這是人類探測太陽系外太空最長程且最雄大的旅途 (grand tour)。

【註三】 Voyager 1 及 2 號共為旋轉型太空艙 (spinning spacecraft) 且三軸姿勢穩定型狀 (3-axis stabilized platform)。兩艘太空艙之構造、尺寸、裝備儀器均相似而在外太空航行速度約 16 km/s。當 voyager 遠離太陽系後，原先的行星間探測太空艙 (inter planetary spacecraft) 成為星球間探測太空艙 (inter stellar spacecraft)，探測主要目標改變為宇宙射線 (cosmic ray) 或太陽風 (solar wind) 等測試。

9-2 太空艙與地球基地台鏈路系統 (Deep Space Spacecraft to Ground Station Link System)

太空艙被發射前預先估計太空艙在深太空裏各行星間**旁飛**而將探測的訊號撥回地球基地台時，下列條件應保持為要。

- 遙測訊號 E_b/N_o 保證最小值並務使比次誤差率 (BER) 符合於所需求值。
- 能獲得較高的接收機載波雜音比 (C/N) 並易於追蹤接收訊號之載波。

所需 E_b/N_o 與採用的編碼型態及最大容許比次誤差率有關。例如高性能雷所羅門/維特比 (Reed Solomon / viterbi) **連鎖編碼** (concatenated code) 者，E_b/N_o 約等於 2.2 dB，其 BER 則不超過 10^{-5}。(參考圖 9-16)

深太空遙測訊號之傳送大都採用方形副載波**相移按鍵調變法** (phase shift keying method)，若要復調接收電波者，先建立載波復元電路然利用這載波實行**相關檢波** (coherent detection) 則可。通常使用的接收機追蹤載波能力嚴重影響到性能。因此，所謂**鎖相迴路** (phase locked loop: PLL) 常被採用。另接收機之**品質因數** (figure of merit) $M = G_R/T_{op}$ 被常用。

遙測下鏈路 (telemetry downlink) 基地台接收機輸出功率 P_R 可用下式表示。

$$P_R = \frac{P_T A_T A_R}{L_{TR}(D\lambda)^2} \tag{9-1}$$

P_R = 接收功率，watt
P_T = 太空艙發射機輸出功率，watt
D = 發射天線、接收天線間距離，m
L_{TR} = 發射天線、接收天線間損失 (≥1) = $L_A L_P L_{POL}$
L_{POL} = 發射天線及接收天線的極化損失
A_R = 基地台接收天線有效面積，m^2
A_T = 太空艙發射天線有效面積，m^2
λ = 載波、波長，m
L_A = 大氣層損失 (≥1)
L_P = 發射天線、接收天線的指向損失 (≥1)

例題 9-1

航海家太空艙 (Voyager-2) 二號從太陽系土星 (Saturn) 附近將一些資訊撥回地球基地台。設太空艙發射天線直徑 D_1 = 3.7 公尺，地球基地台接收天線直徑 D_2 = 70 公尺，土星-地球間距離 d = 14.23×10^8 公里（約 15 億公里），太空艙發射機輸出功率 P_T = 21.3 watt，工作頻率 f = 8.42 GHZ (X-頻帶)。參考【圖 9-6】，試求地球基地台接收功率 P_R。

解

設定天線效率 η = 60% (= 0.6)
太空艙天線增益（直徑 3.7 公尺）

```
       G_T              G_R
        ◗   f = 8.42 GHz ◖
            d = 14.23×10⁸ km
   D₁ = 3.7 m         D₂ = 70 m

  [P_T]  21.3 watt   1.23×10⁻¹⁶ watt  [P_R]
```

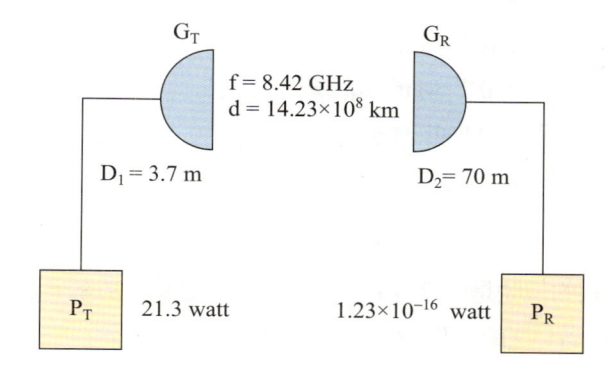

【圖 9-6】 土星附近 Voyager 2 號撥出訊號至地球的簡略方塊圖

$$G_T = 10\log\left(\eta\left(\frac{\pi \times f \times D_1}{c}\right)^2\right)$$

$$= 10\log\left(0.6\left(\frac{3.14\times 8.42\times 10^9 \times 3.7}{3\times 10^8}\right)^2\right) = 48.05 \text{ dB}$$

基地台直徑 70 公尺接收天線增益

$$G_R = 10\log\left(0.6\left(\frac{3.14\times 8.42\times 10^9 \times 70}{3\times 10^8}\right)^2\right) = 73.58 \text{ dB}$$

路程損失 (path loss)：

$$L_s = 20\log\left(4\pi\frac{d}{\lambda}\right)$$

$$= 20\log\left(4\times 3.14\times \frac{14.23\times 10^8 \times 10^3}{\frac{3\times 10^8}{8.42\times 10^9}}\right) = 294 \text{ dB}$$

$$\frac{P_R}{P_T} = \frac{G_T G_R}{\left(4\pi\dfrac{d}{\lambda}\right)^2}$$

$$10\log P_R = 10\log P_T + 10\log G_T + 10\log G_R - 20\log\left(4\pi\frac{d}{\lambda}\right)$$

$$= 10\log 21.3 + 48.05 + 73.58 - 294$$

$$= -159.09$$

$$\therefore P_R = 1.23\times 10^{-16} \text{ watt}$$

$$P_R = 1.23 \times 10^{-16} \text{ watt}$$
$$= 123 \times 10^{-18} \text{ watt}$$
$$= 123 \text{ atto watt}$$

【註四】 1 atto = 10^{-18}

上述微弱的信號是直徑 70 公尺巨型天線之輸出功率，也就是**梅射放大器** (Maser amplifier) 之輸入信號。

9-3 天線概觀 (Overview of Antennas)

當欲接收來自太空艙的微弱訊號，應設置巨大面積的天線，換言之，採用增益較高天線為要。譬如加州 JPL 研發的航海家太空艙 1 及 2 號，在 X 頻帶 (f= 8.42 GHz) 能發射 21.3 watt 微波輸出功率。但從土星到金石城基地台的距離約 14 億公里，故接收功率只有 1.23×10^{-16} watt 而已。美國國家航空暨太空總署 (NASA)，加州噴射推進實驗所研議決定西班牙馬德里、澳大利亞坎培拉、美國加州金石城建立三所環球**深太空通信網** (deep space network: DSN) 合同協力接收從航海家太空艙 VOYAGER 撥回地球基地台的遙測接收訊號。

從 1960 年至 1990 間，曾經更改工作頻率，接收天線之直徑又增大以期提高效率，例如從 1960 年採用的 960 MHz，到 1965 年更改 2.3 GHz，1975 年再提高到另一頻帶 8.4 GHz，天線直徑從 26 公尺改為 64 公尺再增到 70 公尺等。不但天線之改良，接收機採用空冷式的梅射放大器，在 1981 年後接收機之雜音溫度獲得 4.5°K 之優良成績。

▶深太空下鏈遙測訊號之接收

地球基地台欲接收來自太空艙遙測訊號應具備條件：

1. DSN 微波接收天線之直徑 (D_M) 要 70 公尺以上，易言之，天線增益大約 70~80 dB 左右。
2. 實際天線反射面與標準拋物線或雙曲線面其精確度有些偏差。微波反射天線開口面積愈大，反射板天線表面積的精確度誤差愈大，直接影響到天線之效率。天線之面積如何多大應設法保持效率 55%~60%。
3. 天線雜音溫度較低且輻射波之**溢流** (spill over) 較少的**凱氏天線** (Cassegrain antenna) 適合於 DSN 通信網天線。
4. 23.5° 傾斜的地球本身不停的自轉，而在深太空中太空艙不停的航行，是故收、發天線間之天線指向損失，發射電波之波束寬 (beam width)，天線之追蹤等應需要考慮。

接收來自太空艙發射電波如【圖 9-7】所示。首先由拋物線形狀主反射板反射導至雙曲線形狀的副反射板再度反射後輸送到圓筒形**饋電錐體** (feed cone)。設置在拋物線主反射板上饋電錐體內裝備號角**饋電器** (feed horn)，**梅射放大器** (Maser amplifier) 及其他一些電子設備等。當天線追蹤角度約 45° 時，號角饋電器之溢流方向恰好冷天空方

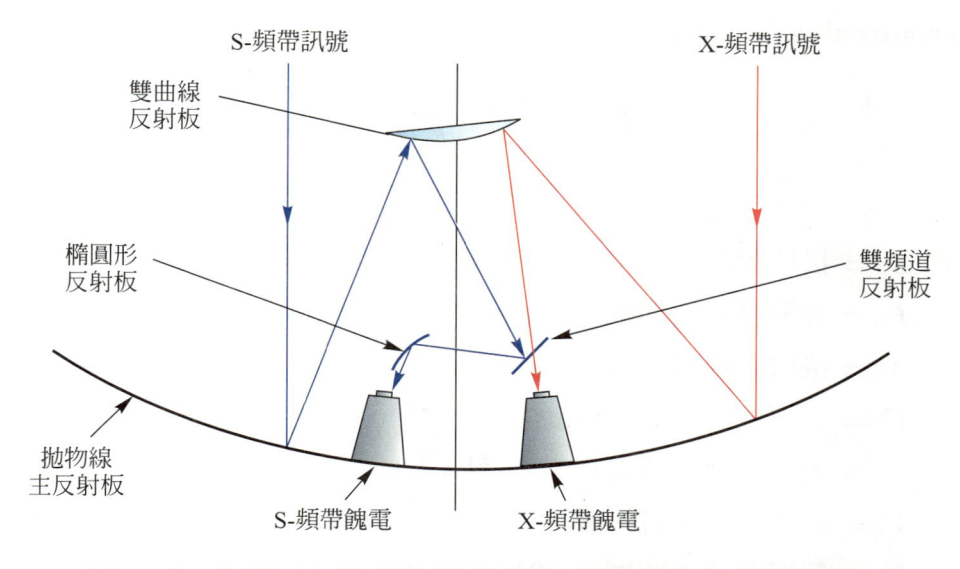

【圖 9-7】 美國加州噴射推進實驗所深太空通訊網金石城基地 70 公尺 X 頻道、S 頻道雙頻反射板微波天線構造略圖。

向其溫度恰好 3~5°K 而不是地球大地面之溫度 290°K。此外雙曲線形態的副反射板又減少溢流作用。

　　DSN 70 公尺天線特徵之一是同時能接收 S 及 X 頻帶下鏈波外還可發射 S 頻帶上鏈波同時接收 X 頻帶下鏈波。【圖 9-7】顯示**反射鑽電** (reflex feed) 幾何圖。查圖知全部電波從橢圓的一焦點發出，經反射後集中於另一焦點。橢圓反射板裝在 S 頻帶錐體上，另有穿孔反射板設在 X 頻帶錐筒上面。因此 S 頻帶電波宛如從 X 頻帶錐體相位中心發生。這反射板不是固態的表面而包含許多緊密地直徑約 2.5 公分圓孔被打洞。這個反射板厚 4 公分、直徑 1.5 公尺。這些小孔對 S 頻帶 (波長 $\lambda = 13\,cm$，$f = 2.3\,GHz$) 電波全部被反射，然針對 X 頻帶 (波長 $\lambda = 3.55\,cm$，$f = 8.45\,GHz$) 而言全部貫通。因此雙曲線副反射板及拋物線主反射板對 S、X 兩頻電波是一致巧合。這個反射板特別稱為**雙頻（雙頻道）反射板** (dichroic, two color plate or dichroic mirror)。

　　如前所述來自外太空到達巨型雙反射板天線電波卻是平面波而被導致圓筒形饋電錐體內**低雜音放大器** (low noise amplifier)。我們最關心的就是從大自然許多雜音中抽出需求的訊號，且以**訊號雜音比** (signal to noise ratio) S/N_o 為主要的項目。

$$\frac{S}{N_o} = \frac{P_T A_T A_R f^2}{C^2 D^2 L \cdot K \cdot T_{op}} \tag{9-2}$$

上式

　　　S　= 接收機訊號輸出功率，watt

　　　P_T　= 發射機輸出功率，watt

　　　A_R　= 接收天線有效面積，m^2

　　　C　= 光速度 (3×10^8)，m/s

　　　L　= 大氣層及導波管損失，(設 = 1.1)

　　　Y_{op}　= 接收系統雜音溫度，°K

　　　N_o　= 熱雜音功率密度，w/Hz

　　　A_T　= 發射天線有效面積，m^2

　　　f　= 工作頻率，Hz

D = 發射天線、接收天線距離，m

K = Boltmann's Constant = 1.38×10^{-23} J/°K

標準反射板微波天線之增益

$$G = \eta \frac{4\pi A}{\lambda^2} = \eta \frac{4\pi A f^2}{C^2} \tag{9-3}$$

上式

A = 微波反射板天線間面積，m^2

λ = 工作波長，m

f = 工作頻率，Hz

C = 光速度 (3×10^8)，m

η = 天線增益 ($\eta < 1$)

天線半功率波束角 (half power beam width: HPBW)

$$HPBW(\theta_{3dB}) = \frac{22}{f_{GHZ} \times D_m} \text{ deg} \tag{9-4}$$

上式

f_{GHZ} = 工作頻率，GHz

D_m = 反射板天線直徑，m

例題 9-2

航海家太空艙 2 號曾於 1981 年 8 月旁飛土星撥回遙測刻號到地球。根據 (9-2) 式。試算信號雜音比 S/N_o，但設 P_T = 21.3 watt，A_T = 10.75 m^2，A_R = 3846.5 m^2（基地台接收天線直徑 70 公尺），f = 8.42 GHz，地球土星間距離 D = 14.23×10^8 km = 14.23×10^{11} m，L = 1.1，K = 1.38×10^{-23} J/°K，T_{op} = 20°K。

解

$$\frac{S}{N_o} = \frac{P_T A_T A_R f^2}{C^2 D^2 L \cdot K \cdot T_{op}} = \frac{21.3 \times 10.75 \times 3846.5 \times (8.42 \times 10^9)^2}{(3 \times 10^8)^2 \times (14.23 \times 10^{11})^2 \times 1.1 \times 1.38 \times 10^{-23} \times 20}$$

$$= 1128.5 \times 10^3$$

$$\left(\frac{S}{N_o}\right)_{dB} = 10\log(1128.5\times10^3) = 60.52 \quad dB$$

吾人從 (9-1) 式與【例題 9-1】計算結果可判別工作頻率 f 提升則容易提高 S/N_o 比。Voyager 之工作頻率採用 X 頻率 8.42 GHz 很正確。

JPL 64-m antenna showing tricone and hyperboloidal subreflector, Goldstone, California (Courtesy of Jet Propulsion Laboratory)

【圖 9-8】 美國加州摩哈比沙漠 (Mojave desert) 內由 JPL NASA 管轄的金石城 (Goldstone) 深太空通訊網 (Deep Space Network: DSN) 站，接收來自木星、土星及天王星等旁飛的航海家太空艙 (VOYAGER) 撥回地球的微弱訊號用直徑 64 公尺的不對稱雙曲線巨型天線之外觀。

【註五】據 JPL 的 Dumas 及 NASA 總署 Horn stein 兩位專家在 Aerospace America May 1990 誌上以 "communication with voyager" 一篇報告得知，原先 64 公尺的天線修改為直徑 70 公尺的巨型天線共用 100 萬磅鋼筋並花費 4500 萬美元，另採用整型束型微波天線方可獲得效率 $\eta = 60\%$ 的 DSN 用地面接收台的天線。

9-4 低雜音放大器 (Low Noise Amplifier)

　　距地球有幾十億公里的深太空中航行的太空艙之總重量包含燃料在內是被嚴格的限制。此外太空艙天線及型態，發射機之輸出功率等不可忽視。從宇宙內充滿壓倒性的雜音中欲摘取極微弱的遙測訊號，對接收機工作是一件艱難的負擔。

　　決定接收訊號的訊號雜音比是件重要項目並慎重考慮下列因素。

- 搜集訊號資料的天線有效面積以及天線效率。
- 所產生的雜音量同時包括天線在內接收機雜音溫度。

查本書附錄【A】，國際商業通信衛星公司 (INTELSAT) 標準 A 級、B 級、C 級地面電台各類設施規格表 (TABLE A-1)，顯示 A 級地面電台接收天線之增益與接收機雜音溫度比 $\frac{G}{T}$ 應等於 $\frac{G}{T} \geq 40.7 + 20\log\frac{f}{4}$。$f$ 是接收頻率，如果使用 C 頻帶者 $f = 4$ GHz，故 $f = 4$ 時 $\frac{G}{T} \geq 40.7$ dB/K（天線仰角最低 5° 以上）。

吾人知悉衛星通訊鏈路之載波雜音比 C/N 等於

$$\frac{C}{N} = \frac{P_t G_t G_r}{KT_s B}\left[\frac{\lambda}{4\pi R}\right]^2 = \frac{P_t G_t}{KB}\left[\frac{\lambda}{4\pi R}\right]^2 \frac{G_r}{T_s} \tag{9-5}$$

【註六】今日的 A 級地面電台大都設置鎵砷化物場效電晶體 (GaAsFET) 或**變抗放大器** (Parmetric amplifier)，無論是 C 或 Ku 頻帶均不採用液體冷卻裝置而可獲得 70°~100°K 左右之雜音溫度以利實用，這對環繞地球的 GEO 軌道上衛星是有效的，但針對探測木星、土星、天王星等深太空探測太空之軌道是不合適的。

　　假使某地面電台對特定的通信衛星維持通訊鏈路時，天線直徑、使用頻率、頻帶寬等均固定不變，此時 (9-5) 式成為 $\frac{C}{N} \propto \frac{G_r}{T_s}$。換言之接收機之載波/雜音比與接收天線增益/雜音溫度比是成正比例，吾人可設 $M = \frac{G_r}{T_s}$ 而 M 稱為地面電台接收系統之品質因數 (figure of merit)。接收天線之直徑愈大且接收機之雜音溫度愈低，而其比值大於 $\frac{G_r}{T_s} > 40.7$

就可稱為 A 級地面電台。

[A] 微波梅射放大器 (MASER) 之原理

微波梅射放大器 (MASER) **是受激輻射式的微波放大器** (Microwave Amplifier by Stimulated Emission of Radiation) 之縮寫是微波頻帶接收機常用的高增益、寬頻帶放大器。在深太空通信網路中，地球基地台接收系統不可缺少而重要設備之一。梅射放大器是**量子電子學** (quantum electronics) 相關之一種儀器。換言之，根據**量子力學** (quantum mechanics) 原理作用的微波放大裝置。

為微波輸入訊號之放大，梅射放大器常需裝設**泵頻振盪器** (pump oscillator)。泵頻振盪器供給的功率會再調整梅射材料內各量子密度分佈狀態。

晚近深太空通信網均採用**行波型梅射放大器** (traveling wave maser amplifier)，這型態的梅射放大器保持較高的**增益頻帶寬積** (gain bandwidth product)。【圖 9-9】示行波型固態放大器構造原理。

如圖所示，放大器由梅射材料 (本圖示紅寶石水晶平板)，及**慢波電路** (slow wave circuit) 構成。當**泵頻功率** (pump power) 加上梅射材

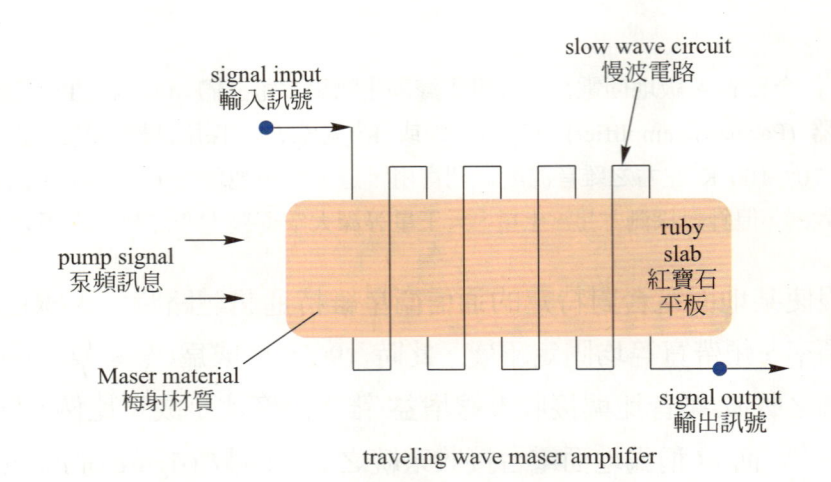

【圖 9-9】 行波型固態梅射放大器構造原理

料時，隨梅射各個能位產生**反轉** (inversion) 作用。此時慢波電路 (圖中迂迴電路) 呈顯負衰減係數的輸送線。如此從慢波電路的一端輸入的訊號就傳播下去而逐漸以指數函數形態隨著輸送線延長而增大。結果被放大的訊號經另一端輸出。通常行波型梅射放大器呈顯單方向放大但相反地逆方向則衰減。【圖 9-9】示梅射放大器原理圖。

[B] 梅射放大器之構造

【圖 9-10】示行波型梅射放大器慢波型電路三種形態。(a) **迂迴線路** (meander line type)、(b) **數位交互線路** (inter digital line type) 及 (c) **梳狀線路** (comb circuit line type)。

【圖 9-11】顯示裝在微波導波管內將慢波電路及輻射材料一併裝置之斷面圖。

這慢波構造宛如三明治型態。一面由紅寶石梅射材料平板排成，另一面是由**陶鐵磁體隔離器** (ferrite isolator) 相對。如此慢波構造之目的是輸入微波訊號與梅射材料互相作用時間可延長。另隔離器可防止**再生放大作用** (regenerative amplification) 或振盪作用。易言之，能吸收相反方向行波訊號之發生而振盪。

迂迴線路　　　　數位交互線路　　　梳狀線路
meander line type　inter-digital line type　comb circuit line type
(a)　　　　　　　　(b)　　　　　　　　(c)

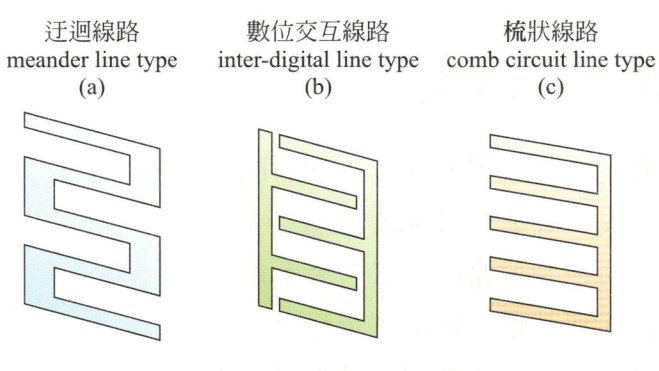

example of slow wave circuit
used in microwave traveling maser

【圖 9-10】 行波型梅射放大器慢波型電路三種形態

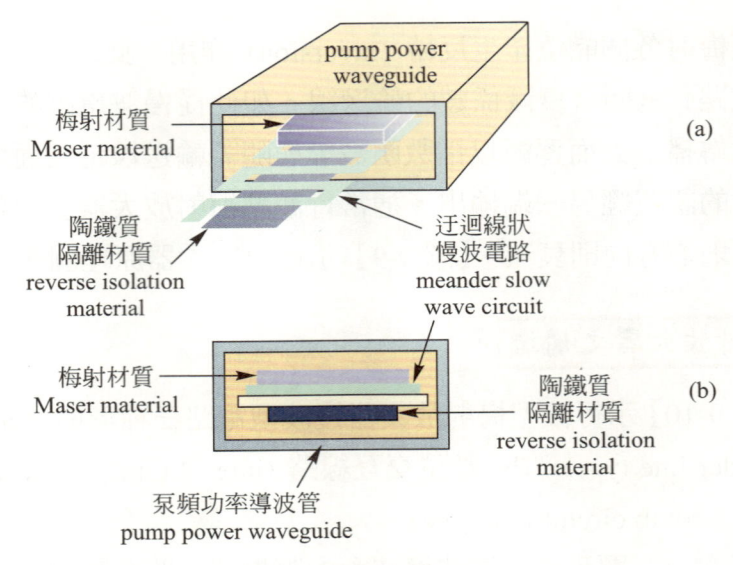

【圖 9-11】 行波型梅射放大器構造略圖：(a) 裝在微波 (TE_{10}) 導波管內慢波電路；(b) 斷面圖。

上述三明治形態慢波構造，梅射材料等一併裝入矩型微波導波管內且其工作波型為 TE_{10}。這導波管一端被封閉另一端送入而照射紅寶石梅射材料之全長。上述梅射放大器如果被**串級連結** (cascade connection) 者，可獲得所欲的高增益且更寬頻帶。再將全套設備裝進超導電磁石裏，然可調整其磁場者能調變量子狀態。

[C] 梅射微波放大器之特徵

1. 放大器之慢波構造應用改良均一型態因而可獲得低介入損失。
2. 使用壽命較長的固態化泵頻振盪器。
3. 應用小形持久型超導電磁石代替大型電磁石。
4. 超低雜音輸入訊號輸送線均採用耐酷冷元件。
5. 採用複雜高級**陶鐵體隔離器**以得較低前方介入損失。
6. 使用高級單晶體紅寶石梅射材料。
7. 應用高穩定**閉合循環式氦冷凍** (closed-cycle helium refrigerator) 系

統可操轉巨型天線。

以上低雜音溫度、寬頻帶、高穩定度、高可靠度全是美國太空總署 (NASA)、加州噴射推進實驗所 (JPL) 20 年來研發成果。

[D] 微波固態梅射放大器之應用

微波梅射放大器之目標就是接收來自深太空極微弱遙測訊號。為此地球基地台巨型天線必須指向深太空飛航的太空艙。如果天線指向的非太陽或其他雜音源，譬如**電波星** (radio star) 而是冷天空時，雜音溫度就是 $T_S = T_{Sky}$。使用的頻率低於微波範圍以下就出現來自銀河系或星球之宇宙雜音。相反地比微波更高頻率，地球大氣層就吸收或輻射相當大的雜音溫度。如【圖 9-12】所示，1~10 GHz 微波頻率範圍內雜音溫度是最低。

因此如【圖 9-7】之巨型凱氏天線副反射板 (雙曲線天線) 附近裝

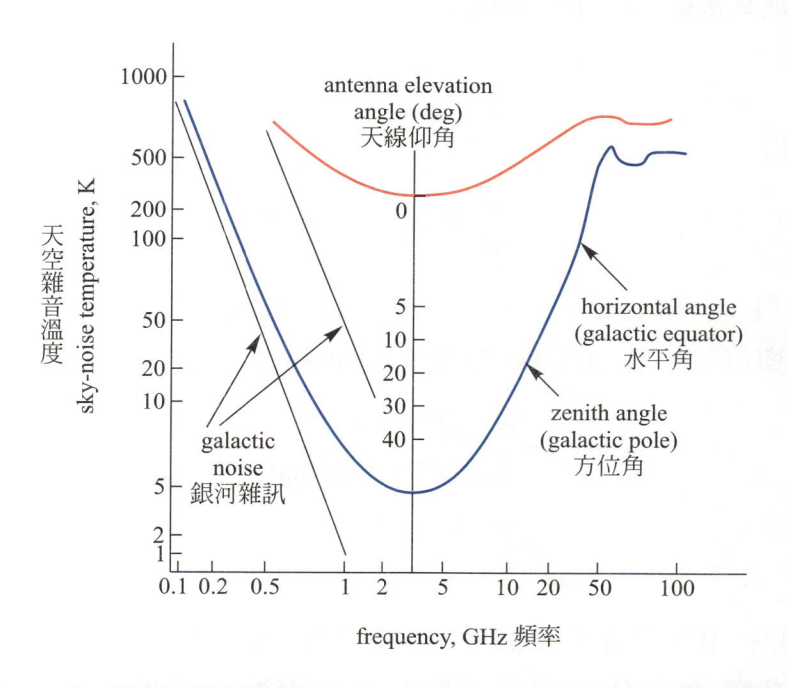

【圖9-12】 雙反射微波天線仰角 (elevation angle) 40° 以上，使用頻率 1-10 GHz 範圍內時天空雜音溫度 (sky noise temperature) 小於 10 °K 以下

設梅射放大器且用最短輸送線傳送接收機。雖然有天線輻射較小**旁波瓣** (side lobe) 及**後瓣** (back lobe) 存在而可能檢收天線附近之雜音。

從上述可了解梅射放大器是最適合接收來自火星、木星及土星等外太空航行之太空艙訊號，此外**電波天文學** (radio astronomy) 相關訊號之接收又有所貢獻。

9-5 微波行波梅射放大器 (Traveling Wave Maser Amplifier)

在**慢波電路** (slow wave circuit) 產生的電壓隨著電路之延長呈現指數函數式增大。

$$|V(z)| = |V(v)|\ e^{\alpha_m Z} \qquad (9\text{-}6)$$

上式中 α_m 是**梅射放大器增益係數** (Maser gain coefficient) 然後隨著距離之延長被輸送的電功率就正比例增加。

$$P(z) \propto e^{2\alpha_m Z} \qquad (9\text{-}7)$$

因此可得

$$\frac{d}{dz}P(z) = 2\alpha_m P(z) \qquad (9\text{-}8)$$

梅射材料 (水晶紅寶石) 的微小部份 dz 輸送梅射放大器微小功率 dP。然與這 dP 相關的儲存功能 $W\text{'s}\ dz$ 和梅射 Q_m 相關基本定義。

$$Q_m = \frac{\omega \times 儲存能\ (\text{stored energy})}{輻射功率\ (\text{emitted power})}$$
$$= \frac{\omega\ \overline{W}\text{'s}\ dz}{dP} \qquad (9\text{-}9)$$

(9-9) 式中 $W\text{'s}$ 是在慢波線中，每單位長被儲存的訊號能。因此輸送線輸送功率 P，每單位長儲存的能 $W\text{'s}$ 和輸送線中的群速度 V_g 之三者有下列關聯：

功率輸送 = 每單位長儲存的能×群速度

或

$$P = W's\, V_g \tag{9-10}$$

從 (9-9) 及 (9-10) 可得

$$\frac{d}{dz}P = 2\alpha_m P = \frac{\omega}{Q_m V_g}P \tag{9-11}$$

故梅射增益的係數 α_m 等於

$$\alpha_m = \frac{\omega}{2Q_m V_g} \tag{9-12}$$

現將指數函數的增益係數 α_m 更換梅射功率增益 (dB) 可用下式：

$$G_{dB} = 10\log e^{2\alpha_m L} = 20\alpha_m L \log e = 4.34\frac{\omega L}{Q_m V_g} \tag{9-13}$$

上式中 $L=$ 慢波電路之長度，如果我們將 N 代表一個參數者，

$$N = \frac{電路長度}{自由空間波長} = \frac{L}{\lambda} \tag{9-14}$$

我們又可以定義電路之慢波係數 S 是光速度與電路中群速度之比。

$$S = \frac{光速度}{磁速度} = \frac{c}{V_g} \tag{9-15}$$

從 (9-13) 式可得

$$G_{dB} = 4.34\frac{2\pi\left(\dfrac{c}{V_g}\right)\dfrac{L}{\lambda}}{Q_m} = \frac{27\,S\,N}{Q_m} \tag{9-16}$$

(9-16) 式告訴我們，如欲得較大 G_{dB} 者，使用較慢群速度，換言之，採用較小 Q_m 數值方可。

例題 9-3

參考【圖 9-11】
設工作頻率：$f = 3$ GHz，梅射放大器 $Q_m = 100$，慢波因數 $S = 100$，慢波電路長度 $L = 10$ cm，波長 $N = 1$ $\left(N = \frac{L}{\lambda} = \frac{10}{10} = 1\right)$，

應用 (9-16)

$$G_{dB} = \frac{27 \cdot S \cdot N}{Q_m} = \frac{27 \times 100 \times 1}{100} = 27 \text{ dB}$$

9-6 深太空通訊接收機系統 (Deep Space Receiving System)

深太空接收系統需要的功能是從太空艙撥回來的**遙測試訊號** (telemetry) 和追蹤訊號。為了追蹤應用杜卜勒效應及測距兩種方法。太空艙在外太空中向目標行星**旁飛** (fly by) 時拍攝的電視影像訊號或科學性或工程性訊號相關數據外，尚用**探具** (probe) 獲得的工程數據在內。另一種接收機是應用無線電科學譬如太陽系各行星間大氣層之成份或載波訊號之相位擾亂等。第三種是利用**超長基線** (VLBI) 干涉儀科技及太空艙航行數據等。【圖 9-13】示深太空通訊網路基地台接收機副系統簡略圖。

[A] 遙測系統 (Telemetry System)

美國航空暨太空總署為探測太陽系外環行星包含木星、土星、天王星及海王星起見經多年策劃並在最恰當時機發射航海家深太空探測船 (Voyager) 1 及 2 號並留下太空探險歷史上最雄大的太空旅途。探測目的當然是在外太空環繞太陽的木星和土星之外貌、電視影像照片

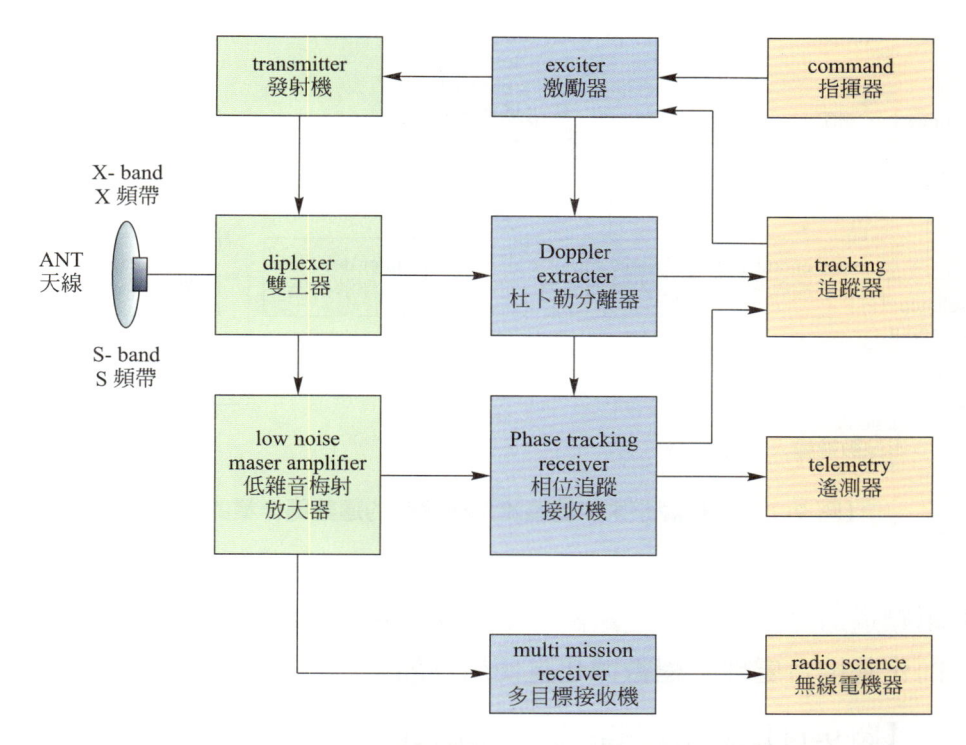

【圖 9-13】 深太空通訊網路基地台接收機副系統簡略圖

以及科學性或工程性十幾種重要數據 (scientific data) 之蒐集。然用 X-頻帶微波通訊系統從太空艙直接撥回距幾十億公里的地球基地台。遙測採用的載波、副載波頻率、調變方式、編號型式、太空艙發射天線之尺寸、機構、長達幾十億公里路程損失等各種問題。另設在地球基地台之巨型天線、接收系統，尤其是遙測問題皆是應探討的重要點。上述各項要約記錄於下列幾點：

1. 深太空探測通訊採用數位式遙測系統並重視改錯編碼方式 (error correcting code) 型態。
2. 傳送遙測訊號之載波選用 X-頻帶 (8.4 GHz)。
3. 設計雙輸出功率 12 W 及 22 W 的行波管放大器 (TWTA)，設計目標重視重量輕、效率最高、壽命最長 (約 50,000 小時以上工作時間) 等硬體設備。
4. 太空艙發射天線直徑 3.7 公尺，採用雙反射鋼板天線，因使用 X-頻帶載波，故波束相當狹、偏軸角度約 0.14°。

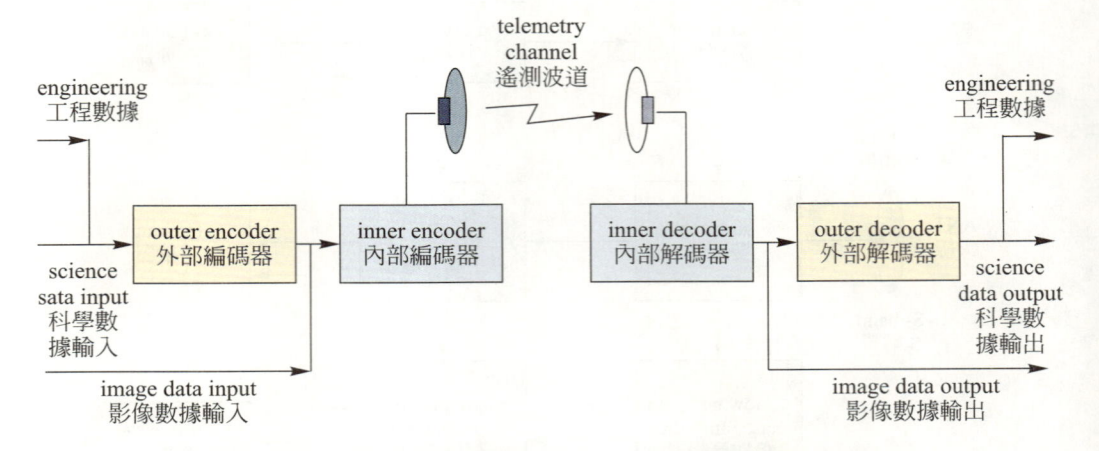

【圖 9-14】 航海家太空艙遙測系統採用的連鎖碼作業的方塊圖

5. 單頻道遙測系統採用**連鎖碼** (concatenated code) 以期高效率。另為簡化基地台處理工程數據起見使用**外部編碼** (outer code) 保護。

【圖 9-14】顯示遙測系統採用的連鎖碼作業的方塊圖。

[B] 調變副系統 (Modulation Sub System)

數位式遙測是矩型副載波上做相移按鍵然載波執行相位調變的所謂 PCM/RSK/PM 方式。另可直接在載波上執行相移的相位調變法 (PCM/PM) 方式。上述二種方法最適合於二進號碼訊號方式。這是因為相位調變載波是一種**定值波封** (constant envelope) 的緣故。以 PCM/PSK/PM 調變的載波可用下式表示：

$$\sqrt{2pt} \cdot \sin[\omega_c t + \theta \cdot s(t)] \tag{9-17}$$

上式 p_c = 訊號總功率
　　　ω_c = 載波頻率
　　　θ = 調變指數
　　　$s(t)$ = 標稱化矩形波副載波

現將 (9-6) 式展開得

$$\sqrt{2p_t}\sin[\omega_c t + \theta \cdot s(t)]$$
$$= \sqrt{2p_t}[s(t)\cos(\theta)\sin(\omega_c t) + s(t)\sin(\theta)\cos(\omega_c k)] \quad (9\text{-}18)$$

例如 $0° < \theta < 90°$ 者，這相位調變載波包含**引示音** (pilot tone) 系統而 $\theta = 90°$ 則為**抑制載波** (suppressed carrier) 系統，殘餘載波接收機採用**鎖相迴路** (phase lock loop) 以利追蹤引示音並供應相關性檢波雙邊帶載波。至今絕大多數深太空遙測系統採用殘餘載波系統。

遙測旁帶之功率等於 $p_t \sin^2(\theta)$ 且 E_b/N_o 等於

$$\frac{E_b}{N_o} = \left(\frac{p_t}{N_o}\right) \cdot \frac{1}{R}\sin^2(\theta) \quad (9\text{-}19)$$

上式中　$R =$ 數據之比次率 (bit rate)
　　　　$N =$ 單邊雜音頻譜密度

【圖 9-15】顯示 PCM/PSK/PM 附 NRZ 頻譜型態，(9-19) 式強調**抑制載波系統** (suppressed carrier system) 之優勢，然顯示無調變損失特徵又對未來深太空網路設計之啟示，在中低頻數據速率情況下 PCM/PSK/PM 付 NRZ 數據遙測旁邊帶與殘留載波間之頻譜隔離特性較好。

[C] 編碼系統 (Coding System)

改錯編碼易改良比次誤差功能尤其對波道數位加上備份。這特性

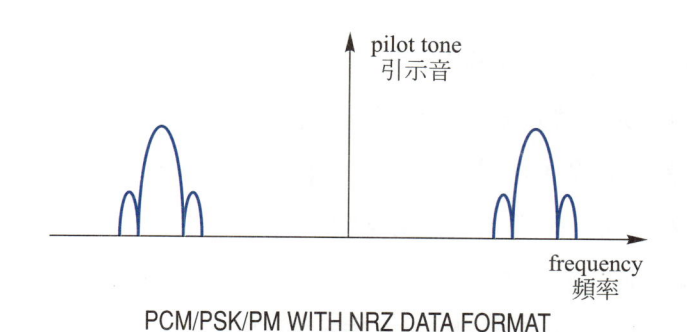

PCM/PSK/PM WITH NRZ DATA FORMAT

【圖 9-15】 **深太空通訊最理想的 PCM/PSK/PM 付 NRZ-L 調變系統頻譜型態**

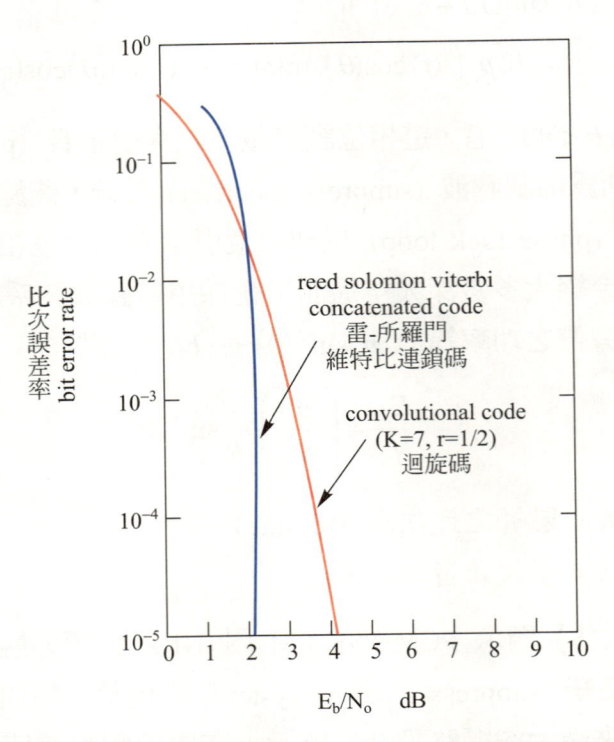

[圖 9-16] 雷所羅門/維特比連鎖編碼 E_b/N_o 與比次誤差特性曲線

查其比次誤差與 E_n/N_o 曲線就直接可辨明。查【圖 9-16】得知迴旋碼 ($k = 7$, $r = \frac{1}{2}$) 表明這迴旋碼被拘束 length = 7, rate = $\frac{1}{2}$ 並且**維特比** (Viterbi) 解碼是八階量化而且 NRZ-L 的 PCM/PSK/PM 方式,這是深太空通訊系統之最常用編碼/調變系統。

有一個重要優勢就是迴旋碼是用它的編碼可實現。另它的解碼之硬體容易得到。【圖 9-17】中顯示的雷所羅門/維特比連鎖碼曲線代表下述的編碼/調變之計劃。這就是雷所羅門連鎖碼 ($J = 8$, $E = 16$) 外部碼和迴旋內部碼 ($k = 7$, $r = \frac{1}{2}$, 維特比解碼附八階量化) 及 NRZ-L PCM/PSK/PM 格式。雷所羅門/維特比系統當 Voyager 2 號與天王星、海王星遭遇時被採用過。

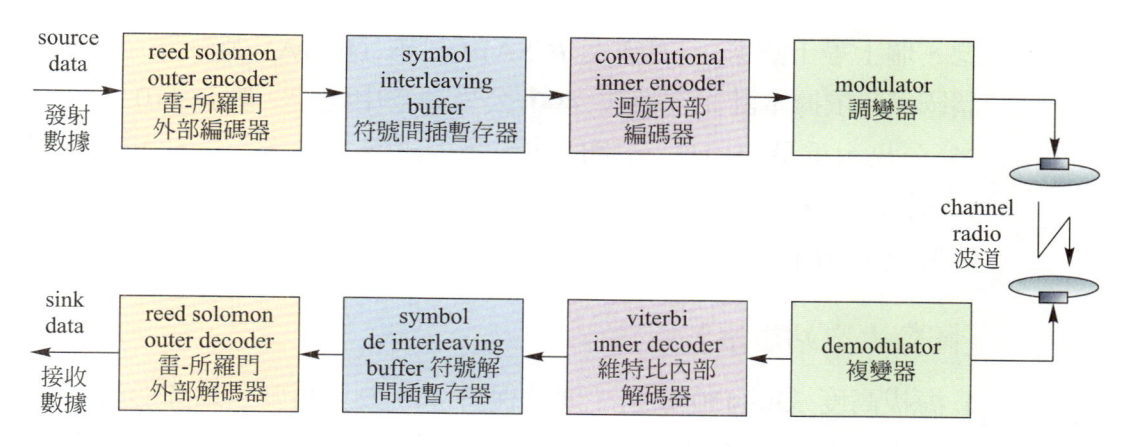

【圖 9-17】 雷所羅門 ($J=8$，$E=16$) 迴旋 ($K=7$，$r=1/2$) 維特比編 (解) 碼系統方塊圖

9-7 國際太空站 (International Space Station)

西曆 1984 年元月美國總統雷根在國情諮文演說中宣佈**國際合作太空站** (International Space Station：ISS) 之建造計劃。這是美國「阿波羅登陸月球」、「發射太空梭」成功後推進的規模最大的國際合作太空發展計劃之一。參加的國家包括美國 (NASA)、歐洲 (ESA：包括英、法、

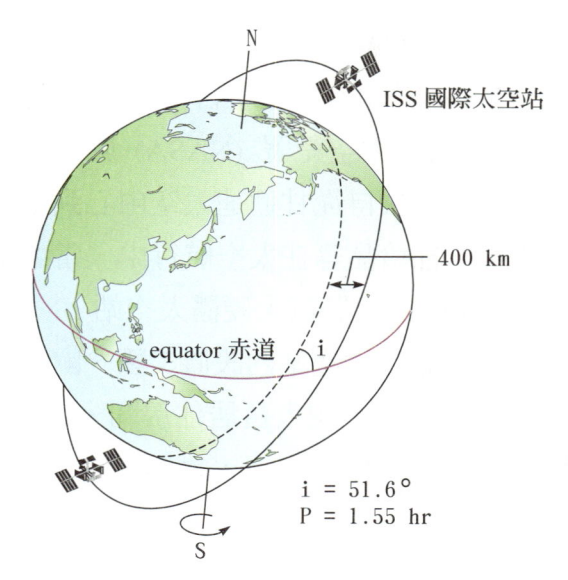

【圖 9-18】 海拔 400 公里高空中，以 1.55 小時環繞地球的國際太空站示意圖。

德、瑞士等十國家)，加拿大 (CSA)、日本 (JAXA) 及蘇俄 (RSA) 之諸國家。依據本計劃在海拔 400 公里高空中建造一艘長 110 公尺，寬 75 公尺，重量約 415 公噸的空前絕後國際太空站。這太空站如【圖 9-18】所示，海拔 400 公里高空中與地球赤道傾斜 51.6 度的低高度圓形軌道 (LEO) 以 1.55 小時週期環繞地球一匝。

【國際太空站規格】：

1. 海拔高度 330~450 公里，通常保持 400 公里高度，以圓形軌道與地球赤道傾斜 51.5 度，週期 $P = 1.55$ 小時。
2. 長 110 公尺，寬 75 公尺，重量 415 公噸，並採用桁架構造式支柱 (TRUSS) 模式。
3. 太陽電池板之總發電功率約 89 kw。
4. 太空人：7 名 (最多)。
5. 加壓組合單位：總容積 1140 m^3 (相當 Boeing 747 客機二架之容積)。
   太空人居住房間：2 棟
   太空人實驗室：6 棟
   補給間：2 棟
6. 國際太空站由美國、歐洲、加拿大、日本、蘇俄等先進國家聯合會議後決定自從 1998 年開始著手並擬於 2004 年以六年計劃完成之。曾於 2000 年 7 月 27 日太空新紀元的蘇俄製的「星辰號」(Zarya) 與美國製的 (unity) 被發射並在 400 公里高空上**會合** (rendevous)，然再**對接** (docking) 完成【圖 9-19】。太空總署 (NASA) 應用太空梭運搬太空站需用載具，總共約 43 次自從甘迺迪太空中心到太空站穿梭將一切器材、儀器、零件、補給品等在太空航行中，當太空梭和太空站**對接** (docking) 完成後開始組裝巨大硬體太空站。
7. 【圖 9-20】明示國際太空站外觀圖。太空站內設置美國、歐洲、加拿大、日本、蘇俄等五個國家的各國太空人員居住房間 (astronaut habitant module)，科學實驗測試房間 (experimental module)，儀器、器材貯藏房 (logistics module)。另為太空人員在工作時易得舒服感

第九章　深太空通訊系統　379

Reprint by Courtesy of JAXA, JAPAN

【圖 9-19】 在太空中會合的國際太空站，基礎機能的蘇俄製 (zarya) 和美國製 (unity) 兩個模組

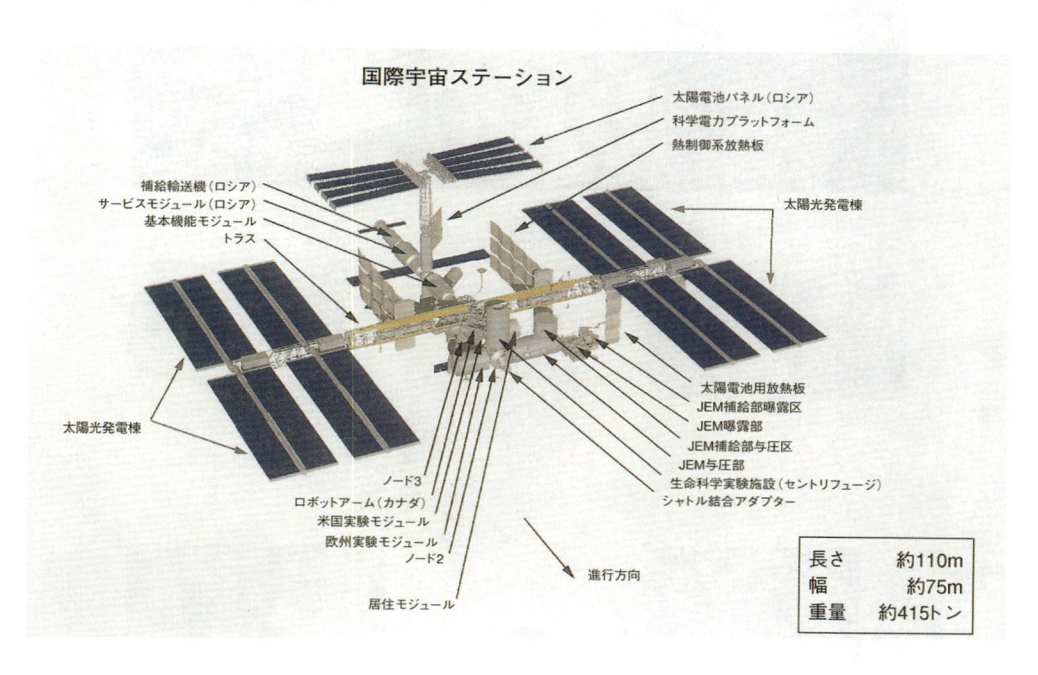

Reprint by Courtesy of JAXA, JAPAN

【圖 9-20】 空中堡壘「國際太空站」之外觀簡略圖

有加壓房間 (pressurized module) 及無加壓的 (exposed section) 儀器或器材區域。

▶日本太空實驗模組 (Japanese Experimental Module: JEM)

參加國際太空站 (ISS) 日本執行實驗相關名稱為 JEM。JAXA 在國內公募結果決定『kibo』(意謂希望) 愛稱，並採用「きぼう」的圖樣。(參考【圖 9-21】) 現簡述 JEM (or kibo) 內容如下：

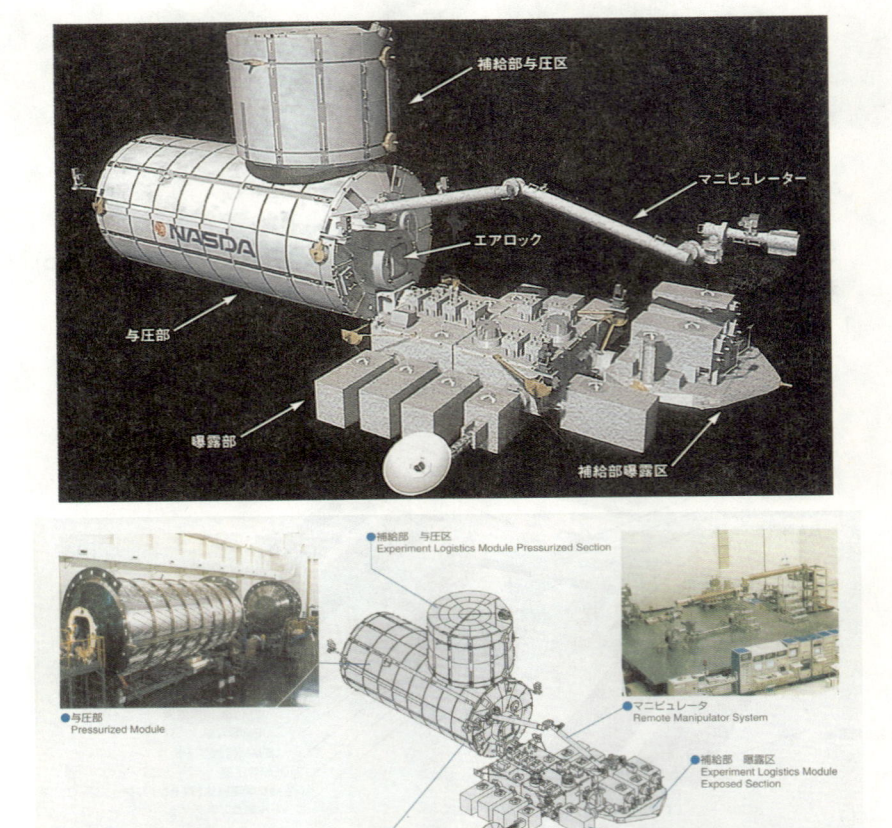

Reprint by Courtesy of JAXA, JAPAN

【圖 9-21】 國際太空站內分配日本建設的加壓式實驗測試房「KIBO」和暴露式儀器設備區

- **壓力模組部** (pressurized module)
  這是長 11.2 公尺,直徑 4.4 公尺,圓筒型實驗模組,本實驗室針對**微重力** (micro-gravity) 執行試驗工作。
- **暴露部** (exposed facilities)
  設備和儀器全部暴露空中。換言之,在太空中相同環境之下,實行相關試驗區域。
- **補給模組** (logistics module)
  壓力模組,暴露部使用的材料及消耗品之倉庫。
- **操縱部** (remote manipulator system)
  應用機械人、主控制、副控制應用機械人來移動,按裝、固定、照相等工作。

據一些簡報,國際太空站自 1984 開始著手,在 400 公里高空飛翔中,動用約 43 次之太空梭及太空站的一切機械、設備、儀器等,包括 7 個太空人居住房間、工作實驗室房間、生活必需品等,預定 2010 年竣工之目標。

【註七】吾人知悉地球和太空艙兩個物體間:重力可用下式表示

$$F = \frac{GMm}{r^2} \tag{9-20}$$

我們又熟知牛頓運動第二定律,加速度 a 等於

$$a = \frac{F}{m} = \frac{GM}{r^2} \tag{9-21}$$

在地表上 $r = R_E$,故加速度 a 可用重力加速度 g 代換,則得

$$g = \frac{GM_E}{R_E^2} \tag{9-22}$$

例題 9-4

地球半徑 $R_E = 6370$ km　　太空站高度 $h = 400$ km

解

故 $r = R_E + h = 6370 + 400 = 6770$ km

$$g = \frac{G \cdot M_E}{r^2} = \frac{6.67 \times 10^{-11} \times 5.98 \times 10^{24}}{(6770 \times 10^3)^2} = 8.7 \text{ m/s}^2$$

同理地球同轉衛星 $r = 36000$ km

$$g = \frac{6.67 \times 10^{-11} \times 5.98 \times 10^{24}}{(36000 \times 10^3)^2} = 0.307 \text{ m/s}^2$$

假如遠在地球 SOI (Sphere of Influence) 者 $r \cong 1 \times 10^6$ km

$$g = \frac{6.67 \times 10^{-11} \times 5.98 \times 10^{24}}{((6370+10^6) \times 10^3)^2} = \frac{39.88 \times 10^{13}}{0.0128 \times 10^{18}}$$
$$= 39.37 \times 10^{-5} = 0.0003937 \text{ m/s}^2$$

從上面幾個例題可知，在外太空 g 可能是 Micro-gravity 或接近於 Zero gravity 情況。

▶ 高度 400 公里太空環境特徵：

1. 微小重力 (micro-gravity)：$10^{-6}G \sim 10^{-4}G$。
2. 超高眞空 (ultra high vacuum)：$10^{-5} \sim 10^{-11}$ pascal。
3. 太空輻射線：各樣輻射線存在的複合環境。
4. 特異大氣組成：保持 85% 原子狀態氧氣。
5. 豐富太陽能：1.4 kw/m²。
6. 遇酷軌道熱環境：在高眞空、微小重力環境下熱能流體。

9-8 軌道太空飛行系統之研發 (Development of Reusable Space Transportation System)

根據一些報告美國太空梭挑戰者號是 1986 年 1 月 28 日，當火箭發射升空 73 秒後太空梭爆炸。哥倫比亞號太空梭是 2003 年 2 月 1 日在德州上空出事解體。

我們略知國際太空站是依靠太空梭從地球到太空站往返運送太空人和負重載貨工具，太空站裏做實驗的儀器、材料及太空人生活必需

第九章　深太空通訊系統　383

品等。

　　美國航空暨太空總署已經著手研發軌道太空飛機 (Orbiting Space Plane) 以取代哥倫比亞號的姊妹船，Atlantis, Discovery 及 Endevour 三艘太空梭。

　　我們又知悉日本是參加國際太空站的國家之一。從 1996 年就開始研發工作，而期待 21 世紀初期完成之。本計劃是由日本宇宙航空研究開發機構 (JAXA) 進行開發製造宇宙往還技術試驗機 (H.-II Orbiting Plane-Experiment) 略稱 HOPE-X。

　　【圖 9-22】顯示 HOPE-X 之外觀圖。

HOPE-X 之特徵

- 國際太空站 (ISS) 與地球間往返以利需用物資之輸送及回收。
- 以較低成本可運送貨物並可載送或撤走太空人員。
- HOPE-X 是可再使用的太空運送系統 (reusable space transportation systems)。

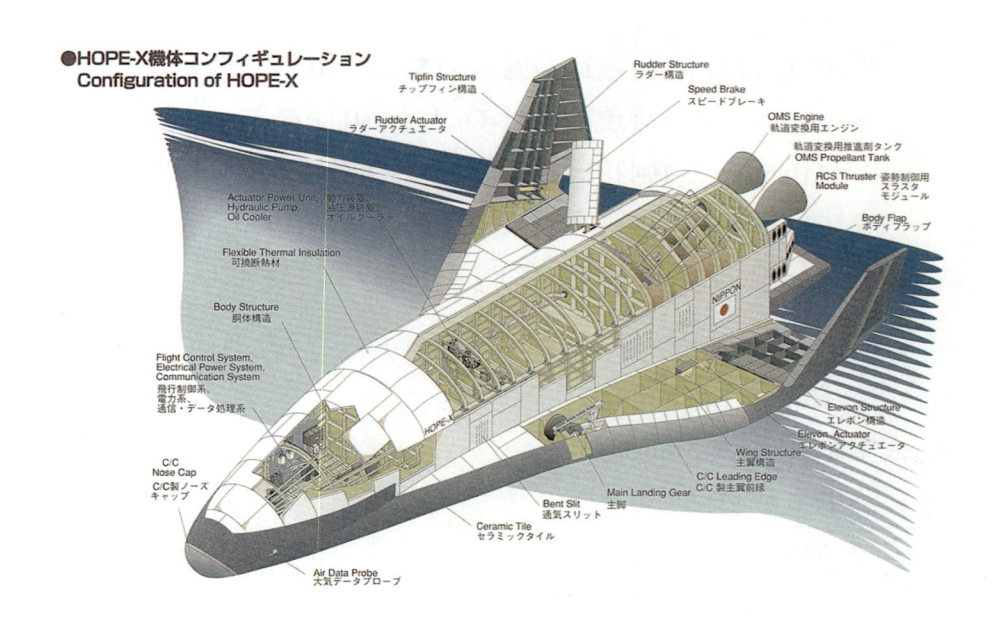

Reprinted by Courtesy of JAXA, JAPAN.

【習圖 9-22】日本研發製造太空站往返軌道太空飛機 HOPE-X 之構想圖

全長 16 公尺、總重量 14.5 公噸 (升空時)、用單節 H-2 火箭發射升空。著陸路需 1800 公尺滑走路，電力是採用鋰離子電池 (lithium ion rechargeable batteries)。

▶ 美國、蘇俄太空艙簡要

1. 載人太空艙 (Manned Spacecraft)
    - 蘇俄載人太空艙
        ◇ Salyut (撒留特)
        ◇ Soyuz (聯合號)
        ◇ Vostok (東方號)
    - 美國載人太空艙
        ◇ Skylab (太空實驗室)

2. 太空梭 (Space Shuttle)
    - 美國太空梭
        ◇ Enterprise　(進取號)
        ◇ Columbia　(哥倫比亞號) (STS-1, April 12, 1981)
        ◇ Discovery　(發現號) (41-D, Amy 30, 1984)
        ◇ Atlantis　(阿特蘭提斯號) (51-D, October 3, 1985)
        ◇ Challenger　(挑戰者號) (STS-6, April 4, 1983)
        ◇ Endeavor　(奮進號) (STS-44, May 1992)
    - 蘇俄太空梭
        ◇ Buran (Kosmolyet)

3. 太空站 (Space Station)
    - 蘇俄太空站
        ◇ MIR (和平號)
            Launch: Feb. 20, 1986
            Overall Length: 13.13 m
            Diameter: 4.15 m

美國太空梭 (U. S. Space Shuttle) 與蘇俄太空梭 (Soviet Buran) 系統比較表

項　目	美國太空梭 (Space Shuttle)	蘇俄太空梭 (Buran)
單次太空飛行日期	April 12, 1981	Nov. 5, 1988
發射載具	Orbiter 自備 SRB 及 External tank	Energia 火箭
發射時總重量	4.5×10^6 pounds	5.37×10^6 pounds
總高度	164.2 ft	200 ft
太空環繞地球時重量	240000 pounds	235000 pounds
太空梭三角形翼長度	78 ft	79 ft
太空梭三角翼面積	2690 sq-ft	2690 sq-ft
載荷室尺寸	15×60 ft	15×60 ft
太空人員房艙容積	2325 cu ft	2472 cu ft
太空梭散熱磚之總數量	27500	38000
在太空中持續工作時間	30 days	30 days
回航地球降落速度	220 mph (±5%)	220 mph (±5%)

　　Compartment: Four

　　Weight: 143 tons

　　End of Life: Mar. 23, 2001

- 國際太空站 (International Space Station) ISS
  參加建造 ISS 的先進五個國家：美國 (NASA)；蘇俄 (RSA)；歐洲 (EESA)；加拿大 (CSA)；日本 (JAXA)
  Launch: Nov. 20, 1998
  Length: 110 m
  Width: 75 m
  Weight: 415 tons

【註八】 國際太空站 (ISS) 正在距地球 400 公里高空中，以週期 1.55 小時速度環繞。依據一些資料報告，共 40 多次從地上靠太空梭運搬上來的一切設備、器材、儀器等包括太空人員的生活必需品等，在太空中建設空中保壘，期待 2010 年竣工。

▶ 蘇俄和平號太空站小檔案

和平號 (MIR) 太空站是 1986 年 2 月 20 日從 Tyuratum 附近的 Bajkonur Cosmodrome 基地被發射的**載人太空艙** (manned spacecraft)。這重量達 143 公噸，象徵俄羅斯超級強權科技世界時代的太空站。終於在 2001 年 3 月 23 日，服役滿十五年後墜落在南太平洋斐濟本島的天際，在紐西蘭與智利中間的海域上，燃燒自己化為火球消失。

MIR 太空站保有輝煌記錄。太空人波雅可夫連續住進了 437 天的太空生活，而令人欽佩蘇俄太空人之『耐力』。MIR 曾載送 106 名太空人，環繞地球八萬多次，做過三萬多次太空科學實驗。在接近**零重力** (zero gravity) 狀態下，人體所造成的骨質流失，肌肉耗弱及心臟血管等各種變化等，對人類太空醫學之貢獻甚多。由於 MIR 之消失，啓蒙了太空科技之互相合作，促進**國際太空站** (international space station) 之動機與其實際發展。

參考文獻

1. Richard F. Fillipowsky & Eugen I. Muehldorf **SPACE COMMUNICATIONS SYSTEM,** Prentice Hall Inc. Englewood cliffs, New Jersey 1965.

2. Joeph H. YUEN EDITOR **Deep Space Telecommunications Systems Engineering,** JPL NASA Publication 1982.

3. N. A. Renzetti, S. M. Petty et. a1. **The Deep Space Network, A Radio Communications Instrument for Deep Space Exploration,** JPL NASA 1983 JPL Publication 82-104.

4. C. T. Stelzried **The Deep Space Network Noise Temperature Concepts, Measurements, and Performance.** JPL NASA 1082 JPL Publication 82-33.

5. Jim K. Omura & Marvin K. Simon, **Modulation/Demodulation Techniques for Satellite Communications** JPL NASA 1981 JPL Pulbication 81-73.

6. Rudolf X. Meyer **Elements of Space Technology for Aerospace Engineers,** Academic Press 1999.

7. R. E. Edelson. B. D. Madson, E. K. Davis, G. W. Garison **Voyager Telecommunications: The Broadcast from Jupiter.** SCIENCE Vol. 204, 1 JUNE 1979.

8. Ivan Bekey & Daniel Herman Editors **Space Stations and Space Platsforms-Concepts, Design, Infrastructure, and Users,** AIAA INC 1927 Volume 99.

9. Nicholas Booth **SPACE THE NEXT 100 YEARS ORION BOOKS.** A Division of Crown Publishers Inc. New York 1990.

10. Chaisson / McMillan **Astronomy Today** 3rd edition, Prentice Hall Inc. 1999 NJ 07458.

11. Ray Syangenrary & Diane Moscr **Living and Warking in Space 1989,** Facts on File, 460 Park Avenne South New York. NY. 10016.

12. 簡建堂著，外太空的新世界，時報文化出版事業有限公司，國七十四年。

附 錄
APPENDIX
A

- 國際商業通信衛星公司 (INTELSAT) 標準 A 級、B 級、C 級，地面電台各類設施規格表。(Table A-1)
  (*Performance characteristics of INTELSAT standard A, B and C earth stations.*)

- 國際商業通信衛星公司 (INTELSAT) 標準 D 級、E 級、F 級，地面電台各類設施規格表。(Table A-2)
  (*Performance characteristics of INTELSAT standard D, E and F earth stations.*)

- 國際商業通信衛星公司 (INTELSAT) 標準 Z 級，地面電台各類設施規格表。(Table A-3)
  (*Performance characteristics of INTELSAT standard Z earth station*)

- INTELSAT 標準地面電台之工作特性例。(Table A-4)
  (*Examples of performance characteristics of the INTELSAT standard earth stations*)

- 國際商業通信衛星 IV-A、V、V-A 及 VI 號傳輸各參數 (正規: FDM / FM 載波)。(Table A-5)
  (*INTELSAT IV-A, V, V-A and VI Transmission Parameters (Regular FDM / FM Carriers)*).

- 國際商業通信衛星 IV-A、V、V-A 及 VI 號傳輸各參數(高密度: FDM / FM 載波)。(Table A-6)

(INTELSAT IV-A, V, V-A and VI Transmission Parameters (High-density FDM/FM Carriers)).

Table A-1 Performance characteristics of INTELSAT standard A, B, and C earth stations

Items	Standard A earth station	Standard B earth Station	Standard C earth station
1. Radio frequency bandwidth	Transmit bandwidth: 5.925 – 6.425 GHz Receive bandwidth: 3.7 – 4.2 GHz		Transmit bandwidth: 14.0 – 14.5 GHz Receive bandwidth: 10.95 – 11.20 GHz 11.45 – 11.70 GHz
2. Gain-to-noise temperature ratio (G/T)	$G/T \geq 40.7 + 20 \log f/4$ (dBK)	$G/T \geq 31.7 + 20 \log f/4$ (dBK)	$G/T_1 - L_1 \geq A + 20 \log f/11.2$ (dBK) for all but $P_1\%$ of the time $G/T_2 - L_2 \geq B + 20 \log f/11.2$ (dBK) For all but $P_2\%$ of the time A = 39.0 B = 29.5 (West spot), 32.5 (East spot)
	Note 1: f is the receive frequency expressed in GHz. **Note 2:** The terms L_1 and L_2 are the predicted attenuation relative to a clear sky, at the frequency of interest, exceeded for no more than $P_1 = 10.0$ and $P_2 = 0.017(\%)$ of the time.		
3. Antenna gain	-	Greater than 53.2 dB (at 6 GHz)	-
4. Antenna Sidelobe pattern (Transmit)	$1° < \theta \leq 48°$: $G(\theta) \leq 32-25 \log \theta$ (dBi) $\theta > 48°$: $G(\theta) \leq -10$ (dBi)		
	Note 1: $\theta =$ is the angle in degree between the main beam axis and the direction considered. **Note 2:** No more than 10% of the sidelobe peaks shall exceed an envelope described by these expressions at angle greater than 1° away from the main beam axis. For existing standard A antennas which access the INTELSAT IV of IV-A satellite, or those which will be operational before January 1, 1985, a relaxed condition is applied.		
5. Multiple access	FDMA	FDMA	FDMA
6. Types of modulation	FDM-FM (Telephony channels) SCPC-PCM-PSK (Voice, low speed data and telegraph channels) SCPC-PSK (Data channels) FM (Television channels)	FDM-FM (TV-associated audio channels) SCPC-PCM-PSK (Voice, low speed data and telegraph channels) SCPC-PSK (Data channels) FM (Television channels)	FDM-FM
7. Polarization	Satellite	Coverage	Earth station transmit	Earth station receive	

Satellite	Coverage	Earth station transmit	Earth station receive	
INTELSAT IV and IV-A	Global, spot (IV) and hemispheric (IV-A)	LHCP	RHCP	Linear polarization, orthogonal for transmit and receive Polarizations in the west and east spot beams are orthogonal
INTELSAT V	Global West hemispheric East hemispheric Zone No.1 (West) Zone No.2 (East)	LHCP LHCP LHCP RHCP RHCP	RHCP RHCP RHCP LHCP LHCP	

Table A-1 (continue)

Items	Standard A earth station	Standard B earth Station	Standard C earth station

8. Antenna axial ratio	For INTELSAT IV and IV-A: Less than 1.4
	For INTELSAT V:
	  Earth stations which must access global beam transponders because of their geographical location restrictions. Less than 1.4
	  Existing antenna (Frequency reuse) .... Less than 1.09
	  New antenna (Frequency reuse).................... Less than 1.06
			Greater than 31.6 dB

9. Stability of e.i.r.p.	Within ± 0.5 dB of the nominal value		

10. Carrier frequency tolerance	All FDM-FM carriers except for 1.25, 2.5 and 5.0 MHz carriers:
	  Within ±150 kHz
	1.25, MHz carriers:
	  Within ±40 kHz
	2.5 and 5.0 MHz carriers:
	  Within ±80 kHz
	SCPC carriers: Within ±250kHz
	Television carriers:
	  Within ±250kHz
		FDM-FM carriers:
		  Within ± 80kHz
		SCPC carriers:
		  Within ± 250kHz
		Television carriers:
		  Within ± 250 kHz
			FDM-FM carriers : Same as standard A earth station

11. RF out-of-band emission (inter-modulation products)	Intermodulations between FDM/FM carriers including television carriers and between SPADE or preassigned SCPC carriers and any other non-SCPC or –SPADE carriers:		Less than 10 (dBW/4 kHz)

Coverage	Limit at 10° elevation angle		Correction factor for other elevation angles**
	IV-A	V,V-A and VI	
Hemispheric and zone	23	19.3[21](dBW/4 kHz)	$-0.02\,(\alpha-10)$ (dB)
Global (SPADE)	23	20.4[21](dBW/4 kHz)	$-0.06\,(\alpha-10)$ (dB)
Global	26	23.4[24] (dBW/4 kHz)	

Figures in square brackets are applicable to Standard B earth station.
Intermodulation between SCPC carriers:

Modulation type of carriers	Limit at 10° elevation angle*	Correction factor for other elevation angles**
SCPC-PCM-PSK and SCPC-PSK	31.5 (dBW/4 kHz) for $2 \leq N \leq 7$ 48.5–20 log N (dBW/4 kHz) for N > 7	$-0.06\,(\alpha-10)$ (dB)

* N is the number of configured SCPC channels
** α is the earth station elevation angle in degree

12. Spurious emission level (excluding intermodulation products)	Less than 4 (dBW/4 kHz)

Reprinted with permission of Intelsat Global Service Corporation
Washington, D.C. / 2008-3006 U.S.A. December 17, 2002

Table A-2 Performance characteristics of INTELSAT standard D, E, and F earth stations

Items	Standard D earth station [D-1 and D-2]	Standard E earth station [E-1, E-2 and E-3]	Standard F earth station [F-1, F-2 and F-3]
1. Radio frequency bandwidth	Transmit band: 5.925-6.425 (GHz) Receive band: 3.7-4.2 (GHz)	Transmit band: 14.00-14.25 (GHz)* Receive band: 10.95-11.20 (GHz)* <Planned> (Note 2) Transmit bands: 14.00-14.25 (GHz)** 14.00-14.25 (GHz)*** Receive bands: 11.75-11.95 (GHz)** 12.50-12.75 (GHz)*** *All Regions, **ITU Region 2, and ***ITU Regions 1 and 3	<Band segment 1> Transmit band: 5.925-6.256 (GHz) Receive band: 3.7-4.031 (GHz) <Band segment 2> Transmit band: 6.094-6.425 (GHz) Receive band: 3.869-4.2 (GHz)
2. Gain-to-noise temperature ratio (G/T)	[D-1] $G/T \geq 22.7 + 20 \log f/4$ (dBK) [D-2] $G/T \geq 31.7 + 20 \log f/4$ (dBK) f is the receive frequency expressed in GHz.	[E-1] $G/T \geq 25.0$ (dBK) [E-2] $G/T \geq 29.0$ (dBK) [E-3] $G/T \geq 34.0$ (dBK) Frequency ranges are indicated in Item 1 above.	[F-1] $G/T \geq 22.7 + 20 \log f/4$ (dBK) [F-2] $G/T \geq 27.0 + 20 \log f/4$ (dBK) [F-3] $G/T \geq 29.0 + 20 \log f/4$ (dBK) f is the receive frequency expressed in GHz.
3. Type of modulation	SCPC/CFM (Voice activation)		QPSK
4. Antenna gain	Greater than $46.6 - 0.06(\alpha - 30)$ (dBi) (at 6 GHz) α is the earth station elevation angle in degrees.	—	[F-1] Greater than $47.7 - K$ (dBi) [F-2] Greater than $51.6 - K$ (dBi) [F-3] Greater than $53.0 - K$ (dBi) Where, for hemi and zone beams: $K = 0.02(\alpha - 10)$ (dB) and for global beams: $K = 0.06(\alpha - 10)$ (dB) α is the earth station elevation angle in degrees.
5. Antenna sidelobe pattern (Transmit)	\multicolumn{3}{l}{$1° < \theta \leq 48°: G(\theta) \leq 32 - 25 \log \theta$ (dBi) $\theta > 48°: G(\theta) \leq -10$ (dBi) * For D/λ below 100, this angle becomes $100\lambda/D$ degrees.}		
6. Polarization	A-polarization: LHCP (up-link) and RHCP (down-link) B-polarization: RHCP (up-link) and LHCP (down-link)	Orthogonal and linear polarization	All dual polarization, but simultaneous operation in both senses will not be required.
7. Antenna axial ratio	[D-1] Less than 1.3 [D-2] Less than 1.06 For D-2 antennas built before Sept.1983, less than 1.09	Greater than 31.6 (dB) (Design objective) (Note 2)	Less than 1.09 Earth antennas which are intended for operation with INTELSAT IV-A satellite: Less than 1.4

Table A-2 (continued)

Items	Standard D earth station [D-1 and D-2]	Standard E earth station [E-1, E-2 and E-3]	Stan Standard F earth station [F-1, F-2 and F-3]dard C earth station
8. Stability of e.i.r.p.	[D-1] Within + 1.0- -1.5 (dB) (Note 2) [D-2] Within ±0.5 (dB) (Note 2)	Within ±1.5 (dB)	[F-1] and [F-2] Within +1 - -1.5 (dB) [F-3] Within ±0.5 (dB)
9. Carrier frequency tolerance	Within ±250 (Hz)	94 – 375 kbps carriers: Within ± 1.5 (kHz) 2.3 – 9 Mbps carriers: Within ±15 (kHz)	Within ±0.015 R, and up to a maximum of within ±10 (kHz) R is the transmission rate in bits per second.
10. RF out- of – band emission (intermodulation products)	$N < 7$: Less than 22.7 (dBW) $N \geqq 7$: Less than 44.7 − 20 log N (dBW) N is the number of configured SCPC carriers.	HPA intermodulation products: Lee than 12 (dBW/4 kHz) Carrier spectral sidelobes: More than 26 (dB) down from the main carrier spectral power (Provisional)	HPA intermodulation products: Hemi and zone beams: Less than 19.3 − 0.02 (α−10)(dBW/4 kHz) Global beam: Less than 23.4−0.06 (α−10)(dBW/4 kHz)
11. Supurious emission (excluding intermodulation products)	Less than 4 (dBW/ 4 kHz), and more than 50 dB down from the transmitted carrier level in any 4 kHz band and within the bandwidth assigned to LDTS	Less than 4 (dBW/4 kHz)	Less than 4 (dBW/4kHz),and more than 50 (dB) down from the transmitted carrier level in any 4 kHz and within the band width assigned to business service
12. Terminal characteristics	Echo suppression : CCITT Rec.G-161 Compandor:2:1 syllabic type (CCITT Rec.G – 162)	Requirement for transmit IF filter Provision for scrambling	Scrambling: CCITT Rec. V-35
13. Antenna tracking	-	INTELSAT V and V-A satellites [E-1] Manual (E/W only) [E-2] Manual (E/W and N/S) [E-3] Auto track INTELSAT VI satellite: [E-1]and [E-2] Fixed antenna [E-3] Manual (E/W only)	INTELSAT IV-A satellite: [F-1] Fixed antenna [F-2] Manual (E/W only) [F-3] Auto track INTELSAT V, V-A and VI satellites: Same as standard E earth stations (Replace E with F.)

Note 1 : Frequencies assigned for cross-strapped connection of transponder are excluded.
Note 2 : Recommended value (s)

Reprinted with permission of Intelsat Global Service Corporation
Washington, D.C. / 2008-3006 U.S.A. December 17, 2002

Table A-3 Performance characteristics of INTELSAT standard Z earth station

Items	Standard Z earth station for 6/4 GHz band	Standard Z earth station For 14/11 or [14/12] GHz bands
1. Radio frequency bandwidth	Transmit band : 5.925 – 6.425 (GHz) Receive band : 3.7 – 4.2 (GHz)	Transmit band: 14.0 – 14.5 (GHz) [All Regions: 14.00 – 14.25 (GHz)] Receive bands: 10.95 – 11.20 (GHz) 11.45 – 11.70 (GHz) [ITU Region 2: 11.70 – 11.95 GHz)] [ITU Regions 1 & 3: 12.50 – 12.75 (GHz)
2. Antenna sidelobe Pattern (Transmit)	$1°* < \theta \leq 48°$: $G(\theta) \leq 32 - 25 \log \theta$ (dBi) $\theta > 48°$: $G(\theta) \leq -10$ (dBi) *For D/λ below 100, this angle becomes $100\lambda/D$ degrees .	
3. Polarization	For INTELSAT IV and IV-A satellites: LHCP [RHCP] For INTELSAT V, V-A, V-B, and VI satellites: (Note 1)	

	Satellite coverage	V	V-A, V-B, and VI
	Global A	LHCP [RHCP]	LHCP [RHCP]
	Global B	—	RHCP [LHCP]
	Hemisphere	LHCP [RHCP]	LHCP [RHCP]
	Zone	RHCP [LHCP]	RHCP [LHCP]

Items		
4. Antenna axial	For INTELSAT IV and IV-A Satellites: Less than 1.4 For INTELSAT V, V-A, V-B and VI satellites: Existing antenna: Less than 1.09 New antenna: Less than 1.06	Greater than 31.6 (dB)* *Design objective and recommended value
5. Stability of e.i.r.p.	Within + 1.0 to − 1.5 (dB), except under adverse weather conditions	
6. Carrier frequency tolerance	Digital carriers Within ±0.015R (Hz), and ±10 (kHz) maximum Where, R is the transmission rate in b.p.s.	

Analog carriers:	Carrier type	Bandwidth, B (MHz)	Tolerance (kHz)
	SCPC / FM	-	±1
	FDM / FM and TV / FM	$B \leq 1.25$	±40
		$1.25 < B \leq 5.0$	±80
		$50.0 < B < 17.5$	±150
		$B \geq 17.5$	±250

Table A-3 (continued)

Items	Standard Z earth station for 6/4 GHz band	Standard Z earth station For 14/11 or [14/12] GHz bands
7. Off-beam emission e.i.r.p. density	Not be exceeded the limits given in CCIR Rec. 524-1	$2.5° < \theta \leq 48$: $D(\theta) \leq 33-25\log\theta$ (dBW/40kHz) $\theta > 48°$: $D(\theta) \leq -9$ (dBW / 40kHz)
8. RF out-of-band emission (Note 2)	Limits are shown in an attached table.	Less than 10 (dBW / 4 kHz)
9. Supurious emission products (Note 3)	Less than 4 (dBW / 4kHz), within the frequency ranges of 5.925 – 6.425 GHz (INTELSAT IV-A), 5.925 – 6.425 GHz and 14.0 – 14.5 GHz (INTELSAT V and V-A), and 5.850 – 6.425 GHz and 14.0 – 14.5 GHz (INTELSAT VI)	
10. carrier spectral sidelobes	More than 26 (dB) down from the spectral mainlobe peak (Provisional value for digital carrier)	

Note 1: Polarization senses shown in square brackets are for earth station receive.

Note 2: Intermodulation products   Note 3: Except intermodulation products

Attached table:

Satellite coverage	Limit at 10° elevation		Correction factor for other elevation angles, $\alpha°$
	IV and IV-A	V, V-A, V-B and VI	
Hemispheric and zone	23.0	21.0 (dBw / 4kHz)	$-0.02(\alpha - 10) - \beta$
Global	26.0	24.0 (dBW / 4kHz)	$-0.06(\alpha - 10)$

where, β is the difference in the range of 0 to about 3 dB between satellite receive beam edge of coverage gain and the worst case gain in the direction of the earth station.

Reprinted with permission of Intelsat Global Service Corporation
Washington, D.C. / 2008-3006 U.S.A. December 17, 2002

Table A-4 Examples of performance characteristics of the INTELSAT standard earth stations

Items		Standard Z earth station for 6/4 GHz band	Standard Z earth station For 14/11 or [14/12] GHz bands
Gain-to-noise temperature ratio (G/T)		Greater than 41.7 dBK (At 5° elevation angle)	Greater than 42.6 dBK (At elevation angle of operation)
Antenna Subsystem	Type of antenna Type of mount Diameter of main reflector Gain (6 GHz / 4 GHz) XPD (6 GHz / 4 GHz) Weight Drive mechanism Max. operable wind velocity De-icing Auto-tracking Program tracking	Cassegrain, 4-reflector guided beam fed Az-El / wheel –on – track 29.6 m 63.4 dB / 60.0 dB Greater than 34.5 dB / 32.5 dB 250 t Dual DC motors with anti-backlash 33 m/s(peak) Heater buried on the back of main reflector (390 kVA) Single channel higher mode tracking Real time processing	Cassegrain, 4-reflector guided beam fed Az-El / wheel-on-track 34.0 m 65.6 dB / 61.9 dB Greater than 36.8 dB / 36.8 dB 430 t Dual DC motors with anti-backlash 35 m/s (peak) Heater buried on the back of main reflector (585 kVA) Single channel higher mode tracking Real time processing
Transmit Subsystem	High power amplifier (HPA) Number of transmit carriers	8 kW TWT HPA 16 (Maximum capacity)	10 kW TWT HPA (LHCP) 3 kW TWT HPA (RHCP) 24 (maximum capacity)
	Transmission system between antenna site and control building	Microwave transmission using elliptical waveguide	Microwave transmission using elliptical waveguide
Receive Subsystem	Low noise receiver	He-gas cooled and thermo-electrically cooled parametric amplifiers (Post stage : Low noise transistor amplifier)	Thermo-electrically cooled parametric amplifiers (Post stage: FET amplifier)
	Number of receive carriers	24 (Maximum capacity)	72 (Maximum capacity)

Reprinted with permission of Intelsat Global Service Corporation
Washington, D.C. / 2008-3006 U.S.A. December 17, 2002

INTELSAT IV-A, V, V-A, and VI Transmission Parameters (Regular FDM/FM Carriers)

Table A-5

Carrier Capacity (Number of Channels)	Top Baseband Frequency (kHz)	Allocated Satellite BW Unit (MHz)	Occupied Bandwidth (MHz)	Deviation (rms) for 0-dBm0 Test Tone (kHz)	Multichannel rms Deviation (kHz)	Carrier-to-Total Noise Temperature Ratio at Operating Point (8000 + 200 pW0p) (dBW/K)	Carrier-to-Noise Ratio in Occupied BW (dB)
n	f_m	b_s	b_o	f_r	f_{mc}	(C/T)	(C/N)
12	60	1.25	1.125	109	159	−154.7	13.4
24	108	2.5	2.00	164	275	−153.0	12.7
36	156	2.5	2.25	168	307	−150.0	15.1
48	204	2.5	2.25	151	292	−146.7	18.4
60	252	2.5	2.25	136	276	−144.0	21.1
60	252	5.0	4.0	270	546	−149.9	12.7
72	300	5.0	4.5	294	616	−149.1	13.0
96	408	5.0	4.5	263	584	−145.5	16.6
132	552	5.0	4.4	223	529	−141.4	20.7
96	408	7.5	5.9	360	799	−148.2	12.7
132	552	7.5	6.75	376	891	−145.9	14.4
192	804	7.5	6.4	297	758	−140.6	19.9
132	552	10.0	7.5	430	1020	−147.1	12.7
192	804	10.0	9.0	457	1167	−144.4	14.7
252	1052	10.0	8.5	358	1009	−139.9	19.4
252	1052	15.0	12.4	577	1627	−144.1	13.6
312	1300	15.0	13.5	546	1716	−141.7	15.6
372	1548	15.0	13.5	480	1645	−138.9	18.4
432	1796	15.0	13.0	401	1479	−136.2	21.2
432	1796	17.5	15.75	517	1919	−138.5	18.2
432	1796	20.0	18.0	616	2279	−139.9	16.1
492	2044	20.0	18.0	558	2200	−137.8	18.2
552	2292	20.0	18.0	508	2121	−136.0	20.0
432	1796	25.0	20.7	729	2688	−141.4	14.1
492	2044	25.0	22.5	738	2911	−140.3	14.8
552	2292	25.0	22.5	678	2833	−138.5	16.6
612	2540	25.0	22.5	626	2755	−136.9	18.1
792	3284	36.0	32.4	816	4085	−137.0	16.5
972	4028	36.0	32.4	694	3849	−133.8	19.7
972	4028	36.0	36.0	802	4417	−135.2	17.8
1092	4892	36.0	36.0	701	4118	−132.4	20.7

Reprinted with permission of Intelsat Global Service Corporation
Washington, D.C. / 2008-3006 U.S.A. December 17, 2002

INTELSAT IV-A, V, V-A, and VI Transmission Parameters (High-density FDM/FM Carriers)

Table A-6

Carrier Capacity (Number of Channels)	Top Baseband Frequency (kHz)	Allocated Satellite BW Unit (MHz)	Occupied Bandwidth (MHz)	Deviation (rms) for 0-dBm0 Test Tone (kHz)	Multichannel rms Deviation (kHz)	Carrier-to-Total Noise Temperature Ratio at Operating Point (8000 + 200 pW0p) (dBW/K)	Carrier-to-Noise Ratio in Occupied BW (dB)
n	f_m	b_s	b_o	f_r	f_{mc}	(C/T)	(C/N)
72	300	2.5	2.25	125	261	−141.7	23.4
192	804	5.0	4.5	180	459	−136.3	25.8
252	1052	7.5	6.75	260	733	−137.1	23.2
312	1300	10.0	9.0	320	1005	−137.1	22.0
492	2044	15.0	13.5	377	1488	−134.4	22.9
612	2540	20.0	17.8	454	1996	−134.2	21.9
792	3284	20.0	18.0	356	1784	−129.9	26.2
792	3284	25.0	22.4	499	2494	−132.8	22.3
972	4028	25.0	22.5	410	2274	−129.4	25.7
1332	5884	36.0	36.0	591	3834	−129.3	23.8

Reprinted with permission of Intelsat Global Service Corporation
Washington, D.C. / 2008-3006 U.S.A. December 17, 2002

附錄 APPENDIX B

標準天文符號

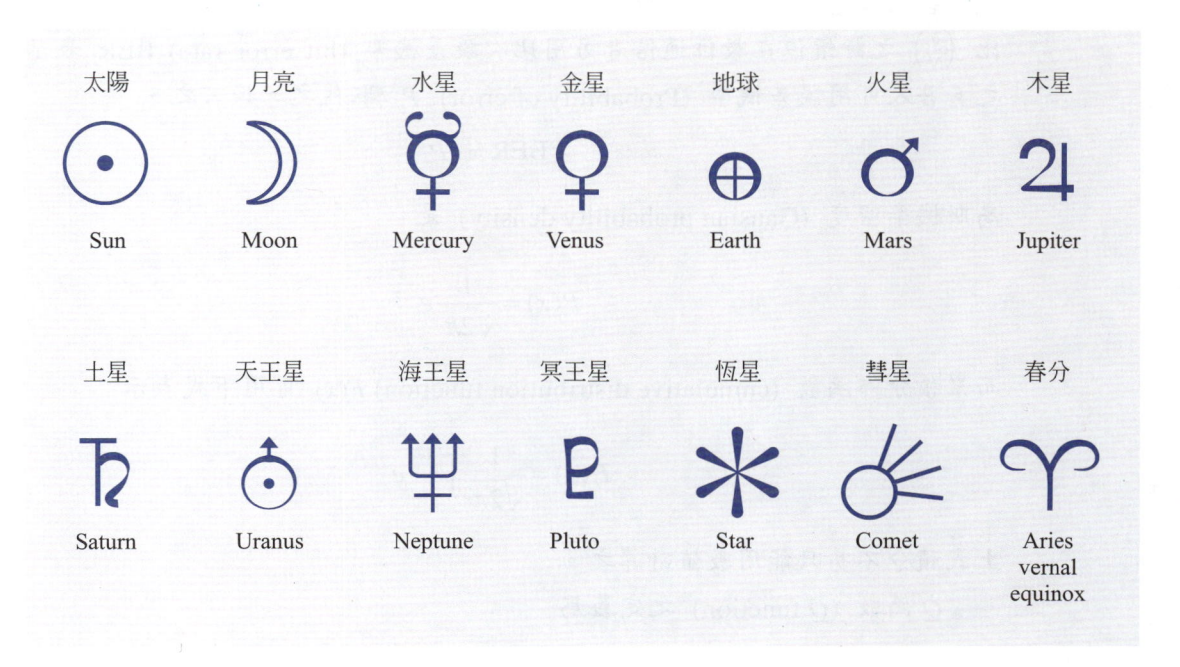

太陽	月亮	水星	金星	地球	火星	木星
☉	☾	☿	♀	⊕	♂	♃
Sun	Moon	Mercury	Venus	Earth	Mars	Jupiter

土星	天王星	海王星	冥王星	恆星	彗星	春分
♄	♅	♆	♇	✲	☄	♈
Saturn	Uranus	Neptune	Pluto	Star	Comet	Aries vernal equinox

附錄 APPENDIX C

▶ 數位傳輸比次誤差機率 (P_e)

吾人知悉雜音對無線電通信之影響不可忽視,在類比通信常用訊號雜音比 $\left(\frac{S}{N}\right)$ 之評價但在數位通信者另用比次誤差機率 (bit error rate) BER 表示之。吾人可用誤差機率 (Probability of error) P_e 取代之。換言之,

$$\text{BER} = P_e$$

高斯機率密度 (Gaussian probability density) 是

$$P(x) = \frac{1}{\sqrt{2\pi}} e^{-\frac{x^2}{2}}$$

而累積分佈函數 (cumulative distribution function) $F(x)$ 可用下式表示

$$F(x) = \frac{1}{\sqrt{2\pi}} \int_{-\infty}^{x} e^{-\frac{x^2}{2}}$$

上式積分不易只能用數值計算之。

Q 函數 (Q function) 之定義為

$$Q(x) \overset{\Delta}{=} \frac{1}{x\sqrt{2\pi}} \int_{x}^{\infty} e^{-\frac{1^2}{2}} dx$$

上列 Q 函數之數位在下列上限及下限兩數值之中間

$$\left(1-\frac{1}{x^2}\right)\frac{1}{x\sqrt{2\pi}}\cdot e^{-\frac{x^2}{2}} \leq Q(x) \leq \frac{1}{x\sqrt{2\pi}}e^{-\frac{x^2}{2}}$$

若 $x \geq 3$ 以上時，$Q(x)$ 值接近上限值

$$Q(x) \approx \frac{1}{x\sqrt{2\pi}}\exp\left(-\frac{x^2}{2}\right)$$

Q 函數與誤差函數 (error function) $erf(x)$ 有下列關係：

$$Q(x)=\frac{1}{2}erfc\left(\frac{x}{\sqrt{2}}\right)=\frac{1}{2}\left(1-erf\left(\frac{1}{\sqrt{2}}\right)\right)$$

上式中補餘誤差函數 (complementary error function) $erfc(x)$ 為：

$$erfc(x) \overset{\Delta}{=} \frac{2}{\sqrt{\pi}}\int_x^\infty e^{-\lambda^2}d\lambda$$

且

$$erfc(x) = \frac{2}{\sqrt{\pi}}\int_x^\infty e^{-\lambda^2}d\lambda$$

$$Q(-x) = 1 - Q(x)$$

$$Q(0) = \frac{1}{2}\ ,\ Q(-\infty) = 1$$

例

某一 BPSK 系統之比次傳輸率 $R=1$ Mb/sec，接收的訊號 $S_1(t) = A\cos\omega_0 t$ 且 $S_2(t) = -A\cos\omega_0 t$ 而使用匹配濾波器做相關檢波，波幅 $A=10$ mV 並假設單邊的雜音功率譜密度 $N_0 = 10^{-11}$ W/Hz。試求本 BPSK 系統的比次誤差 P_e。

解

$$A = \sqrt{\frac{2E_b}{T}} = 10^{-2}$$

$$T_b = \frac{1}{R} = 10^{-6} \sec$$

$$E_b = \frac{A^2}{2}T = \frac{(0.01)^2}{2} \times 10^{-6} = 5 \times 10^{-5} \times 10^{-6} = 5 \times 10^{-11}$$

$$\sqrt{\frac{2E_b}{N_o}} = \sqrt{\frac{2 \times 5 \times 10^{-11}}{10^{-11}}} = \sqrt{10} = 3.16$$

$$P_e = BER = Q(x) = \frac{1}{3.16\sqrt{2\pi}} \exp\left(-\frac{3.16^2}{2}\right)$$
$$= 8.55 \times 10^{-4}$$

附錄 APPENDIX D

▶ 太陽系各行星軌道重要常數 (I)

SOLAR SYSTEM

ORBITAL PARAMETERS OF THE PLANETS

PLANET	μ, Km³/s²	R_o, Km	A_r, deg/s	a, A.U.	e	i, deg	Velocity Km/s
Mercury	22032	2439	0.0000711	0.387	0.2056	7.005	47.89
Venus	324858	6052	−0.0000171	0.723	0.0068	3.395	35.05
Earth	398600	6378	0.0041781	1.000	0.0167	0.001	29.77
Mars	42828	3397	0.0040613	1.524	0.0933	1.850	24.13
Jupiter	126711995	71492	0.0100756	5.203	0.0482	1.305	13.05
Saturn	37939519	60268	0.0095238	9.516	0.0552	2.487	9.64
Uranus	5780158	25559	−0.0064103	19.166	0.0481	0.772	6.80
Neptune	6871307	25269	0.0054253	30.011	0.0093	1.772	5.43
Pluto	1020	1500	−0.0006524	39.557	0.2503	17.150	4.73
Moon	4902	1738	0.0001525				
Sun	132712439935	696000					

μ：Gravitational constant （重力常數）　　　　a, A.U.：Astronomical unit （天文單位）
R_o：Mean equatorial radius （平均赤道半徑）　　e：Eccentricity　　　　（離心率）
A_r：Axial rotation rate （軸旋轉率）　　　　　　i：Inclination　　　　（傾斜率）
1 Astronomical unit = 149597870 Km $\cong$ 1.496 × 10⁸ Km

403

▶ 太陽系各行星軌道重要常數 (II)

ORBITAL PARAMETERS OF THE PLANETS

Planet	Axial Tilt (deg)	Surface Magneitc Field (earth = 1)	Surface Temperature (°K)	Number of Moon	Magnetic Axis Tilt (deg)	Surface Gravity (earth = 1)	Escape Velocity (Km/s)
Mercury	0.0	0.011	100-700	0	< 10	0.38	4.2
Venus	177.4	< 0.001	730	0		0.91	10.4
Earth	23.5	1.0	290	1	11.5	1.00	11.2
Mars	23.9	0.001	180-270	2		0.38	5.0
Jupiter	3.08	13.89	124	16	9.6	2.53	60
Saturn	26.73	0.67	97	18	0.8	1.07	36
Uranus	97.92	0.74	58	17	58.6	0.91	21
Neptune	29.6	0.43	59	8	46.0	1.14	24
Pluto	118		40-60	1		0.07	1.2
Moon	6.7	no field	100-400			0.17	2.38

美國國家標準局 (NBS) 採用的前置記號，因數及符號相關表

前置記號	因數	符號
tera	10^{12}	T
giga	10^{9}	G
mega	10^{6}	M
kilo	10^{3}	K
hecto	10^{2}	h
deka	10	da
deci	10^{-1}	d
centi	10^{-2}	c
milli	10^{-3}	m
micro	10^{-6}	μ
nano	10^{-9}	n
pico	10^{-12}	p
femto	10^{-15}	f
atto	10^{-18}	a

附錄
APPENDIX E

▶ 物理常數
Physical Constant

Astronomical Unit	1 A.U. $= 1.496 \times 10^8$ km
Speed of Light	$C = 299792.458$ km/s $(3 \times 10^5$ km/s$)$
Hubble constant	$H_0 = 75$ km/s/Mpc
Gravitational Constant	$G = 6.67 \times 10^{-11}$ Nm^2/kg^2
Light year	1 ly $= 9.46 \times 10^{12}$ km
Parsec	1 PC $= 3.09 \times 10^{13}$ km
Stefan-Boltmann constant	$a = 5.67 \times 10^{-8}$ W/m$^2 \cdot$ k^4
Planck's constant	$h = 6.63 \times 10^{-34}$ Js
Mass of the Earth	$M_\oplus = 5.97 \times 10^{24}$ kg

Radius of the Earth	$R_\oplus = 6378$ km
Mass of the Sun	$M_\odot = 1.99 \times 10^{30}$ kg
Radius of the Sun	$R_\odot = 6.96 \times 10^5$ kg
Effective temperature of the Sun	$T_\odot = 5800°$k
Mass of the electron	$m_e = 9.11 \times 10^{-31}$ kg
Electron charge	$q = 1.602 \times 10^{-19}$ coulomb
Mass of the electron	$m_p = 1.67 \times 10^{-27}$ kg
Boltmann constant	$k = 1.38 \times 10^{-23}$ J/°k
Permeability of free space	$\mu_0 = 4\pi \times 10^{-7}$ H/m
Permittivity of free space	$\varepsilon_0 = 1/36\pi \times 10^{-9} = 8.854 \times 10^{-12}$ F/m

附 錄
APPENDIX
F

▶ 地表上高度與大氣溫度，大氣壓力相關圖

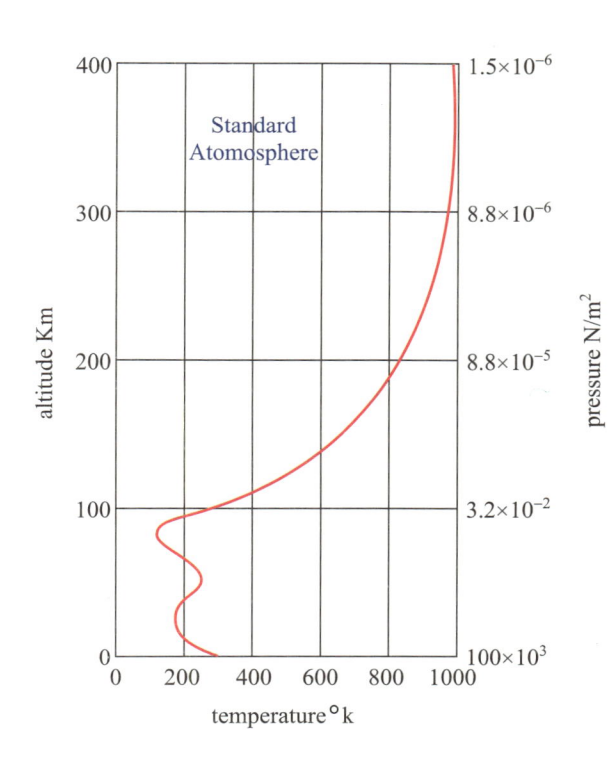

高度 (km)	氣溫 (°k)	氣壓 (N/m²)
300	976	8.8×10^{-6}
400	996	1.5×10^{-6}

查上圖則知氣溫及氣壓在 300~400 公里高空上執行太空任務時，氣溫、氣壓之變化不大，可說比較穩定的環境裏實行探測工作。

索引 INDEX

A

Albedo 地球反照 161
Alfven speed 阿耳芬速度 8
Angular momentum 角動量 293
Anhydrous hydrazine 無水肼 236
Antarctic circle 南極圈 5
Antenna pointing loss 天線指向損失 75
Apogee kick motor 遠地點踢跳馬達 307
Apogee motor 遠地點馬達 236
Arctic circle 北極圈 5
Argon 氫 9
Argument of perigee 近地點偏角 328
Asteroid 小行星 352
Astronomical Unit: 1 A.U. 一個天文單位 159
Atomospheric drag 大氣層拖曳 212
Attitude control thruster 姿勢穩定推進器 236
Aurora 北極光 213
Availability 可利用率 193
Avionics system 航太電子工程系統 262
Axial tilt 太陽南北軸傾斜度 7

B

Beam wave guide feed 波束導波管饋電 108
Biased momentum type 偏動量方式 184
Bipropellant thrusters 雙元燃料推進器 237
Block codes 方塊碼 132
Blockage efficiency 封鎖效率 52
Body stabilized system 筐體穩定方式 172
Burst errors 突發性錯誤 147

C

Carbon dioxide 二氧化碳 9
Cascade connection 串級接法 191, 367
Cassegrain antenna 凱氏天線 43, 107, 283, 361
Centrifugal force 遠心力 285
Circular orbit 圓形軌道 285
Closed-cycle helium refrigerator 閉合循環式氦冷凍系統 368
Code quality factor 編碼品質因數 132
Coding gain 編碼增益 131
Comb circuit line type 梳狀線路 366
Command signal 指揮訊號 172
Concatenated code 連鎖(編)碼 147,

409

357, 374
Conduction 傳導 157
Conical horn antenna 圓錐型號角天線 47, 96
Convection 對流 9, 157
Convolution interleaving 迴旋間插 147
Convolutional interleave 迴旋間插 149
Convolutional codes 迴旋碼 132
Corona 日暈 3
Cutoff frequency 截止頻率 49

D

Deep space exploration 深太空探測 237
Deep space network, DSN 深太空通信網 353, 360
Demand assigned system 應需求分配方式 83
Demultiplexing 解多工 82
Dichroic mirror 雙頻反射板 362
Directivity 定向性 38
Displacement current 位移電流 7
Diurnal variation 日變化 158
Docking 對接 378
Dominant mode 主模 49, 50
Down converter 降頻變換器 188
Down link signals 下鏈訊號 38
Downlink link evaluation 下鏈路評估 77

E

Earth coverage antenna 地球涵蓋波束 47
Earth escape trajectory 地球逃脫軌線 311
Earth's escape velocity 地球逃脫速度 312
Earth's green house effect 地球之溫室效果 12

Earth's magneto sphere 地球磁氣圈 11
Earth's Oblateness Effects 地球扁平影響 215
Earth's atmosphere 地球大氣層 9
Eccentricity 離心率 159
Elliptical orbits 橢圓軌道 289
Emittance 輻射率 158
Equatorial radius 赤道半徑 7
Equivalent focal length 等效焦點長度 45
Escape velocity 太陽(行星)之逃脫速度 299

F

FDM 劃頻多工制 81
Ferrite isolator 陶鐵磁體偏離器 368
Fly by 旁飛 357, 372
Front feed parabolic reflector antenna 前方饋波拋物線型反射天線 42
Full-transponder bandwidth 全轉頻器頻帶寬度 81
Fully automatic steerable 全自動操縱天線 105

G

Gain bandwidth product 增益頻帶寬積 366
Geosynchronous Stationary orbit, GEO 地球同步靜止軌道 244, 245, 246
Geosynchronous transfer orbit, GTO 地球同步遷移軌道 244, 245, 246
Global beam 全球涵蓋波束 94, 97
GPS: Global Positioning System 全球衛星定位系統 214

Gravity assist maneuver 重力協助航行 321, 355, 357
Gravity gradient 重力梯度 180
Gregorian antenna 格氏天線 41, 46
Guard time 保護時間 88
Gyroscopic stiffness 迴轉穩定性 184

H

Half-transponder bandwidth 半轉頻器頻帶寬度 81
HDTV 高畫質電視 81
Helio-centric model 太陽中心型態 351
Hemi spheric beam 半球涵蓋波束 94, 97
Hohmann transfer orbit 霍曼遷移軌道 288, 314
Hohmann transfer trajectory 霍曼遷移軌跡 314
Horn antenna 號角天線 37, 41
Hybrid propellant rocket 混合燃料火箭 253
Hydrazine 肼 254
Hyperbolic eccentric anomaly 雙曲線偏近點角 302
Hyperbolic excess velocity 雙曲線超速度 301

I

Illumination efficiency 照射效率 52
Inner belt 內帶 4
Intelsat 國際（商業）衛星通信公司 40
Inter-modulation interference 互調變干擾現象 80
Intermodulation 互調變現象 76
International space station 國際太空站 244, 377, 386

J

JAXA : JAPAN AEROSPACE EXPLORATION AGENCY 日本宇宙航空研究開發機構 379
JPL : JET PROPULSION LABORATORY 美國噴射推進實驗所 352

L

Lambert's cosine law 朗伯餘弦定律 167
LEO: Low Earth Orbit 低高度軌道 212, 235
Liquid propellant thrusters 液體燃料推進器 237
LNA 低雜音放大器 192
Longitude of ascending Node 昇交點經度 328
Low noise amplifier 低雜音放大器 362, 365
Luminosity 太陽光度 7

M

Magneto pauses 磁力圈終止 4
Magneto tail 磁力圈尾狀形 4
Magnetohydrodynamics: MHD 磁流力學 7
Magneto-sphere 地球磁場圈 4
Manned Spacecraft 載人太空艙 386
Maser amplifier 梅射放大器 361, 366, 368
Mass 質量 7
Maxwell's equations 馬克士威方程式 7
Mean density 平均密度 7
Mean solar day 平均太陽日 14
Meander line type 迂迴線路 367
Medium earth orbit, MEO 中高度地球軌道 213

Momentum 動量　8
Mono-propellant thrusters 單元燃料推進器　237
Multiplexing 多工　81
Multistage vehicles 多節火箭　260

N

National Aeronautics and Space Administration: NASA 美國國家航空暨太空總署　378
Nitrogen 氮　9
Noise weighting factor 雜音加權因數　80
Northern lights 北極光　5
Nozzle 噴嘴　237
Nuclear reactor 核反應器　168

O

Off set Gregorian antenna 偏移饋波格氏天線　41
Offset Cassegrain antenna 偏移饋波凱氏天線　41, 96
Offset paraboloid reflector antenna 偏移饋波拋物線形天線　41, 96
Orbit changes 軌道型態之變換　287
Orbital slot 軌道槽　94, 179
Orbital speed 軌道速度　9
OSR: optical solar reflector 陽光反射器　160
Outer belt 外帶　4
Outer code 外部編碼　374
Output back-off: BO_0 輸出反減補償　76
Overall link evaluation 上、下總鏈路之評估　77
Overlay 覆蓋　97

Oxidizer 氧化劑　236
Oxygen 氧　9

P

Parallel concatenation 並聯連鎖　147
Parity check matrix 同位核對矩陣　133
Parking orbit 停留軌道　245
Patched conic approximation 圓錐形軌道補綴近似法　285, 310
penumbra 半陰影　3
Perigee kick motor: PKM 近地點馬達　236
Period of orbit 軌道週期　295
Phase locked loop: PLL 鎖相迴路　357, 358
Photosphere 太陽光球　8
Pilot signal 引示信號　83
Plane of ecliptic 黃道　356
Polarization loss 極化損失　52
Primary radiator 一次輻射器　37
Prime focus feed paraboloid antenna 主焦點饋波拋物線形天線　41
Prime focus reflector antenna 主聚焦反射天線　43
Pump oscillator 泵頻振盪器　366
Pyramidal horn antenna 金字塔號角天線　41

Q

Quantum electronics 量子電子學　366

R

Radiation 輻射　157
Radio astronomy 電波天文學　370
Radio star 電波星　369

索引 413

Random error 亂雜錯誤 147
Range and range rate 距離及距離變率 113
Redundancy 備份設施 189
Reed Solomon code : RS 碼 147
Reed Solomon code: RS code 雷-所羅門碼 149
Reed Solomon/Viterbi 雷所羅門/維特比 375
Reference burst 突發訊號 87
Reference burst 基準突發訊號 88
Reliability 可靠度 188
Rendevous 會合 378

S

Satellite eclipse 衛星蝕 160, 224
Satellite news gathering : SNG 衛星資訊蒐集 61
Saturation power flux density 飽和接收功率密度 75
Scattering 散射 11
Seasonal variation 季節變化 158
Secondary radiator 二次反射器 37
Semi latus rectum 半正焦弦 298
Serial concatenation 串列連鎖 147
Side lobe 旁波瓣 370
Sidereal rotation period 太陽 (地球) 自轉週期 7, 9
Sidereal time 恆星時 16
Signal to noise ratio 訊號雜音比 362
Six orbital elements 軌道六要素 327
Slow wave circuit 慢波電路 366, 370
solar atmosphere 太陽的大氣層 2
Solar cells temperature 太陽電池溫度 164
Solar constant 太陽常數 158
solar wind 太陽風 3
Solid propellant thrusters 固態燃料推進系統 237
Southern lights 南極光 5
Space shuttle 太空梭 236, 286
Space station 太空站 236
Specific heat 比熱 160
Specific impulse 脈衝比 309
Spill over 溢流 45, 361
Spin speed 地球自轉速度 9
Spin stabilized system 自轉姿勢穩定方式 185
Spinning spacecraft 旋轉型太空艙 357
Spot beam 點波束 94, 97, 99
Standard earth station 標準地面電台 103
Star tracker 星球追蹤器 184
Station keeping thruster 台址維護操縱推進器 236
Stefan boltzmann law 斯迪枋波爾茲曼定律 27, 160
Sub-satellite Point 副衛星點 218
sun spot 太陽黑點 3, 5
Sunpots activity 黑點活動 6
Sun-spot cycle 日斑循環 6
Suppressed carrier system 抑制載波系統 375
Surface gravity 太陽 (地球) 表面重力 7, 9
Surface Temperature 太陽表面溫度 7
Synodic period 會合週期 317

T

Tapped shift register 抽頭式暫存器 134
TDM 劃時多工制 81
Thermal control 熱能控制 188
Three axis attitude stabilization 三軸姿勢穩定方式 183
True anomaly 真近點距 294, 305

Thrust and exhaust velocity 推力及排氣速度 246
Thruster propulsion system 推進器噴射系統 238
Time slot 時槽 87
Tracking and data relay satellite system: TDRSS 追蹤及數據中繼用衛星系統 110
Transponder 轉頻器 76
Traveling wave maser amplifier 行波型梅射放大器 366
Trellis diagram 格子架圖 143
Troposphere 對流層 9
True anomaly 真近點距 290
TVRO 電視接收專用電台 105
TWTA 高功率放大器 191

U

Umbra 陰影 3
Universal time coordinated: UTC 協定世界時 15
Up converter 昇頻變換器 192

Up link signals 上鏈訊號 38

V

Van Allen belts 凡亞倫輻射帶 4, 213
Viterbi 維特比 376
VLBI 超長基線 371
Voice activation 音頻激話方式 83
Voyager spacecraft 航海家太空艙 356
VSAT 小型開口天線電台 105, 106

W

Wheel and truck type 輪軌型 46, 106, 109
Wien's displacement law 維恩位移定律 13

Z

Zero gravity 零重力 386
Zero momentum type 零動量方式 185
Zone coverage beam 區域性涵蓋波束 94, 97